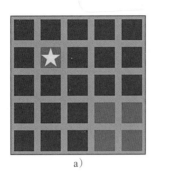 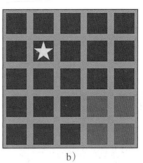

a) b)

图 2.1 a）一个孤立的活着的单元格（用星号标志）；b）调用规则 1 后，该单元格"死亡"

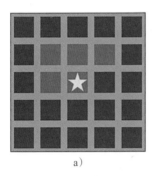 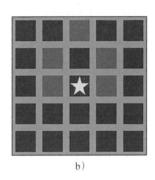

a) b)

图 2.2 a）星号标志的单元格，其活着的邻居数大于 3；b）该单元格"死亡"

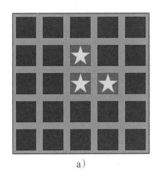 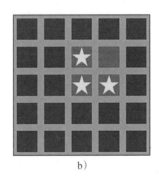

a) b)

图 2.3 a）3 个星号标志的单元格，每个周围有两个活着的邻居；b）每个单元格都活着

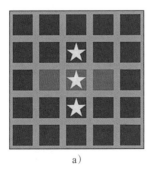 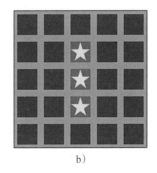

a) b)

图 2.4 a）两个用星号标志的"死亡"单元格有 3 个活着的邻居；b）这两个单元格复活

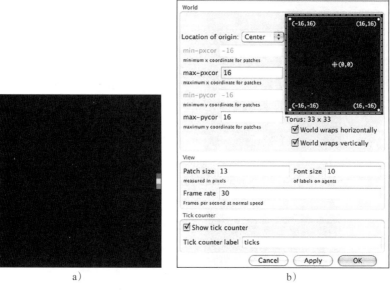

图 2.8　a）水平回绕示意图，左侧的绿色斑块与右侧的红、黄、橙色三个斑块相邻。b）在模型
设置对话框中，网格设置为水平回绕和垂直回绕

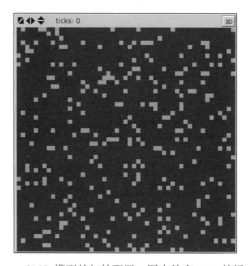

图 2.9　Game of Life 模型的初始配置。图中约有 10% 的绿色生存单元

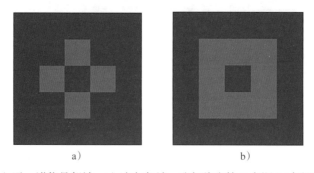

图 2.10　a）冯·诺依曼邻域；b）摩尔邻域。我们将在第 5 章深入讨论这部分内容

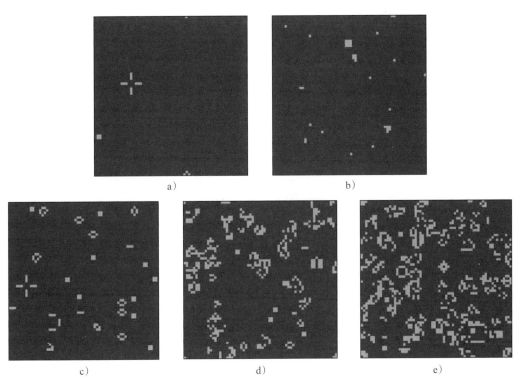

图 2.14　Life Simple 模型的一些轨迹样本（暗红色代表死亡的单元格）。某些初始条件仅仅经
　　　　过几次迭代就稳定下来，而另外一些则需要数千次。最终状态往往是具有循环特征的
　　　　振荡子或者飞船的形状

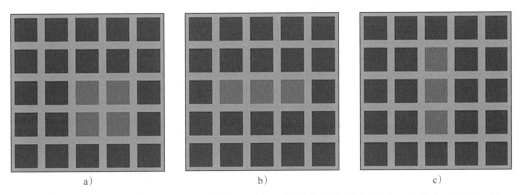

图 2.15　a 为由 4 个单元格构成的"静物"图案，其形状在代际之间不发生改变。每个活体
　　　　（绿色）单元格正好有 3 个相邻的活体单元格，所以它在下一代中仍然是"活着的"。
　　　　每个死亡（蓝色）单元格有一个或两个相邻的活体单元格，因此它在下一代中处于
　　　　"死亡"状态。b 和 c 代表"指示灯"的两种图形状态，它们是在垂直方向和水平方
　　　　向两种状态之间交替出现的振荡子

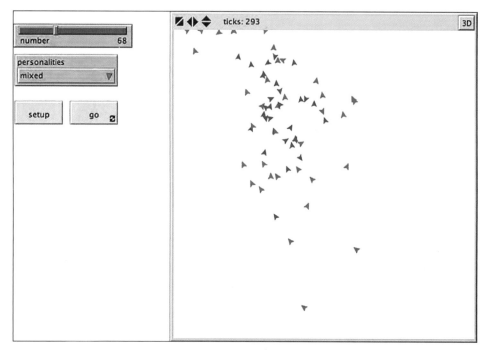

图 2.22　初始化的 Heroes and Cowards 模型。蓝色代表英雄，红色代表懦夫

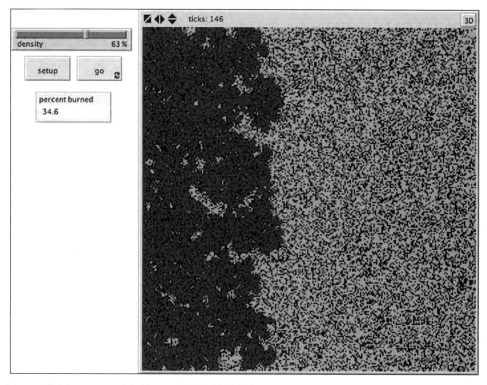

图 3.2　使用 NetLogo 开发的 Fire 模型的简单版本。基于 Fire 模型（Wilensky，1997）。http://ccl.northwestern.edu/netlogo/models/Fire

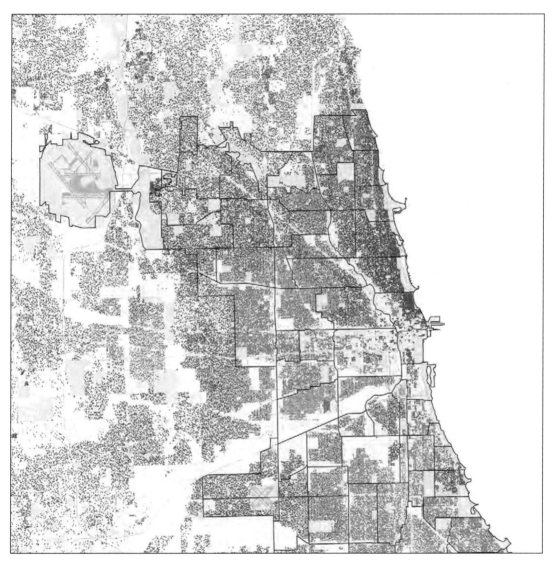

图 3.15　芝加哥某地地图，图中的每一个点代表 25 个人。Rankin 通过在这个比传统地图更精细的层面上展示数据，从而在更高的层面上映射总体人口统计数据，很好地说明了种族分隔的细微差别，就像 ABM 使我们能够做到的那样（图示说明：2000 年芝加哥基于种族自我认同的迁居分类标识图。黑色线条代表芝加哥官方划定的街区图，数据来源于美国人口普查，比例尺为 1 : 200 000）

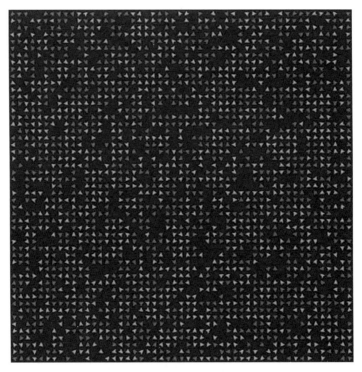

图 3.16　Segregation 模型的初始状态。红色和绿色 turtle 是随机分布的，http://ccl.northwestern. edu/netlogo/models/Segregation（Wilensky，1997d）

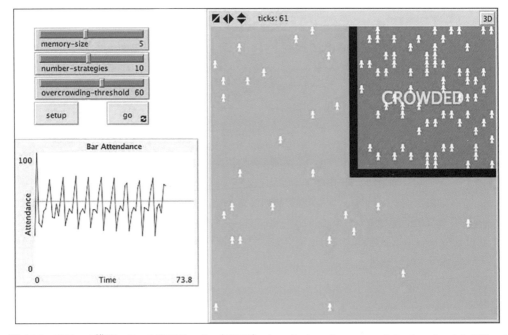

图 3.22　El Farol 模型，Rand 和 Wilensky（2007）。http://ccl.northwestern.edu/netlogo/models/ElFarol

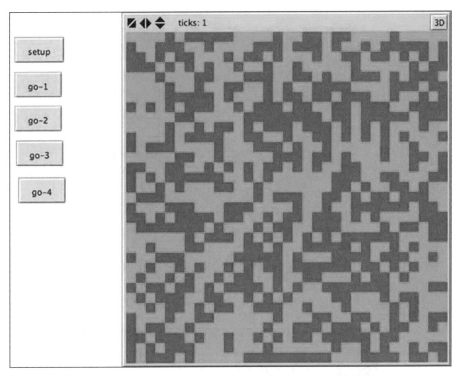

图 5.4 程序运行开始时构造 agentset，产生预期的行为

图 5.5 在模型状态改变之后构造 agentset，导致意料之外的结果

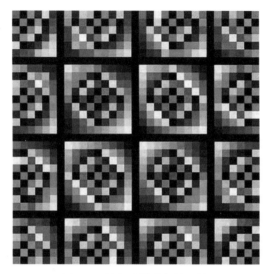

图 5.9 具有不同彩色的斑块

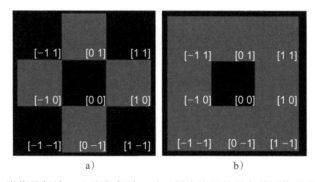

图 5.10 a) 冯·诺依曼邻域; b) 摩尔邻域。处于居中位置的黑色单元格是聚焦单元, 红色单
元格是它的邻居

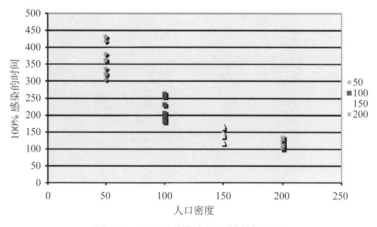

图 6.4 基于图形模式的原始数据展现

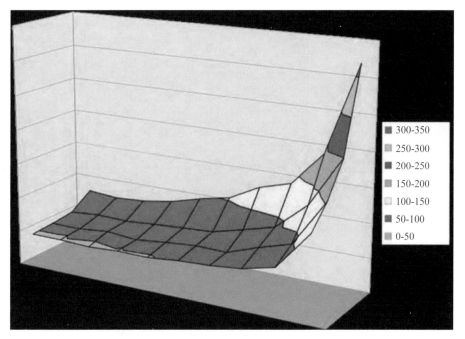

图 6.9 num-people 变量、disease-decay 变量和完全感染时间的三维图表

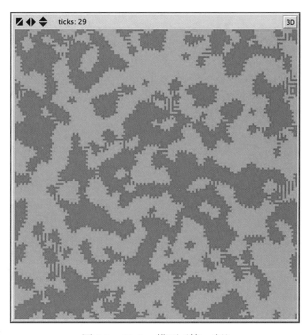

图 7.2 Voting 模型（第一版）

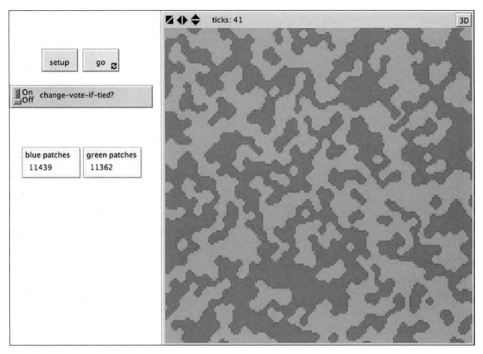

图 7.3 Voting 模型（双方得票相等的情形）

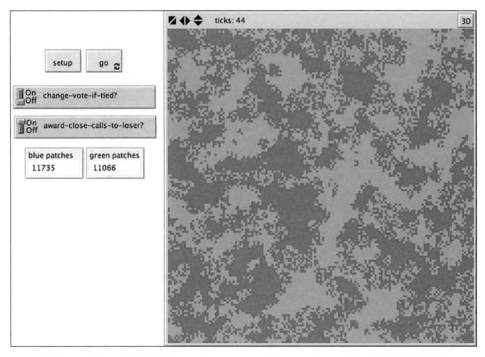

图 7.4 Voting 模型开启 "award-close-calls-to-loser?" 之后的运行结果

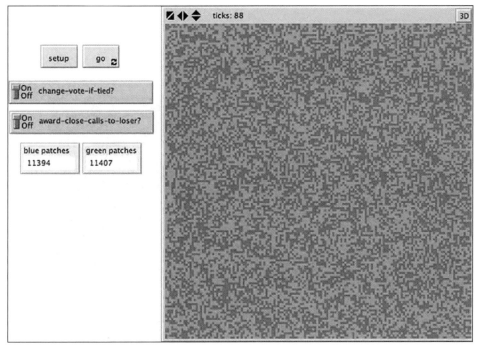

图 7.5 Voting 模型同时选择"change-vote-if-tied?"和"award-close-calls-to-loser?"选项之后的运行结果

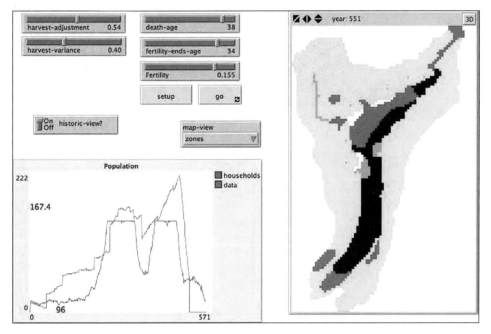

图 7.10 基于 NetLogo 的 Artificial Anasazi 模型

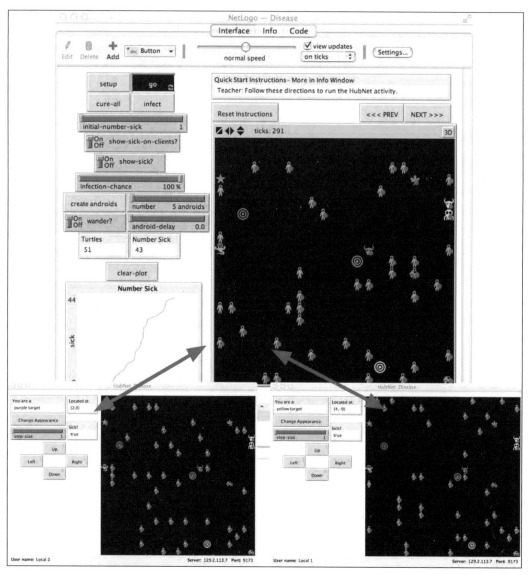

图 8.2　HubNet Disease 活动模型（Wilensky 和 Stroup，1999b）。上面的 NetLogo 模型是 HubNet
　　　服务台，下面的两幅图是两名学生参与者的操作界面

计 算 机 科 学 丛 书

基于Agent的系统仿真导论

[美] 尤里·威伦斯基（Uri Wilensky）
威廉·兰特（William Rand） 著

王谦 杨静蕾 译

An Introduction to Agent-Based Modeling
Modeling Natural, Social, and Engineered Complex Systems with NetLogo

机械工业出版社
CHINA MACHINE PRESS

图书在版编目（CIP）数据

基于 Agent 的系统仿真导论 /（美）尤里·威伦斯基（Uri Wilensky），（美）威廉·兰特（William Rand）著；王谦，杨静蕾译 . —北京：机械工业出版社，2023.10
（计算机科学丛书）
书名原文：An Introduction to Agent-Based Modeling: Modeling Natural, Social, and Engineered Complex Systems with NetLogo
ISBN 978-7-111-74011-7

Ⅰ.①基…　Ⅱ.①尤…②威…③王…④杨…　Ⅲ.①人工智能 – 系统仿真　Ⅳ.① TP391.9

中国国家版本馆 CIP 数据核字（2023）第 190896 号

机械工业出版社（北京市百万庄大街 22 号　邮政编码 100037）
策划编辑：朱　劼　　　　　责任编辑：朱　劼　关　敏
责任校对：王荣庆　牟丽英　责任印制：刘　媛
涿州市京南印刷厂印刷
2024 年 2 月第 1 版第 1 次印刷
185mm×260mm・21.75 印张・6 插页・547 千字
标准书号：ISBN 978-7-111-74011-7
定价：119.00 元

电话服务　　　　　　　网络服务
客服电话：010-88361066　机 工 官 网：www.cmpbook.com
　　　　　010-88379833　机 工 官 博：weibo.com/cmp1952
　　　　　010-68326294　金 书 网：www.golden-book.com
封底无防伪标均为盗版　机工教育服务网：www.cmpedu.com

对于复杂问题求解来说，系统仿真技术和方法具有无可比拟的优势。近年来，系统建模与仿真技术在社会和经济生活中的应用范围不断拓展，成效令人无法忽视，影响越来越大。其中基于 agent 的建模与仿真作为一种重要的仿真形式（其他两种为离散系统仿真和系统动力学仿真）尤为引人注目。

目前，已经出版的仿真教材和学习资料多集中于离散系统仿真，而基于 agent 的仿真和系统动力学仿真的相关教材与学习材料较少，不能满足社会需求。我们长期在高校从事仿真教学，也一直为基于 agent 的仿真和系统动力学仿真教材的缺少所困扰。一次偶然的机会，我们在与国外同行交流时，得知美国西北大学（Northwestern University）的 Uri Wilensky 和 William Rand 两位教授编写了一本 *An Introduction to Agent-Based Modeling: Modeling Natural, Social, and Engineered Complex Systems with NetLogo*。通过阅读与学习，我们发现这本书基本可以满足我国高校学生入门学习基于 agent 仿真的需求。

严格来说，基于 agent 的仿真方法属于离散系统仿真范畴，但是与离散系统仿真的基于事件驱动的全局视角（WorldView）有所不同，基于 agent 的仿真是通过研究系统中诸多个体行为合力的"涌现性"来对系统整体性能进行评估，这为复杂系统研究提供了新视角和新方法。

本书作者 Wilensky 作为 ABM 领域的知名学者，长期致力于 ABM 研究和应用推广，他也是 ABM 工具 NetLogo 的主要开发者，因此本书中的案例模型全部是利用 NetLogo 构建的。NetLogo 自带了上百个成品仿真模型，部分模型更是直接作为本书中的案例进行介绍，可以帮助学生极大地提升学习效率。该软件安装简便，读者可以从网络上直接下载，免费使用。

随着系统仿真技术在智能制造与数字孪生、智慧供应链、智慧城市、智能决策等领域应用的不断扩展，我们相信，本书中文版的出版可以帮助更多的人了解和掌握基于 agent 仿真的方法，并在实践中获得丰硕的收益。

本书可以作为高等院校相关学科本科生和研究生基于 agent 建模与仿真课程的专业教材或参考书使用。教师在课堂教学过程中，可以依据书中的案例模型进行功能拓展，并可以结合实际问题重设场景和参数，以获得针对性更强的模型。

本书所包含的相关建模理论和知识具有普遍性，不只限于 NetLogo 的应用，同样适用于指导使用其他基于 agent 的仿真建模工具，读者可以使用其他仿真软件独立建模，并与书中的模型进行对比分析，以验证自己所建模型的准确性。

本书由王谦和杨静蕾共同翻译完成。王谦负责第 0、3、4、5、8 章和附录的翻译工作，并对全书进行统稿，杨静蕾承担了第 1、2、6、7 章的翻译工作。

译者

2023 年 4 月于南开大学

幸运总是青睐有准备的人。

——路易斯·巴斯德

凡事起始之时，必细斟慢酌，以保平衡之道准确无误。

——弗兰克·赫伯特

当世界越来越紧密地联系在一起，呈现出纷繁复杂的形态时，我们也必须培养相应的能力管窥其中。当今我们所面临的很多问题都无法借助简单模型获取答案。高速计算能力的出现和普及，使得我们能够处理更复杂的问题，可以构建更复杂的模型，并使用它进行分析。由此形成了一个新的知识领域——复杂系统。本书旨在介绍复杂系统研究的一种简单方法——我们称之为"基于 agent 的建模"（agent-based modeling，ABM），它是一种基于计算机实验的科研新手段。

计算机的广泛应用导致了数据量的激增，新知识和新数据呈指数级增长，所有学科领域莫不如此。从物理学到化学，从生物学到生态学，从政治学到经济学，从管理科学到营销科学，科研人员正以远超往昔的速度采集数据。在拿到这么多数据之后，我们就可以研究关于复杂系统的问题了，迄今为止，我们还无法以数据驱动的方式对复杂系统进行研究。比如：众多物种如何通过影响和竞争来实现一个稳定的生态系统？我们怎样才能设计出能够与复杂社会进程协同工作并与之互动的机器人？

当这些复杂问题被提出，未来的科学家、研究人员、工程师、企业家、政治家等相关人士都被要求作答，那么复杂系统方法工具箱就是他们每个人必须掌握的，基于 agent 的建模技术在这个工具箱中占据中心地位。那些从事自然科学、社会科学与工程应用等领域的研究人员（如果有兴趣研究各自领域中的复杂系统问题），阅读本书可以获得一些关于 ABM[⊖]的基础知识。

本书将从广泛的学科领域中选取应用案例，以尽力呈现 ABM 方法的威力。我们将提供很多具备可操作性的案例，帮助读者理解如何使用 ABM 解决现实问题。我们编写本书案例的时候，遵从"低门槛，高上限"的指导原则[⊖]。也就是说，一方面，不需要太多的预备知识，读者就可以使用本书所提供的案例模型进行学习，另一方面，对于掌握了相关知识技能的读者来说，他们可以在案例模型的基础上进一步构建超级复杂的模型。

在帮助我们理解复杂系统方面，ABM 是一个有用的工具。虽然冠以"Introduction"（导论）之名，本书还是提供了必要的工具，以帮助读者研究问题，构建自己的模型。

本书的目标读者

由于 ABM 适用于诸多领域，因此本书可应用于广泛的情景中。本书若作为教材，既可

⊖　在本书中，ABM 既指"基于 agent 的建模"，也指"基于 agent 的模型"，读者可依据上下文自行判断。

⊜　这个原则最初是由 Logo 语言提出的。在附录中，我们介绍了 Logo 编程语言的历史。

以用于有关复杂系统研究的跨学科本科生课程，也可以用于介绍 ABM 的计算机科学相关课程。此外，本书还可以作为一些本科生课程（这些课程包含了关于 ABM 知识的教学内容）的辅助教材，由于所涉课程甚多，在此无法一一列出。本书中的一些内容曾经用于：自然科学课程，比如物理、化学和生物；社会科学课程，比如心理学、社会学和语言学；工程类课程，比如材料科学、工业工程和土木工程。为了尽可能全面地覆盖上述学科领域，我们对书中的案例进行了取舍，保证每个领域至少纳入一个典型案例。当然，为了满足这一要求，我们就无法针对某一个或几个领域进行深入的研究与探索。随着 ABM 研究与应用的发展，我们期盼针对特定领域进行深度探索的教材能够不断涌现。

本书编写之初，我们的目标读者是高年级本科生和低年级研究生，但是我们同时也希望本书能够被其他读者采用。阅读和学习本书内容并不需要太多的预备知识，无论是何种学科背景，只要对 ABM 感兴趣，都可以使用本书进行学习。同样，对于许多研究生课程来说，ABM 也是比较新的知识，我们期望本书可以作为不同领域研究生课程的补充教材来使用。ABM 方法在科研实验、商业领域、政治学领域的应用也在不断增长，我们期待这些领域的专业人士能从本书所提供的知识和案例中受益。本书所使用的材料是在过去二十多年间由 Uri Wilensky 和 William Rand 在他们各自的计算机科学和学习科学（Learning Science）的课程（本科生和研究生）中经过充分检验的，同时这些材料也在上述两位作者组织的数百个工作坊、研讨会以及夏校课程中使用过。

我们在原书名中特别强调了"natural, social, and engineered complex systems"（自然、社会和工程领域中的复杂系统）。自然系统涉及生物学和物理学领域，其中的复杂系统是自然演化而成的。社会系统包含众多可以彼此交互的个体，社会系统可以是自然形成的，也可以是人为干预的结果。工程应用系统是由人设计并达成特定目标的系统。

读者学习本书基本不需要什么预备知识。数学方面只需要代数知识即可，计算机方面不需要读者具有编程能力，在第 6 ~ 8 章中，我们假设读者具有基本的统计学知识，例如，知晓什么是正态分布。然而，我们希望读者能够对 NetLogo 有所了解，建议大家先去学习 NetLogo 软件用户手册中的前三个教程。NetLogo 可以从网上下载（http://ccl.northwestern. edu/netlogo/）[⊖]。

使用本书进行学习，需要读者阅读和编写软件代码，有些读者可能不具备此项技能。虽然相当多的人认为计算机编程是一项非常困难以至于无法完成的挑战，但我们数十年的教学经验表明，实际上所有学生都可以学会并使用 NetLogo 进行编程。我们希望书中的代码不会吓跑你，只要花点时间学习、阅读和编写代码，你就一定能够学会。我们坚信，只要花时间去学习，就一定会有收获。

NetLogo 与本书的关系

目前有很多不同的 ABM 语言，在我们编写本书的时候，NetLogo 的应用非常广泛。在现有 ABM 语言中，Swarm（圣达菲研究所开发）、Repast（Argonne 国家实验室开发）和 MASON（乔治梅森大学开发）是科研人员普遍使用的。很多 ABM 工具箱（包括 NetLogo）是开源的，可以免费获取。AnyLogic 是一个商品化软件，市场化很成功。还有一些 ABM 软

⊖ 本书使用的是 NetLogo 软件的计算机安装版。本书中的大多数案例模型都可以在基于浏览器的版本中使用，有一些则需要进行改写。

件工具包括 Ascape、Breve、Cormas、MASS、PS-I 以及 SeSam。此外，使用任何一种通用程序设计语言也可以构建基于 agent 的模型。当你使用通用程序设计语言（非基于 agent 的建模语言）建模的时候，模型的运行速度可能更快，但是模型的整个开发周期所花费的时间会比较长。

虽然书中使用的是 NetLogo 模型，我们针对所讨论的建模原理也提供了实际操作指导，并且提供了"伪代码"格式[⊖]，但是本书并不是 NetLogo 的教学手册。在对本书进行深入阅读之前，我们建议读者先去下载 NetLogo 软件（软件是开源且免费的，可以从 http://ccl. northwestern.edu/netlogo 处下载），然后浏览 NetLogo 手册中的入门介绍（可以在软件的帮助菜单中找到），其中包含三个示例（介绍模型开发的基本步骤和语法），这是学习除第 1 章以外其他各章内容所需的预备知识。NetLogo 用户手册（可以在 NetLogo 的帮助菜单中找到）是 NetLogo 软件最权威的参考文档，会定期更新和改进。我们也建议大家借助用户手册、接口、编程指南、字典以及 FAQ 进行学习。NetLogo 自带一个模型扩展库，读者从中可以了解常用编码模式（common code pattern）。"代码案例"（Code Examples）模型意味着这是一些简单模型，旨在向你展示常用编码模式。NetLogo 还提供了很多在线帮助资源（http:// ccl. northwestern.edu/netlogo/resources.shtml）。NetLogo 用户组（可以通过 NetLogo 的帮助菜单找到）是一个论坛，人们可以在那里发帖讨论关于 NetLogo 的问题。论坛社区的响应非常快，一旦你发帖提问，基本上马上就有人回复。建议大家在阅读和学习本书之前，首先订阅这个用户组。NetLogo 的另一个交流平台是 Stack Overflow（http://stackoverflow.com/ questions/tagged/netlogo），在那里你可以找到很多关于 NetLogo 开发的问题和答案。

我们在书中使用 NetLogo 案例模型，旨在具象化 ABM 的概念，这才是我们要讨论的核心内容。在进行概念化讨论的同时，我们把程序代码一行行地罗列出来，是希望在进行特定问题描述的同时，为读者呈现 ABM 应用的全景图。

选择 NetLogo 作为本书的 ABM 语言是有一些原因的。在解释具体原因之前，我们想让大家知道的是，本书对于学习和掌握其他 ABM 语言也是有用的，了解这一点很重要。即使我们编写的是一本与任何 ABM 语言无关的书，我们仍然需要在书中给出程序的伪代码，以此解释所要讲授的知识点。NetLogo 的设计理念之一就是易于阅读，因此我们认为 NetLogo 程序代码和任何一种伪代码一样，都是易读的；但是 NetLogo 相比伪代码来说又拥有一个巨大的优势——它是可以运行的，因此用户可以运行和测试这些案例模型。更进一步来说，现有多个领域的很多模型都是基于 NetLogo 开发的，因此，对于一个有经验的 ABM 建模人员来说，学习和掌握 NetLogo 并不是一件难事。

我们选择 NetLogo 有几个原因。本书第一作者 Uri Wilensky 也是 NetLogo 的设计者和开发者，他使用 NetLogo 及其前身进行 ABM 方面的研究、开发和教学超过 20 年。同一时期，他使用 NetLogo 进行课程教学以及工作坊授课。本书第二作者使用 NetLogo 进行工作坊授课以及开展 ABM 方面的研究也持续了很多年。两位作者对 NetLogo 软件了如指掌。更为重要的是，NetLogo 的设计原则是易于学习和掌握，如前所述，其核心设计原则是"低门槛，高上限"。

完全实现"低门槛，高上限"这两个目标是不太可能的，从根本上来看，二者是相互

⊖ 伪代码（pseudo-code）是一种介于文字描述与计算机代码之间的中间形式，常用于对软件运行过程和算法进行描述。

对立的。然而 NetLogo 距离实现这两个目标是最近的一个选择。没有任何一种 ABM 语言像 NetLogo 一样具有较低的学习门槛，所以说，它是学习 ABM 的一个理想的程序语言，并且已经在全世界范围内得到广泛应用。此外，NetLogo 还具有处理复杂系统问题的能力，它正在被很多科研人员和专家使用，并且经常用于前沿问题研究（详见 http://ccl.northwestern. edu/netlogo/references.shtml，其中包含部分使用 NetLogo 的研究论文列表）。在完成本书的学习之后，你就具备了使用 NetLogo 进行科研、教学以及其他工作的能力。通过学习 NetLogo，你可以成为一个更好的基于 agent 建模的人员 / 研究人员，无论最终你会使用哪一种 ABM 语言。

学习目标

本书制定了 10 个学习目标，大体上并行分布于全书各章及附录中。我们以问题的形式给出，读者在完成本书学习之后将有能力来回答以下问题。

0. 为什么 ABM 能够提供一种唯一且强大的内窥复杂系统的能力？

1. ABM 是什么？如何使用？

2. 用 ABM 可以构建哪些简单模型？

3. 如何在他人用 ABM 构建的模型⊖上进行功能扩展？

4. 如何构建自己的 ABM 模型？

5. ABM 的基本组件有哪些？

6. 如何分析 ABM 模型的运行结果？

7. 如何判断所开发的 ABM 模型与概念模型是否一致？如何判断 ABM 模型的运行结果揭示了现实世界的哪些问题？如何保证其他人使用我的模型能获得和我一样的运行结果？

8. 使用 ABM 模型进行数据导入和输出分析的高级方法有哪些？ABM 有哪些开放性研究议题？

9. ABM 根植和成长于哪些计算科学理论？

本书特色

本书各章的编写基本上都融入了以下三种方式：边学边练、专栏、习题。边学边练是指当我们介绍如何开发一个模型或者对某个模型进行扩展的时候，我们是在书中一边讲解原理，一边给出程序代码，而不是要求读者在阅读之后自行开发。本书第 2 ~ 7 章都是采用这种方式。这样一来，读者可以坐在计算机前边阅读边输入代码，然后运行模型。书中介绍的所有模型都可以在 NetLogo 模型库的 IABM Textbook 文件夹下找到。该文件夹是按照书中的章节名称和顺序进行编排的，该文件夹中的全部模型只是作为一个资源供读者使用，我们鼓励学生按照书本的指导自行建模，而不是直接使用现成的模型。书中提到的大多数模型都位于 NetLogo 模型库中，可以通过 NetLogo 的 File 菜单中的 models library 菜单项进行访问。模型库包含多个子文件夹，其中最重要的是 sample models 文件夹，该文件夹按照学科进行分类，比如生物学、数学、社会科学以及其他。本书中使用的所有模型及补充材料均可以在本书网站（www.intro-to-abm.com）获得，所有材料会定期更新。

⊖ 下面把用 ABM 构建的模型简称为 ABM 模型。

专栏提供更多的信息和概念。有三种专栏：定义型、探索型和高级概念。定义型专栏对讨论用到的词汇和术语进行定义。探索型专栏提供关于所讨论议题的额外探索型研究内容。高级概念专栏介绍超出本书需要但是读者可能感兴趣的概念。

在各章（第 0 章除外）最后，我们放置了习题。教师可以从中选取一些作为学生的课后作业。这些习题大致按照难易度排序，其中一些是开放性问题，另一些则约束条件较多。

本书最后设置了参考文献，文本型参考文献按照字母顺序进行排列，软件与模型参考文献按照章节顺序排列。

本书结构

我们用九章的篇幅加上附录对 ABM 进行了基础性介绍。本书内容可以分为三个部分：什么是 ABM 模型？如何构建 ABM 模型？如何分析和使用 ABM 模型？前两章（第 0 章和第 1 章）及附录介绍了为什么 ABM 模型是有趣和有用的（第 0 章），ABM 是什么（第 1 章），ABM 的起源（附录）——它们定义并介绍了 ABM 的适用领域。其后四章（第 2 ~ 5 章）介绍如何创建简单的 ABM 模型（第 2 章），如何对一个 ABM 模型进行扩展（第 3 章），如何构建自己的 ABM 模型（第 4 章），如何识别 ABM 模型的基本组件（第 5 章）——这四章构成一个整体，介绍构建 ABM 模型的方法。最后三章介绍如何进行 ABM 模型分析（第 6 章），如何校核、验证和复现 ABM 模型（第 7 章），如何使用 ABM 的高级特性，例如使用外部数据源（第 8 章）——这三章覆盖了 ABM 模型的应用方法。

如果读者希望全面理解和掌握 ABM 的相关知识，我们相信所有这些章节都是重要的。但是，如果你只是对特定内容感兴趣，那么这些章节可以重组使用。如果读者只是想了解 ABM 模型能够干什么，而对于如何构建 ABM 模型不感兴趣，那么我们推荐读者阅读第 0 章（概要介绍为何需要 ABM 方法）、第 1 章（介绍 ABM 如何使用）、第 6 章（介绍如何分析 ABM 模型）、第 8 章（学习使用 ABM 模型的高级方法）和附录（介绍 ABM 的起源）。如果读者仅仅想练习建模，则推荐阅读第 0 章（理解为什么需要使用 ABM 技术）、第 1 章（学习如何针对 ABM 提出问题）、第 2 章（如何构建简单的 ABM 模型）、第 3 章（如何扩展他人所建的 ABM 模型）、第 4 章（如何设计和开发 ABM 模型）、第 5 章（分析 ABM 模型的基本组件）。至于其他类型的读者，可以阅读以下更详细的章节介绍，从而筛选出最感兴趣的章节进行阅读。

第 0 章、第 1 章和附录：什么是 ABM 模型

在第 0 章，我们介绍了使用 ABM 模型的动机。我们介绍了现实世界中普遍存在的涌现现象，对相关文献进行了回顾，解释了为什么人们难以理解涌现现象。我们也探讨了 ABM 如何帮助我们了解那些非确定性的或者具有分散控制机制的现象。ABM 是一个有效的工具，这是因为模型所包含的本体与现实世界中的本体在表征形式上是一致的。因此，我们在 ABM 模型中可以使用非常自然的方式对复杂系统进行定义和描述。我们无须事先定义涌现行为和全局属性，相反，通过模拟模型中散布的众多 agent 之间的交互过程，这些全局属性就会呈现，并可以被我们观察到。这就为我们提供了一种探索现实世界的能力，并可以使用简单的方法理解复杂系统过程，即使对于物理学、化学和生物学中的基本现象也是如此。借助 ABM 技术，我们可以"重构"（restructuration）这些理论（Wilensky 和 Papert，2005，2010），这样不仅初学者更容易理解这些知识，专家也可以找到新的研究视角。

在第 1 章，我们以蚂蚁行为的研究作为开篇，分析如何针对蚁群构建 ABM 模型。ABM 的建模过程就是利用异质 agent 之间的多重交互构建复杂系统模型。借助 ABM，我们可以基于观察 agent 行为的经验性结果直接进行建模，可以依据所设想的机制构建模型，并研究这些机制是如何相互影响的。通过对模型进行检验，至少我们可以确信，如果模型是充分而且有效的，那么它就可以对我们所观察到的现象进行解释。通过蚂蚁模型，我们了解到科学家如何测试不同的设想机理，并且结合模型与观察结果，探讨其中哪一种机制可以更好地解释人们观察到的现象。

本书附录则从可计算视角介绍了 ABM 领域中相关研究、人才以及创意的发展历程。不同于其他基于确定性规则的方法，ABM 并不起源于某一特定领域。相反，ABM 差不多同时出现在多个领域，有些领域我们知道，有些不知道。ABM 的发展历程（如同很多 ABM 应用一样）和复杂系统过程很相似，它由散布于世界各地的诸多研究人员通过非线性的交流与互动助推而成。理解 ABM 的起源以及经典 ABM 模型的发展史，有助于确定 ABM 方法对于我们所研究的问题是否行之有效，以及针对某个目标现象如何进行 ABM 设计。

此外，附录还包含以下内容：ABM 为什么有用？ABM 是什么？谁可以开发 ABM 模型？第 0 章、第 1 章以及附录介绍了 ABM 的出现动机、主要概念以及发展历史。

第 2～5 章：如何构建 ABM 模型

在第 2 章，我们开发了几个非常简单的 ABM 模型，这些模型具有强大的特性。第一个是 Life 模型，这是生命游戏的 ABM 模型。该模型刻画了一些非常简单的规则如何生成有趣的现象以及涌现模式。接下来我们介绍了 Heroes and Cowards（英雄与懦夫）模型，该模型描述了规则的改变如何导致模型运行结果发生戏剧性的变化。最后，我们介绍了 Simple Economy 模型，这个模型揭示了简单 ABM 模型如何帮助我们研究现实世界。

在第 3 章，我们使用一个别人已经建成的 ABM 模型进行研究。模型的修改可以非常简单：增加一个可视化元素，观察模型中 agent 交互的有趣现象；在原有模型的基础上增加新的设计内容，使其展现一种全新的景象。通过模型的扩展开发，我们希望介绍 ABM 模型的四个特点：①简单规则可以生成复杂现象；②具有随机性的个体行为可以生成确定性的群体行为；③不需要核心领导者，复杂模式可以实现"自组织"；④针对同一种现象，可以使用多种方式建模，这取决于你重点要研究哪一方面的问题。

第 4 章告诉我们如何从草图开始建模。我们开发了一个名为 Wolf Sheep Simple 的模型，历经 5 个阶段终获完成。通过这个模型的开发过程，我们介绍了开发和设计 ABM 模型的一些基本概念，也阐述了 ABM 模型的很多核心特征，例如：模型可以包含不同的 agent 类型，可以包含环境与 agent 互动，以及资源竞争行为，等等。本章的核心内容是详细阐述 ABM 的关键设计准则。

在第 5 章，我们缩小观察尺度以获得更大的视角。首先，我们对 ABM 的组成部分进行分类并描述。经过分类之后，ABM 组件被划分为 5 个类别，即 agent、环境、行为交互、观察者 / 用户界面以及时间进度表。然后，我们对这些类别逐一进行了介绍。针对每一个类别，我们分析了构建 ABM 模型之前和构建过程中需要考虑的一般性问题。比如说，设计环境应该采用何种拓扑结构？agent 应该具有哪些属性和行为？在早期的设计规划阶段以及模型设计过程中，针对各类别组件的属性及其交互行为进行筹划是非常有用的。

此外，这四章深入分析了如何创建一个 ABM 模型，并且针对设计、建模以及组件选择等过程提供了一些基本的工具。阅读完这几章内容，你已经拥有足够的知识去设计和构建基本的 ABM 模型了。

第 6 ~ 8 章：如何分析和使用 ABM 模型

很多 ABM 模型都有一个特征，即它们会生成大量的数据。第 6 章讨论了如何检验数据，以便找到数据之间有意义的关联关系，并以此进行数据分析，这对于理解模型的行为是有价值的。我们探讨和介绍了如何使用统计指标、图形、地理学以及网络方法对模型结果进行分析。我们还讨论了针对一个模型进行多次仿真的重要意义，以及如何快速读完模型的参数空间，并最终确定模型行为的取值范围。

在第 7 章，我们介绍了建模过程中的三个概念：校核（verification）、验证（validation）以及复现（replication）。校核是比较应用模型与概念模型是否一致的过程，回答应用模型是否忠实遵从了概念模型。通过校核一个模型，我们发现建模人员理解了微观层面的规则和机制，并正确地写入了模型代码中。即使应用模型的涌现行为与模型作者的直觉或最初预期有所不同，只要经过了校核过程，就不能否认应用模型与概念模型的一致性。验证是将应用模型与现实问题进行对比的过程，旨在了解应用模型的运行结果是否能够帮助我们洞悉真实世界的相关现象。验证使我们具有了使用模型诠释真实世界的能力。复现是将一个科学家或者模型开发者公布的模型运行结果由另外一个科学家或者模型开发者重复再现的过程。复现是生成科学知识的核心环节，为此我们介绍了 ABM 模型的复现过程。总体来说，本章讨论了 ABM 模型与概念模型以及现实世界的一致性问题。

在第 8 章，我们介绍了关于 ABM 的一些前沿议题，以及前 8 章所介绍的方法如何进一步改善的问题。我们重点介绍了如何从社交网络、地理信息系统以及物理传感器等先进数据源中将数据导入 ABM 模型。此外，我们还讨论了如何通过将机器学习、系统动力学以及参与式仿真等与 ABM 模型进行集成来进一步提升其效用。在本章最后，我们讨论了 ABM 未来发展所面临的挑战。

在本书的最后三章，我们介绍了如何分析 ABM 模型，如何对 ABM 模型的结果进行校核与验证，以及如何在建模过程中纳入先进技术。当你完成建模之后，或者由他人对你的模型进行检查的时候，这些实践活动都是具有重要价值的。

致谢

本书在编写和出版过程中得到了很多人的帮助。Wilensky 首先要感谢 Seymour Papert——他的博士论文导师及同事，Seymour 最先提出了 agent 的概念，第一个使用了 turtle（乌龟）的图标，他关于计算改变科学发展和学习方式的说法鼓舞了很多人。Wilensky 还想对 Seth Tisue 致以深切的谢意，Seth 领导 NetLogo 软件开发的时间超过 10 年，他奉献了高质量以及简练的程序代码，由于他秉持程序代码的精练和精简性要求，使得 NetLogo 日臻完美。Wilensky 幼时的邻居 Isaac Asimov 在描述心理历史和完善涌现概念方面给予他很多启发。Walter Stroup 是一位不可多得的同事，他参与开发了 HubNet 参与者仿真模块。Stroup 和 Corey Brady 对我们将 ABM 模型与网络化参与者相融合起了重要作用。

Rand 感谢他的博士论文答辩委员会主席 Rick Riolo 和 John Holland，他们鼓励 Rand 置身于 ABM 的研究工作，并帮助他形成了关于复杂系统和 ABM 的很多规范化思想。Rand 还想感谢 Scott Page，他不仅是博士论文答辩委员会的成员之一，还对 Rand 的 ABM 研究工作提供了持续的帮助，并允许他在密西根大学本科二年级的相关课程中试用本书。此外，在由 Scott Page 和 John Miller 在圣达菲研究主持的硕士工作坊中，Rand 对 ABM 教学方法进行了研究。Roland Rust 凭借犀利的眼光，认为 ABM 对商业科学的价值和作用将日益增加，他还与 Rand 一起创建了商业复杂性研究中心（Center of Complexity of Business）。最后，也是最重要的，Rand 还想感谢本书合著者的大力支持，感谢他有勇气允许一个博士后参与编写这样一本不同寻常的书。

此外，在本书的编写过程中，我们从课堂内外也收获了很多有价值的反馈内容，其中 Wilensky 在西北大学所开设的 ABM 课程的几位助教贡献尤为突出，本书的很多内容经过了数年的教学检验：Forrest Stonedahl、Josh Unterman、David Weintrop、Aleata Hubbard、Bryan Head、Arthur Hjorth 以及 Winston Chang 仔细地检查了书中的材料，观察学生使用教材的反应，针对文字、程序代码以及课后习题给出了很多有帮助的建议和改进意见。美国西北大学互联学习和计算机建模中心的很多成员也给出了许多有帮助的反馈意见，包括 Seth Tisue、Corey Brady、Spiro Maroulis、Sharona Levy、Nicolas Payette。此外，Dor Abrahamson、Paulo Blikstein、Damon Centola、Paul Deeds、Rob Froemke、Ed Hazzard、Eamon Mckenzie、Melanie Mitchell、Michael Novak、Ken Reisman、Eric Russell、Pratim Sengupta、Michael Stieff、Forrest Stonedahl、Stacey Vahey、Aditi Wagh、Michelle Wilkerson-Jerde 以及 Christine Yang 协助完成了模型的解释工作。Forrest Stonedahl、Corey Brady、Bryan Head、David Weintrop、Nicolas Payette 和 Arthur Hjorth 针对每章后面的习题提出了很多有用的建议，这些建议有助于提升学生的实践能力。Wilensky 在塔夫茨大学的学生 Ken Reisman、Ed Hazzard、Rob Froemke、Eamon McKenzie、Stacey Vahey 以及 Damon Centola 投入了极大的热情，开发了多个好玩的应用程序。西北大学工程系主任 Julio Ottino 始终鼓励和支持我们，他坚信出版这本 ABM 教材十分重要。

许多同事与我们进行了鼓励性的交谈，这些谈话影响了我们的思考和写作。Danny Hillis 向我们介绍了 Thinking Machines Corporation 公司大规模并行模拟的初期设想。Luis Amaral、Aaron Brandes、Dirk Brockman、Joanna Bryson、Dan Dennett、Gary Drescher、Michael Eisenberg、Rob Goldstone、Ken Kahn、John Miller、Marvin Minsky、Josh Mitteldorf、Richard Noss、Scott Page、Rick Riolo、Roland Rust、Anamaria Berea 和 Bruce Sherin 都是我们的同事，我们之间进行了持续的启发性对话，这帮助我们进一步深化了本书的思想。Mitchel Resnick 是我们重要的同事与合作者，在 ABM 应用于教学、早期软件开发以及层级和涌现的作用等方面，给予了我们很多帮助。

NetLogo 的开发工作得到了美国国家科学基金会超过 15 年的经费支持，此外，Spencer 基金会，德州仪器公司，Brady 基金会，Murphy 协会，约翰·霍普金斯大学社会、行为和健康科学高级建模中心，西北大学复杂系统研究所也提供了支持。我们要特别感谢 NSF 的项目主管 Nora Sabelli 和 Janet Kolodner，多年来他们一直给予我们有价值的建议和支持。我们对 NetLogo 在 CCL 的开发团队致以诚挚的谢意，该团队由 Seth Tisue 领导，他一丝不苟的精神确保了 NetLogo 的产品质量。Spiro Maroulis 和 Nicolas Payette 为扩展 NetLogo 的网络能力做出了巨大贡献。Ben Shargel 和 Seth Tisue 领导了 BehaviorSpace 的设计，James Newell 领导了 NetLogo 3D 的设计，Esther Verreau 和 Seth Tisue 提供了协助。Paulo Blikstein、Corey Brady 和 Bob Tinker 在倡导将 ABM 与物理计算设备相结合方面发挥了影响力。CCL 的许多成员对 NetLogo 模型库做出了重大贡献。

本书中的许多材料以前曾在西北大学计算机科学系 Wilensky 的 ABM 课程中使用过。本书的早期版本被 Rand 用于德国 Mittweida 大学的夏季研讨会（作为夏季交流的一部分，由 Klaus Liepelt 领导），并在密歇根大学和马里兰大学的多个课程中使用。我们还在美国以及全球数百个 NetLogo 研讨会上试用了这些材料。我们也感谢多年来所有参与这些课程的学生，感谢他们的大力反馈与支持。

我们感谢几位本科生帮助校对了本书手稿，他们是 Ziwe Fumodoh、Nicholas Kaplan、Claire Maby、Elisa Sutherland、Cristina Polenica 和 Kendall Speer。感谢第二次印刷前进行勘误的 Nicolas Payette 和 Ken Kahn。感谢他们所做的工作，当然，书中的所有错误都由我们承担责任。

我们深深地感谢我们各自的配偶 Donna Woods 和 Margaret Rand，感谢她们在我们忙于写作和远离家人的许多日夜里给予我们耐心和支持。Wilensky 还要感谢他的两个孩子 Daniel 和 Ethan，感谢他们在父亲忙于写作而无暇陪同玩耍时表现出来的耐心。Rand 也要感谢他的孩子 Beatrice 和 Eleanor，他们在本书写作期间出生。

我们还要感谢西北大学复杂系统研究所（NICO）的支持，研究所对于本书的写作给予了鼓励，并在教材编写早期给予 William Rand 经费上的资助。马里兰大学史密斯商学院商业复杂性研究中心为 William Rand 提供了写作后半程的经费资助。

为什么需要基于 agent 的建模技术

> 有些人只能看到眼前的事物，然后疑问它们为何存在；我梦想着那些从未存在的事物，然后思考它们为何不存在。
>
> ——约翰·F. 肯尼迪
>
> 我认为下一个世纪应该属于复杂性科学。
>
> ——史蒂芬·霍金
>
> 我们塑造了工具，工具也塑造了我们。
>
> ——马歇尔·麦克卢汉 元帅

本书是针对基于 agent[⊖] 的建模（agent-based modeling，ABM）技术的一本入门教材，介绍 ABM 如何帮助我们深入理解自然界和人类社会，以及如何对社会问题进行工程化求解。在介绍 ABM 为何如此重要之前，首先请读者们简要了解一下 ABM 到底是什么。agent 是具有特定属性和行为的、具有自治能力的（autonomous）、可计算的（computational）个体或对象。ABM 是一种计算建模技术，通过大量的 agent 以及它们彼此之间的行为交互，针对某一种特定现象进行建模。在第 1 章中，我们将对 ABM 进行更全面的介绍。正如本书所述，ABM 可用于多种情形的建模，很少有 ABM 不适用的领域或者问题。因此，ABM 可以帮助我们探索和分析各种情境与条件下的诸多现象和方案。过去 20 年间，科学家在研究工作中越来越多地使用到 ABM。

作为导论，本章旨在让读者了解 ABM 是一种具有转化能力的表征技术（representational technology），这种技术可以帮助我们更早、更好地了解那些近似的论题；明白和分析迄今为止尚未解决的问题；开放性地利用计算工具洞悉系统问题的复杂性及其变化过程。鉴于此，我们相信对于学生而言，发展和掌握 ABM 技术是非常有用的职业和生存技能，我们致力于在全球范围内开展这项工作，从年轻学生到专业人士都是我们的服务对象。

本书是我们践行上述目标的一次尝试，旨在帮助不同专业的本科生和研究生了解如何在虚拟化环境中进行科学研究。为了实现 ABM 的全球推广目标，同时为了针对各类人群、诸多研究议题以及广泛的社会生态问题，我们认为还需要补充更多的教科书和学习资料。

⊖ agent 这个英文单词的最广泛含义是"具有基本感知能力、朴素决策能力和下意识行为能力的个体"，现有中文译法包括"主体""代理"和"智能体"等几种，近年来尤以"智能体"译法较为多见。我们认为，这几种译法都不能真实反映 agent 一词的准确含义。"智能体"令人感觉 agent 是拥有类人智慧和思维能力的个体。从本书或其他书籍中的 ABM 定义及相关案例来看，agent 取例非常宽泛，可以是飞鸟、走兽、车辆，甚至草地，我们不能说这些物体具有人类智慧和思维能力。当然，人类也可以被选作 agent，此时 agent 翻译为"智能体"似乎无妨，但是在很多情况下，人类 agent 的决策和活动是下意识的，并不是智慧思考或优化决策的结果。所以从最宽泛的角度来看，"智能体"的译法有失精准，对于初学者而言，也有误导之嫌。由此，本书统一对 agent 不做翻译，而是直接使用，特此说明。——译者注

　　ABM 是一类计算技术，它随着计算机技术的发展而日益成熟。强大的计算能力给人类生活的方方面面带来了戏剧性的变化，包括科学实践和科研议题的极大改变。随着可用算力（computational power）的增加，以及计算成本的降低，科学家能够完成过去根本不可能实现的计算和仿真任务。算力提升以及联网能力的突飞猛进，也使得海量数据的获取和分析成为可能。这些数据常常包含微观层面的信息，这使得我们可以从中管窥社会中的个体如何作为、生态系统中的动物如何生存，以及工程系统中的部件如何相互作用和相互影响。大量数据的汇集、低廉的算力，加上强大的网络互联能力，使得我们可以创建基于 agent 的模型，模型可以包含数百万个属性和行为已知的个体。此外，基于 agent 的模型是动态的、可运行的，从而可以为用户和模型之间的交互提供强大的能力。也许更重要的是，基于 agent 的模型便于人们理解，这是它的特殊优势。

　　针对相同的现象，基于 agent 的模型比数学模型更容易理解。这是因为，ABM 由个体对象组成，这些对象的行为规则简单，这和与之对应的、由数学符号构建的数学模型是完全不同的。在 ABM 的自然化描述中，我们通常定义可交互个体的体验过程，而不是微分方程中聚合型变量的变化率。在研究 agent 个体时，我们可以将自己的亲身体验或行为方式赋予它们，这样，我们构建 ABM 时所使用的程序开发语言和概念就可以更接近于人类的语言和思维方式。

　　进一步来说，表征化的建模方式以及科学实践的巨大变化，仍然未对全球教育带来显著影响。关于科技发展对于教育系统影响的滞后性，个中原因有很多。其中的一个障碍，就是这种变化所带来的收益并未被人们广泛理解。在本章中，我们以现有术语和认识论术语对 ABM 进行概念化的介绍，并将 ABM 与其他建模方法联系起来，以帮助读者理解 ABM 被广泛应用之后所能带来的好处。

　　作为概念化的第一步，让我们回顾建模工具和科学实践方法的历史演变，以及科学家和学习者由此获得的显著收益。我们找到的能够表达这个想法的一个最恰当的例子，就是从"罗马数字"向"印度 – 阿拉伯数字"的演变过程。我们认为，研究此类问题的系统化转变，以及研究科学史中那些推动科学发展的类似案例是非常重要的。通过研究这些演变过程，可以更好地理解其他的变化——例如 ABM 的推广和发展——如何加速人类对自然环境和社会系统问题的研究和洞悉，从而更好地理解我们所处的世界。我们使用 Wilensky 和 Papert（2010）的相关研究成果对这个例子进行表述。

0.1　一个思维实验

　　假设有一个国家（我们称之为 Foo），该国人民使用符号（例如 MCMXLVIII）表示数字，就像罗马人那样。该国科学家辛辛苦苦地针对科学问题进行精确量化计算，例如行星运动轨迹和运转动力。该国商人在进行财务核算时面临着很大的困难，小贩们苦于计算和度量工作，消费者要花费时间和精力去核对每一笔支出。受过教育的研究人员和政策制定者非常关心数字处理难题，他们致力于让更多国民掌握数字使用的技能。他们研究了很多种方法。一些研究人员研究了儿童容易犯的概念性错误和计算错误。例如，由于 CX 是一百的十倍（符号 C 代表一百），有些孩子就理所当然地认为 CIX 也是 CI 的十倍。一些人开发并研究了允许学生练习数字操作的计算机程序，另一些人开发出了物理教具——标记了 C、X、V 和 I 等字符的木块——帮助学生学习。该国教育部呼吁对罗马算术开展更严密的检验。还有一些人试图用进化论的观点来解释这个问题，他们推测也许人类天生就不擅长乘法和除法，或者这样的技能只适用于一小部分训练有素的专家。

　　不难想象，在这个思维实验中，有很多方法可以带来计算能力的显著提升。但是，让我们想象一下，如果在某个时刻，这个国家的科学家发明了"印度－阿拉伯数字"。这项发明开创了处理和思考数字的新方法。由于计数方法的改变，由此获得的数值计算能力的提升可能远远超过改进罗马数字系统带来的所有好处。从前，人们关于数字的知识鸿沟是巨大的，只有一小部分经过训练的人掌握了乘法运算。但是新的计数法发明之后，乘法运算就是每个人都能掌握的基本技能了。

　　以上例子说明的这种演化过程，在现代科学或教育理论中并没有专业术语与之对应。因此，第一步要对与从"罗马数字"到"印度－阿拉伯数字"的转变相关的创新进行命名。只说人们发明了一种学习和使用数字的新方法是不够的，即便在这个简单的例子中也是如此，由于这项发明，很多事情都发生了翻天覆地的变化。首先，经过这次转变，数字计算方法发生了变化，导致人们的思维方式随之发生了改变，对于数字领域的系统性认识也发生了变化。心理学上重要的表征值（即，使用 0 而不是 V 代表零）也将不同。其次，社会领域也受到了影响，比如"谁能胜任这项工作"这个问题也会改变（以前是皇帝专用的抄写员和算术师才能完成的工作，现在即使木匠或者小商人也能完成）。用现代术语来说，就是创建了一个新的学科结构（Wilensky 和 Papert，2010；Wilensky 等，2005）。我们后面将通过一些具体的例子来充实这一术语。但是现在，我们要给出一个基本的、正式的定义：**结构**（structuration），即某个领域的知识编码是领域知识的表征性架构的函数。在某个领域中，从一种结构形式转变为另一种结构形式，从而导致表征架构的改变，我们称为**结构化重构**（restructuration）。

　　人类历史上有很多结构化重构的例子。当然，以上思维实验也是有历史依据的，并非虚构。在欧洲，由"罗马计数法"转为使用"印度－阿拉伯计数法"发生在公元 1000 年左右，在那之前，很多欧洲人已经熟练掌握了"罗马计数法"。然后，由于罗马数字不适于表示较大的数值，也不适用于大数的乘法和除法，因此人们不得不寻求专家的帮助。公元 1000 年左右，欧洲的数学家开始使用"印度－阿拉伯数字"，他们很快就认识到使用这种方法处理大数值的好处。1202 年，数学家斐波那契（Fibonacci）写了一篇论文，介绍了"印度－阿拉伯数字"系统，从而推动科学界广泛接受了这套计数系统。然后，直到 16 世纪，"印度－阿拉伯计数法"才被欧洲普遍采用，这个结构化重构过程持续了近 500 年。为什么具备明显优势的计数法，要经过这么长的时间才被广泛接受？意大利商人也许可以帮助解释这个问题。中世纪的意大利商人都有两套财务账本：一套用于实际计算，采用"印度－阿拉伯数字"；另外一套采用"罗马数字"，用于政府机构核查，因为政府要求使用罗马数字。商人们不得不由第一套账本（使用"印度－阿拉伯数字"）转译出第二套账本（使用"罗马数字"）。商人们认为这样的翻译代价是值得的，这就说明了重组的价值。政府没有认可使用"印度－阿拉伯数字"账本的合法性，这是结构化过程快速传播的主要障碍。我们将这种限制结构化过程发展的阻力称为"结构惯性"（structurational inertia）（Wilensky 和 Papert，2010）。结构惯性会制约结构的转变，从而阻碍结构化重构进程。

　　类似的例子还有很多。在《转变思想》（*Changing Minds*，2010 年出版）一书中，DiSessa 介绍了运动力学的描述方式从"文本"向"代数"的转变过程。他通过 17 世纪科学家伽利略的故事介绍了这一重构化过程。在 1638 年出版的《关于两种新科学的对话》（*Dialogues Concerning Two New Sciences*）一书中，伽利略力图解决距离、时间和速度之间的关系问题。他花费大量篇幅介绍了有关这三个变量的四个定理。读者仔细阅读和分析这些定理之后，会惊奇地发现这四个定理只不过是简单方程 $D=VT$（距离等于速度乘以时间）的某种变化形式。作为望远镜的发明者、现代科学的奠基人，伽利略为什么对这个当今大多数中学生都容易理解的方程式进行如此不懈的研究呢？答案既简单又深刻：因为伽利略没有合适的代数表示法。他使用意大利语描述这些定理，然而，自然语言并不是表达此类数学方程的理想媒介。因此，运动力学经过从"自然语言表征"到"代数化重构"，把只有伽利略那样的智者才能理解的复杂而困难的思想，转变成了普通中学生都能理解的知识。

阿拉伯数字的推广，以及通过代数方式实现运动力学表示手段的变化，赋予了人们力量，推动了科学的重大发展，使更多的人能够理解从前无法企及的议题，获得以往无法拥有的技能。由此带来的前景是令人激动的：如果我们目前所面临的某些问题也能够实现这样的转变，可想而知，我们就能够进入和征服这些新的领域。如果代数方法能让中学生理解伽利略难以理解的东西，那么对于当前人们难以理解的问题，是否可以通过结构化重构，使之变得容易理解和处理？

0.2 复杂系统与涌现

今天，类似的问题还有哪些？哪些领域被认为是难以理解的，而且结构化重构的时机已经成熟？复杂系统就是其中之一。从名字来看，就说明它是一个难以探寻的领域。

我们所感知的难题具有多个认知维度，但其难度大小也受到人类需求的影响。随着中世纪商业的发展，对大数运算的需求越来越大，用罗马数字进行运算的难度日益突出。随着科学的发展，需要更精确地刻画天体及其运行，但是使用罗马数字描述天体运动变得愈发困难。如今，人类所处的世界变得越来越复杂，部分原因在于，在人类历史的早期，人类不必关注如此复杂的互动过程；人们只能通过研究简单系统和局部效应来勉强应对复杂问题。然而，随着科技的进步，人类逐步意识到，复杂系统的交互行为对人类生活的影响越来越大：亚马逊热带雨林的改变，对区域外国家会产生重大影响；某个国家不明智的财政政策会对其他国家带来显著的经济影响；某个演艺明星向互联网上传的短视频，可以让他几天内在全球范围走红。针对上述这些情况，复杂系统难以理解的问题变得更加突出。

然而，即使人们在生活中所面临问题的复杂度经年不变，对知识的不断追求最终将引导人们开展对复杂系统的研究。在对简单系统有了更全面的了解后，人类自然会尝试理解日益复杂的系统。例如，在简单的种群动力学模型中，人们假设一个物种的所有成员都具有相同的特征，但是，随着人们不断研究食物网络的复杂多样性以及个体之间的相互作用机制，成员特征的个性化定义就变得非常重要，上述假设就不再成立。如此说来，追求理解更复杂的系统，就是人类知识发展自然而然的结果。

随着知识的不断获取，人类得以创造更高级的工具，这些工具帮助人们提出并回答新的问题。如前所述，强大计算能力的实现，使得我们可以对复杂系统进行建模、仿真以及更深入的探察。

正因如此，复杂系统学科产生并逐渐发展壮大。复杂系统理论发展出理解世界复杂性的原则和工具，并将复杂系统定义为由多个相互作用的独立成员联合构成的系统，然而这些成员自身的聚合特征或行为是不可预测的。诸多分散化成员之间的相互作用，会产生一种被称为"涌现"的现象。**涌现**（emergence）是复杂系统的特征。"涌现"一词最早由英国哲学家和心理学家 G. H. Lewes 提出。他是这样描述的：

任何一个合力，要么是诸多力道之和，要么是诸多力道之差；当其同向，即为诸力叠加之和，当其反向，则为诸力抵减之差。进而，各合力的构成力道都在该合力之中有迹可循，因为诸力道都是齐次的、可度量的。然则，涌现不同于此，彼非将一个可度量的运动叠加到另一个可度量的运动之中，也非将一个事物叠加到另一个同类事物之内，乃是不同类事物的彼此融合。涌现不同于其构成成员，因这些成员是不可通约的（incommensurable），因而涌现不能归结为成员叠加之和或抵减之差（Lewes 1875）。

从 Lewes 开始，学者们致力于如何更完善地定义涌现行为，其中的有些定义比较简洁，有些则很复杂。我们将涌现定义为：**通过分散化的诸多成员之间的相互作用，所呈现出的新颖、连贯的结构、模式和特性**。涌现结构不能简单地由各成员特性推导得出，而是由成员之间的相互作用所产生。涌现结构虽然是系统的属性，但是它常常会反向影响系统的每一个成员。

涌现的一些重要特征包括：成员交互引起的全局模式的自发构建；系统中没有"指挥"或者"中央协调员"——微观层面的自组织结构（或自组织规则）使得宏观层面出现了一种"有序模式"（ordered pattern）。由于宏观结构是涌现的，而且系统由诸多成员构成，成员之间又是动态的，所以如果对这些成员进行干扰，其结果就是整个系统发生动态重组（dynamically reforming）。对涌现结构的另外一种解释是：系统成员并非实体，而是维持系统结构稳定的进程（process），在系统结构受到干扰之前，它们并不可见。某个具有突变（reformed）特征的结构体，即使它的系统结构保持不变，其涌现行为在不同时间也是不同的。因为，对于大多数具有涌现特征的结构体而言，在它的每一次突变过程中，随机性都会发生作用。从微观角度来看，这说明此类系统的构建规则不是确定性的。实际上，在很多复杂系统中，可能性和随机性进程对于系统秩序的构建发挥着重要乃至实质性的作用。

在复杂系统中，系统秩序的涌现是无法事先设计的。"秩序是无法创造的"这个思想在科学界和宗教界历来聚讼纷纭。近现代以来，"不经过设计的秩序是不可能存在的"这个观点的支持者认为，生命的多样性及无所不在的复杂性，不可能在没有"设计师"的情况下"偶然出现"。为了回击这种观点，复杂系统理论一直在寻找具有更高复杂性的系统，初看起来，这些系统的复杂度是不可简化的，但实际上，它们能够进行自我组织或者自我进化，而这一切都不是能够主观设计出来的。

0.3　理解复杂系统和涌现

我们曾经说过，对于一般人而言，理解复杂系统和涌现是困难的。特别是涌现代表了两种基本和持久的挑战。第一个难点是，在了解个体成员行为特征的基础上，如何推断出它们集聚在一起之后的聚合模式（aggregate pattern，也可译为聚合行为模式）。我们有时称之为群体考量（integrative understanding），因为它和微积分中微分累加的概念很相似。第二个难点在于，当聚合模式已知时，如何研究系统中每一个成员在聚合模式下的行为表现。我们有时将之称为个体考量（differential understanding），或称成员考量（compositional understanding），因为它与微积分中累积生成聚合图的微小元素类似。下面我们通过两个例子对这些概念进行说明。

例 1：群体考量

图 0.1 呈现了一个系统，该系统由多个相同的成员按照一定的规则组成。每一个成员都用一个小箭头代表。我们想象有一个滴答作响的时钟，在每一次滴答声中，这些箭头都要按照某个特定规则进行运动。首先，对系统进行初始化，使得所有箭头构成一个圆环（半径为 20 个长度单位），所有箭头均指向顺时针方向。然后，我们制定箭头的行为规则，令其在每一次滴答声中，都沿着箭头方向前进 0.35 个长度单位，再将每个箭头指向右转 1度。随着时间的延续，它们不断地前进 – 转向，一直沿着圆环的顺时针方向运动⊖。

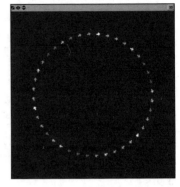

图 0.1　箭头围绕半径为 20 个长度单位的圆进行运动

如果稍微调整一下规则：前进步长不是 0.35 而是 0.5 个长度单位，偏转角度保持不变（仍然是 1 度）。想象一下，这些箭头的聚合行为会发生什么变化？继续阅读之前，请你花点时间思考一下这个问题。

事实上，大部分人都无法做出准确预测。有些人推测这些箭头将形成更大的圆，有些人则说会形成更小的圆，还有一些人预测这些箭头会构成花的形状，不一而足。实际上，最终会形成一个脉动变化的圆（pulsating circle），所有的箭头还是环形排布，但是圆的半径会发生改变，圆的面积首先膨胀，然后收缩，循环往复，如图 0.2 所示。

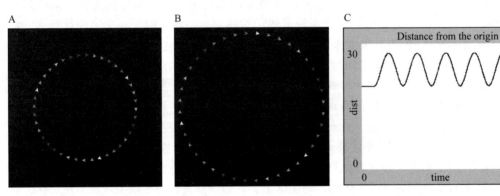

图 0.2　脉动变化的圆，半径在最大值和最小值之间反复变化

例 2：个体考量

现在让我们思考另外一个难题，即当聚合模式已知时，如何研究系统中每一个成员在聚合模式下的行为。在我们所处的环境中，有许多连贯、有张力、漂亮的图案，它们为什么会广泛存在？又是如何产生的？

理解这些模式形成的关键，在于了解其涌现性，此类涌现是在分散化的个体成员之间的交互过程中产生的。

结队飞行的鸟群就是其中之一。群鸟以各种形式结队飞行，从经典的 V 字形编队（例如大雁群，如图 0.3 所示）到大规模、高密度的椋鸟群（如图 0.4 所示，昆虫群也类似）。那么，

⊖　本例文字并未明确系统包含多少个成员（箭头）及其尺寸。但是在模型中，可以看到包含了 40 个箭头。——译者注

这些鸟群到底为什么会有这样的表现呢？

图 0.3　以 V 字形编队飞行的大雁群

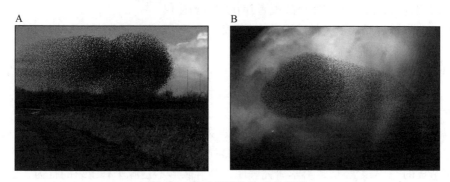

图 0.4　数千只椋鸟构成的鸟群

注：椋鸟群相关视频可以在如下网址找到：http://www.huffingtonpost.com/2013/02/01/starling-murmuration-bird-ballet-video_n_2593001.html , http://www.youtube.com/watch?v=PnywhC36UVY , http://www.youtube.com/watch?v=XH-groCeKbE, 或 http://www.youtube.com/watch?v=iRNqhi2ka9k。

　　另一种常见的模式是交通拥堵（如图 0.5 所示），这是社会现象而非自然现象。在拥有大量私家车的工业社会，交通拥堵的情况并不少见。通常认为，交通拥堵就是大量车辆的聚集，但是如果从高空俯瞰的话，交通拥堵看起来像是一个（透明的虚拟）物体沿着车流向后移动⊖。那么究竟是什么原因造成了交通拥堵呢？

图 0.5　交通拥堵

⊖　有兴趣的读者可以阅读参考文献（Wilensky，1997a）中所描述的 NetLogo 交通拥堵模型。

在 20 世纪 80 年代和 20 世纪 90 年代早期，Wilensky 和 Resnick 采访了很多拥有不同背景的人，询问他们如何解释上述现象。研究结果揭示了一种现象（认知模式），称之为"确定型 – 中心化的"（deterministic-centralized）思维模式，或 DC 思维模式（DC mindset）。这种思维模式起源于两个主要的经验发现：（1）在解释这些现象的时候，大多数受访者没有意识到随机性的作用，随机性被看作模式的破坏者，而不是模式的创造力量（D 成分，deterministic component）；（2）很多受访者认为这些现象源于中央控制者或指挥者（C 成分，centralized component）的精心安排。

当被问及为什么大雁群的飞行编队呈 V 字形，受访者大多回答"因为头雁排在队列最前面，其他成员只是跟着它"，或者"母雁领头飞，它的孩子们跟随其后"，或者"体型最大的大雁飞在最前面，可以将空气向后推动，有助于减轻后面大雁的飞行阻力，所以大雁按照强壮程度进行排队，最弱的大雁飞在最后"。类似地，当被问及交通拥堵如何形成的时候，受访者大多假设前方发生了交通事故或者存在雷达测速仪。

所有这些解释都反映了人们普遍持有的一种 DC 思维模式。受访主体认为系统中的成员受制于一种精心安排的秩序——某些社会组织自然而然地拥有这样的秩序；源于某种社群协议或特定的中心化原因。因而，受访者认为这些现象是确定性的：大雁队形源于长幼或者强弱次序；交通堵塞不会随机发生在一条道路的任何路段，只能发生在某个特定路段，因为那里容易发生交通事故或者有雷达测速仪。

可以肯定的是，交通事故或者雷达测速仪是发生交通拥堵的部分原因，然而，大部分交通拥堵是由于车辆随机驶入高速公路，并导致高速公路中的汽车数量和行驶速度发生不确定性变化所造成的[⊖]。与之类似，科学研究表明，鸟群队形不是源于有组织的行为，也就是说，并不是总有某一只特定的大雁居于 V 字形队列的队首位置，而其他大雁排布其后。因此，鸟类飞行模式的形成并不是确定性的，而是当鸟类沿着特定方向运动时，为了避免与其他鸟类发生碰撞，同时又不远离同伴的情况下，自发形成的[⊖]。我们将在第 7 章进一步介绍鸟群模型。

通过对采访结果的进一步分析，Wilensky 和 Resnick（1999）揭示出 DC 思维模式的一个关键要素，这个要素也是理解涌现现象的一个障碍：层次化思考的问题（problem of thinking in levels）。涌现现象至少可以从两个层面（level）加以解释：个体成员层（例如车辆、鸟、人，等等）、系统层（也称组合层，例如鸟群、交通拥堵、住房模式，等等）。大多数人无法区分这两个层面，而是把不同层面的属性混为一谈。对于 V 字形鸟群而言，其队形稳定且形状不变，这种稳定性总是会误导人们认为鸟群中个体成员的位置是固定不变的。然而，正如我们所见，这种误解源于人们没有将某些属性放置在它们本该所属的层面上，而是归入了另外的层面，即发生了"层级混置"（slippage between levels），由此造成了认识上的混乱。本例中，鸟群的队形是显性的，相对而言，每只鸟的行为则是隐性的。人们对于层次分析的自然而然的方式是"先总体，后个体"，即习惯于将总体的特征或特性强加在个体成员身上。在交通拥堵的例子中，相信大家对这种认知方式也不陌生：每一辆车行驶方式的聚合，形成了不同的交通模式。当想到"交通"一词的时候，我们会想着自己坐在车里，注意力在于自己的车辆如何行驶，如何躲避道路上的其他车辆。当遇到塞车的时候，我们很可能把自己想象为这台车，会想着在拥堵的车流中如何前进，在遇到停在前面的故障车辆时该

⊖　如果想了解交通拥堵是如何形成的，可以观看一个有趣的视频，网址为 http://www.newscientist.com/article/dn13402-shockwave-traffic-jam-recreated-for-first-time.html。

⊜　如需了解鸟群的 NetLogo 模型，可阅读 *Wilensky (1998)* 的论文。

如何反应，而不会想到，当塞车发生时，实际上，我们在整个车流中的位置是相对向后移动的。在交通拥堵的例子中，层次分析的顺序与鸟群正好相反：诸多个体成员（车辆）的特征，汇聚形成了系统的行为模式（阻塞）。这是一个群体考量失败的例子。

Wilensky 和 Resnick 对大量案例进行了分析，发现在这些案例中，"层级混置"是由于复杂现象的群体考量和个体考量两个因素造成的，并且存在于自然界和人类社会之中。然而，这种思维模式不仅是由于科学上的无知导致的，即使经过训练的科学家也会被 DC 思考模式所累⊖。Wilensky 和 Resnick 研究了大量的案例，涉及一系列领域和背景（例如，经济市场、捕食者与被捕食者的关系、黏菌行为、人类住房模式、晶体生长、昆虫觅食），在这些案例中，"层级混置"影响了人们的认识和理解，本书将介绍其中的一些案例，当然也包括一些新的案例。实际上，在过去 20 年间，研究人员发现涌现是自然界和人类社会所特有的现象，在 21 世纪，用涌现视角去理解和解释复杂模式是极其重要的。

0.4　使用基于 agent 的建模作为重构的代表性基础架构

根据"罗马数字–阿拉伯数字"重构问题进行类推，我们认为，新的、基于计算机的表示法能够帮助我们在很多领域进行知识重构。借助于计算机建模环境，我们可以模拟复杂模式，并能够更好地理解这些复杂模式如何在自然界和人类社会中发生和发展。在很多科学领域，人们以往使用的方法是对复杂问题进行简化建模，然后依靠先进的数学技术进行计算求解，如今，人们可以凭借计算能力，对系统中的数千个成员个体进行仿真，以了解系统的整体表现，这些成员个体，我们称为 agent。这就为我们提供了一种全新的、更具灵活性和柔性的方式，用于研究复杂现象，也就是说，通过模拟成员个体的行为，理解系统的整体表现。

基于 agent 建模是一种针对复杂系统的数值计算方法。名副其实地，基于 agent 的模型由 agent 组成，每个可计算实体均包含属性、状态变量和数值（例如，位置、速度、年龄、财富，等等）。在计算机屏幕上，通常使用"图形化标识"表示 agent，以便观察。agent 可以用来表示系统中的任何成员或元素。例如，气体分子可以看作 agent，它可以具有如下属性：质量（比如，30 个原子质量单位），速度（比如，10 m/s），运动方向（正面朝向与基准方向的夹角值）。相反，如果令 agent 代表绵羊，其属性可能包括速度（5 km/h）、重量（30kg），以及羊毛长度（这里只能用离散型的文字表示，而非使用连续数值）。除了这些属性以外，agent 还具有行为规则。对于代表气体分子的 agent，需要制定它和其他分子碰撞的规则；对于代表绵羊的 agent，需要制定它吃草的规则（如果周围有草可吃的话）。在基于 agent 的仿真模型中，可以认为存在一个全局时钟（universal clock）。在时间推进的时候，如果某些条件得以满足，系统中的 agent 就会按照规则行事，比如说，当 agent 处于盒子边缘，或者身边有草可吃的时候，如果时间继续推进，此时气体分子 agent 就会反向运动，或者绵羊 agent 开始吃草。基于 agent 的建模技术旨在创建能够生成目标行为的 agent 及其规则。然而有的时候，人们对于 agent 的行为规则不甚了解，或者只是想揭示系统的行为特征。在这种情况下，ABM 可以通过基于规则和属性的实验设计，帮助人们更好地理解某种现象。

⊖　Keller 和 Segal（1985）描述了黏菌的科学研究，以及它是如何被 DC 思维定形的。在生命周期的某些阶段，黏菌聚集成团。在早期的研究中，研究人员认为黏菌的聚集过程是由一个"创造者"或"领跑者"控制的，但是后来发现，聚集过程并不需要专门的"协调者"就能完成。然而，尽管有强有力的事实依托，有关"中央控制论"的争论还是持续了 10 多年才完全平息。

表征理论的一个工作假设，是任何被认为难以理解的东西都可以通过合适的表示法变得容易理解。我们认为，ABM 使复杂系统的重构成为可能，从而使得更多的人能够理解复杂系统并促进复杂系统科学的发展。该假设带来了一个挑战：人们能否设计出一种合适的表征性语言，同时支持以上两方面的主张，从而使得科学家能够用这种语言建立科学模型，同时使更广泛的受众能够访问（并理解）复杂系统？

本书所使用的计算机语言 NetLogo[⊖]由 Uri Wilensky 开发，旨在满足上述目标（Wilensky，1999）。一般来说，基于 agent 的建模语言被设计为"低门槛"（初学者使用它可以较快地解决有实际意义或者具有应用价值的模型）、"高上限"（科学家和研究者可以使用它设计尖端的科学模型）。NetLogo 从 Logo 语言中借鉴了很多语法，而 Logo 语言是面向儿童设计的，具有良好的易理解性。像 Logo 语言一样，NetLogo 将原型 agent 称为"游标"[⊖]。不同的是，在 Logo 语言中，用户可以直接使用"游标"绘出几何图形，而 NetLogo 语言中，这项工作由成千上万的"游标"完成。在 NetLogo 中，agent（游标）不是用笔绘图，而是通过它们的身体构成特定的图形，agent 按照规则移动，通过刻画它们的形体，将某种现象以图形方式表示出来。NetLogo 最早诞生于 20 世纪 90 年代后期，目前在全球范围内拥有数十万名用户。数千篇学术论文使用 NetLogo 创建和开发模型，应用领域非常广泛。除此之外，NetLogo 还被政策制定者用于政策方案筛选、商业从业者用于商业决策、学生用于课程学习，等等。一些大学和高中也开设了很多有关 NetLogo 的课程。

迄今为止，还没有一本教科书对 NetLogo 的所有特性进行了全面而系统的介绍，并展示如何使用它来对许多不同领域的现象进行建模。我们希望本书能够促进 ABM 的普及。我们设想将其作为基于 agent 建模课程的首选教材，也可以将其作为大学 agent 建模课程的补充教材。

进一步地，我们认为，大学的各个学科都可以从基于 agent 建模的基本思想中获益。某些学科领域从一开始就采用了基于 agent 的建模技术，比如化学、生物学和材料科学。然后，其他学科也接受了它，比如心理学、社会学、物理学、商学和医学。最近，在经济学、人类学、哲学、历史学和法学中，也看到了基于 agent 建模的进展。虽然不同领域有不同程度的结构惯性，但 ABM 的应用领域却不受此限制。并且，结构惯性的差异使得某些领域比其他领域更适于 ABM 重构。为了说明广泛的基于 agent 建模能力和重构的潜在力量，让我们简单介绍两个不同领域的例子："捕食者 – 猎物互动"（predator-prey interaction）模型和"森林火灾蔓延模型"。

案例：捕食者 – 猎物互动模型

让我们从研究捕食者和猎物的相互作用开始。这个问题通常在高中进行定性分析，在大学进行定量分析。在其量化形式中，一个简单的捕食者和猎物的种群动态方程由经典的 Lotka-Volterra 微分方程引入，如下所示：

⊖ NetLogo 可由网站 ccl.northwestern.edu/netlogo 免费获得。

⊖ 此处原文是 turtle，中文直译为海龟。我们认为，这个单词不能直接翻译。在 ABM 中，turtle 是指一个类似箭簇的图标，用于显示一个 agent，也就是说每一个 agent 在模型中都有一个与之对应的 turtle，用于显示它的动态过程。由于 Logo 语言面向儿童群体，因此使用了海龟图标表示其中的实体，并将这些图标命名为"海龟"，本书作者沿用了这个称谓。我们将其翻译成"游标"，也就是"可以游动的标识符号"，以还原其本意。后文亦有多处 turtle 不翻译，直接采用原文。——译者注

$$\frac{\mathrm{dPred}}{\mathrm{d}t} = K_1 \times \mathrm{Pred} \times \mathrm{Prey} - M \times \mathrm{Pred}$$

$$\frac{\mathrm{dPrey}}{\mathrm{d}t} = B \times \mathrm{Prey} - K_2 \times \mathrm{Pred} \times \mathrm{Prey}$$

第一个方程式的含义是：当捕食者捕获猎物（以常数 K_1 表示）时，捕食者数量就会增长，同时，捕食者数量按照死亡率（常数 M）减少。第二个方程的含义是：猎物按照出生率（常数 B）增加，同时，当猎物被捕食者猎获（常数 K_2）则数量减少。上述方程的解，类似于经典的正弦曲线，它显示了捕食者种群的循环特征：一个上升，另一个则下降。

如果你熟悉微分方程，这些方程是相当简单的；即便如此，这个问题的动力学机制却并不容易从微分方程中一窥全貌。我们仍需思考的是：捕食者是如何通过与猎物的互动而增加的？人们可以对这种增长的几个机制链进行推测，但是这些链条并不明晰，因为它们谁也无法回答，为什么速率 K_1 为常数的时候，捕食者数量会增长。

相比之下，使用 agent 表示捕食者和猎物（如图 0.6 所示），可以将模型进行简化。在基于 agent 的模型中，可以记录每一个捕食者和猎物的能量：它们移动的时候会消耗能量，进食之后能量增加；如果能量过低，它们就会死亡；如果能量足够高，它们可能会繁殖。当它们移动的时候，如果遇到食物（对于捕食者来说，它们的食物就是猎物），它们就会将食物吃掉。这些指令使用一种易于阅读的语言明确表述，它指示每个 agent 如何作为，并提供可视化模型界面。这种表示法使模型机制得以明晰呈现；因此，即便小孩子也容易理解。这种表示法也更容易被验证和测试。我们将在第 4 章详细探讨"捕食者 – 猎物"（Predator-Prey）模型。

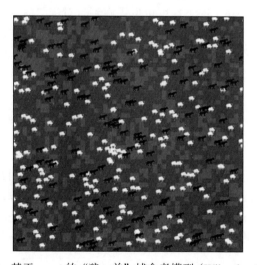

图 0.6　基于 agent 的"狼 – 羊"捕食者模型（Wilensky, 1997c）

基于 agent 的表示法有很多优点。首先，它不需要你掌握微积分知识。如果要求使用微积分对捕食者和猎物之间的互动作用进行推导，将会令学习建模的进入门槛相当高。在美国，只有很少的人学过微积分，熟悉微分方程的人更是少之又少。因此，微积分就像一个屏障，阻碍了大部分成年人和几乎所有儿童学习建模。然而，通过 ABM，"捕食者 – 猎物"模型可以被那些不了解微积分的人们所理解。当然，面对一群学过微积分知识的科学家，这个屏障就不存在了。即使面向这些科学家，要揭示这些方程式背后的机制，对其进行修订，并提出替代机制和新的方程式，往往也是有一定难度的。

"罗马数字－阿拉伯数字"表示法重构的例子，以及上面这个例子，可能会让读者认为我们是主张用 ABM 代替方程表示法。其实，这并不是我们的意图。基于 agent 的模型可以作为基于方程模型的强有力补充。ABM 是进入科学领域的特别有效的切入点，但与方程表示法相比，它仍然存在一些缺点。对于专家而言，方程式可以比 ABM 更简洁地表示一种现象。此外，当方程有解的时候，就可以直接计算出结果，而不需要使用仿真模型。当一个模型包含大量的 agent 时，其运行时间可能长到不切实际的程度，因此无法投入实际使用，而与该 ABM 模型相对应的基于方程式的模型，则可以通过设立很多假设使其简化，从而提升计算速度。应该看到，只有 agent 具有充分的同质性，这些简化才具有相当的合理性。需要指出的是，使用方程式计算出来的结果，是基于全部 agent 个体的度量指标的平均值。在本书中，我们将提供一些指导方针，回答什么时候 ABM 方法可能是最有效的，什么时候其他方法可能更好。总而言之，即便对于一个简单问题而言，研究不同的补充性求解方法，同样有助于我们更深入地理解这个问题。如果使用不同的求解方法，在不同层次的分析中发现了类似的行为模式，那么就可以更好地帮助我们确认所获得的求解结果。

ABM 方法有一个缺点，颇具讽刺意味。许多人更倾向于接受微分方程方法的表面价值，他们批判和怀疑 ABM 方法。由于 ABM 将系统内部运行机制具体化了，并且可以通过模拟进行过程推理和结果推演，批评的声音由此而起。比如说，有人会批评"捕食者－猎物"模型中无性繁殖处理的简单化或不切实际，或者批评捕食者和猎物互动过程的细节处理过于简单。这可能使批评者得出这样的结论：ABM 模型不太合理，基于方程的模型才更有效。但是实际上，基于方程的模型并不会更有效，因为它也是模型，而且是更加简化的模型。事实上，从生物学家 Gause（1936）的著作中可以了解到，对于"捕食者－猎物"这个问题，基于方程的模型并不比 ABM 模型准确。特别值得一提的是，基于方程的模型错误地度量了物种灭绝的问题，因为它使用实数来表示种群数量或密度。这意味着猎物的数量可以下降到0.5、0.1 或 0.01，然后这个数字还可以再增长回来。而实际上，种群数量只能是整数，并且是离散取值的。当模型中的猎物数量低于 1（或者雌雄一对）的时候，其种群数量就无可挽回了。

案例：森林火灾

我们所举的第二个例子，是关于森林火灾的蔓延过程。此类问题通常不会出现在高中或者大学的课程中。在课堂上，这个问题通常归属于物理学领域，可以使用两个经典的偏微分方程来描述。第一个是经典热力学方程，它描述了给定区域内热力分布随时间的变化情况，其中，θ 表示特定材料的热扩散率。

$$\frac{\mathrm{d}H(x,t)}{\mathrm{d}t} = \theta \frac{\mathrm{d}^2 H(x,t)}{\mathrm{d}x^2}$$

物理学家用来描述森林火灾蔓延的第二个方程，是把火看作一种可以流动的液体，因此使用流体运动的 Reynolds 方程。

$$\frac{\mathrm{d}U_i}{\mathrm{d}t} + U_j \frac{\mathrm{d}U_i}{\mathrm{d}x_j} = \frac{1}{\rho}\frac{\mathrm{d}P}{\mathrm{d}x_i} + v\frac{\mathrm{d}^2 U_i}{\mathrm{d}x_j \mathrm{d}x_j} - \frac{\mathrm{d}}{\mathrm{d}x_j}\overline{u_i' u_j'}$$

不用说，这些等式的表述远远超出了高中生以及绝大多数大学理科生的理解能力。要理解上述公式的含义及其计算过程，需要掌握大量的高级物理以及偏微分方程的相关知识。

使用 ABM 方法进行森林火灾建模（如图 0.7 所示），会与基于方程的求解方法有显著不同。ABM 通常将环境设置为单元网格，其中的一些单元格植有树木，而另一些则没有。模拟火灾的蔓延过程，只需给起火单元设定规则，告诉它们什么时候将大火蔓延到邻近的、植有树木的单元。这种表现方法是如此简单，即便小学生也能理解和使用。学生们可以通过实验来观察森林中不同密度的树木是如何影响火灾蔓延的，他们还可以对模型进行修改，以确定风、木材类型或火源地的影响。我们将在第 3 章探讨森林火灾（forest fire）的 ABM 模型，并进行相关研究。当然，这个过于简单的森林火灾蔓延模型并不适用于特殊火情[⊖]，但它确实有助于我们深入了解火情的动态演变过程，一旦我们了解了特殊火情的细节，就可以在森林火灾 ABM 模型的基础上，通过添加数据或调整规则，使之适用于新的情况。这样，科学家就能够更流畅地试验不同的火灾蔓延模型，并持续不断地完善这些模型。ABM 方法已经被用于模拟和扑灭真正的森林火灾（参见 www.simtable.com，该公司提供基于 agent 的包括野火在内的应急管理建模服务）。

图 0.7　一个基于 agent 的森林火灾模型（Wilensky, 1997b）

应用 ABM 对这些系统问题进行重构，有几个典型的好处。首先，ABM 使用离散表示法，而不是连续表示法，这种方法更容易理解，也更符合真实世界的情况，而且不需要太多的数学推导和计算。其次，ABM 更易于研究和修改，它们通过可视化实现实时反馈，允许研究人员和使用者在群体考量和个体考量（宏观和微观）两个层面上理解和评判模型。宏观层面展示的是综合叠加模式，例如火势蔓延或捕食者种群水平；微观层面展示的是动物个体行为或者火势在每棵树木之间的蔓延过程。这两个例子虽然突出了基于 agent 重构的一些优势，但是在这些例子乃至整个科学领域中，ABM 重构的全部潜力仍未得以完全呈现。

以上两个例子均来自自然科学领域。我们认为，ABM 重构的潜力在社会科学领域可能更为重要。这是因为，社会科学的核心表征基础结构由词汇和文本组成，但是文字和文本难以精确地定义和表征人们的思想，因此，对于相同的文本，不同的人也许会有不同的理解。此外，文字和文本并不是动态的表现形式，因此对于文字中所蕴涵的假设及其结果，文字本身不能给我们做出说明或答复。将具有动态特征的 ABM 方法用于社会科学问题，可以使问题假设变得明确，并对这些假设所导致的后果进行演示。如果有人想要反对你的模型，他就

⊖　比如危险品、易燃品火灾，就需要订立更复杂的规则和机制。——译者注

必须说明你的假设为何不正确或者具有哪些缺失，或者指出交互逻辑存在何种缺陷，否则这种指摘就是无效的。ABM 模型可以作为测试不同方案或多种假设的试验台。当我们准备发布一项政策的时候，需要快速测试不同的可能场景对政策实施的效果及其后续影响，此时ABM 模型就特别有用。因此，ABM 是文本解释的有力补充工具。

在过去的 20 年里，本书几位作者一直致力于改善和完善 NetLogo 工具软件，并在基于agent 的重构领域进行不懈的研究。我们参与了各个层次学校的基于 agent 的重构项目，涉及范围涵盖了自然科学、社会科学和工程领域。"重构"在许多不同的领域展开，包括认知和社会心理学、语言学、生物学、化学、物理学，等等。基于 agent 的模型现在也应用于医学和法律领域，并被决策者使用，以帮助他们研究备选方案的实施效果。

要建立具有代表性的基础设施和 ABM 科学体系，仍然有许多工作要做。目前急需提升人们对基于 agent 建模的认识和应用能力。我们希望，本教材能够推动上述目标的达成，使大量的学生学习和掌握这种新的方法和技术。我们计划编写一系列教科书，使基于 agent 的建模方法重构用于更多的问题领域。希望本书有助于推动基于 agent 建模思想的传播，促进各领域模型的重构，使得基于 agent 建模的技术和方法能够快速普及和应用。

什么是基于 agent 的建模技术

1.1 蚁群

一只蚂蚁睁开眼睛，环顾四周，看到附近有很多同族兄弟姐妹，家里已经没有食物了，它饿了，于是从蚁穴爬出来，开始寻找食物。它左右闻了闻，四周没有食物的味道，只好继续游荡，经过几个同伴的身边，它们现在对它不感兴趣。为了找到食物，它继续前行。左闻闻，右闻闻，嗯……好呀！它闻到了一些令人愉快的信息素的味道，于是向信息素气味最浓的方向爬过去。按照以往的经验，信息素最浓的道路尽头，往往会有食物。果然，沿着这条小道，它找到了美味的食物。于是，它搬起一些食物，一边往蚁穴走，一边在路上留下自己的信息素。在返回蚁穴的路上，它遇到了许多同族伙伴，伙伴们注意到它留下的信息素，于是沿着信息素导引的路径向前走，重复同样的过程，直到将食物全部搬回蚁穴。

以上有趣的一幕，就是蚂蚁的觅食过程，也是一种描述蚂蚁行为的模型。所谓"模型"，是指对流程、对象或事件的抽象描述。模型可以采取许多不同的形式。然而，某些形式的模型比其他形式的模型更容易管理和操控。上一段文字描述类模型不适合研究蚁群的行为，比如说，如果所有蚂蚁都遵循以上描述的行为，那么蚁群的整体表现会怎样？我们很难从一只蚂蚁的文字描述模型中推断出此类问题的答案。文本模型没有足够的能力来回答这些问题。此外，文本模型属于固定性描述，即所有个体具有相同的"行为模式"，因而无法通过文本模型窥探蚁群行为的多变性。同时，也不能使用文本模型描述蚂蚁之间、蚂蚁与环境之间的相互作用，即无法进行组合研究。

有一种方法可以使过程模型更具一般性，从而能够对整个蚂蚁种群的行为进行深入了解，这就是基于计算形式的模型。"计算模型"（computational model）是指在给定的输入条件下，依据某种算法形式，对输入值进行计算，最终得到输出结果的模型。在计算模型中，可以很容易地使用 Ants（蚁群）模型，通过计算大量蚂蚁的个体行为，了解和分析整个蚁群的行为，还可以观察不同输入情境下的蚁群行为输出。

"模型实现"（model implementation）是指将文本模型[⊖]转换为计算机仿真模型的过程（用某种形式的计算机"代码"编写模型）。除了文本模型之外，描述过程、对象或事件的概念模型还有许多其他形式，例如流程图模型、示意图模型等，但这些都不是计算形式的模型。

计算模型的描述方式使得系统过程可以很容易地通过软件编程实现，因为它是从一个特定的角度对系统进行描述，也就是从一只蚂蚁或者一个蚂蚁 agent 的视角起步，对整个蚁群进行研究。在计算机仿真中，agent 是指一个具有特定属性、状态及行为的独立个体。

刚才所说的蚂蚁就是一个 agent：它的属性包括外观、运动速度等；行为特征包括移动、嗅探、获取食物和释放信息素等；状态特征包括是否携带食物（一种状态，使用二进制表示），以及能够感知的周围环境中信息素的浓度（一种状态，可以具有多种取值）。

⊖ 更一般的说法是概念模型（conceptual model）。

　　基于 agent 的建模（ABM）是一种能够描述 agent 行为的计算模型[⊖]。ABM 按照简单的规则对个体 agent 行为进行编码，这样就可以观察到这些 agent 交互的结果。这种技术可以用来对各种过程、现象和情境进行描述和建模，在描述复杂系统行为的时候，这种技术的优势更为突出。本书旨在帮助读者创建和修改基于 agent 的模型，并对模型结果进行分析。我们首先构建一个蚂蚁觅食行为的概念模型，然后将其转化为基于 agent 的模型。

专栏 1.1　复杂性与复杂系统

　　复杂系统研究已成为重要的科学前沿议题。所谓复杂系统，是指由许多分散的、相互作用的组件（part）构成的系统。复杂系统研究或复杂科学兴起于 20 世纪 80 年代中期，所研究问题来源于经济学、物理学和生态学等多个领域。复杂系统科学为观察事物和现象提供了一系列工具和框架。任何现象都可以视为复杂系统，但是何时使用复杂系统理论去研究现实世界中的现象，取决于采用复杂系统科学的视角和方法进行研究是否最为有效。基于 agent 建模是复杂性科学的一个重要方法。基于 agent 建模和复杂系统的历史将在后面的章节中进行更深入的探讨，ABM 的计算机科学起源将在附录中介绍。

1.1.1　创建蚂蚁觅食模型

　　许多生物学家和昆虫学家在野外观察过蚂蚁的行为（Hölldobler 和 Wilson，1998；Wilson，1974），他们描述了蚂蚁如何在食物源和巢穴之间创建路径。在以下段落中，我们将提出蚂蚁觅食行为的假设，并说明使蚂蚁找到食物的机制[⊖]。蚁穴到食物源之间的路径可能是这样形成的：一只蚂蚁找到食物后，返回巢穴、放下食物，并和蚁后进行交流，然后蚁后告诉其他蚂蚁关于食物的位置，并让它们去收集食物。假设研究人员注意到，觅食成功的蚂蚁在离开巢穴之前，从未与任何"上级"蚂蚁交流过，他们可能由此推断出蚂蚁的食物搜集过程不是以集中管理或集中控制的方式进行，而是以分布式控制方式进行的（Bonabeau 等，1999；Deneubourg 等，1990；Dorigo 和 Stützle，2004）。

　　另一种可能的假设是蚂蚁不与"中央管理者"交流，而是与其他蚂蚁直接交流，并由那些蚂蚁在整个巢穴中"扩散"有关食物源的信息。我们有理由相信这样的假设可能是真的，因为蜜蜂就使用类似的方式。当蜜蜂找到食物后，它会返回蜂巢，并通过复杂的舞蹈，将食物源的位置告知其他蜜蜂（Gould 和 Gould，1988）。然而，尽管蚂蚁确实有一些方法可以在同类之间直接传递信息（Hölldobler 和 Wilson，1998），但是大多数物种并不采用这种方式。实际上，根据科学家的观察，带着食物返回巢穴的蚂蚁和空手而归的蚂蚁在行为上鲜有不同。大多数空手而归的蚂蚁所要做的，只是再次离开巢穴，重新开始寻找食物，蚂蚁的行为几乎与它们找到食物之前的行为完全一样。由此可以推断，蚂蚁之间一定存在某种其他类型的交流方式，否则蚁群就无法有效地收集食物。在 20 世纪中叶，生物学家 Wilson（1974）发现，携带食物的蚂蚁与没有携带食物的蚂蚁，其行为略有不同。携带食物的蚂蚁在搬运食物的过程中会在地面上释放一种化学信息素。信息素的扩散和挥发会对环境造成

　　⊖　策略与行为不同，策略表达的是特定环境下采取的行为。因此，策略的变化通常会导致行为的改变，但行为的改变不一定是策略变化的结果。

　　⊖　我们对蚂蚁行为的描述受到蚂蚁科学研究的启发。为了便于说明，这里仅做概要性的介绍，详情详见 Theraulaz & Bonabeau（1999）的文献著作。

影响。

信息素是否才是蚂蚁之间进行交流的关键？找到食物的蚂蚁，通过向环境中释放信息素，借以传达食物源的信息，其他蚂蚁会根据信息素的强弱，沿着这条路径追踪并抵达食物源⊖。这不仅可以解释蚂蚁路径的形成，也可以解释观察到的其他现象。比如说，如果蚂蚁直接交流食物源信息（比如前两种假设），那么所有的蚂蚁都必须与发现食物源的那只蚂蚁进行交流，或者和与这只蚂蚁有过交流的那些蚂蚁进行交流。然而，信息素假设不需要如此复杂的交流网络。实际上，觅食中的蚂蚁只需在途中捕捉到信息素的踪迹，就可以正确抵达食物源。蚂蚁之间不需要直接沟通。这也就解释了为什么蚂蚁不会直接走向食物源（即，蚂蚁不会像蜜蜂那样排成一行，直接奔向食物源），相反，蚂蚁只会沿着大致的方向行走。这是由于不同地点的信息素浓度是不一样的，而这与地表特征和信息素的曝露时间有关（参见图1.1）。

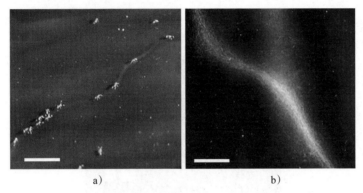

a)   b)

图1.1　蚂蚁觅食路径。法老蚁在烟熏玻璃表面上留下的信息素路径网络。a为显示信息素网络中部分信息的网络（标尺长度：1cm）；b为某一路径的放大图（标尺长度：0.5cm）

注：Jackson等（2004），获得《自然》杂志出版商Macmillan公司的许可。

以上论述的一个前提假设，就是无论蚂蚁离开巢穴多远，它们都知道如何回家。通过将观察所获得的经验与计算模型相结合，科学家们已经证实，蚂蚁可以通过太阳、天空的轮廓以及地球磁场，确定返回巢穴的最直接路径（Wittlinger等，2006；Hartmann和Wehner，1995；Lent，Graham和Collett，2010）。

迄今为止，我们已经做出了关于蚂蚁行为的相关假设（以文字形式记录），那么该如何将其转换为计算模型，并使用这个模型对所作假设进行检验，从而对蚁群觅食的自然现象做出合理解释呢？⊖第一步，需要针对前述文本模型，使用更加数学化的方法进行描述，"数学模型"是关于这个问题的另一个模型，它比文本模型更易于应用，但是问题本身不会因为描述形式的不同而发生丝毫改变。以下给出的规则是为蚂蚁个体量身订制的，这些个体需要按照文本模型中描述的行为模式进行交流。下面以蚂蚁的视角和口吻对这些规则进行描述：

1. 如果没有携带食物，我会检查当前所在地是否有食物。如果有，我就捡起来；如果没有，我会闻闻附近是否有信息素。如果发现了信息素，我就会沿着信息素最强的方向行走。

2. 如果携带着食物，我会向巢穴方向行进，并沿途释放信息素。

3. 我在原地随机地稍微调整一下方向，然后前进一步。

⊖　通过改变局部环境来传递信息的交流过程称为"共识主动性"（Grasse，1959）。

⊖　将计算模型中的数据与实际数据进行比较的过程称为验证。我们将在第7章对此进行深入讨论。

这些规则很容易通过计算机语言实现。计算机语言种类繁多，使用目的各有不同，但是只有少数几种计算机语言专门用于处理基于 agent 的模型，NetLogo（Wilensky，1999a）是其中之一。NetLogo 是一种便于构建基于 agent 模型的计算机语言和开发环境。实际上，NetLogo 非常容易使用，它不是描述算法和模型的伪代码语言[⊖]。本书将以 NetLogo 作为建模工具。对于之前介绍的那几条规则，使用 NetLogo 可以直接实现。以下是规则 1~3 的 NetLogo 语言转换：

```
if not carrying-food? [ look-for-food ] ;; if not carrying food, look for it
if carrying-food? [ move-towards-nest ] ;; if carrying food turn back towards the nest
wander                                  ;; turn a small random amount and move forward
```

以上虽然只是模型的代码片段，但却是 Ants 模型的核心组成部分。为了完成这个模型，还需要进一步描述模型中的子组件（subcomponent），例如 "move-towards-nest"（返回巢穴）、"look-for-food"（搜寻食物）和 "wander"（徘徊）。其中 "look-for-food" 描述蚂蚁对信息素的嗅探过程。每个子组件只包括少量的代码，整合起来就是一个完整的计算模型，模型的运行结果如图 1.2 所示。

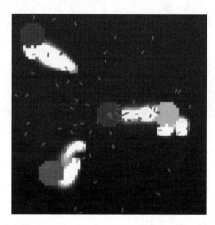

图 1.2　基于 NetLogo 的蚁群觅食模型（http://ccl.northwestern.edu/netlogo/models/Ants (Wilensky, 1997)）

让我们快速浏览程序代码并理解其含义。if 语句用于输入情境的判断（真或假），如果条件为真，则执行某个动作；如果条件为假，则执行另一个动作。程序代码中的第一个 if 代表蚂蚁是否携带食物，如果它没有携带食物，那么采取第一个行动，也就是寻找食物。寻找食物是通过检查蚂蚁当前所在地是否有食物来实现的，如果所在地没有食物，蚂蚁会环顾四周，检查附近是否有信息素痕迹，以便沿着该痕迹找到食物（上述过程在 "寻找食物" 中描述）。如果这只蚂蚁携带了食物，则采取第二个行动，即返回巢穴。为了回到巢穴，蚂蚁首先确定自己是否已经在巢穴之中，如果是，它就会放下食物，否则就沿着路径返回巢穴，因为携带着食物，所以它还会沿途释放信息素。无论是处在寻找食物还是返回巢穴的过程中，蚂蚁都会沿着它要去往的方向随机徘徊。就像所有的动物不会总沿着直线行走一样，为了模拟蚂蚁的这种行为，需要让它向着目的地方向蹒跚前进。

学完第 3 章之后，你将能够自己动手对这个模型进行修改，学完第 4 章之后，你就能够自己构建这样的模型了。

⊖　伪代码是介于文本和计算机程序代码之间的一种中间形式，常用于描述计算过程和算法。

专栏 1.2　探索蚂蚁觅食模型

　　为了更深入地理解这个模型，在 NetLogo 中打开 Ants 模型（Wilensky, 1997）（该模型可以在 NetLogo 模型库的 Biology 部分找到）。打开模型之后，会看到一组控件，操作这些控件就可以调整模型参数。试着改变一些参数的值，例如，POPULATION（种群）、DIFFUSION-RATE（扩散速率）、EVAPORATION-RATE（挥发速率），等等。进一步地，你还可以阅读有关模型描述及实验设计的附带信息。在改变模型参数的时候，请你考虑以下几个问题：

　　1. 挥发速率如何影响蚂蚁形成觅食路径的能力？如果没有挥发会发生什么？

　　2. 扩散速率如何影响蚂蚁形成的路径？

　　3. 蚂蚁数量如何影响蚁群消耗食物的能力？

1.1.2　Ants 模型的仿真结果及观测

　　对于那些只了解蚂蚁个体行为规则的人来说，Ants 模型的运行结果也许会令其惊讶。显而易见，模型结果的"聚合行为"或"宏观行为"代表了整个蚁群的觅食行为。人们可能以为蚁群好像有一个清晰的方案，确定食物应该如何采集。然而，我们已经看到 Ants 模型的规则中并不包含任何系统性的觅食方案。仔细观察模型的运行过程就会发现，起初蚁群中的蚂蚁是随机游动的，然后一些蚂蚁漫游到附近的食物源。一旦它们找到食物源，就会将食物带回巢穴，并在沿途留下信息素。如果只有一只蚂蚁找到食物源，则该路径所含的信息素强度不足以让其他蚂蚁跟随；但是随着越来越多的蚂蚁找到同一个食物源，这条路径上的信息素浓度就会越来越高。最终，通过许多蚂蚁的行为，巢穴和食物源之间将形成一条信息素浓度很高的路径，因此，任何一只蚂蚁都可以由此很容易地找到食物源。

　　蚁群似乎能够以最佳方式找到食物源。也就是说，它们首先从离巢穴最近的食物源收集食物，然后是稍微远一点的食物源，依此类推。这似乎是蚁群精心设计的一个方案，但是从蚂蚁规则中可知，事实并非如此。实际上，仔细观察这个模型就会注意到，有时一些蚂蚁和其余蚂蚁的行动方向几乎是相反的，这些蚂蚁会用信息素创造出另一条通向更远的食物源的路径，从而分散正在较近食物源搬运的一部分蚂蚁。蚁群没有集中的掌控者，相反，距离蚁穴最近的食物源，很有可能被在巢穴四周随机游荡的蚂蚁最先发现。最近的食物源需要最少的信息素，因为从巢穴到食物源的路径最短。一旦有足够数量的蚂蚁找到了某一个食物源，这些蚂蚁留下的信息素就会将这条路径确定下来，从而吸引更多的蚂蚁⊖。当该食物源中的食物被完全搬空之后，蚂蚁将不会在这条路径上继续分泌信息素，那么这条路就会慢慢被遗忘，蚂蚁也会四散开来，寻找其他食物源。

　　上述寻优方法可以应用到很多领域。从许多方面来看，蚁群似乎在探索新食物源和开发利用现有食物源之间实现了平衡（Dubins 和 Savage, 1976）。在任何未知环境中活动的实体，必须花费一些时间探索周边环境，以了解不同的行为会产生怎样的结果，还需要花费一些时间开发和利用环境中的资源，也就是从验证过的行为模式中选取一个，以获取最大的回报。一方面分配大量蚂蚁开发最近的食物源，另一方面安排一些蚂蚁继续探索新的食物源，蚁群成功地实现了探索与开发的平衡。

　　⊖　信息素浓度的增加吸引了越来越多的蚂蚁来到路径附近，这反过来又增加这条路上的信息素浓度。这是一个正反馈过程，第 7 章将对此深入讨论。

然而，蚂蚁针对食物源构建的"路径"，所展现出的"最佳"行为模式，以及探索和开发之间的"平衡"，并没有"写入"任何一只蚂蚁的行为之中。没有谁告诉蚂蚁要建立一条路径；没有谁告诉蚂蚁要先去最近的食物源；没有谁指派一些蚂蚁寻找新的食物源，同时安排另一些蚂蚁继续开发现有食物源。"路径""最佳"和"平衡"等特征都不会被编码到任何一只蚂蚁的行为之中，这些都是模型的"涌现"现象（Holland，1998；Anderson，1972；Wilensky 和 Resnick，1999）。运行 Ants 模型之后，读者会很容易发现，这些低层级的规则可以创建出丰富且最佳的全局模式。然而，科学史上充满了错误的观念，科学家们一度认为复杂现象蕴含着复杂的组织结构和集中式的领导（Resnick，1994；Wilensky 和 Reisman，2006；Wilensky 和 Resnick，1999）。相反，ABM 模型使我们了解到这种复杂现象是可以在没有集中管理的情况下通过自组织来实现的。

专栏 1.3   涌现与涌现现象

涌现是许多基于 agent 的模型所展现的典型属性，主要是指系统所呈现的整体特性并没有在个体层级进行特定编码。在个体层级进行编码的行为，可能会使系统在宏观层面表现出令人惊讶的结果。实际上，大多数人遇到涌现现象时，往往意识不到这种现象出现的原因，而是将其解释为确定性、集中控制的结果。复杂系统的特征是其具有"涌现现象"，即看似相当复杂的模式，通常可以由简单的规则生成。在构建基于 agent 的模型时，读者可能会对 agent 规则的简单性感到惊讶，构建基于 agent 的模型，关键在于找到可以产生涌现现象的简单规则。

1.1.3　Ants 模型的价值

Ants 模型是本书中基于 agent 的模型的第一个例子。通过该模型，我们了解了基于 agent 的模型的运作方式，那么，我们从中可以获得哪些知识并对该模型实施有效利用呢？表面看来，模型所做的唯一事情似乎就是将某个特定的文本模型进行了可视化。然而，我们认为基于 agent 的模型的用途主要有 8 个：①问题描述；②因果解释；③进行实验；④提供类比的途径；⑤交流 / 培训；⑥为科学对话提供焦点目标或核心议题；⑦验证方案；⑧进行预测。

模型虽然是对现实世界（或真实系统）的描述，但它仍然是一类简化的描述过程，不会包含现实世界中存在的所有细节和不一致性。所有模型都是对现实世界的粗略描述，事实上，描述得过于细致的模型是没有用的，因为它们与现实世界难以区分，无助于人们对复杂系统的理解（Korzybski, 1990）[⊖]。如果某个模型涵盖了真实系统的方方面面，那么直接观察现实系统会更有效，还能够节省构建模型所花费的时间。模型的作用是帮助人们理解和检验现实世界中存在的某些现象，这比直接观察现实世界更易理解，也更有效。即使你从来没有观察过真正的蚁群，Ants 模型也是有用的——即使不借助观察法，模型也能帮助你寻找和验证各种假设，并得到你想了解的行为结果。

模型可以用来指出现象背后隐含的运作机理；可以证明假设机制是充分的、有效的，不会影响对所观察现象的正确解读；可以告诉人们某些事情是有可能发生的（即使这些事情从未发生过）。比如说，通过建立 Ants 模型并观察其运行结果，可以证明，蚁群能够在没有集中管理的情况下，表现出诸如"路径""最优""平衡"等特征（Resnick & Wilensky, 1993；

⊖　阿根廷作家博尔赫斯（Borges）有一篇奇幻的短篇小说（1946 年），其前提是地图与实际地形一样大。

Resnick，1994；Wilensky 和 Resnick，1999）。这些特征都是较低层级机制的涌现结果。ABM 的一个主要功能是诠释"涌现"的强大力量。一般来讲，人们很难理解简单规则如何导致复杂现象的产生，ABM 正是建立两者之间联系的强有力工具。即使上述假设并不是蚂蚁实际的工作方式，Ants 模型也可以说明这些假设是一种可以运行的机制。人们还可以通过模型对比不同的假设。例如，我们可以依据前面讨论过的其他觅食行为假设构建计算模型，并将其运行结果与现有 Ants 模型以及现实世界的观察结果进行比较，以给出最合理的解释。

模型使得实验工作更加便利。一方面，可以通过重复运行模型，记录其运行过程和输出结果的变化情况。有些模型每次运行结果的变化很小，而另一些模型则表现出路径依赖特性（详见第 7 章和第 8 章），故而每次运行结果可能存在较大差异。另一方面，可以通过改变模型的参数值，以观察这些参数及其取值对模型运行和输出结果的影响。例如，在 Ants 模型中，可以改变信息素的挥发速度，以此观察它对蚂蚁的行为有什么影响。同样，还可以在环境中放置光源，以便蚂蚁能够根据光源的位置计算路径，从而更详细地模拟其返回巢穴的行为。在这里，我们再给大家介绍一些关于蚂蚁行为的最新研究方法和成果，比如说，假设蚂蚁知道它们的腿长，可以借此计算如何返回巢穴（Wittlinger 等，2006），我们可以据此修改 Ants 模型，然后通过仿真实验获得新的输出结果，并对其进行研究。因此，基于 agent 的模型使我们能够轻松修改系统的不同机制和属性，并观察这些修改对系统整体行为的影响。通过调整模型的属性或参数，并观察它们对系统行为的影响，可以将模型的输出行为分为两类：输出机制（output regime）和特征输出行为（characteristic output behavior）。

模型提供了类比能力。模型是对现实系统的简化，所以即使现实世界的各种现象随时间变化、不尽相同，通过简化了的模型还是可以找到这些现象的相似之处。这样，就可以将在一个领域中获得的推理应用到其他领域。例如，1996 年，学者 Schoonderwoerd 将 Dorigo 教授对蚁群的研究演化为一类优化工具，他认为蚂蚁高效寻找食物源的问题，与计算机网络中数据包高效发送到目的地的问题十分类似（Schoonderwoerd 等，1996）。一旦创建了这个类比，就可以更深入地研究蚁群，并从观察结果中创建更好的算法来控制数据包的发送行为。根据蚁群行为进行算法设计，已成为计算机科学中一个独立的领域，即蚁群优化（Dorigo 和 Stützle，2004）。

基于 agent 的模型是一种交流和培训的工具。我们可以向从未见过蚁群的人展示 Ants 模型，他们可以借此探索蚁群的行为。模型为人们提供了一种培训工具，它封装了现实世界中依靠观察不易获得的知识。此外，基于 agent 的模型能够拓展人们已有的知识和能力，使得学习者可以像科学家一样进行实验。如果一个人对某个机制的工作原理提出一个假设，那么他就可以在模型中纳入这个假设，看看是否可以用它解释观察到的行为。Wilensky 及其同事（Blikstein 和 Wilensky，2009；Levy 和 Wilensky，2009；Sengupta 和 Wilensky，2009；Wilensky，1999b；Wilensky 和 Reisman，2006）很好地验证了 ABM 的价值和魅力，它使学生能更深入地理解科学并参与其中。

Ants 模型为科学界提供了一个焦点对象（focal object，用 Seymour Papert 的话说就是"一个思考的对象"[1980]），使人们能够探讨蚁群的行为。Ants 模型令人们关注生成蚂蚁行为的重要机制。首先，可以探讨哪些机制对于蚂蚁行为的产生最为重要，删除或添加不同的假设将如何改变蚁群的行为。然后，可以通过修改指定机制的代码并运行模型，来检验不同的假设。由于所使用的是计算模型，因此不存在像文本模型一样的歧义（不同的人阅读之后会有不同的理解）。基于 agent 的 Ants 模型为人们提供了一个"玻璃箱"（而不是"暗箱"），通过它,人们可以观测和检查蚁群的行为,并讨论和验证假设机制是否有效。更一般地,基于 agent 的模型为人们所研究的问题提供了一种明确表述的工具,因此不仅在科学界广泛应用,在政策分析等其他领域也应用广泛。

模型有时会展现一些新的现象,这些现象不一定在真实世界发生过,而是通过模型计算获得的思维实验。有些人可能不会用"模型"这个词来描述这种人为设计的计算工作,但许多科学家确实把它们称为模型。这类模型的经典例子包括:元胞自动机、分形和粒子群。我们会在本书中研究这些模型,并将在下一章介绍经典的元胞自动机模型。

依据常识来看,计算机建模的主要目的是进行预测。实际上,人们经常通过建模,研究未来可能发生的情况。某种意义上讲,任何建模工具都可用于研究未来,基于 agent 的模型也不例外。与其他模型一样,基于 agent 模型的预测能力取决于输入数据的准确性,当研究的是复杂系统的运行结果时,尤其如此。对于复杂系统而言,输入值的微小变化通常会导致输出结果的巨大差异。使用模型准确预测尚未发生的事件,是一件比较困难的事情。很多时候,虽然建模者声称使用模型可以预测系统的输出结果——例如蚁群系统,但是实际上,他们只是使用模型描述了以往的行为模式——比如哪个食物源会被首先消耗完,或是使用模型解释未来可能出现的某种模式——例如蚂蚁会如何在地面上移动。有时,建模者的初衷是对未来进行预测,但是最终,他们发现模型所提供的解释能力和描述能力更为重要。特别地,基于 agent 的模型与其他模型的区别在于,其设计本身就是为了理解、阐释复杂现象,而这些现象通常是传统方法无法解释的。

目前为止,我们一直在讨论 Ants 模型及其运行结果。它只是基于 agent 模型的一个例子。基于 agent 的模型有很多种,从生物学模型到政治制度模型,再到粒子互动模型。既然称其为"基于 agent 的模型",那么它的关键元素或组件是什么呢?迄今为止,我们已经介绍了设计一个特定模型(Ants 模型)的过程,接下来,让我们更为正式地再次介绍什么是基于 agent 的模型以及如何使用它。

1.2　什么是基于 agent 的建模技术

对于前文介绍的 Ants 模型来说,ABM 的优势只显露了很小一部分。一般来讲,所有基于 agent 的模型都有一套切实可行的建模方法体系。现实中相当多的现象是可以通过 agent、agent 所处环境以及二者之间的交互关系这三个要素进行有效建模的,而这也正是 ABM 的核心思想。agent 是具有特定属性、行动和目标的自治性个体或对象。环境(environment)是诸多 agent 进行互动的场所,可以是一个几何图形或一个网络,也可以是来自真实世界的某个场景。agent 之间、agent 与环境之间的交互作用可能是非常复杂的。不仅 agent 之间的交互行为会随着时间的推移而改变,而且每个 agent 所采取的行动策略也会随时间变化而变化。这些相互作用通过信息交互来表达。通过彼此之间的信息交互,agent 可以更新其自身状态或采取某些行动。本书的一个目标就是探讨 agent 的不同性质、用途以及它们之间的交互作用。

1.2.1　基于 agent 的模型与其他建模方法之比较

基于 agent 的模型与其他模型有何不同?最常见的科学模型是以方程形式构建的。Parunak、Wilensky 及其同事(Parunak 等,1998;Wilensky,1999b;Wilensky 和 Reisman,2006)讨论了 ABM 和 EBM(基于方程的建模方法)之间的差异。二者之间的一个区别是,由于 ABM 的建模对象是一个一个的个体，这些个体可以不同（拥有不同的属性或属性值），因此可以用于模拟异构群体（heterogeneous population），而 EBM 通常假设所研究群体中的个体都是同质的（homogeneity）。实际上，在许多模型尤其是社会科学模型中，异质性发挥着关键作用。此外，针对个体进行建模的时候，个体之间的相互作用以及输出结果通常是离散而非连续的。连续型模型并不总是能够很好地描述现实情况。例如，使用 EBM 构建的种群动态模型将种群视为连续变量，然而实际上，任何种群都是由一个一个的个体组成的，因而个体的数量是离散取值的。在模拟种群动态演化的时候，了解这个种群是否具有可持续性是非常重要的。比如说，如果狼的数量少于两只，狼群就无法继续繁衍下去。但是 EBM 可能不会考虑这个因素，EBM 模型的连续性与实际种群的离散性之间的不一致，会导致“纳米狼”的问题（Wilson，1998）。因此，EBM 模型只有在种群规模巨大、空间效应不重要的条件下才适用（Parunak 等，1998；Wilensky 和 Reisman，2006；Wilkerson-Jerde 和 Wilensky，2010）。

相比 EBM，ABM 的另一个优点是建模者不需要具备关于聚合现象的知识，也就是说，不需要知道个体行为会导致怎样的全局结果。但是在使用 EBM 建模的时候，需要建模人员充分理解聚合行为，以便进行聚合输出与所作假设之间的一致性检验。例如，在狼和羊（捕食者–猎物）的例子中，建立 EBM 需要了解狼群和羊群之间的（聚合）关系。如果想要将聚合现象转译为数学方程，例如经典的 Lotka-Volterra 方程组（Lotka，1925；Volterra，1926），建模者必须具备微分方程方面的知识[⊖]。相反，建模人员只需要了解个体的狼和羊的常识性行为，然后通过 ABM 为这些个体编写简单的规则，就可以通过模型仿真观察到这些个体行为聚合之后的结果。因此，即使你没有关于聚合变量如何交互的假设，仍然可以构建模型并获得输出结果。

基于 agent 的模型描述的是个体，而非个体之间的聚合现象，所以 ABM 方法更符合现实情况。因此，向没有受过特定建模范式训练的人员解释 ABM 模型要容易得多，不需要特殊培训就可以理解基于 agent 的模型，这是非常有用的，如果在建模过程中，所有的参与者都能够非常容易地理解当前所构建的模型，其意义不言而喻。此外，对于像 NetLogo 这样的 ABM 语言，它的语法非常易读，即使没有建模知识的人员也可以读懂模型代码，从而可以及时了解模型开发的进展，这有助于提高模型的可验证性[⊖]。这种“玻璃箱”式的建模方法（Tisue & Wilensky，2004）使得所有感兴趣的人都可以参与模型基本组件研究的讨论。

最后，ABM 的输出结果比 EBM 生成的结果更为翔实。ABM 可以同时提供个体层级和群体层级的详细信息。由于 ABM 是针对个体及其行为决策进行建模，因此可以追踪模型中任何一个个体的历史轨迹和生命进程，或者将个体聚合起来观察总体结果。“自下而上”的 ABM 方法与“自上而下”的 EBM 方法相反，后者只能显示系统的群体聚合行为，无法提供关于个体的任何信息。许多 EBM 模型会对某个因素进行假设，所作假设可能会直接影响或导致其他因素发生意想不到的变化，ABM 则通过涌现现象间接描述因果关系，以获得系统运行的整体结果。

⊖　微分方程通常使用另外一种建模方法，即系统动力学建模方法，它可以为方程提供离散近似解。第 8 章我们将对系统动力学建模进行深入探讨。

⊖　如果开发完成的模型与概念模型相匹配，则认为模型通过了验证。当然，由于概念模型和完成的模型是不同类型的实体，因此不能说模型被完全验证，但是可以说模型在一定程度上得到了验证。

1.2.2　随机性与确定性

与常用计算模型一样，基于 agent 的模型的一个重要特征，在于随机性可以很容易地被引入到模型中[⊖]。EBM 和其他建模技术要求模型中的每个决策都必须是确定性的，而基于 agent 的模型则无此要求，与之相反，在 ABM 模型中，决策可以不是确定性的，可以遵从特定的概率分布。例如，在 Ants 模型中，当蚂蚁游历的时候，其前进方向并不是确定的，相反，蚂蚁每前进一次，都会随机地、或多或少地改变前进的方向，其结果就是，每只蚂蚁都遵循一条独特的、不规则的路径。在现实中，蚂蚁的行动可能会受到海拔的微小变化、周围是否存在树枝和石头等障碍物，以及太阳光的影响。建立一个包含所有因素的模型将会非常烦琐，也与待研究问题的特定环境（环境中有几棵树、有无溪流、温度如何，等等）密切相关，不符合模型的一般性要求，因而并无实际意义。此外，建模的真正目的是了解蚂蚁如何觅食而不是如何移动，所以确定性因素过多的模型未必能提供更好的答案。因此，使用随机数作为对实际情况的近似，同样可以得到问题的正确答案。

"随机型" Ants 模型比 "确定型" Ants 模型更容易描述。如果向一个从未见过 Ants 模型的人解释这个模型，我们可以说，每一次蚂蚁都会随机调整前进方向，而不需要具体描述模型如何考虑所有可能涉及的环境因素。这种简化还能加快模型的开发进度，因为不需要花费时间对所有细节进行建模。将来，如果我们认识到蚂蚁的确需要对它们所处的环境做出更确定性的决策，那时再将这些新的确定性知识引入模型，也毫无问题。因此，虽然模型因为包含随机性而只是对现实世界的一种概念上的近似，但是在将来，我们仍然可以向模型中增加额外的知识，从而提高其真实性。

最后，在对复杂系统的工作原理知之甚少的情况下，要构建一个确定型模型，多数时候唯一可使用的模型就是带有随机因素的模型。ABM 和其他可引入随机性的建模技术是研究这类复杂系统的关键手段。

1.2.3　何时使用 ABM 最有效

不同情况下，每种建模工具都有各自的优势，但是 ABM 比其他建模技术更具优势。ABM 可用于模拟任何自然现象（例如，可以通过描述亚原子粒子的相互作用来解释各种现象）。在某些场合，构建 ABM 的成本超过了所能获得的收益，而在另一些场合，收益对于成本而言又是非常可观的，有时候成本和收益却又相差不大。我们可以使用一些常用准则，帮助厘清何时使用 ABM 才更有效。这些准则可以看作指导方针，而非特别的对策或 "规则"。多数情况下，必须依据具体情况进行判断。

对于具有大量同质 agent 的系统，比较好的模型通常包括平均场论或系统动力学等聚合模型，因为它们能更快地为群体问题提供更精确的解决方案（Opper 和 Saad，2001；Forrester，1968）。比如说，如果你关心的是房间里的温度，那么就没必要追踪每个分子及其历史变化轨迹。另外，如果待研究的问题只包含几个相互作用的 agent，也没有必要使用 ABM，这时只要写出 agent 之间相互作用的方程即可。例如，两个台球的碰撞过程，只需要使用作用力方程进行描述即可，不需要使用 ABM。根据经验，当存在中等数量（数十到数百万）的交互型 agent 时，ABM 才是最有效的（Casti，1995）。

⊖　计算机是确定性的机器，并不能表现真正的随机性，而是 "伪随机性"。第 5 章将对此进一步探讨。

　　基于 agent 的模型更适用于异质 agent 的情况。例如，对股票市场中交易和事件的建模需要更丰富、更详细的个体行为的支撑。不同的股票交易代理员具有不同的风险阈值，因此在相同的环境状态下，不同的交易员可能做出不同的决策。即使在 Ants 模型中，虽然蚂蚁都具有相同的行为规则，但它们在位置、方向、食物携带状态等方面也不尽相同。当 agent 是异构的，并且这种异构性影响系统整体性能的时候，使用 ABM 将非常有效。由于 ABM 能够在个体层面上跟踪和描述每个个体，因此它比诸如系统动力学之类的建模技术更加强大（Forrester，1968；Sterman，2000；Richmond 和 Peterson，1990）。系统动力学建模方法需要为具有不同属性的每组 agent 创建单独的"水平变量"，但是当所建属性的数量太多的时候，就很难进行模型的构建、跟踪和集成。而 ABM 只要求指定 agent 的属性，不需要跟踪所有可能的 agent 类型，这为复杂系统提供了更简洁的工具。因此，当 agent 是异构的时候，使用 ABM 尤其有益。

　　异质 agent 能够实现不同 agent 之间非常复杂的交互过程。这是因为，我们既可以设定无限多的 agent 类型，也可以制订一些简单的 agent 交互规则，由此可以构造非常复杂的交互网络。此外，由于 ABM 可以保存 agent 交互过程的历史记录，因此 agent 可以基于历史事件调整自身行为甚至策略，然后观察这些行为或者策略调整对于系统输出的影响。例如，在合作演化的 ABM 中，通过持续不断地与特定 agent 群体（group）进行交互和学习，agent 个体可以修改它的行为。在交互过程中，agent 有可能逐渐不信任这个群体，也可能做出对该群体更有利的行动。这样说来，对自适应 agent 的复杂交互过程进行建模时，ABM 是非常有用的。

　　同样，当 agent 之间的交互过程非常复杂的时候，ABM 也是有用的。进一步来说，当 agent 与其周围环境存在复杂交互过程的时候，ABM 也是适用的。ABM 模型中的环境通常由静态 agent 组成，因此对"agent–环境"之间的交互过程进行建模，与对"agent–agent"之间的交互过程建模，具有同样的能力和效力。例如，在描述鱼类生态系统的 ABM 模型中，渔民可以辨识出某个地方，他之前曾经在此捕捞过，因此决定这次不在这里捕鱼，而是换一个地方捕鱼。这种"agent–环境"之间的交互过程，使得相关的地理和位置信息被包含在模型中，因此相对于不包含地理信息的模型而言，我们可以获得更丰富的数据。鱼群模型中，在较大区域内，鱼群数量在一段时间内呈现稳定状态，这有两种可能：一种可能是每个子区域的鱼群数量都比较稳定；另一种可能是不同子区域的鱼群数量有增有减，但是经过汇总均衡之后，整个区域的鱼群数量基本保持不变。因此，包含环境和地理数据的 ABM 模型能够生成更为详尽的信息。这使得 ABM 能够描述空间的异质性，而不只是生成空间的同质聚合结果。

　　与 EBM 或其他建模方法相比，ABM 可以通过丰富的时间概念提供更加详细的信息。在 ABM 中，模型针对每个 agent 及其交互过程进行建模，这些交互过程的发生是有时间顺序的，也就是说，某个交互过程发生在其他交互过程之前或者之后。因此，ABM 超越了对系统的静态刻画，可以让使用者更好地理解系统的动态行为特征。这样，ABM 可以随时提供丰富详细的系统运行描述，而不仅仅是系统运行的最终结果。例如，在股市模型中，你可以观察个体（持股者）在一段时间内买卖股票的情况，而不仅仅是股票价格的变化。通过实施细化的时间概念，ABM 极大地扩展了模型对于细节的描述能力，而不仅限于以结果为导向。

1.2.4   ABM 的权衡

虽然 ABM 有一些其他建模方法所不具备的优势，但是在特定情况下，选择建模方法其实就是在恰当的时间选择恰当的工具，因此，ABM 并不适用于所有情况。

比如说，ABM 模型的计算量较大。模拟成千上万的个体 agent 需要很强的计算能力。相比之下，EBM 模型计算简单，通常只需要反复的数学计算（迭代计算），当然这仅仅适用于简单模型，而对于复杂的方程模型，可能需要花费与 ABM 一样多的计算时间。另外，获得丰富的个体数据所付出的代价，是运行 ABM 模型所需的计算成本，要获得个体 agent 的演变记录并对其进行追踪，往往需要 ABM 使用额外的算力。例如，在 Ants 模型中，我们可以编写一个简单的方程来描述食物的收集速度与巢穴距离之间的关系，然后通过这个模型，就可以观察单个蚂蚁的行为，并了解它们如何形成通往食物源的路径。然而，任何建模或仿真都面临一种权衡：更详细的结果和更细化的模型，必然需要更多的计算资源，因此需要人们在模型的详细程度以及有限的算力之间进行权衡。但是，一个构建良好的 ABM 模型，有可能会减少求解模型"黑箱"部分所需的算力，这一点可以通过恰当地运用方程控制模型中的密集计算组件来实现。当 ABM 模型的运行结果与实际情况有较高的吻合度时，"黑箱"也就透明了。

模型包含的细节越多，建模者所作的权衡也就越多。在有关 EBM 的文献中，"自由参数"（free parameter）是指由决策者决定取值的变量。例如，在 Ants 模型中，信息素的挥发速率是可以修改的，这就需要在模型中增加一个自由参数。与 EBM 相比，ABM 显然包含更多用于控制细节的自由参数。校准这些自由参数并确保它们设置正确，将是一个耗费时间的过程。一些 ABM 的批评者认为，由于 ABM 使用了过多的自由参数，因此使用者可以得到任何想要的结果。我们对此并不认同。在我们看来，EBM 和其他聚合类模型以及仿真模型一样，都针对系统机制进行了隐含性的假设，从而"隐藏"了这些自由参数。通常，数学方程隐藏了这些自由参数，因为它们不能通过方程明确地表达。而在 ABM 中，则可以明确地探讨像挥发速率这样的自由参数。模型构建之初，可以给挥发速率这个参数设定一个理想值，然后对其进行调整，以使之符合实际的挥发速率。ABM 通常比其他类型的建模技术使用更多的自由参数，因为这些自由参数控制模型中的各种假设，ABM 借此可以在更多活动层面上研究这些假设。

为了设置或修改这些处于低层级的自由参数（建模决策方案），ABM 要求建模者一定要了解系统中个体 agent 是如何运作的。如果没有了解或学习过复杂系统中的个体行为知识，就缺乏构建 ABM 的基础。为了获得这些知识，建模者就需要从系统的角度理解个体行为，但这对构建 EBM 或聚合模型而言却不是必要的。例如，在 Ants 模型中，对单个蚂蚁的行为进行描述是有必要的，因此需要使用 ABM，但是如果要研究的是食物消耗总量的变化情况，那就没必要使用 ABM。此外，了解个体行为的好处不限于此，因为正是这些处于低层级的假设，使得人们能够对所观察到的现象有更丰富的理解。ABM 要求建模者了解系统的微观行为，因为如果不对微观行为建模，ABM 就不能提供如此丰富的结果。尽管构建 ABM 需要知道或假设个体的运行机制，但是并不需要了解系统的聚合机制。虽然对系统聚合行为的描述也是很有用的，可以借此验证 ABM 的结果，但是由于 ABM 专注于个体，因而无须对聚合层面的因果关系进行描述。对于许多现象，特别是社会现象，从个体层面考虑往往比从聚合层面考虑更容易。例如，在人群中，描述一个传播谣言者的行为比描述谣言传播率更容易。ABM 构建初期，并不要求建模者对底层因素一定要有充分的了解和认识，实际上，只需给出有依据的假设即可。例如，即使我们没有研究过单个蚂蚁，只是研究过蚁群，也可以对单个蚂蚁如何交流做出假设并以之建模。如果模型的运行结果有效（与实际相符），那么可以说模型提出了一种潜在的蚁群系统运作的方式。ABM 的这种"概念性证明"（proof of concept）或"存在性证明"（existence proof）是非常强大的。

1.2.5　理解 ABM 需要具备哪些知识

迄今为止，我们已经介绍了 ABM 的概念，现在介绍一下本书其余部分的框架。第 2 章将构建一些非常简单的 ABM，并讲授用于构建较复杂的 ABM 所需的知识；第 3 章将通过四个已经建好的 ABM，学习如何运行模型和修改代码；第 4 章将构建一个完整的 ABM，研究如何在此基础上扩展出更详细的 ABM；第 5 章将通过一个 ABM 模型详细地描述模型的主要组件，并介绍与 ABM 相关的网络理论、环境和用户等概念；第 6 章将讨论如何设置 ABM 实验并分析结果，结果分析主要包括图形绘制、统计分析、网络分析、GIS 分析和可视化显示；第 7 章将通过模型结果与现实世界的比较，对模型进行优化和扩展。我们将讲解如何对模型进行校核（verified，检验代码是否符合概念模型）和验证（validated，检验模型结果是否能反映真实世界）。之后，将介绍 ABM 模型的重复仿真问题。由于验证和重复仿真通常需要进行统计学检验，因此本章还将介绍必要的统计学知识。

第 8 章将综合前面的内容，讨论 ABM 在现实世界的应用，并讲授 ABM 的高级用法。首先，将重点介绍 ABM 在生态学、经济学、土地规划、计算机科学和政治学等领域的应用实例，讨论 ABM 方法论对科学的贡献以及未来的应用展望；其次，将探讨如何将地理信息系统（GIS）、社交网络分析和传感器数据（可视化和非可视化）整合到 ABM 中；然后，将讨论如何把 ABM 的结果数据导出到高级数学分析环境中，进而讨论如何将机器学习、系统动力学模型和交互仿真等技术有效整合到 ABM 中，从而提升 ABM 的效用能力；最后，将总结性地讨论 ABM 的研究趋势以及所面临的挑战，并分析 ABM 在新知识领域的未来应用。

在附录中，会介绍 ABM 的历史和发展，重点介绍它的计算机应用基础（computational root）。本书通过介绍各学科领域彼此交融及至形成 ABM 体系的发展过程，为本书的知识框架提供一个历史视角。有些读者可能想阅读附录，但是专注模型构建的读者则不必阅读。在正式开始 ABM 学习之旅之前，让我们再次回顾一下 Ants 模型。

1.3　本章小结

Ants 模型对于生物学家来说很有趣，我们已经讨论了它与其他系统的相似之处，如计算机网络和路径规划。如果将 Ants 模型演化为其他系统会怎样呢？蚁群与人类系统之间有许多相似之处：它们都有解决问题的能力，二者的系统结构都历经数千年演化而成。如果试图在人类系统中重新定义蚂蚁行为，会发生什么呢？可以把蚁群想象成某个城镇的中心商业区。类似地，也可以将 Ants 模型视为人类城市，将蚂蚁的觅食行为看作人们每天上下班的活动。

但是，蚁群和人类系统之间还存在一些关键性不同。例如，人们倾向于清晨大约同一时间出门工作，并在晚上大约同一时间回家，所以需要对模型稍微做一些修改：不要让蚂蚁（现在是人类）从巢中随机离开，而是让它们在指定的时间前后离开去寻找食物，并在食物附近停留大体相同的时间后再返回巢穴；人类并不是群居的，他们生活在城市的不同位置，所以需要给每个人设置一个不同的出发点，然后让他们（随机地）走到各自的工作地点；多数情况下，人类不会随机行走，而是事先规划好交通路线，因而需要在模型中描述用于通勤的道路网络；如果人们开车上班，必然受到交通状况的限制，所以还需要车辆路径的模拟模型……通过这种渐进的方式，可以将针对一只特定蚂蚁的模型发展成蚁群觅食模型，进而演化为城市通勤模型。ABM 的一个强大功能，就是使我们能够找到一些通用模式，可以使用它们对各种不同现象进行表征。使用简单的规则就能够生成这些通用模式，进一步还可以探讨对规则的调整和修改所带来的影响。

你会建立什么样的模型？模型中 agent 的描述规则是什么？你的模型中 agent 是什么？它们是人类、蚂蚁、汽车、计算机、鹿、病毒、细胞、咖啡树、飓风、空气粒子、电子、雪花、沙粒、学生、教师、电子游戏、营销策略创新，还是众多对象、事件或事物中的某一个？无论你想要对什么对象或问题进行建模，ABM 都可以从复杂系统视角为你提供模拟和分析的工具。随着本书内容的展开，我们将介绍以基于 agent 的方式探索周围世界所需的工具，并逐步培养你的这种技能。

在此，建议你完成 NetLogo 用户手册中的三个入门教程，该教程可以从 NetLogo 应用程序的帮助菜单中获得。在本章结束时，有必要来学习一下入门教程，之后我们将开始第 2 章的讲解。

习题

NetLogo 初探

1. 阅读 NetLogo 用户手册中提供的教程。
2. 浏览 NetLogo 模型库中的样例模型。样例模型是按主题分组的。选择一个你感兴趣的模型，尝试以不同的方式运行它。如何设置参数才能产生你感兴趣的行为？能否通过稍微改变某一个参数，而让系统行为发生较大变化？说明模型中 agent 所遵循的规则有哪些。
3. 使用 ABM 描述一个你认为有趣的现象。如果对此现象进行建模，模型应该包含哪些 agent？这些 agent 有何属性？具有哪些行为？处于怎样的环境？在每个时间节点，事件发生的顺序是什么？该模型将生成何种类型的输出？你将观察到什么样的运行结果？

Ants 模型和其他模型探索

4. 检查本章描述的 Ants 模型的 NetLogo 代码。在目前的模型中，蚂蚁前进方向的调整过程是让蚂蚁先左转一个随机生成的角度，再右转一个随机生成的角度。通过这种方法，能够形成近似直线的随机徘徊模式。如果你对程序代码进行修改，使蚂蚁的前进方向偏左或偏右，结果会怎样？如果改变蚂蚁偏转角度的数值限制，结果又会怎样？完成上述修改并观察运行结果。
5. Termites Model（白蚁模型）。该模型可在 NetLogo 模型库的 Biology 部分找到。模型只包含两个对象：白蚁和木屑。请你了解白蚁在这个模型中的行为是什么。在不查看代码和信息窗口的情况下，能否描述一下控制白蚁行为的规则？（提示：为了简化模型，可以适当减少白蚁和木屑的数量并减慢运行速度。）
6. Daisyworld Model（雏菊世界模型）。有些 ABM 模型不是对现实事件进行模拟，而是用于验证某个设想。该模型可在 NetLogo 模型库的 Biology 部分找到。模型定义了一个表面全被雏菊覆盖的世界，用来探讨不同因素如何影响全球温度。调整模型参数并观察运行结果。基于标准参数的输出结果是全球温度略低于 50 ℉（10℃）。请找到一组参数设置，使温度降至 12 ℉（−11℃）。模型输出结果总是不断变化的，请描述这种波动性。

概念探索

7. 不同层级的建模。可以在模型的不同层级编写 ABM。例如，agent 在某个模型中可能代表狼群或羊群，而在另一个模型中则代表狼或羊的个体。描述一下狼群和羊群的互动过程。然后再描述一下作为个体的羊和狼的互动过程。上述两种描述有何不同？你描述了什么现象？群体描述何时有用？个体描述何时有用？

8. 涌现与 ABM。ABM 通常能够表现涌现行为。涌现的一个特征是系统表现出未在个体层面定义的属性。例如，查看 Traffic Basic model（交通基础模型），该模型可在模型库的 Social Sciences 部分找到。重复运行模型并观察结果。是什么原因导致交通拥堵？是外部事件导致的吗？汽车的哪些特性可用于解释交通拥堵现象？如果某一辆车开得很慢，会造成交通拥堵吗？

9. ABM 用于教育和研究。ABM 为我们提供了一种理解周围世界的新方法。ABM 在研究中有很多用途。除此之外，ABM 作为教育工具也很有发展潜力。例如，游离气体中的分子可以看作随意移动、相互碰撞的 agent。检查 GasLab Free Gas model（游离气体模型），该模型可在模型库的 Chemistry and Physics 部分找到。你是否觉得相比传统的基于方程的模型（EBM 模型），ABM 更有助于游离气体现象的解读呢？ABM 能够提供哪些传统方法所无法提供的能力呢？ABM 是否有比传统方法更令人困惑的地方？如果有的话，又该如何在 ABM 和 EBM 之间进行取舍？

NetLogo 探索

10. 至少使用两种不同方式创建随机游走的 turtle。一种方法是只使用指挥 turtle 动作的指令，例如前进、左转和右转。另一种方法是使用 set 或 setxy 语句。创建必要的按钮以运行这些代码。比较上述两种方法的异同之处。你觉得哪个方法的效率更高？哪一个更贴近现实？在什么情况下，一种方法比另一种更有优势？

11. 编写一个例程，使颜色从一个斑块扩散到另一个斑块。实现的方法有很多，选择一个你喜欢的。创建一个启动按钮以运行这段程序。

12. 编写一个 turtle 追逐鼠标指针的例程。创建一个启动按钮以运行这段程序。

13. 从形状编辑器（shape editor）中为 turtle 选择一个新的图形，然后使用所选的新图形创建一个"turtle 云"（cloud of turtle），即在同一个局部区域内创建一群 turtle。再创建一些绿色斑块。让这些 turtle 追逐屏幕上的鼠标光标，同时注意躲避绿色斑块。使绿色斑块的颜色不断扩散到附近的斑块。创建启动按钮运行程序。

14. 创建一个"turtle 云"，其中 50% 的 turtle 使用某一种颜色，其余使用另一种颜色。根据一定的概率，令一种颜色的 turtle 向上移动而另一种颜色的 turtle 向下移动。用 ID 编号标记每个 turtle。创建启动按钮启动程序。创建一个监视器控件，追踪其中一个 turtle 的移动次数。

15. （a）新建一个模型，使用 SETUP 例程创建一些 turtle。
　　（b）创建一个滚动条（slider）用于控制 turtle 数量。
　　（c）编写一个 GO 例程，让 turtle 在屏幕上随意游走。
　　（d）修改 GO 例程，使 turtle 可以互相躲避。
　　（e）turtle 游走到屏幕边缘时就会死亡。
　　（f）创建一个图表，显示屏幕中 turtle 的数量。

16. 编写两段例程。首先，在 SETUP 例程中，将屏幕左侧变为红色，屏幕右侧变为绿色，并创建两个 turtle。然后，在形状编辑器中，将两个 turtle 设置为不同的图形。在 GO 例程中，让 turtle 在屏幕上随机游走。当 turtle 在某一种颜色的区域内移动时，以 turtle 为中心用另一种颜色创建一个圆形斑块（patch）。

17. turtle 和斑块都可以用来制作 NetLogo 中的图形。创建一个 turtle 并使用 pen-down 命令画一个圆圈，然后，使用斑块而非 turtle 画笔（turtle pen）创建一个圆。编写一段程序代码，让 turtle 在给定起始位置和边长的情况下绘制一个正方形，使用斑块也编写一段类似的程序。比较使用 turtle 和斑块创建的两种类型的程序代码。哪一种更紧凑？使用斑块或 turtle 完成上述任务有何优缺点？

18. 打开 Random Walk Example（随机游走示例），该示例可在模型库的"Code Examples"文件夹中找到。阅读代码，你预测 turtle 的路径会是什么样的？运行该模型，结果路径与你预期的是否一样？修改模型代码，使 turtle 的路径仍然是随机的，但不再是"锯齿状"，而是更平滑、笔直。

19. 本书主要介绍如何使用 ABM 来建模，并对某些科学现象进行解释。不过，你还可以使用 ABM 创建强大的视觉效果。正如我们所提到的，ABM 创造的特效曾获得奥斯卡奖。查看 Particle Systems Basic model（粒子系统基本模型），该模型可在模型库的 Computer Science 部分找到。这个模型可以通过简单的 agent 创建许多有趣的视觉图像。研究此模型，理解 agent 的行为方式及其属性。使用相同的参数描述一个会生成类似结果的非 ABM 模型。再次回到这个 NetLogo 模型，更改初始的粒子数、步长和重力。如何描述生成相同结果的 ABM 模型和非 ABM 模型？哪一类模型更容易解释？为什么？

20. 计算机建模与混沌理论。混沌理论是在传统 EBM 的基础上发展起来的，但其灵感之一来自计算机建模。Edward Lorenz 发现使用数学模型进行计算时，不同的系统初始条件可能会产生不同的结果。这是因为他在重复运行气象系统模型时，曾经使用一组新参数进行运算，其运行结果与原参数相比具有较大差异。同样地，ABM 也会表现出对初始条件的"敏感性"。例如，在 Sunflower Model（太阳花模型，可在模型库的 Biology 部分找到）中，描述了如何将葵花籽成排地添加到向日葵中。首先在默认参数值下运行模型，然后更改其中的一个参数，再次运行该模型，并重复这个过程。在不断更改参数时，观察系统行为，你是否已经可以预测新参数的运行结果？为什么？这个模型是可预测的吗？为什么？

创建几个简单的 ABM 模型

我秉持的关键原则之一是:"在头脑中"构建出的东西,在"现实世界"中总会有恰如其分的对照物,例如,一座沙堡或一块蛋糕,一个乐高积木房屋或一个公司,一段计算机程序,一首诗,或者一个宇宙理论。我所说的"现实世界",部分是指这些东西可以用来展示、讨论、检验、探索和欣赏,因为它们就在那里。

——西蒙·派珀特(1991)

不应否认,任何理论的终极目标都是尽可能地让不可削减的基本元素变得更加简单且更少,但也不能放弃对任何一个单一经验数据的充分阐释。

——阿尔伯特·爱因斯坦(1933,第 165 页)

在本章,我们将介绍一些简单的基于 agent 的模型的构建过程和方法。这些简单的模型,有时被称为"玩具模型",虽然并不是针对实际现象建模,但是可用于"思维实验",正如西蒙·派珀特(Seymour Papert)所说,可以作为"思考的对象"(1980)。我们希望读者了解,虽然基于 agent 的模型相对容易创建,但是这些模型却可以表现出有趣且令人惊讶的涌现行为。我们将构建三个这样的模型:"Game of Life"(生命),"Heroes and Cowards"(英雄与懦夫)以及"Simple Economy"(简单经济)。这些模型都可以在 NetLogo 模型库的 IABM Textbook 部分的 Chapter 2 文件夹中找到。

如果你还没有完成 NetLogo 教程的阅读,最好还是先去阅读一遍。虽然我们会在本章提到教程中的一些内容,但是仅限于大致介绍,不会介绍建模步骤的全部细节。

2.1 Game of Life 模型

1970 年,英国数学家 John Horton Conway 提出了元胞自动机(cellular automation)理论,他称之为"生命游戏"(Game of Life)。Martin Gardner(1970)在《科学美国人》的一个专栏中介绍了这个游戏,随后,该游戏吸引了数百万玩家。

Game of Life 在一个较大的、类似于棋盘或方格纸的网格上运行。假设游戏使用的是 51×51 的正方形网格[⊖],网格中的小方格称为"单元"(cell)。每个网格单元都有两种状态——"生"或"死",并且都与其他 8 个单元格相邻(详见专栏 2.3)。游戏中采用"回绕"(Wrapping,见专栏 2.1)的方式,即位于某个网格中最左侧单元格的左侧邻居,是网格右侧边缘中的 3 个单元格;同样地,某个网格中顶端单元格上方的邻居,是网格最底部中的 3 个单元格。模型包含一个系统时钟,我们将时钟步长称为"滴答(tick)"[⊖]。在 Game of Life 模型中,

---

⊖ NetLogo 网格中的单元格数量默认是奇数,以此保证只有一个中央单元格,当然其他取值也是可以的,具体介绍请翻阅第 5 章。

⊖ 在系统仿真中,对于仿真时钟步长并没有严格的界定,一般来说,"滴答"代表模型运行所需的最小时间计量单位,依据所研究问题的特征,可以将其定义为一毫秒、一天、一个月甚至更久,本书中,"滴答"也用于表示物种繁衍的代际界限。——译者注

一个步长表示物种繁衍了一代。在 ABM 模型中，"滴答"代表计时单位。只要时钟"滴答"一次，每个单元格就要更新一次各自的状态。

每个单元格检查自身及 8 个毗邻细胞的状态，然后将其状态调整为"生"或"死"。在下面的规则表述中，使用蓝色代表"死亡的"单元格，使用绿色代表"活着的"单元格，使用黄色的星形图标代表被规则影响的那些单元格。具体规则如下：

（1）如果某个单元格的"活着的邻居"数量少于 2，它就会"死亡"（如图 2.1 所示）。

（2）如果某个单元格的"活着的邻居"数量大于 3，它也会"死亡"（如图 2.2 所示）。

（3）如果某个单元格的"活着的邻居"数量恰好等于 2，则保持其状态不变（如图 2.3 所示）。

（4）如果某个单元格的"活着的邻居"数量恰好等于 3，如果它此时的状态为"死亡"，则将其状态改为"活着"，如果当前状态为"活着"，则维持状态不变（如图 2.4 所示）。

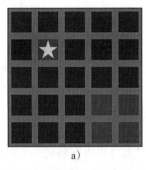 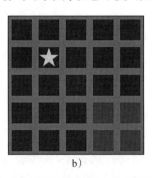

图 2.1 a）一个孤立的活着的单元格（用星号标志）；b）调用规则 1 后，该单元格"死亡"（见彩插）

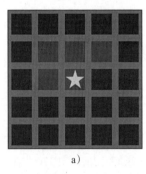 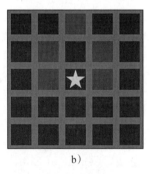

图 2.2 a）星号标志的单元格，其活着的邻居数大于 3；b）该单元格"死亡"（见彩插）

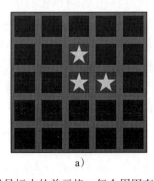 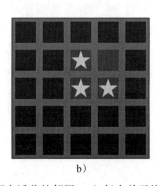

图 2.3 a）3 个星号标志的单元格，每个周围有两个活着的邻居；b）每个单元格都活着（见彩插）

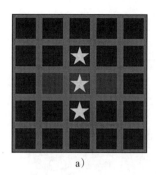
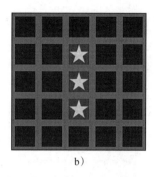

a)   b)

图 2.4 a) 两个用星号标志的"死亡"单元格有 3 个活着的邻居；b) 这两个单元格复活（见彩插）

自从 Gardner 将 Conway 的 Game of Life 模型发表以来，许多人对它进行了研究，无不惊奇于这些简单规则所"涌现"出来的丰富多变的图形和样式。现在，让我们使用 NetLogo 创建一个 Game of Life 模型。

首先，我们介绍一下 NetLogo 的基本组成。启动 NetLogo 应用程序，会出现一个空白的界面标签页（Interface），其中有一个黑色的大方块（如图 2.5 所示），这个黑色方块被称为视图（view），用来运行 Game of Life 模型。黑色方框周围的白色区域称为"界面"（interface），用于放置用户界面元素，例如按钮和滚动条。鼠标右键单击视图框，从下拉菜单中选择"编辑"（edit），将看到模型设置（Model Settings）对话框（如图 2.6 所示），用于 NetLogo 模型的基本设置。

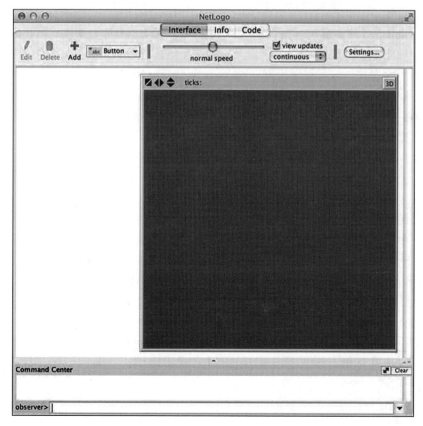

图 2.5 NetLogo 应用程序启动页面

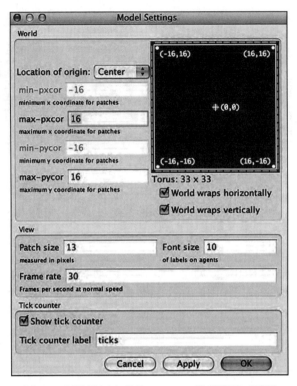

图 2.6　调整设置之前的 NetLogo 模型设置对话框

每一个 NetLogo 模型都包含三个标签页（tab）[⊖]。图 2.5 所示为"界面"（Interface）标签页，在其中可以调整"微件"（widget）以及观察模型的运行结果。接下来我们会使用"代码"（Code）标签页，在其中编写程序代码。

第三个标签页，也是非常重要的一个，是"信息"（Info）标签页。本章中，我们虽然不涉及信息标签页的具体应用，但它仍然是任何模型都不可或缺的内容。模型作者可以在信息标签页中放置与模型相关的文字信息。有关信息标签页的使用方法，请参阅第 5 章。在研究和创建 NetLogo 模型的时候，信息标签页是非常有用的，建议你在使用别人开发的模型的时候，务必仔细阅读其中的内容；在创建你自己的 NetLogo 模型时，也要花时间填写它。

现在回到界面标签页，开始创建名为 Life Simple（生命简单）的模型。界面标签页中的视图是由单元格网络构成的，NetLogo 称之为斑块（patch）。单击界面标签页工具条中的设置（Settings）按钮，会弹出一个模型设置对话框。默认情况下，视图的中心为原点，x 坐标和 y 坐标的最大值为 16。在开始创建模型的时候，我们将 max-pxcor 和 max-pycor 的值更改为 25，从而创建一个 51×51 的网格，共包含 2 601 个斑块，这就使 Game of Life 模型有足够的空间纳入更多的元素。为了便于管理视图，将斑块尺寸从默认值 13 调整为 8。由于模型要在一个"回绕型"网格（wrapping grid）中运行，为此保持"回绕"复选框选中（这是默认值，详见第 5 章）。更改完成后，单击"确定"保存设置（如图 2.7 所示）。

⊖　某些版本的 NetLogo 软件会包含第四个标签页。

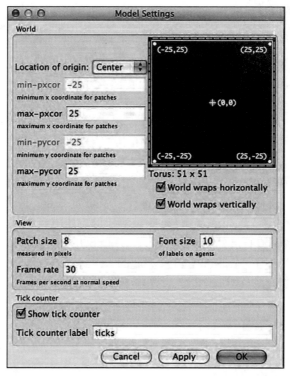

图 2.7　为 Life Simple 模型配置"模型设置"对话框

专栏 2.1　回绕

　　Game of Life 模型默认的设置是"回绕",即位于左侧边缘的一个斑块与右侧边缘的三个斑块相邻。在回绕型网格中没有边界,从而无须为边缘处的斑块编写特殊的程序代码,如图 2.8 所示。

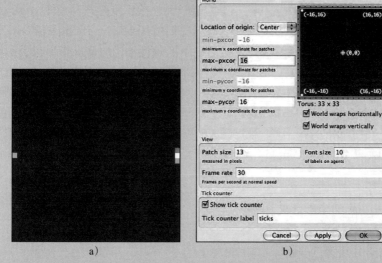

图 2.8　a) 水平回绕示意图,左侧的绿色斑块与右侧的红、黄、橙色三个斑块相邻。b) 在模型
　　设置对话框中,网格设置为水平回绕和垂直回绕(见彩插)

在视图中打开"模型设置"（Model Settings）对话框，以完成回绕设置。对话框中有两个复选框，选中第一个复选框可以将模型世界设置为水平回绕，如图 2.8a 所示；选中第二个复选框可以将模型世界设置为垂直回绕，这样一来，视图顶部的斑块就与底部的斑块相邻了。ABM 模型经常使用回绕型世界，因此"模型设置"中横向和纵向两个默认值都设置为回绕。

现在 Game of Life 模型就可以在这个单元格网络上运行了，我们将把 NetLogo 中的每一个斑块看作不同的单元格。模型中只包含两类单元格，即"活着的"和"死亡的"。用绿色表示"活着的"单元格，蓝色表示"死亡的"单元格。一旦明确模型的运行样式之后，就可以开始创建模型指令，此时需要在代码标签页中编写 NetLogo 指令或程序代码。切换到代码标签页，开始编写代码。NetLogo 代码以模块化的方式进行组织，我们称之为"例程"（procedure）。每个例程都有自己的名字，以英文单词 to 开头，以 end 结束。

我们构建的 Life 模型（可在 NetLogo 模型库的 IABM Textbook 文件夹的 Life-Simple 中找到）由两个例程构成：SETUP 和 GO。前者用于模型运行的初始化，后者以"滴答"为步长推进时钟。

我们创建的 SETUP 例程代码如下：

```
to setup
  clear-all
  ask patches [
    ;; create approximately 10% alive patches
    set pcolor blue - 3 ;; dark blue cells are dead
    if random 100 < 10 [
      set pcolor green ;; green cells are alive
    ]
  ]
  reset-ticks
end
```

这段程序代码包含三部分。第一部分只有一行，即 clear-all 语句，表示清空视图（将所有斑块的颜色设置为默认的黑色），以防止模型上一次运行的结果对本次运行产生影响，这样一来，就可以连续多次运行同一个模型，而无须反复打开和关闭 NetLogo。第二部分的代码用于向所有斑块发布命令（或请求）。我们使用 ask patches 指令向斑块发布命令，这是我们与 agent 进行交流的方式。我们使用括号将具体的请求指令包裹起来。斑块接收到指令之后，必须无条件执行。在本书中，我们有时用"命令语句"（command）有时用"请求语句"（request）称呼这些指令，这两种称谓的含义是一样的。在 SETUP 例程的第二部分，有两条指令或请求。第一条指令要求每一个斑块将各自的颜色都设置为蓝色（pcolor 代表斑块的颜色），也就是令所有单元格都处于"死亡"状态。在创建 ABM 模型的时候，站在 agent 的角度去思考控制 agent 的指令是有好处的，这样可以帮助你理解模型如何工作，请阅读专栏 2.2。

专栏 2.2   以 agent 为中心进行思考

如果要求 agent 执行某些指令，采用以 agent 为中心，即站在 agent 的角度进行思考会很有用。与其认为这些指令驱动的是 agent 群体，不如想象这些指令是发给每一个 agent，并由这些个体 agent 执行的结果。

例如，我们发送以下指令：

```
ask patches [if pxcor < 0 [set pcolor blue]]
```

一种认识方式是这条语句命令所有 x 坐标值小于 0 的斑块变成蓝色。但在以 agent 为中心的思维模式中可以这样理解：当斑块收到 `ask patches` 命令时会被唤醒，然后，每个斑块会自我审核："我的 x 坐标值是否小于零？ 如果不是，那我就什么都不做，如果是，就把我的颜色变为蓝色。"

起初，你可能不太适应这种思考方式，但是随着 ABM 使用经验的逐步累积，你会看到它的价值。

第二条指令的含义有些复杂。这个指令要求一些斑块变成绿色，也就是说，以部分"活着的"斑块开始这个游戏。最好的方式是使用以 agent 为中心的思维来理解这条指令：每个斑块执行代码 `random 100`，可以看作让每个斑块投掷有一个具有 100 个切面的骰子[⊖]。如果得到的数字小于 10，这个斑块就变为绿色。由于骰子投掷是随机的，因而无法确切知道哪些斑块将掷出小于 10 的数字，因此也就无法准确预知哪些单元格将变为绿色。但是，可以预期大约 10% 的单元格会转成绿色。NetLogo 也支持以确定性的方式指定 10% 的斑块为绿色。然而，由于大多数自然现象都具有一定的随机性或变异性，因此我们通常使用概率方式进行建模，这样就能保证程序代码所使用的随机过程更接近于真实情况。

SETUP 例程的第三部分也只有一行，即 `reset-ticks` 指令。这条指令将重置 NetLogo 时钟。

现在返回界面标签页，创建一个按钮，将其命名为 `setup`[⊖]。按下这个按钮就可以运行 SETUP 例程。多尝试几次，你会看到每次点击按钮之后，蓝色背景中绿色单元格的布局和数量都是不同的（如图 2.9 所示）。

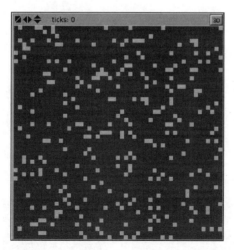

图 2.9　Game of Life 模型的初始配置。图中约有 10% 的绿色生存单元（见彩插）

⊖　可以使用骰子来比喻说明 NetLogo 中的"随机"内涵，还可以使用其他的比喻来说明随机性，例如轮盘。轮盘是一个刻有数字 0～99 的旋转圆盘，转动它，指针最终会停在某一个数字上，这个过程具有随机性。

⊖　如果你不记得如何创建 Interface（界面标签）元素，可以参阅 NetLogo 编程手册中的 Interface Guide（界面标签指南，http://ccl.northwestern.edu/netlogo/docs/interface.html）。

接下来，让我们看一看 GO 例程，它负责将时钟推进一个时间步长（滴答）。

```
to go
  ask patches [
    ;; each patch counts its number of green neighboring patches
    ;; and stores the value in its live-neighbors variable
    set live-neighbors count neighbors with [ pcolor = green ]
  ]
  ask patches [
    ;; patches with 3 green neighbors, turn (or stay) green
    if live-neighbors = 3 [ set pcolor green ]
    ;; patches with 0 or 1 green neighbors turn (or stay) dark blue
    ;; (from isolation)
    if live-neighbors = 0 or live-neighbors = 1  [ set pcolor blue - 3 ]
    ;; patches with 4 or more green neighbors turn (or stay) dark blue
    ;; (from overcrowding)
    if live-neighbors >= 4 [ set pcolor blue - 3 ]
    ;; patches with exactly 2 green neighbors keep their color
  ]
  tick
end
```

GO 例程由三部分代码组成：前面两部分代码要求斑块采取"行动"，也就是说，它们要具体实现我们在这部分所定义的规则。第三部分只是将时钟推进一个"滴答"，时间推进是结束 GO 例程的标准方式。我们先来看前两部分。第一部分要求每个斑块执行一条指令。由于要为所有斑块都设置一个名为 live-neighbors 的属性变量，因此需要事先进行"声明"，也就是说，要让 NetLogo 知道这个变量的存在。然后要求所有斑块在各自持有的 live-neighbors 变量中存储一个数值（通过 set 指令），存入的数值取决于表达式 count neighbors with [pcolor = green] 的结果。这个表达式是让每个斑块检查其周边的 8 个斑块，返回其中绿色（活着的）斑块的数量。第一部分命令执行后，每个斑块都会有一个名为 live-neighbors 的属性变量，并且保存其"活着的"毗邻斑块的数量。

专栏 2.3　毗邻单元格

在 ABM 中，我们需要刻画单元格与其相邻单元格的相互作用，为此定义单元格的邻域（相邻的单元格）。网格形状和维度不同，单元格邻域的定义也不同。常用的网格形式是正方形二维网格，也有三角形和六边形的二维网格，甚至三维网格。在正方形二维网格中有两种常用邻域：冯·诺依曼邻域（von Neumann neighborhood）和摩尔邻域（Moore neighborhood）。一个单元格的冯·诺依曼邻域由与其共享边缘的 4 个单元格组成，分别为东、西、南、北，如图 2.10a 中的绿色方块所示。摩尔邻域由与单元格相邻的 8 个单元格组成，在冯·诺依曼邻域的基础上，增加了东北、东南、西北和西南，如图 2.10b 中的绿色方块所示。在 NetLogo 中，neighbors 指摩尔邻域，neighbors4 指冯·诺依曼邻域。

a)　　　　　　　　　　　b)

图 2.10　a）冯·诺依曼邻域；b）摩尔邻域。我们将在第 5 章深入讨论这部分内容（见彩插）

　　为了声明 `live-neighbors` 变量，我们将下面一行代码添加到代码（Code）标签页的顶部：

```
patches-own [live-neighbors]
```

GO 例程的第二部分包括三个 `if` 条件语句。

　　第一个 `if` 语句要求每个斑块检查它的 `live-neighbors` 的值是否为 3，换句话说，判断它是否恰好有 3 个"活着的"相邻单元格。如果是，那么根据生命规则，当前单元格应该是"活着的"，所以将此斑块变成绿色以象征它的新生（如果它已经是绿色，则保持不变）。如果 `live-neighbors` 的值为 0 或 1，则将该斑块变为蓝色，表示它的死亡。如果 `live-neighbors` 的值为 4 或更高，则该斑块也会变为蓝色，表示过度拥挤而死亡。这就是第二部分代码的全部内容。注意，第二部分代码并没有告诉斑块如果恰好有 2 个活的相邻单元格该怎么办。如果真的发生了这种情况（活着的相邻斑块数量等于 2），因为斑块没有被要求做什么，它不会做任何事情，所以斑块将保持颜色不变。至此，GO 例程结束。

　　回到界面（Interface）标签页，创建一个名为 **go** 的按钮。**go** 按钮用于调用 GO 例程，就像 **setup** 按钮用于调用 SETUP 例程一样。同时，还需要确保 view updates（视图更新）下拉菜单设置为 "on ticks"（按照"滴答"推进）[⊖]，如图 2.11 所示。这意味着 GO 例程经过一次完整迭代之后（时钟推进一次，GO 例程就运行一次），我们就能看到模型的运行结果。

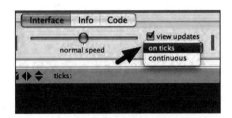

图 2.11　设置视图更新频率的下拉菜单

专栏 2.4　变量

　　在大多数编程语言中，变量是一种符号，具有多种可能的取值。NetLogo 也包含变量，分为全局变量（global variable）和 agent 变量（私有变量）。任意时刻，某个全局变量的取值只有一个（当前值），所有 agent 都可以访问它。与此相反，每个 agent 的 agent 变量可以取不同的数值。NetLogo 中的 agent 主要分为三类：turtle、斑块和链接。这三种类型的 agent 都可以有自己的变量，即 turtle 变量、斑块变量和链接变量。每一个 turtle 的 turtle 变量都可以独立取值，斑块和链接也一样。

　　NetLogo 中包含一些内置变量。比如说，所有 turtle 和链接都有一个名为 `color` 的变量，所有斑块都有一个名为 `pcolor` 的变量，用于修改 turtle 或斑块的颜色。其他的 turtle 内置变量包括 `xcor`、`ycor` 和 `heading` 等。其他的斑块内置变量包括 `pxcor` 和 `pycor` 等。

⊖　对于大多数 NetLogo 模型来说，最好将其设置为 "on ticks"（按滴答推进），这将使视图在每个滴答时刻更新。但是当我们需要在命令中心进行研究的时候，通常将其设置为 "continuous"（连续时间推进），这样可以观察模型随时间推进的各种行为变化。有关 continuous 和 ticks 的区别，请参阅 NetLogo 用户手册中编程指南的 VIEW UPDATE 部分，http://ccl.northwestern.edu/netlogo/docs/programming.html#updates。

用户还可以定义自己的变量。可以使用开关、滚动条、选择器或输入框来创建模型的全局变量，或者在代码中通过 `globals` 关键字来创建全局变量。

例如，如果想在模型中设置一个所有 agent 都可以访问的名为 `score` 的全局变量，可以在代码标签页的顶部写入以下代码：

```
globals [score]
```

还可以使用 `turtles-own`、`patches-own` 和 `links-own` 等关键字，分别定义 turtle 变量、斑块变量和链接变量。比如说，以下代码：

```
turtles-own [speed]
```

会为每个 turtle 创建一个速度变量，这样每个 turtle 可以有不同的速度值。同理，

```
patches-own [friction]
```

将让每个斑块拥有自己的摩擦力，从而程度不一地减慢 turtle 的速度。

使用 `let` 语句也可以定义局部变量，这将在下一章详细说明。

如需了解更多关于变量的相关内容，请参照 NetLogo 用户手册中的编程指南，可在 http://ccl.northwestern.edu/netlogo/docs/programming.html#variables 获得。

点按 go-once 按钮一次，斑块的颜色会根据规则变化一次。按钮每按一下，游戏就会迭代一次（滴答一次），并呈现新的结果。你可能注意到了，视图上方的灰色进度条是计时器，每次前进一个步长（滴答），用于记录时钟"滴答"的总次数（运行总时长），如图 2.12 所示。最初随机分布的"活"单元格会演化为多个小集合，每个小集合都包含数量不等的活体单元格，集合的形状也不同。

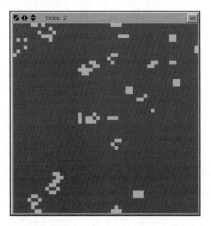

图 2.12　两次滴答之后，Life Simple 模型的视图

当多次按下 go 按钮之后，你会注意到原先随机分布的绿色斑块会演变为一系列的结构集。造成这种情况的一个原因，是依据第一条法则（毗邻的"活"单元数少于 2，则该斑块"死亡"），孤独的"活"单元格会"死亡"，所以只有形成簇的单元格才能生存。其中的一些簇经过几次"滴答"之后仍然能够保持稳定。

运行模型可以发现，Game of Life 模型会涌现出许多不同的结构。无论初始条件如何，简单的生命规则都能够涌现出非常多样和复杂的结构，玩家们对此深感惊讶。在该模型的初

始化过程中，总是随机生成 10% 的活体单元格，并以此作为初始条件，但这并不是一个必要的约束，任何初始条件都可以使用。（请查找 NetLogo 模型库的 Computer Science 部分的 Cellular Automata 中的 Life 模型[⊖]，在这个模型中，你可以自己绘制活体单元格。）

专栏 2.5　监测仪 /agent 监视器

追踪活体单元格状态的一种方法是使用监测仪（inspector），也称为 agent 监视器（monitor）。agent 监视器 / 监视器可以用来查看任意类型 agent 的属性。这里以斑块监测仪为例，如图 2.13 所示。

我们可以查看任意一个斑块的状态。比如说，查看左下角绿色斑块的属性。有两种方法可以实现，第一种方法是鼠标右键单击这个斑块，然后从弹出的菜单中选择"inspect patch"，第二种方法是使用 `inspect` 指令获取指定斑块的状态信息。

监测仪包括了斑块的所有内置变量（`pxcor`, `pycor`, `pcolor`, `plabel` 和 `plabel-color`）以及用户定义变量。在这个案例中，还可以看到我们之前创建的 `live-neighbors` 变量。agent 监视器有许多功能，详情请参阅 NetLogo 界面标签页指南，http://ccl.northwestern.edu/netlogo/docs/interface.html#agentmonitors。

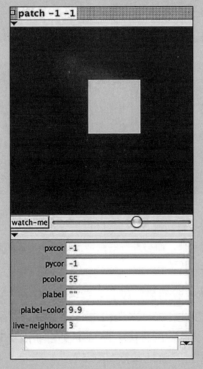

图 2.13　上半部分为 Game of Life 模型的一个斑块；下半部分为该斑块的监测仪窗口（位于（−1，−1））

⊖　原书所载路径为"NetLogo 模型库的 Computer Science 部分的 Life 模型"，译者按照 NetLogo 6.1.1 版本中 Life 模型的新位置进行了更新。大概是因为本书出版之后，NetLogo 进行了升级，样例库也进行了调整，所以 Life 模型的位置发生了变化。本书其他部分也可能会出现类似的问题，鉴于精力有限，译者不可能一一核对，加之 NetLogo 软件还在持续更新，这个问题难以一劳永逸地解决。读者如果按照书中的位置找不到特定的模型，还可以在案例树中进行拓展查找，或者在 Windows 操作系统中直接搜索模型的名称，这样也许能够更好地解决这个问题。——译者注

在对这个模型进行深入讨论之前，先说一下我们对代码进行的细微改动。也许很多人觉得 NetLogo 默认的两种颜色——蓝色和绿色——看着不舒服，所以我们把模型中的"死亡"单元格换成另外一种蓝色，使用表达式"blue−3"（NetLogo 中的颜色都以数字表示，数值增加或者减少，相应地可以加深或者减轻某种颜色。有关 NetLogo 配色方案的详细讨论，请参阅 ccl.northwestern.edu/netlogo/docs/programming.html#colors）。然后，我们对 go 按钮进行编辑，选中顶部中间位置的 forever 复选框，这样，当你按下 go 按钮的时候，时钟会一直推进，模型一直运行不会停下来，直到再次按下 go 按钮为止[⊖]。通过这种方式，你就可以快速观看经过数千步迭代（滴答）的游戏结果。不同的初始条件会形成不同的生命轨迹（trajectory）。一些运动轨迹经过短短几次迭代之后很快就会稳定下来，另一些则需要更长的时间。有必要对各种不同的轨迹进行考察和研究，以发现不同的生命模式（如图 2.14 所示）。

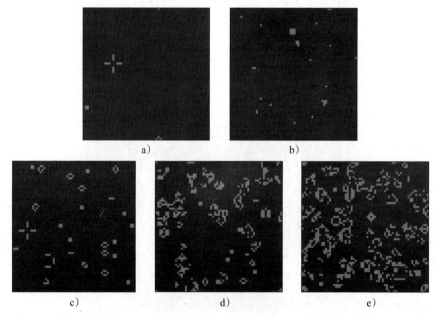

图 2.14　Life Simple 模型的一些轨迹样本（暗红色代表死亡的单元格）。某些初始条件仅仅经过几次迭代就稳定下来，而另外一些则需要数千次。最终状态往往是具有循环特征的振荡子或者飞船的形状（见彩插）

Game of Life 至少有三类一般的稳定模式：静物模式、振荡子模式和飞船模式。

1. 静物模式。静物模式的图案在每次迭代之间保持稳定，除非与其他图案发生碰撞。最常见的静物模式图案是方块，能够在迭代中保持不变，如图 2.15a 所示。其他常见的静物图案有蜂巢、条状、小船和轮船等（参见本章习题 5）。

2. 振荡子模式。振荡子模式的图案随着时间的推进不断重复。图案在 t 时刻是一个形状，在 $t+1$ 时刻是另外一个形状，最终经过 n 个时间步长之后变回 t 时刻的形状（n 被称为振荡周期）。例如，闪光灯是一个周期为 2 的振荡子，它包含三个单元格（由上到下排列，或者由左到右排列），看起来像是在水平方向和垂直方向旋转一样，如图 2.15b 和图 2.15c 所示。

⊖　如果想要一个一次只能推进一个时间步长的按钮，可以创建一个名为 go-once 的按钮，这个按钮的对应选项不再是 forever。在 IABM Models 文件夹中的 Life-Simple 模型就有一个这样的 go-once 按钮。

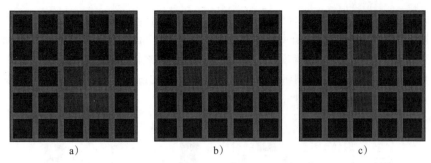

图 2.15　a 为由 4 个单元格构成的"静物"图案，其形状在代际之间不发生改变。每个活体
　　　　（绿色）单元格正好有 3 个相邻的活体单元格，所以它在下一代中仍然是"活着的"。
　　　　每个死亡（蓝色）单元格有一个或两个相邻的活体单元格，因此它在下一代中处于
　　　　"死亡"状态。b 和 c 代表"指示灯"的两种图形状态，它们是在垂直方向和水平方
　　　　向两种状态之间交替出现的振荡子（见彩插）

3. 飞船模式。有些图案会在背景中移动，我们称之为飞船。例如，"滑翔机"图案由 5
个单元格组成，构成一个像小箭头一样的形状，如图 2.16a 所示。

每"滴答"一次，"滑翔机"就从一种图案变为另一种图案。经过 4 次之后（"滴答"一
次代表 Game of Life 中的"一代"），"滑翔机"变回最初的图案，同时向右侧和下方各移动
一个单元格。"滑翔机"像是在网格中"移动"的一个不变的图形（如图 2.16b ～图 2.16e
所示）。

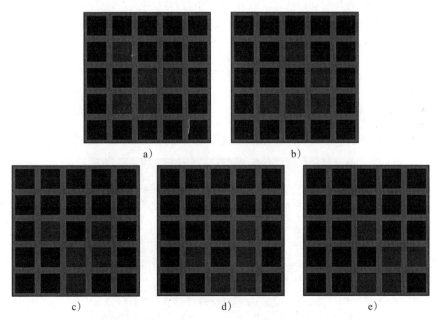

图 2.16　a 为"滑翔机"最初的形状。b ～ e"滑翔机"的 4 个形状。"滑翔机"从一种图案变
　　　　为另一种图案，经过 4 种图案之后，恢复到最初的形状，同时整体图案向右侧和下方
　　　　各移动了一个单元格

在 Game of Life 模型中，除了上述三种平稳模式之外，还有一种模式，称为"枪"（gun）
模式。在"枪"模式中，有一个主要部件（枪体）像振荡子一样循环出现，同时周期性地发

射"飞船"(子弹)。在"枪"模式中,需要考虑两个周期:飞船发射的周期,以及枪体自身变化的周期。后者的时间长度是前者的数倍。还有一种"枪"模式可以发射"滑翔机",此时称为"滑翔机枪"(glider guns)模式。1970年,自称黑客的Bill Gosper构建了第一个"滑翔机枪"(如图2.17所示)。"滑翔机枪"的出现,证明了Conway Game of Life模型是具有普遍性的,并且可以起到图灵机(Turing Machine)的作用[⊖]。

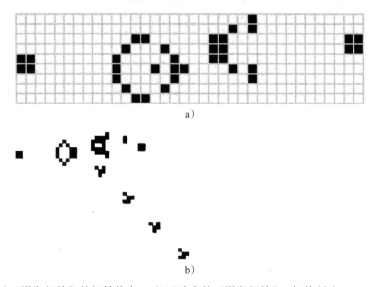

a)

b)

图2.17 a)"滑翔机枪"的初始状态。b)运动中的"滑翔机枪"。如前所述,Game of Life的运行结果千变万化,令人震惊。相关视频请见 http://www.youtube.com/watch?v=C2vgICfQawE&feature=fvwp

自Conway的Life模型发表以来,元胞自动机(cellular automata)得到快速发展。研究人员不仅使用一维、二维和三维元胞自动机,还使用更高维元胞自动机进行模拟研究。与元胞自动机相似的机制在自然界中大量存在,这一点已经得到证实,包括贝壳和花的形状、动物的毛色和条纹,以及纤维母细胞等生物体结构(如图2.18~图2.20所示)。

图2.18 纺形锥体和蜗牛壳(http://en.wikipedia.org/wiki/Puka_shell)

⊖ 如果想观看Game of Life模型运行的精彩视频,可以前往 http://www.youtube.com/watch?v=xP5-iIeKXE8 一探究竟。

图 2.19　罗马花椰菜（http://en.wikipedia.org/wiki/File:Fractal_Broccoli.jpg）

图 2.20　斑点猎豹。元胞自动机可以模拟出自然界存在的图案（http://commons.wikimedia.org/wiki/File:Leopard_standing_in_tree_2.jpg）

1969 年，计算机先驱 Konrad Zuse 出版了《计算空间》（Calculating Space）一书。书中提出了一个革命性的观点：宇宙的物理法则是离散型的，宇宙可以看作一个巨型元胞自动机计算出来的结果。在这本书的编写过程中，Zuse 开创了数字物理领域的研究先河。用另一位著名数字物理学家 Ed Fredkin（1990）的话来说，"我们认为，一定能够找到一个元胞自动机法则，使用它可以对所有微观物理世界进行建模，而且保证这些模型都是精确的。我们将该领域命名为'数字力学'（digital mechanics），简称 DM。"

粒子物理学家和数学软件企业家 Stephen Wolfram（1983）撰写了一篇研究基础元胞自动机（CA）的论文。论文中的 CA 模型非常简单，属于一维模型，模型中的每个元胞（cell）只会顾及与其相邻的某一个元胞而非全部元胞。即便如此简单，模型依然表现出了惊人的复杂性。这些简单 CA 模型表现出来的复杂行为，使得 Wolfram 提出了一个与早先 Zuse 提出的类似的假设：自然界中的复杂性，可能来源于类似这些 CA 模型所使用的简单机制。在论文中，Wolfram 将 256 种可能的规则按照行为特征分为 4 大类：同质型（homogenous）、周期型（periodic）、混沌型（chaotic）和复杂型（complex）。他指出，某些（混沌）规则所产生的行为与随机性别无二致，也就是说，如果你重复运行这些规则，所生成的模式输出与随机噪声很相似[一]。他还发现，其他一些规则甚至能够产生更加复杂的模式输出[二]，因此他认为CA 模型可以生成自然界中的许多模式，如同前面所展示的那些图形一样（Wolfram, 2002）。Matthew Cook（Wolfram 的一个研究助理）证明 Wolfram 一维 CA 模型中的某一个（规则标号 110）具有普遍性，即任何可以用计算机完成的计算也可由该元胞自动机实现（Cook,2004）。2002 年，Wolfram 出版了一本大部头的、存在诸多争议的著作《一种新科学》（A New Kind of Science），该书认为元胞自动机将对所有科学学科产生深远影响。

在 NetLogo 模型库 IABM Textbook 文件夹的 Chapter 1 文件夹中，除了可以找到 Life Simple 模型之外，还有其他几个 CA 模型，读者们可以自行研究与探讨。

2.2　Heroes and Cowards 模型

现在，我们要创建另一个模型，称为"英雄与懦夫"（Heroes and Cowards）模型。这个游戏的出处难以查明。在 20 世纪 80 年代和 90 年代，有一个名为 Fratelli 的意大利剧团将其作为即兴表演节目。1999 年在马萨诸塞州剑桥市举行的"拥抱复杂性"（Embracing Complexity）会议上，Fratelli 剧团成员与参会人员一起体验了这个游戏，这应该是 Heroes and Cowards 游戏第一次正式公开的记录。A. K. Dewdney 在 1987 年 9 月出版的《科学美国人》杂志的"电脑娱乐"专栏中提到一个名为"派对策划者"（Party Planner）的游戏——之后写入了《神奇机器》(The Magic Machine，1990）一书——也与该游戏有关。

这个游戏需要一群人参与其中。游戏开始时，要求每个人选择某个人作为他的"朋友"，另外再选一个人作为他的"敌人"。游戏分为两个阶段。第一阶段，每个人都要表现得像个"懦夫"。作为"懦夫"，你就得千方百计地让你的朋友处在你和"敌人"之间（也就是说，在遇到敌人的时候，你得躲在"朋友"的身后，以此获得他的保护），在这个阶段，房间的中央是没有人的，因为人们都在"躲避"他们的敌人。第二阶段，每个人都要表现得像英雄一样，也就是要时刻处于朋友和敌人之间，即英勇地保护你的朋友不受敌人的伤害，在这个阶段，房间中央会变得非常拥挤。这种差异带有很强的戏剧性，引起了人们的笑声和好奇心。

在这次会议之后，Heroes and Cowards 游戏引起了复杂系统研究者的兴趣，因为它是展现令人惊讶的涌现行为的一个很好的例子。Eric Bonabeau 是 Icosystems 公司的总裁，也是一位知名的复杂性科学家以及 ABM 建模师，2001 年，当他在 BIOS 公司（一家研究复杂系统的公司）任职的时候，创建了这个游戏的电脑版本。后来，Bonabeau 又在 Icosystems 网站上创建了该游戏的 ABM 模型网络版（Bonabeau, 2012）。此外，Redfish 集团总裁 Stephen Guerin 也创建了这个游戏的一个早期版本，并于 2002 年在心理学和生命科学混沌理论学会第十二届国际年会上进行了展示。图 2.21 展示了人们正在玩游戏的一些照片（左侧是对等环境的计算机仿真结果）。[三]

[一] 这项证明让数字机制（Digital Mechanics）的某些说法更加可信，通过它可以证明，宇宙中随处可见的随机性可以由确定型的元胞自动机产生。

[二] NetLogo 模型库中含有几种元胞自动机模型，包括 Wolfram 的 1D CA 模型的几个版本，比如说模型库的 Computer Science 分部中的 CA 1D 基本模型（Wilensky, 1998）。

[三] 照片由 Eric Bonabeau 提供。

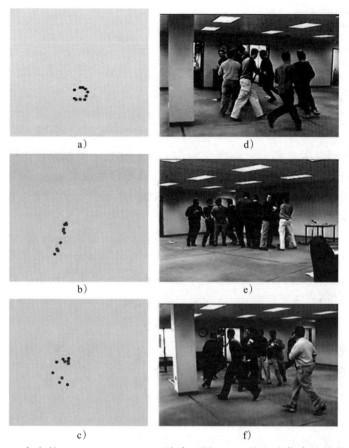

图 2.21　包含 10 个人的 Heroes and Cowards 游戏。图 a ～ c 是电脑仿真的结果，d ～ f 是现
　　　　场图片。a 和 d 展示在"圆"（circle）规则下，所有人跑成一个圈；b 和 e 采用"对
　　　　齐"（align）规则，所有人排成一条线；c 和 f 采用"中国结"（Chinese Streamer）规则，
　　　　大部分人簇拥在一起构成一个"核心"，后面拖着一条尾巴或者一根"丝带"（摘自
　　　　Bonabeau 等，2003）

　　从那以后，这个游戏又出现了多个版本，在复杂系统研究领域四处开花。除了早期编写
游戏代码以外，Eric Bonabeau、Stephen Guerin 以及其他人还在各种会议场合带领人们体验这
个游戏。《系统思维游戏书》（Systems Thinking Playbook）（Sweeney & Meadows，2010）包含该
游戏的一个版本，支持 3 个玩家。除了 Heroes and Cowards 以外，这类游戏还有多个不同的名
字。Bonabeau 将其命名为"侵略者与捍卫者"（Aggressors and Defenders）（Bonabeau & Meyer，
2001），其他还有"朋友与敌人"（Friends and Enemies）和"剑与盾"（Swords and Shields）等。
本书倾向于使用 Heroes and Cowards 这个名字，因为它更恰当地描述了游戏中玩家的行为。

　　Heroes and Cowards 模型的构建简单明了，我们在此将构建一个这样的模型，然后研
究初始版本的几种变化情况。如同 Life 模型一样，该模型也包含初始化（SETUP）和运行
（GO）两个主要例程。在这个模型中，我们所使用的 agent 是 turtle 而非斑块。

　　SETUP 例程代码如下所示：

```
to setup
  clear-all
  ask patches [ set pcolor white ] ;; create a blank background
```

```
create-turtles number [
  setxy random-xcor random-ycor
  ;; set the turtle personalities based on chooser
  if (personalities = "cowards") [ set color blue ]
  if (personalities = "heroes") [ set color red ]
  ;; choose friend and enemy targets
  set friend one-of other turtles
  set enemy one-of other turtles
]
reset-ticks
end
```

SETUP 例程包含四个主要部分。前两部分与 Game of Life 类似，首先清空视图，以便游戏从新的黑屏视图开始，其次将斑块设为白色，以便容易观察 agent 的行为。第四部分的 **reset-ticks** 指令看起来也不陌生，用来对 NetLogo 时钟进行初始化。然而，SETUP 例程中的第三部分却是全新的。

第三部分是一条长指令。**create-turtles** 指令用于创建 turtle 群，全局变量 number 用于确定模型初始运行时刻的 turtle 数量。我们在界面标签页中用滚动条创建 number 变量。本例中，将 **number** 的数值设定为 68（这个数值大约是一个聚会或小型会议的规模），然后给这些 turtle 发布指令[⊖]。发布给 turtle 的第一条指令是：

```
setxy random-xcor random-ycor
```

这条指令用于设置 turtle 的 **xcor** 和 **ycor** 属性值，这两个属性值影响 turtle 在视图中的观察效果。第二条指令是：

```
if (personalities = "cowards") [ set color blue ]
```

该指令需要依赖 **personalities** 变量的值，我们将在后面和其他变量一起定义。**personalities** 用于标识当前处于游戏的第一阶段还是第二阶段，即 agent 扮演"英雄"还是"懦夫"。如果 **personalities** 的值是"懦夫"，表明此时游戏处于第一阶段，所有 agent 都会怯懦行事。为了便于区分和可视化，将"懦夫" agent 的颜色设置为蓝色。类似地，第三条指令是：

```
if (personalities = "heroes")  [ set color red ]
```

如果 **personalities** 的取值设定为"英雄"，此时游戏处在第二阶段，所有 agent 都表现得像英雄一样。将"英雄" agent 标识为红色。

接下来，所有的 agent 需要各自选择一个 turtle 作为朋友，选择另一个 turtle 作为敌人。为了实现这个功能，此处使用两个"turtle 变量" **friend** 和 **enemy**。这两个变量需要在代码标签页中进行定义（也称"声明"），只要在代码标签页将以下命令行置顶即可。

```
turtles-own [ friend enemy ]
```

这条语句赋予每个 turtle 两个变量，分别名为 **friend** 和 **enemy**。执行这条语句之后，这两个变量就创建了，接下来就可以给它们赋值。

```
set friend one-of other turtles
set enemy one-of other turtles
```

以上两条语句中的第一条告诉每一个 turtle 从包含全部 turtle 的集合（自身除外）中选择一个 turtle 作为朋友，并将 **friend** 变量设置为选中 turtle 的值。这两个变量的使用方式与之前介

⊖ 即使使用更大的 turtle 群体数量，也会得到类似的结果。这里之所以使用这个数值，是为了与本书模型库中的样本模型保持一致。

绍的变量略有不同，在这里，friend 不是一个数值，而是对另一个 agent 的"引用"。与许多 ABM 语言一样，在 NetLogo 中可以通过变量直接引用其他 agent，以便代码编写更容易。

确定 friend 变量值之后，第二行代码要求 turtle 从集合剩下的 turtle 中再选出一个作为敌人，并将选出的 turtle 赋给 enemy 变量。

最后一条指令是 reset-ticks，用于初始化 NetLogo 时钟。这就是 SETUP 例程的全部内容。上述 SETUP 例程足以建立我们描述的 Heroes and Cowards 模型。我们将要研究的一种模型变体是"混合型"游戏。也就是说，如果令 personalities="mixed"，意味着部分 agent 是"英雄"，另一些为"懦夫"。为了实现这个要求，需要在 SETUP 例程中添加以下代码：

```
if (personalities = "mixed")    [ set color one-of [ red blue ] ]
```

one-of 语句表示从一个列表中随机选择一个元素，本例中的列表是 [red blue]（这是一个只包含两个元素的列表）。通过该语句可以随机地将一些 agent 设为红色（懦弱），另一些设为蓝色（勇敢）。修改后的 SETUP 例程如下所示：

```
to setup
    ca
    ask patches [ set pcolor white ] ;; create a white background
    create-turtles number [
        setxy random-xcor random-ycor

        ;; set the turtle personalities based on chooser value
        if (personalities = "brave")    [ set color blue ]
        if (personalities = "cowardly") [ set color red ]
        if (personalities = "mixed")    [ set color one-of [ red blue ] ]

        ;; choose friend and enemy targets
        set friend one-of other turtles
        set enemy one-of other turtles
    ]
    reset-ticks
end
```

为了构建模型的运行界面，我们需要切换到界面标签页，并创建两个微件：一个名为 setup 的按钮，以及一个筛选器（包含三个值：heroes、cowards 和 mixed）。与此筛选器相关联的变量是 personalities，之前已经定义过了。点击 setup 按钮，就会看到如图 2.22 所示的屏幕界面。

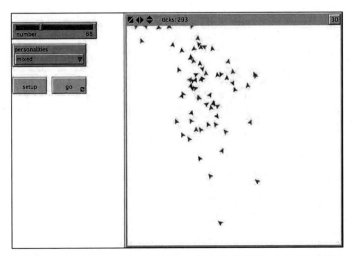

图 2.22　初始化的 Heroes and Cowards 模型。蓝色代表英雄，红色代表懦夫（见彩插）

至此，看起来 SETUP 例程已经顺利完工了，接下来我们编写 GO 例程。

GO 例程的代码如下：

```
to go
    ask turtles [
        if (color = blue) [ act-bravely ]
        if (color = red)  [ act-cowardly ]
    ]
    tick
end
```

GO 例程的功能很简单，命令蓝色 turtle 像英雄一样勇敢，红色 turtle 像懦夫一样懦弱，然后将时钟推进一个步长（滴答）。例程中的 act-bravely 和 act-cowardly 变量稍后才会定义。首先观察一下模型的运行情况。如果你现在是一边看书一边编写模型，那就请你保存当前模型，然后打开 NetLogo 模型库 IABM Textbook 文件夹 Chapter 2 子文件夹中的 Heroes and Cowards 模型。

专栏 2.6　turtle 监视器和链接

　　与我们在 Game of Life 模型中讨论过的斑块监视器类似，可以使用 turtle 监视器来查看任意 turtle 的属性。鼠标指到任意一个 turtle 附近，鼠标右键单击并选择 Inspect，就会弹出该 turtle 的监视器。

　　我们可以看到当前 turtle 的 color 是 105，代表它是蓝色的。还可以看到它的 friend 和 enemy 属性。这个 turtle 的 friend 是 45 号 turtle，enemy 是 41 号 turtle，如图 2.23 所示。

图 2.23　"英雄" turtle 的属性值监视器

在监视器中可以很方便地追踪 turtle 与其 friend 和 enemy 的相对位置。实现方法是创建一个链，将该 turtle 与其 friend 和 enemy 相连。在 NetLogo 中，"链接"（LINK）与 turtle 和斑块一样，都是 agent 的一种类型。第 6 章将详细介绍链接。链接可以直接在 turtle 监视器中创建，只需在 turtle 监视器命令对话框输入以下代码：

```
create-link-with turtle 45 [set color green]
```

该语句等价于：

```
create-link-with friend [set color green]
```

这条命令会生成一个绿色线性链接，连接该 turtle 与它的 friend（45 号 turtle）。

专栏 2.7　turtle 监视器和链接（续）

类似地，连接 enemy 的代码如下：

```
create-link-with turtle 41 [set color red]
```

以上语句等价于：

```
create-link-with enemy [set color red]
```

此时，会看到一个红色线性链接连接该 turtle 与其 enemy，如图 2.24 和图 2.25 所示。

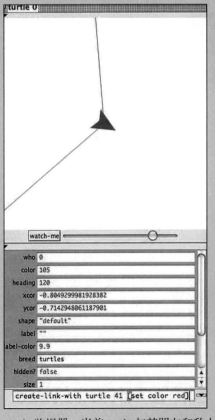

图 2.24　turtle 监视器：当前 turtle 与其朋友和敌人的链接

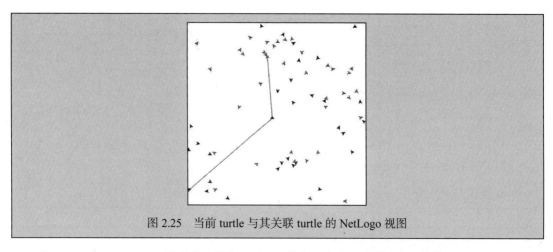

图 2.25 当前 turtle 与其关联 turtle 的 NetLogo 视图

在 Heroes and Cowards 模型中，添加一个 go 按钮（永久运行按钮），并将 PERSONALITIES 筛选器取值为 cowards。我们还需要在 Model Setting 对话框中关闭模型纵向回绕和横向回绕的默认开启状态，因为现实世界中，人们不能从房间一侧走出再从另一侧进入。在修改之后的模型中使用如图 2.26 所示的参数进行设置，此时如果按下 setup 按钮，模型将产生 68 个红色 turtle。当我们按下 go 按钮时，会看到 turtle 移到了视图的边缘，这是因为这些 turtle 的属性都是"懦夫"，它们会试图躲在朋友身后，这会导致它们向环境外围移动。

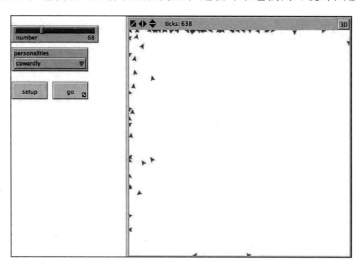

图 2.26 Heroes and Cowards 模型中的"懦夫"行为，此时所有 turtle 都向区域的外围移动

专栏 2.8 基于文本的伪代码格式

在首次构建 ABM 的时候，使用文本形式的伪代码来描述模型规则通常是有用的。伪代码格式一般包括"Initialize"和"At each tick"两部分，前者描述模型的初始条件，后者描述 NetLogo 仿真时钟每一次"滴答"时 agent 的行为。在构建 ABM 模型的时候，建议读者从 agent 角度编写文本形式的伪代码，对于"At each tick"部分尤其如此。下面是 Heroes and Cowards 模型文本形式的伪代码：

```
Initialize:
    Create NUMBER turtles, where NUMBER is set by a slider in the interface
```

```
      Each turtle moves to a random location on the screen
      If the PERSONALITIES chooser is set to "brave," each turtle turns blue
      If the PERSONALITIES chooser is set to "cowardly," each turtle turns red
      If the PERSONALITIES chooser is set to "mixed," each turtle "flips a
      coin" and depending on the outcome, it turns red or blue
      Each turtle picks one other turtle as a friend
      Each turtle picks one other turtle as an enemy
      The NetLogo clock is started

   At each tick:
      Each turtle asks itself "Am I blue?" If yes, then I will act bravely by
      moving a step towards a location between my friend and my enemy
      Each turtle asks itself "Am I red?" If yes, then I will act cowardly by
      moving a step towards a location that puts my friend between my enemy
      and me
```

专栏 2.9　随机数生成器

　　ABM 通常需要描述随机性，agent 行为经常使用随机过程进行建模。当程序员需要在计算过程中使用随机性的时候，通常需要使用随机数生成器（random number generator，RNG）产生的随机数。随机数生成器是一种计算工具（有时也是物理设备），用于生成缺乏任何规律的、看起来是随机的数字或符号。然而，计算机程序生成的随机数实际上是"伪随机的"（pseudo-random），虽然这些数字看起来是随机的，但实际上是确定性的。这里所说的"确定性"是指在"种子值"相同的情况下，得到的数字序列也是相同的。稍后我们将解释何为"种子值"。用物理方式产生的随机数能够较好地解决伪随机问题。目前有多种产生随机数的物理方式，有些可以追溯到远古时期，例如，掷骰子、抛硬币、洗牌，甚至《易经》中的蓍草占卜方法。然而，使用物理方式生成大量随机数耗时很长，有些书籍（或表格）中也有事先生成好的大量随机数值供数学家使用。如今，基于计算机的 RNG 所生成的伪随机数字与真正的随机数相差无几[⊖]，因此 RNG 被广泛应用于各个领域，如计算机仿真和彩票等。

　　在科学研究中，伪随机数比物理随机数的使用频率更高。这是因为科学实验必须是"可重复的"，所以不同的人做同一个实验，需要保证得到相同的结果（这个问题将在第 8 章进一步讨论）。在 NetLogo 中使用伪随机数可以帮助其他研究人员/科学家/建模人员快速"再现"你所做的仿真实验。

　　现在看看 RNG 是如何工作的。NetLogo 中的 RNG 需要以整数为种子值。一旦使用 random-seed 设定了某个种子值并保持该种子值不变，那么 RNG 每次都会生成相同的随机数序列。例如，如果运行以下指令

```
random-seed 137
show random 100
show random 100
show random 100
```

　　通过上述命令得到的随机数列每次都会是 79，89，61，等。可以使用 new-seed 命

　⊖　原书中的这种说法值得推敲。关于 RNG 的质量问题，读者还是要引起足够的重视。目前许多操作系统、程序开发语言、电子表格程序中虽然都配备有 RNG，但很多都是难堪大用的，如果对模型仿真的精度要求较高，或者仿真模型所需要的随机数数量非常庞大，此时需要到专业机构或网站购买经过行业认定的 RNG。在大部分专业化的仿真软件中，RNG 的品质一般是有保证的，但是在具体使用过程中，还需要咨询软件厂商，以避免因为随机数质量问题造成决策错误。——译者注

令为随机数生成器创建一个合适的"种子值"。new-seed 命令会根据当前日期和时间创建一个种子值，该种子值会在所有可能的取值空间中服从均匀分布，new-seed 命令不会连续两次产生一样的种子值。

如果你没有自己设置种子值，则 NetLogo 会根据当前日期和时间为你选择一个。由于无法知道计算机设置的种子值，因此，如果你想要模型的运行结果具有可复制性，那就必须在模型运行之前设置一个你自己的种子值。

对于这个问题，请参阅 NetLogo 模型库 Code Examples 部分的 Random Seed Example 模型。

现在，将 PERSONALITIES 筛选器的值设定为 heroes。你能预测 agent 的行为吗？根据我们在本节开始的讨论，你可能已经正确地预测到了模型中这些"英雄"的行为，此时所有 agent 都会聚集到一起，如图 2.27 所示。

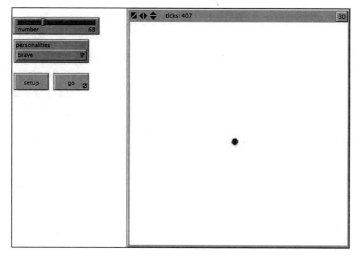

图 2.27　agent 都是英雄的时候，Heroes and Cowards 模型的输出结果。此时所有 turtle 都聚拢到中央

如果将 PERSONALITIES 筛选器设置为"mixed"（混合），你能预测会发生什么吗？大多数人也许无法预测"混合"模式的运行结果，因为这种模式会涌现出多种复杂的行为。由于每个 agent 的行为都是确定的，所以模型的整体行为完全由初始步骤决定，而初始步骤中包含了足够多的随机性，这些随机性可以产生多种不同的有趣结果。

为了验证"混合"模式的效果，我们需要开发一个专门版本的模型，为此在 setup 和 go 按钮下方创建一些新按钮，以展现有趣的行为。这些按钮只是为随机数生成器（RNG）设置不同的种子值。由 RNG 生成的随机数决定 agent 的初始位置，同时也决定谁是"英雄"谁是"懦夫"，以及谁是"朋友"谁是"敌人"。每次按下这些按钮，将使用完全一样的初始化代码（只是种子值不同），因此这些按钮所对应的模型运行结果也是不变的。

或许你已经注意到，模型所展现的"终态行为"样式不一。一旦达到"终态行为"，模型中的 agent 就会进入稳定状态，类似于系统动力学理论中的"吸引子状态"$^{\ominus}$。我们将介绍

$\ominus$　有关吸引子和系统动力学的详细介绍，请参阅由 Westview 出版社于 1994 年出版的 Steven Strogatz 的《非线性动力学和混沌理论》(Nonlinear Dynamics and Chaos) 一书。

其中的四种"终态行为"。在关联模型（文件名为 Heroes and Cowards.nlogo）中，有两个按钮 Frozen 和 Slinky 对应其中的两种状态。除此之外还有多种"终态行为"，感兴趣的读者可以作为练习，自行研究和学习。

1. Frozen（冻结）。模型运行一段时间之后，所有的 agent 分散在视图中，并且固定在某个位置上，虽然 agents 还会有轻微的移动，但是基本上不会偏离当前的位置（如图 2.28 所示）。

2. Slinky（线条）。在模型的最终状态中，所有的 agent 构成一条线，逐渐滑向视图边缘，遇到视图边缘后再反弹到视图中（如图 2.29 所示）。

3. Dot（点）。agent 最终聚合成一个持续振动的点（如图 2.30 所示）。

4. Spiral（螺旋）。agent 最终聚合成一个松散的自旋体，并相互逐渐靠拢（如图 2.31 所示）。

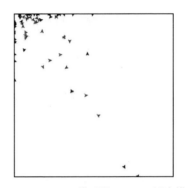

图 2.28　Heroes and Cowards 模型的 Frozen 行为模式最终状态图

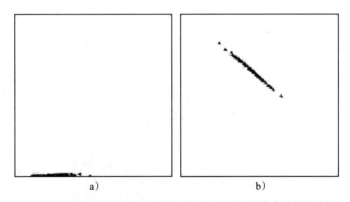

a)　　　　　　　　　　　　　　　b)

图 2.29　Heroes and Cowards 模型的 Slinky 行为模式最终状态图

图 2.30　Heroes and Cowards 模型的 Dot 行为模式最终状态图

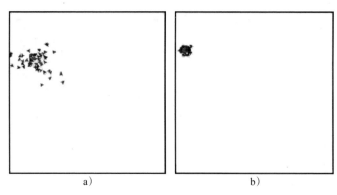

a)   b)

图 2.31   Heroes and Cowards 模型的 Spiral 行为模式最终状态图

现在，你对于模型的输出行为已经有所了解，接下来让我们继续阅读模型代码。如果你一直自己编写代码，那么还可以继续使用你的模型。一定要记得，务必在模型中创建 setup 和 go 按钮，添加 PERSONALITIES 筛选器和 NUMBER 滚动条，就像我们之前讲过的那样。最后，不要忘记关闭"回绕"开关。

上述操作都完成之后，我们将开始创建 ACT-BRAVELY 和 ACT-COWARDLY 例程。这两个例程的作用都是使 agent 首先确定一个方向，然后沿着这个方向前进一小步。ACT-BRAVELY 指引的方向是某个 agent 的朋友和敌人中间的位置，ACT-COWARDLY 指引的方向是某个 agent 的朋友身后的位置。这些例程只用到了一点数学中矢量的知识，因此我们在此不做更多解释。具备一定数学知识背景的读者能够理解矢量计算的数学形式，其他读者可以通过查看例程下面的两幅图形来理解程序代码的功能。简而言之，ACT-BRAVELY 例程将 turtle 的前进方向设定为朋友和敌人坐标连线的中点，ACT-COWARDLY 将 turtle 指向某个点，该点在敌人到朋友位置连线的延长线上面，并且这个点与朋友之间的距离等于朋友和敌人之间的距离（如图 2.32 和图 2.33 所示）。

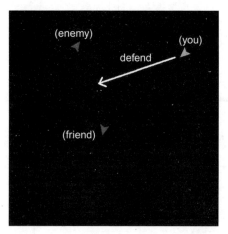

图 2.32   "勇敢的" agent 会向着朋友和敌人的中间位置前进一步

```
to act-bravely
    ;; move toward the midpoint of your friend and enemy
    facexy ([xcor] of friend + [xcor] of enemy) / 2
           ([ycor] of friend + [ycor] of enemy) / 2
    fd 0.1
end
```

```
to act-cowardly
    ;; put your friend between you and your enemy
    facexy [xcor] of friend + ([xcor] of friend - [xcor] of enemy) / 2
           [ycor] of friend + ([ycor] of friend - [ycor] of enemy) / 2
    fd 0.1
end
```

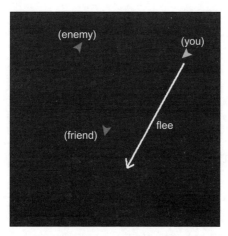

图 2.33　"懦弱的" agent 沿着敌人到朋友位置连线延长线的后方前进一步

Heroes and Cowards 只是一款简单的游戏，其规则如此简单，但是却产生出令人惊讶的行为和结果，这促进了后续研究工作的蓬勃开展。在某种程度上，这个游戏可用于研究微观世界，以了解和观察群体的自组织行为。研究人员一直试图寻找一套新的微观规则，以使系统整体呈现某种特定的、有意思的行为，还有一些学者希望通过"逆向工程"（reverse engineering）手段，由某个特定的宏观系统行为推导出与之对应的微观规则，但是，正如我们之前已经讨论过的，找到生成宏观模式的微观规则通常是非常困难的。Bonabeau 为解决这两个问题提供了一个方案：通过对已知群体规则的演化来寻找新群体的行为和规则。然而，这也是困难的，正如 Bonabeau 及其同事在 2003 年所说的那样：

由于从个体规则预测或推断群体行为并不容易，因此设计一组基于个体和个体交互的行为规则，从而使人类或非人类 agent 产生所期望的群体模式是困难的。虽然计算建模技术可以帮助我们从微观个体行为规则"推演出"自组织系统的群体行为，但是反过来，探索某个宏观群体行为的微观规则却面临众多挑战。更困难的是我们无法提前预知是什么构成了"有趣的"宏观行为。

Bonabeau 等（2003）使用一种集成了交互式进化算法的探索性设计方法研究新的个体规则配置和系统行为。在这个方法中，用户有很多套装的初始参数可供选择，他们可以从中选取任何一个，并对其进行适当的改变，或者任选两个进行交叉合并。用户可以依据个人喜好对系统产生的后代进行评估，并将"最满意的"方案作为父代，用于产生下一代方案[⊖]。通过这种方式，用户就可以依据其主观意愿选取感兴趣的规则配置和系统行为（图 2.34 给出了一些有趣的子代图形）。最终产生的规则方案可能具有复杂的动态行为，例如图 2.35，Bonabeau 称为"中国结"模式。

通过这种方式，当人们事先不知道系统动态演化结果的时候，可以先从一组规则开始，通过交互演化不断发现新的、有趣的集体行为模式。

⊖　这与 Richard Dawkins 在 *The Blind Watchmaker*（1986）一书中描述的生物形态理念非常相似。

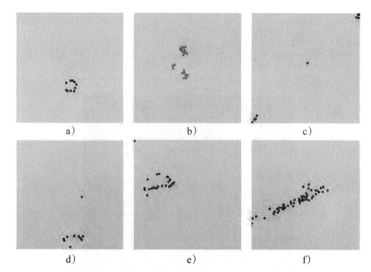

图 2.34 行为演化的几个例子。a）圆圈：agent 彼此追逐，围成一个圆。b）变戏法：两个"斑团"融合并重新出现，有时会把一个较小的"斑团"扔向对方。c）中心 – 对角：两组 agent 分别向两个对角移动，留下一个 agent 在区域中心。d）追赶者 – 逃跑者：一个 agent 追赶着逐渐慢下来的一大群 agent，快要追上的时候，agent 群又快速逃跑。e）中国结：一个可以移动的 D 形 agent 群。f）翻筋斗：一根粗线，先按某个方向旋转 360°，然后停下来，再按相反方向旋转 360°（Bonabeau 等，2003）

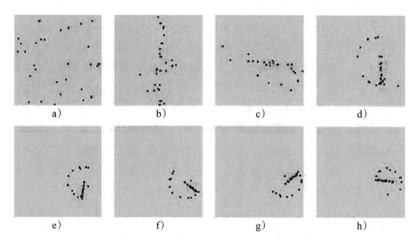

图 2.35 "中国结"模式。从一个随机设置的初始位置开始，agent 群经过 a ～ d 之后，快速产生一个稳定的图案，然后开始均匀旋转（e ～ h）。稳定的图案中有一个手柄和一条彩带，根据初始设置不同，这个图案可能顺时针旋转，也可能逆时针旋转（Bonabeau 等，2003）

2.3 Simple Economy 模型

在过去二十年中，ABM 在社会科学领域获得日益关注和广泛应用。实际上，我们之前讨论过的几个模型，包括 Ants 模型、Game of Life 模型以及 Heroes and Cowards 模型，已被用于解决社会系统问题。当 agent 是异质的，或者数学模型无能为力的时候，基于 agent 的方法在社会科学领域就具有特殊的价值和作用。目前，已经涌现出几个杰出的团体，他们倡导在社会科学领域应用复杂系统方法和 ABM 技术，其中包括复杂系统社会科学协会（Complex Systems Social Sciences Association，CSSSA）以及社会学仿真全球大会（World Congress on Social Simulation，WCSS），这两个组织经常举办学术会议。还有一些类似的会议，是以某些其他会议的分会场或者论坛的形式举办的。近年来，美国教育研究协会（American Education Research Association，AERA）、市场营销科学学会（Marketing Science）、东方经济学协会（Eastern Economics Association）以及美国地理学家协会（American Association of Geographers，AAG）等都召开了关于 ABM 和社会科学交叉研究的会议。

经济学领域也得到了 ABM 研究团体越来越多的关注。由于经济系统的参与者（包括买方和卖方）往往是异质的，ABM 方法自然适用于经济学研究。1996 年，经济学家 Josh Epstein 和 Robert Axtell 出版了一本专著，书中描述了一个名为 SugarScape 的世界，其中包含很多经济主体（经济人）。

专栏 2.10　SugarScape 和基于 agent 的经济学

最早的大型 ABM 模型之一是 Epstein 和 Axtell 在 *Growing Artificial Societies: Social Science from the Bottom Up*（不断发展的人工社会：自下而上的社会科学）一书中提出的 SugarScape 模型。SugarScape 由一系列模型构成，其中群体的认识视野是有限的，系统空间中分布着特定的资源（糖和香料）。模型中的 agent 四处游走，在所在地周围寻找资源，如果找到糖，它们就会走过去并把糖吃掉。这些 agent 还会排污、死亡、繁殖、与其他 agent 争斗、继承资源、传递信息、交易或者彼此赊借，以及传播疾病等。SugarScape 系列模型中的每一个模型都探讨了一些限制条件和动态变化。SugarScope 模型中的糖和香料可以看作人类世界中的各种资源。通过这个模型，可以研究诸如进化、婚姻状况以及人口遗传等社会因素动态变化所带来的影响。SugarScape 模型带动了大量社会科学模型的出现（Epstein，2006），促进了 ABM 在经济学和一般社会科学领域的蓬勃发展（参见 Tesfatsion 和 Judd，2006）。ABM 尤其适用于行为经济学的研究。

行为经济学家并不满意传统的经济学研究方法。因为传统方法为了构建可求解的理论模型，首先对模型和方法进行简化，然后才考虑经验数据的一致性要求。特别地，传统方法通常假定 agent 是完全理性的，而行为经济学家则使用"有限理性"（boundedly rational）agent（Simon，1991），也就是说，这些 agent 并没有完整的信息可用，所以只能通过捷径或者启发推理进行决策。

在本节中，我们将构建一个非常简单的经济学模型，它会产生令人惊讶的结果。假设群体中共有 500 人，开始的时候每个人手中都有 100 美元。每"滴答"一次，每一个人都会拿出 1 美元，随机地交给他遇到的另外一个人。经过一段时间之后，人们所持有的金钱会如何分布呢？在这个问题里面，一个重要的限制条件是美元总数固定不变，此外，每个人所持有的美元金额不会低于零。如果某个人的钱都给出去了，那么他就不能再给别人钱，除非又从别人那里得到一些钱。进一步来说，这个问题就是：美元在人群中的分布是不是一个稳定的极限分布？如果是的话，它是如何分布的？比如说，美元是集中在少数人手中，还是平均分布在大部分人手中？

许多人在被问到这个问题的时候，大都依据直觉认为存在一个极限分布，并且分布是相对均匀的。这种直觉背后的理由是：没有哪个人拥有特权，人们给出美元的对象也是随机选择的，所以没有谁比别人更具优势。因此，最终的财富分配应该是相对均匀的：每个人最终的财富值都应该与他们的初始财富值大致相同。还有一些人直觉地认为最终的财富分布应该是正态的。为了一探究竟，我们构建这个模型并加以分析。

首先从 SETUP 例程开始。因为需要记录每个 agent 所拥有的财富值，所以需要为所有 agent 都构建一个 wealth（财富）变量：

```
turtles-own [wealth]
```

由于我们感兴趣的一个主要问题是财富的极限分布是什么，所以需要创建 agent 所拥有财富的直方图。为此，我们在 NetLogo 界面标签页中创建一个绘图微件（plot widget），其指令为[⊖]：

```
histogram [wealth] of turtles
```

系统时钟每"滴答"一次，Plot（绘图）微件都运行一次该命令（如图 2.36 所示）。为了使 Plot 微件能够适应模型的参数，还要将 X max 的值设置为 500，Y max 设置为 40，并且需要关闭 Auto Scale？选项。如果想获得与图 2.36 完全一样的效果，还需要将笔的颜色更改为绿色（双击 Pen name 栏位左侧的 Color 图标，可以进行颜色修改），并将笔的模式改为柱形（双击 Pen update commands 栏位右侧的铅笔图标，在下拉菜单中选择 bar 即可）。

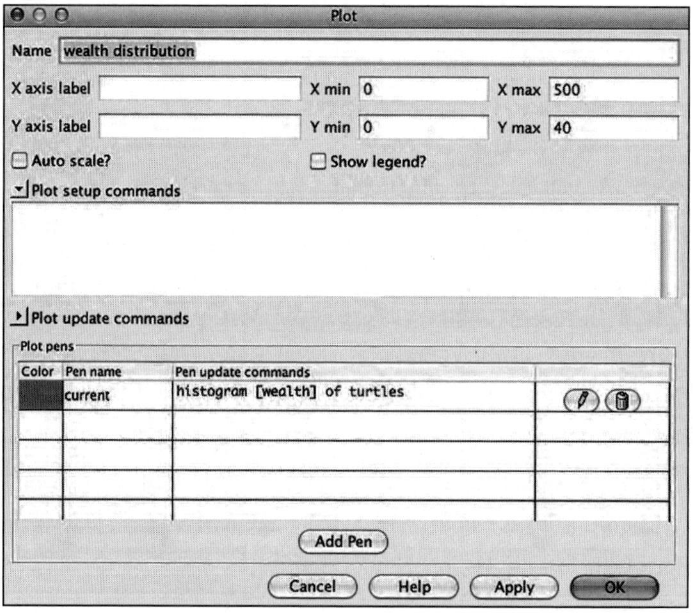

图 2.36　Plot 微件在每次滴答时都会运行绘制直方图命令

SETUP 例程首先需要清空视图，然后创建 500 个 agent，并为这些 agent 的某些属性赋值，然后重置计时器。我们使用绿色圆圈代表 agent，并将每个 agent 的 wealth 属性初始值设为 100 美元。虽然我们已经使用直方图来展现财富的分布情况，通常还需要在视图中将每个 agent 的财富情况进行可视化处理。一种方法是使用 xcor 属性展现 agent 所拥有财富的多少，具体做法是把财富最少的 agent 放到视图最左侧，位置越靠右的 agent 的财富值越高。为了确保有足够的空间满足 agent 向右移动的可能，可以将视图设置成一个狭长的矩形，并且使用尺寸很小的斑块。

⊖ 这是绘制直方图的最简单方法。在第 4 章将介绍一种更复杂的绘图方法，比这里所用方法多一些功能上的优势，更适合绘制复杂图形。

在图 2.37 中，我们将视图的左下角设置为原点坐标（0, 0），x 坐标最大为 500，y 坐标最大为 80，这样就构成了一个狭长的矩形。现在，agent 就可以在 500×80 的区域中移动。将斑块大小设置为 1，从而以合理的尺寸显示在视图中。

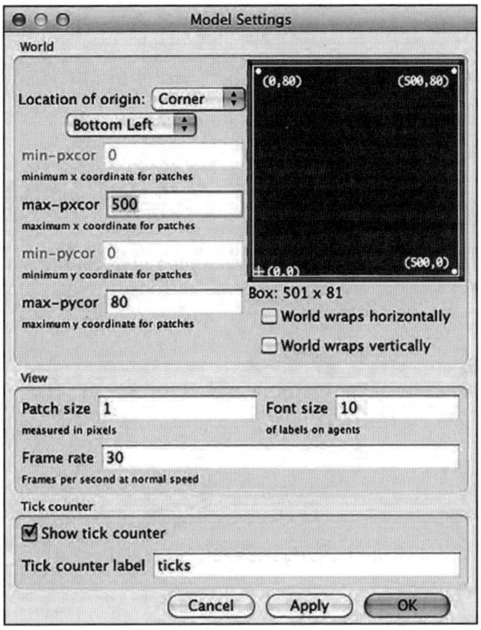

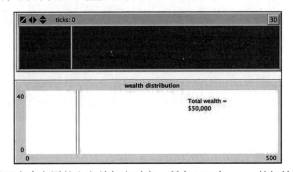

图 2.37　将视图设置为一个狭长的矩形

由于斑块足够小，我们将 agent 的尺寸增加为 2，以便更好地观察它们的行为。SETUP 例程代码如下：

```
to setup
    clear-all
    create-turtles 500 [
        set wealth 100
        set shape "circle"
        set color green
        set size 2

        ;; visualize the turtles from left to right in ascending order of wealth
        setxy wealth random-ycor
    ]
    reset-ticks
end
```

SETUP 运行之后，所得视图和直方图如图 2.38 所示。

图 2.38　视图被放置在直方图的上方并与之对齐。所有 500 个 agent 的初始财富都是 100 美元

该模型的 GO 例程非常简单。时钟每滴答一次，每个 agent 都需要与另一个 agent 进行交易（付出 1 美元），例程的主要代码如下：

```
ask turtles [transact]
```

稍后，我们将介绍 TRANSACT 例程中的代码。现在这行代码还有一点问题，这里没有考虑财富值为 0 的 agent 该如何处理，因为财富值为 0 的 agent 无法付出美元。为了修复这个缺陷（bug），需要添加一个限制性的 with 修饰符，这样一来，只有那些至少拥有 1 美元的 agent 才能对外支付⊖，代码如下所示：

```
ask turtles with [wealth > 0] [transact]
```

在 GO 例程中剩下的一行指令是将 agent 移动到与其财富值相对应的 *x* 坐标位置。GO 例程的代码如下所示：

```
to go
    ;; transact and then update your location
    ask turtles with [wealth > 0] [transact]
    ask turtles [set xcor wealth ]
    tick
end
```

现在，我们来编写 TRANSACT 例程。首先，将 agent 的财富值减少 1 美元，然后随机选择另外一个 agent，将它的财富值增加 1 美元。实现代码如下：

```
to transact
    ;; give a dollar to another turtle
    set wealth wealth - 1
    ask one-of other turtles [set wealth wealth + 1]
end
```

以上就是简单经济（Simple-Economy）模型的全部代码。但是在 GO 例程中还有一个小问题。由于我们要求 turtle 的 xcor 属性值需要依据它的财富值进行相应设置，如果某个 turtle 所拥有的财富非常多，那么它的 xcor 将会超出视图边界。为了解决这个问题，还需要添加一个核查功能，从而确保将 turtle 定位在视图的显示范围内。完善之后的 GO 例程代码如下⊖：

```
to go
    ;; transact and then update your location
    ask turtles with [wealth > 0] [transact]
    ask turtles [if wealth <= max-pxcor [set xcor wealth]]
    tick
end
```

专栏 2.11　agent 集与列表

　　agent 集（agentset）和列表（list）是 NetLogo 中最常用的两种数据结构。

　　agent 集是指一群 agent 所构成的集合。agent 集可以是一群 turtle、一堆斑块或者一簇链接，只能由同一类型的 agent 组成。你可以要求 agent 集内的 agent 执行同样的命令。NetLogo 有三个内设 agent 集：turtle 集、斑块集和链接集。我们前面已经使用过这些集合。你可以根据需要创建自己的 agent 集，这也正是它的强大之处。例如，可以将

⊖ 另一种方法是保留这行代码不变，也就是允许所有 agent 对外支付，然后在 TRANSACT 例程代码中排除那些没有钱的 agent，不让它们执行支付语句。

⊖ 实现这样的检查还有几种其他方法。读者可以作为课外练习自行研习。

所有红色的 turtle 设置为一个 agent 集，或者将所有位于右上角的斑块设置为一个 agent 集。agent 集中每个 agent 的排列顺序是随机的。因此，在多次要求一个 agent 集执行一些命令时，集合中 agent 执行指令的先后顺序是不同的。

列表是有序数字集合，常见的列表有数字列表、字母列表以及列表的列表。在列表中，agent 是有特定顺序的。因此通过列表可以让 agent 按照你所希望的任意顺序执行指令。

我们将在第 5 章对 agent 集和列表进行更深入的探讨。

读者还可以翻阅 NetLogo 用户手册中的 NetLogo 编程指南：http://ccl.northwestern. edu/netlogo/docs/programming.html#agentsets

迄今为止，我们已经对 GO 例程进行了完善和修订，现在暂停一下，让我们想想大多数人对模型结果是如何预期的。如前所述，大多数人从直觉上认定，财富在 agent 之间的分布将随时间变化而变化，但是总体说来，最后的分布将稳定于相对平均的状态。但是令人惊讶的是，实际情况并不遵从相对均匀的分布状态。

将模型运行 10 000 个时间步长（滴答）之后，所得结果如图 2.39 所示。可以看到，财富分布不是均匀的，而是少数 agent 变得非常富有，大多数则会变得贫穷。从此次模型运行结束时的数据来看，排在前 10% 的 agent 个体所拥有的财富总额为 12 633 美元，人均 253 美元；排在后 50% 的 agent 个体所拥有的财富总额仅为 10 166 美元，人均 41 美元左右。前 10% 个体所持财富超越后 50% 个体所持财富（富人和穷人财富曲线的交叉点）的时间发生在时刻 5600（滴答 5600 次）。

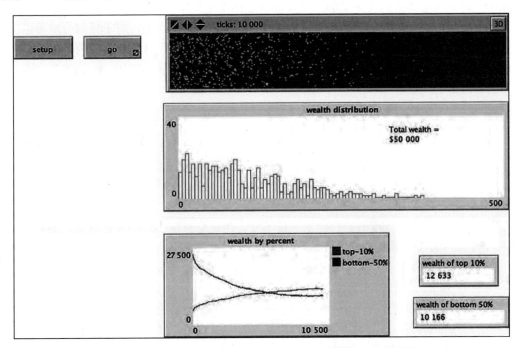

图 2.39　Simple Economy 模型运行 10 000 个滴答之后的结果

如果将模型再运行 2.5 万个"滴答"，二者的差距将会继续扩大，前 10% 富人的财富总额超过后 50% 穷人的两倍多，人均数额相差 10 倍以上，如图 2.40 所示。

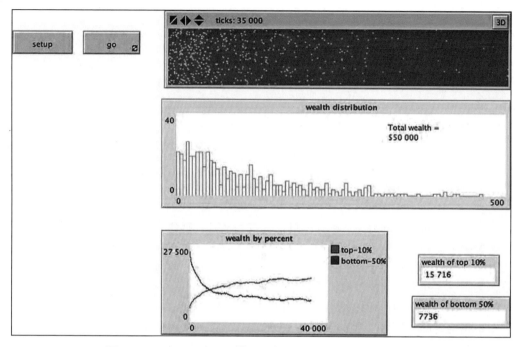

图 2.40　Simple Economy 模型运行 35 000 个滴答之后的结果

　　财富分配最终会收敛至某个平稳分布，有学者证明这是一个指数分布，这意味着财富的分配是不平等的。导致这种不均衡分布的关键条件是"货币守恒定律"（conservation law of money），即美元总额是固定不变的。货币守恒定律规定美元只能在 agent 之间转移，不能被任何 agent 创建或销毁，因此系统中的货币总量是不变的。实际上，对于任何一组可以进行交互的 agent 而言，由于规定它们所持有的货币数量不能为负，这才最终导致了指数分布的产生。这是统计力学的一个著名定律，即 Boltzmann-Gibbs 定律（Boltzmann-Gibbs law，参见专栏 2.12）。

专栏 2.12　Boltzmann-Gibbs 定律

　　Simple Economy 模型所得分布是一类更广泛模型的某种特殊情况，此类模型刻画了在能量守恒的情况下，封闭系统内能量交换的分布问题。19 世纪伟大的奥地利物理学家 Ludwig Boltzmann 在研究盒子中气体分子的物理性质时，首次提出此类模型。他把盒子中的气体分子想象为运动中相互碰撞的"台球"。碰撞发生时，分子会改变速度和方向，但是由于能量守恒，碰撞后的总能量保持不变，由此他推演出了描述台球能量分布的方程，这就是著名的 Boltzmann 方程。他通过对该方程进行求解，证明了分子的能量分布是一个稳定的指数分布，称为 Boltzmann 分布，也称 Boltzmann-Gibbs 分布或 Maxwell-Boltzmann 分布，如图 2.41 所示。

　　Boltzmann 分布是统计力学的核心。统计力学使用概率论描述由大量粒子组成的系统的动态热力学行为。统计力学将单个原子与分子的微观性质与日常生活中可以观察到的物质宏观特性联系起来，为此类问题的研究提供了一套分析框架。在物理学中，统计力学从"粒子"层面对诸多问题进行研究，从原子之间的交互作用到复杂的分子运动过程，还可用于解释诸如功（work）、热（heat）和熵（entropy）等宏观层面的概念。由于统计力学为科学家提供了一个能够从微观粒子推演出宏观模式的分析框架，它对物理学理论的发展产生了广泛的作用和影响。从许多方面来看，ABM 都能够在研究视角和适用问题领域上超越物理学理论和方法。

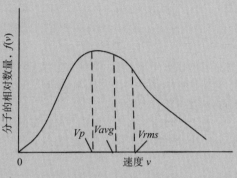

图 2.41　　Maxwell-Boltzmann 分子速度分布（Giancoli，1984）

近年来，很多物理学理论和方法被应用于经济学之中。物理学家 Gene Stanley（1996）将这种跨学科研究领域命名为"经济物理学"。

Dragulescu 和 Yakovenko 在 2000 年发表的论文中，对本小节介绍的简单货币交换模型进行了研究，并提出了几种变体模型。他们指出，在一定的信用额度下，如果允许 agent 负债，模型的稳定输出结果仍然服从指数分布，而且财富分配会愈加不平等。在模型中，本书将 agent 称为财富拥有者，用专业术语来说，我们是对"货币财富"（monetary wealth）建模。对此，Dragulescu 和 Yakovenko 警告说：

人们很容易把金钱分布与财富分布等同起来。然而，货币只是财富的一部分，另一部分是物质财富。实物产品不遵循守恒定律：它们可以被制造、销毁、消耗等。此外，实物产品的货币价值（价格）也不是固定不变的。股票也是如此，经济学教科书从定义上明确地将股票排除在货币之外。因此，一般来说，现实生活中的财富分布并不符合 Boltzmann-Gibbs 法则。

实际上，实证研究表明，大多数国家的财富并不服从指数分布，而是遵从某种幂律法则，即帕累托分布（Pareto，1964）。帕累托分布比指数分布更不均衡。令人惊讶的是，幂律分布在社会生活中时有所见。原因之一是这些现象往往与偏好依附过程（preferential attachment processes）密切相关（Barabási，2002），按照偏好依附过程理论，一个人得到的财富往往与他已经拥有的财富成正比（第 5 章将更详细讨论这个问题；在讨论网络部分的时候将对幂律法则给予更多论述），如果这是支配财富分布的基本规律，那么社会贫富差距将不断扩大。

2.4　本章小结

在本章中，我们展示了使用 ABM 即可轻松构建的三个简单模型。尽管建模过程简单，但是这些模型却表现出相当复杂的行为。每一个例子都表明，即使最简单的模型，按照一定的规则也会涌现出难以预测的行为。使用 ABM 所赋予的能力，对这些概念模型进行程序代码编写，能够使我们轻松探索系统的复杂行为，从而减少依赖直觉的错误决策。

除了对模型的简单研究之外，通常我们还希望对模型行为进行系统分析，这需要付出更多努力。在第 6 ~ 8 章中，我们将对多个 ABM 模型进行更深入的分析和研究。在第 3 和 4 章中，我们将学习如何对已有 ABM 模型进行修改，以此介绍构建 ABM 模型的方法论，以及回顾用于构建 ABM 的指令和工具。

习题

本章模型探索

1. 将 Life 模型多运行几次，然后回答以下问题：模型达到稳定状态所需最小时钟周期（滴答数）是多少？最大时钟周期是多少？模型是否有可能永远也达不到稳定状态？

2. 使用伪代码，编写 Life Simple 模型的运行规则。

3. 在 Life 模型中引入变量 `live-neighbors`。在 GO 例程中，首先计算每个斑块的邻域中"活着"邻居的数量，然后根据 `live-neighbors` 的值进行分支，代码如下：

```
to go
  ask patches [
    set live-neighbors count neighbors with [ pcolor = green ]
  ]
  ask patches [
    if live-neighbors = 3 ...
```

为什么要使用 `live-neighbors` 变量？如果对代码进行修改，直接统计邻域中绿色斑块的数量，模型运行结果会不同吗？修改后的代码如下：

```
to go
    ask patches [
        if  (count neighbors with [pcolor = green]) = 3
```

请说明原因。

4. 在 NetLogo 模型库 Computer Science 部分的 Life 模型中寻找一种模式，使模型在开始运行的时候，绿色斑块不超过 10 个，经过 10 次滴答之后，绿色斑块的数量不低于 100 个。然后，再寻找一个模式，使模型的初始绿色斑块不少于 100 个，经过不超过 10 次滴答之后，绿色斑块全部消失。

5. ABM 模型中常用的静物有四种：面包、小船、轮船和蜂箱。你能解释为什么它们都是静物吗？还能找到其他的静物吗？修改 NetLogo 模型库中的 Life 模型，创建一个按钮，用于保存新建静物的参数配置。

6. 在 Game of Life 模型中，闪光灯（blinker）是周期为 2 的振荡子。你还能找到一个周期为 2 的振荡子吗？周期为 3 的振荡子呢？周期为 15 的呢？在 NetLogo 模型库的 Life 模型中创建一个按钮，保存相关配置。

7. 在 Game of Life 模型中，你能构建一个发射周期为 15 的滑翔机枪（glider gun）吗？周期为 20 的呢？在 NetLogo 模型库的 Life 模型中创建一个按钮，保存相关配置。

8. methuselah 是一类小图形（小型模式），它指在形成可预测的稳定图形（模式）之前，在几代演化过程中表现出来的混乱状态。Erik de Neve 发现了一类 methuselah，将其命名为 Edna。模型运行环境为一个 20 × 20 的网格，经过 31 192 次"滴答"的混乱状态之后，才趋于稳定。你能在 31 × 31 的网格上找到一个 methuselah 吗？它需要经过多长时间才能达到稳定状态？

9. 在 Game of Life 模型中，我们可以将"光速"（像物理学一样使用字母 c 表示）定义为任何运动物体所能达到的最大速度，也就是一次"滴答"之后物体的最大传播速率（包含水平方向、垂直方向以及对角线方向）。它既可以是信息传播的最大速率，也可以是任何物体移动速度的上限。那么滑翔机移动速度有多快（以 c 为计量单位）？你能找到比滑翔机移动更快的飞船吗？

10. 除了我们探讨过的 Life 模型，NetLogo 模型库中还有一些其他类型的元胞自动机（Cellular Automata，CA）。例如，CA 1D Elementary 模型（可在模型库的 Computer Science 部分找到）。该模型与 Life

模型之间存在两个主要差异：第一，CA 模型是一维的，因此 y 轴表示时间步长；第二，CA 模型允许你选择系统行为的控制规则，这与 Life 模型不同，Life 模型只能执行事先制订好的规则。针对 CA 1D Elementary 模型，你能否找到一个规则，使得模型从一个活体斑块开始运行，最终所有斑块都变成"活着的"？你能否找到一个规则，使得模型从一个活体斑块开始，最终所有斑块都"死亡"？当然，随时启用或停止所有规则并不难，但是能否做到开启其中的一半规则而关闭另一半规则呢？

11. 让我们来研究 Heroes and Cowards 模型。除了模型按钮所能体现的最终状态以外，能否找到其他一些有趣的最终状态？你可以为这些状态创建一些额外的按钮，并对其进行命名。

12. 在 Heroes and Cowards 模型中，如果更改模型中的 agent 数量会发生什么？如果增加或减少 agent 的数量，运行结果是否可以预测？

13. Heroes and Cowards 模型有一个小错误。你能找到并修改它吗？

14. 另一个使用类似于 Heroes and Cowards 模型规则的是 Follower 模型（在 NetLogo 模型库的 Art 部分）。这个模型的行为规则与 Heroes and Cowards 模型有何不同？为什么这两个模型偶尔会得到相似的运行结果？比如说，Follower 模型有时也会出现"狗咬尾巴"（dog-chases-tail）模式。

15. 编写文本格式的伪代码，描述 Simple Economy 模型的运行规则。

16. Simple Economy 模型最终表现出令人惊讶的指数分布。请你使用语言描述为什么极限分布不是均匀分布或者正态分布。

17. 你还可以在 Simple Economy 模型中添加哪些规则来增加财富分配的不平等程度？又可以添加哪些规则来减少这种不平等现象？

18. 从 NetLogo 模型库的 Social Science 部分打开 SugarScape 1 Immediate Growback 模型。研究这个模型。试着改变 POPULATION（人口）变量的初始值。POPULATION 变量的初始值对于最终的稳定状态有何影响？它是否会影响 agent 属性（比如视力和新陈代谢）的分布？

19. 从 NetLogo 模型库中打开 SugarScape 2 Constant Growback 模型。研究这个模型。承载能力相对初始人口规模存在依赖关系吗？有直接关系吗？

20. 在 NetLogo 模型库的 Social Science 部分找到并打开 SugarScape 3 Wealth Distribution 模型。研究这个模型。初始人口数量对财富分配有影响？出现偏态分布需要多长时间？改变财富的初始值之后，财富分配会发生哪些变化？这个模型的运行结果与 Simple Economy 模型是否相似？对比这两个模型的运行结果。

NetLogo 探索

21. NetLogo 模型库包含一个代码示例文件夹，其中包含了一些有用的模型示例，教你如何编写完整模型所使用的功能代码。在 NetLogo 模型库中的 Code Examples 文件夹中找到并打开 random walk 模型。查看其中的代码，你能否对 turtle 的运动轨迹做出预测？运行这个模型，看一看 turtle 的行走路径是否和你预期的一样？对模型代码进行修改，保证 turtle 的行走路径仍然是随机的，但是要求路径上的"锯齿"更少，也就是更平滑、更笔直。

22. 创建一个模型，其中包含两个按钮。第一个按钮可以创造 25 个 turtle，并将它们分散在运行视窗的各个角落。第二个按钮名为"REPORT WHO VALUES"，当它被按下的时候，要求处于原点左侧的所有 turtle 将其 WHO 属性值传送到"命令中心"（command center output）。如果反复按下第二个按钮，在列表中会看到哪些信息？产生这种行为的原因是什么？为什么模型产生的这种行为是我们需要的？按照本题要求，完成模型的编写，然后请在信息标签页（Info tab）中添加一小节内容，记录你对上述问题的回答（可以通过单击 EDIT 按钮向信息标签页添加新内容）。（提示：可能会用到 of 和 print 语句）。

探索和扩展基于 agent 的模型

计算机不同于人类的一点，在于程序编写好并且能够正常运行之后，它会一以贯之地保持不变。

——艾萨克·阿西莫夫

完美的旅程从来不会结束，我们的目标永远是跨过下一条河流，越过下一座山梁。总是有更多的路要走，总是有更多的绮丽要去探索。

——罗西塔·福布斯

只有航行在平静的海上，才能感到微风拂面。

——卡尔·萨根

在本章中，读者将学习如何修改和扩展基于 agent 的模型。为此，我们将选取几个经典模型，看一看它们是如何工作的，然后讨论如何变更和扩展这些模型。在这些模型中，有些修改之后可以用于研究替代方案，或者比对与原模型之间的差异，有一些则被用于完全不同的问题。

在探索 ABM 的过程中，尤其需要关注它的四个特征。

1. 简单规则可用于产生复杂现象。

我们将要研究的许多模型都只具有非常简单的规则，这些规则不需要使用复杂的数学公式进行描述，也不需要读者对待建模领域有多么雄厚的知识储备。但是，这些模型却可以重现我们在现实世界中观察到的许多复杂现象。例如，Fire 模型虽然只有一个简单的规则，即描述火苗如何从一棵树蔓延到另一棵树，但是模型仍然可以揭示一束火焰如何导致整个森林起火。

2. 个体行为的随机性，可以导致总体行为的一致性。

在人们看来，当看到某个群体的行为井然有序的时候，比如一大群鸟簇拥飞行，总是认为肯定存在某种固化的机制，这个机制会对个体的行为进行约束和规范，这种认识是很常见的（Wilensky 和 Resnick，1999）。就鸟类而言，人们愿意相信，一定存在某种特定的群体规则或交流方式，告诉每只鸟如何在群体中找到属于自己的位置。然而，大自然总会给人们带来某种惊喜：很多时候，个体行为规则非常简单（参见特征的第 1 点），不用规定每一只鸟在鸟群中的位置，相反，个体行为规则通常会包含某种程度的不确定性，并且对于初始条件的扰动也具有适应性（鲁棒性）。尽管系统蕴含着随机特征，但是它们仍然可以呈现出可预测的群体行为，就如鸟群一样。

3. 复杂模式可以进行"自组织"，不需要任何首领协调。

同样地，当人们看到一群鸟飞翔的时候，往往假设其中一定存在某个首领，它负责协调和调度，也就是说，由这个首领告诉每一只鸟应该如何飞行（Resnick 和 Wilensky，1993；

Resnick，1994a；Wilensky 和 Resnick，1999）[⊖]。然而，自然界再次展现了令人称奇的一面：由多个个体组成的群体——每个个体都遵从非常简单的规则——可以实现"自组织"，生成复杂而美丽的行为模式或者图案，却不需要任何协调或中央控制，人们把这种模式称为"涌现"（Wilensky 和 Reisman，2006）。

4. 针对同一问题的不同方面，需要建立不同的模型。

即便已经完成了一个针对某个特定现象的高质量模型，此时仍未完成建模的所有过程。对于某一个问题，单一模型总会显现地表征它的某些因素，而掩饰或忽视其他因素。对于同一个现象或者问题，可以构建多个模型，每一个模型都会从不同的出发点揭示系统如何运作。例如，某个居住区位偏好模型会研究某个人选择新住所，与他是不是喜欢周围的邻居有多大关系。这样的模型虽然可用于解释城镇人口增长过程中很多有趣的问题，但是对于学区设置、零售店或者公园布局等问题则并无多大帮助，虽然后面这些问题也受到居住者择屋偏好的影响。

本章的其余部分将深入探讨几个经典的 ABM 模型，并介绍修改和扩展这些模型所需的步骤和方法。

3.1　Fire 模型

许多复杂系统都具有一种现象，称为"临界阈值"（critical threshold）（Stauffer 和 Aharony，1994 年）、"临界点"或"引爆点"（tipping point）（Gladwell，2000 年）[⊖]。本质上讲，当某个参数的微小变化导致系统整体输出发生较大变化，此时就存在"引爆点"。一个包含引爆点的模型是森林火灾的早期 ABM 模型。该模型易于理解，也揭示出一些有趣的行为。除了能够回答我们感兴趣的问题之外，有趣的是，森林火灾的蔓延模式与其他自然现象——例如疾病的传播，石油在岩石中的渗透，或者消息在人群中的扩散——具有高度的一致性（Newman，Girvan 和 Farmer，2002）。

火灾（Fire）模型虽然简单，却对某个参数高度敏感。当研究火灾是否会从森林的一侧燃烧到另一侧（渗透）的时候，人们发现这主要取决于林木覆盖率（被树木覆盖的土地面积占比），森林大火吞噬树木如图 3.1 所示。随着林木覆盖率的增加，开始时对火灾蔓延几乎没有影响，但是如果继续增加，突然之间，大火将席卷整个林区。此时的参数值就是系统的"引爆点"。无论基于何种原因，知晓系统存在引爆点将会非常有帮助。首先，如果知道系统存在引爆点，即便此刻什么也没有发生，但是实际上量变过程正在持续，最终该发生的就会发生。其次，如果知道引爆点在哪里，并且知道此时参数值离引爆点还有多远距离，那么就可以决定是否还需要继续当前的工作（尝试增加参数值或继续等待模型运行）。也就是说，如果参数值距离引爆点很远，那么此时再多的努力也不会改变系统的状态，然而，如果此时已经非常接近引爆点，那么只需要再进行一点点尝试就可以获得系统状态的重大改变。

⊖　第 2 点和第 3 点一起构成了 Resnick 和 Wilensky 所说的"确定性–中心化思维模式"（deterministic-centralized mindset）。在群体层面观察系统行为时，人们普遍具有这种思维模式，也就是说，总是假设个体行为不具有随机性，而是由某个个体居中调度或控制一切（Wilensky 和 Resnick，1999）。

⊖　对于引爆点的描述，其他领域用到了几个不同的术语，例如，物理学中使用"相位转移"（phase transition）（Stanley，1971 年）。通常，这些术语都是指输入参数的微小变化导致输出变量的巨大改变。

图 3.1 森林大火吞噬树木

3.1.1 Fire 模型介绍

Fire 模型源于一系列独立的研究，用于了解渗透或扩散现象。在渗透过程中，一种物质（例如石油）透过另一种物质（例如岩石），后一种物质有很多孔隙。Broadbent 和 Hammersley（1957）首次提出了这个问题，从那时起，许多数学家和物理学家致力于研究这个问题。受元胞自动机模型（cellular automata model）的启发，研究人员开发了一个模型，以多孔石块浸入水中为例[⊖]，他们关注的问题是：石块中心被浸湿的概率有多大？

弥漫森林的大火可以看作一种渗透过程，其中，大火相当于石油，森林相当于岩石，森林中的空地相当于岩石中的孔隙。与 Broadbent 和 Hammersley 所提议题类似的问题是：如果大火从森林一侧的树木开始燃烧，蔓延到另一侧树木的途径会有哪些？许多科学家构建了模型来研究这个问题。1987 年，丹麦物理学家、复杂系统理论家 Per Bak 及其合作者认为，火势蔓延取决于一个关键参数，即林木密度（density of the forest）。由于这个参数是自然存在的，所以火灾的复杂性也是自然存在的，因此这或许是一种能够揭示火灾复杂性天然存在的机制。Bak 及其合作者称这种现象为"自组织临界性"（self-organizing criticality），并在多个场景下进行了展示，其中比较著名的是对沙堆崩塌现象所做的演示。

在此，我们将研究由 Wilensky（1997a）开发的 Fire 模型的一个版本，该模型使用 NetLogo 建模语言开发，发布在 NetLogo 模型库中的 Earth Science 部分，读者可以搜寻目录 SampleModels>IABMTextbook>Chapter3>FireExtensions>FireSimple.nlogo 找到该模型文件。这个版本的 Fire 模型仅包含斑块。斑块可以有四个不同的状态，分别是：①绿色，表示未燃烧的树；②红色，表示一棵正在燃烧的树；③棕色，表明一棵被烧焦的树；④黑色，表明没有树的空地（如图 3.2 所示）。在开始运行之前，将模型中森林的左边缘设置为红色，表示这里"起火了"。模型开始运行时，火苗会点燃任何"相邻"的树木（即，着火树木四周尚未燃尽的或者尚未被点燃的树木）。此过程将一直持续，直到能够被点燃的树木都已燃尽。模型中唯一的"控制参数"就是林木的密度，这个参数并不用于精确计算树木的数量，而是确定每个斑块中是否包含一棵树。因为林木密度是一个概率值，所以即使以相同的数值运行多次，每一次模型的输出结果都会有所不同。

⊖ 原文如此，我们怀疑此处的介质应是石油而非水。——译者注

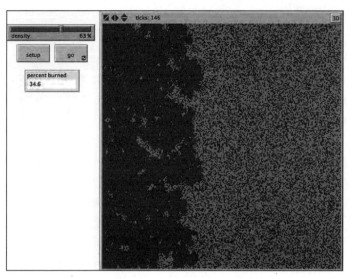

图 3.2　使用 NetLogo 开发的 Fire 模型的简单版本。基于 Fire 模型（Wilensky，1997）。http://
ccl.northwestern.edu/netlogo/models/Fire（见彩插）

我们来看看 Fire 模型所包含的简单规则。模型的初始化代码如下：

```
to setup
    clear-all
    ;; make some green trees
    ask patches [
        if (random 100) < density
            [ set pcolor green ]
        ;; make a column of burning trees at the left-edge
        if pxcor = min-pxcor
            [ set pcolor red ]
    ]
    ;; keep track of how many trees there are
    set initial-trees count patches with [pcolor = green]
    reset-ticks
end
```

如同第 2 章的 Life Simple 模型一样，Fire Simple 模型只使用常驻型 agent、斑块，以及不移动的 agent 和 turtle。除了这些基本类型的 agent，ABM 模型还可以拥有其他类型的 agent，包括用户自定义 agent 类型。我们将在第 5 章中对此进行详细讨论。

　　上面代码中的第一行 `clear-all` 命令（在 NetLogo 语言中也可以使用缩写 `ca` 代替），将系统重置为初始状态，具体包括：重置模型时钟，清除所有处于移动中的 agent，将常驻 agent 的参数值恢复为默认值。代码的其余部分用于向斑块发送指令。首先，在系统中放置树木；其次，在森林边缘设置一定数量的起火树木（用红色表示正在燃烧的树木）。这里确定了好几处选项，最重要的包括：①将森林中的空地用黑色斑块表示；②将森林中未起火的树木用绿色斑块表示；③将起火燃烧的树木使用红色斑块表示。

　　一旦确定了这些选项，就可以开始编写代码了。为了在模型环境中放置树木，可以要求斑块执行如下命令：

```
if (random 100) < density
    [ set pcolor green ]
```

为了更好地理解上面这两行代码，我们先假设林木密度为 50。这行代码要求每个斑块抛掷一个包含 100 个面的骰子（或者，旋转一个包含 100 个相等扇区面积的圆形转盘）。让我们站在斑块的角度来思考这个问题。假设我是一个斑块，此时抛掷一个骰子，如果得到的数字小于 50，那么"就在我这里放置一棵树"，否则"我就什么也不做"。也就是说，我这里会有一棵树（斑块变成绿色）的可能性是 50%，另外 50% 的可能是没有树（斑块颜色保持黑色）。请注意，每个斑块都会独立抛掷骰子，因此，从理论上说，所有斑块都可能包含一棵树（或者没有任何一个斑块会包含一棵树），但是平均来看，50% 的斑块会包含一棵树，其他斑块则没有。如果树木的密度值更高或更低一些，那么这段代码也可以用所设定的密度大致地填充斑块的颜色。这种站在 agent 视角上进行分析的方法，称为"以 agent 为中心的思维模式"，这个概念在本书中会多次出现，它也是使用 ABM 定义设施（facility）的一个好习惯。

对于 ABM 模型来说，它的行为在每一次运行过程中都会有所不同，这是 ABM 的一个重要特征。这意味着，模型只运行一次，远远不够获取大多数 ABM 模型的真实行为，相反，需要多次运行并对结果进行汇总才能完成。至于如何对运行结果进行汇总和整合，将在后续章节中进行广泛而深入的讨论。

一旦模型设立或初始化完成，接下来必须定义模型在每个时间点要做什么。这通常要在代码的 GO 例程中完成。

Fire Simple 模型中 GO 例程的核心代码如下：

```
to go
    ;; ask the burning trees to set fire to any
    ;; neighboring (in the 4 cardinal directions) non-burning trees
    ;; the "with" primitive restricts the set of agents to
    ;; those that satisfy the predicate in the brackets
    ask patches with [ pcolor = red ] [
        ask neighbors4 with [ pcolor = green ] [
            set pcolor red
        ]
    ]
    ;; advance the clock by one "tick"
    tick
end
```

这段代码并不长。它要求所有燃烧着的 agent（标为红色的斑块）点燃其周边尚未起火的树木（绿色斑块），并把这些斑块的颜色设置为红色。（代码中的 **neighbors4** 语句用于指定东南西北四个方向的相邻斑块。）最后，程序代码告诉时钟前进一步（滴答一次）。

一旦 GO 例程持续运行，就会看到 Fire 模型的运行效果。出于可视化目的，需要区分刚刚起火的树木以及完全烧毁的树木。因此，需要在模型中增加下面一行代码：

```
set pcolor red - 3.5
```

如同在第 2 章 Life Simple 模型中看到的那样，用深色表示已经烧毁的树木。

按照现在的程序代码，GO 例程将一直运行下去，不会自动停止。为了解决这个问题，还需要增加一个停止条件，以便在所有起火的树木燃尽之后停止运行。因此要把以下语句添加到 GO 例程的开头部分：

```
if all? patches [pcolor != red]
    [ stop ]
```

这样一来，GO 例程中的代码就变成了下面的样子：

```
to go
  ;; stop the model when done
  if all? patches [ pcolor != red ] [
    stop
  ]
  ;; ask the burning trees to set fire to any neighboring non-burning trees
  ask patches with [ pcolor = red ] [ ;; ask the burning trees
    ;; ask their non-burning neighbor trees
    ask neighbors4 with [ pcolor = green ] [
      set pcolor red ;; to catch on fire
    ]
    set pcolor red - 3.5 ;; once the tree is burned, darken its color
  ]
  tick ;; advance the clock by one "tick"
end
```

至此，就完成了模型全部功能的编码工作。模型资源库中的 IABM Textbook 文件夹下的 Fire Simple 模型还多设置了一些变量，以显示全部林木中被烧毁部分的百分比。

在随后的专栏里面，描述了 NetLogo 中指令（primitive）和例程（procedure，也称程序）的两种基本类型：命令（command）和报告器（reporter）。编写报告例程可以帮助缩短代码。比如说，如果想缩短计算斑块颜色的代码长度，就可以通过创建报告器——比如说创建一个名为 FIRE-PATCHES 的报告器例程——进行相关计算。要完成这项功能，需要使用 NetLogo 中的专用指令 report 和 to-report，如下所示：

```
to-report fire-patches
    report patches with [pcolor = red]
end
```

现在，将上述 GO 例程中的这行代码

```
ask patches with [pcolor = red] [
```

改写成

```
ask fire-patches [
```

在这个例子中，创建报告器只会稍微减少代码的长度，但是在很多更复杂的模型中，将代码封装为报告器，不仅可以缩短代码长度，还可以使代码更明晰。使用报告器还有其他一些很好的理由，例如：

- 通过创建可重用的报告，可以避免代码的重复编写，因而可以最大限度地减少相同功能的代码在程序中出现的次数，从而可以减少代码不一致所带来的风险。
- 报告器例程的名称可以用于表明含义；一个好的程序名称可以有效地阐明这段程序的意图。
- 孤立复杂性（isolate complexity）：可以对例程（例如 GO 例程）进行代码运行逻辑的推理，从而理解它的功能，而不必深入了解报告器代码。

专栏 3.2　命令和报告器

在 NetLogo 中，命令（command）和报告器（reporter）会告诉每一个 agent 应该如何运作。一条命令代表 agent 要完成的某项操作，运行之后会产生某种效果。报告器是用于计算数值的指令,然后 agent 将这个数值反馈给任何一个索取者。

一般来说,命令以动词开头,例如 create、die、jump、inspect 或者 clear,而报告器的名字则是名词或名词短语。

例如,forward(前进)是一条命令,它告诉 turtle 型 agent 进行移动,但是 heading(前进方向)则是一个报告,它告诉 agent 反馈前进方向的角度。

NetLogo 内置了许多命令和报告器,你还可以在 Code 标签页中创建新的命令和报告器。NetLogo 中内置的命令和报告器称为指令(primitive)。NetLogo 词典具有一个包含命令和报告器的完整列表。

你可以在例程中自定义所需要的命令和报告器。每一个例程都要有自己的名字,名字前面使用关键字 to 或 to-report,到底使用哪一个,取决于这是命令例程还是报告器例程。关键字 end 标志例程的结束。请注意,在 NetLogo 的自动语法着色设置中,报告器用紫色显示,命令用蓝色显示。

有时,针对指令的输入是命令块(使用方括号包围起来,方括号中可以为空,也可以包含多个命令行,例如,[forward 10 set color red]),或者一个报告器块(使用方括号包围起来的一个报告器表达式,例如,布尔型报告 [color = red])。

有关命令和报告器的更多信息,详见网页 http://ccl.northwestern.edu/netlogo/docs/programming.html # procedures/。

为了本章后续模型研究的需要,在此对报告器稍做赘述。

现在将 Fire Simple 模型运行几次。如同我们预期的那样,在林木密度低的情况下,火势蔓延的范围并不大,而在林木密度较高的情况下,森林将被不可阻挡的大火所摧毁。那么,在林木密度中等的情况下,该作何预期呢?大部分人可能会认为,如果林木密度为50%,那么大火将有 50% 的概率到达森林的右侧边缘,但是使用模型尝试之后,你会发现当密度为 50% 的时候,森林的过火面积并不大。如果提高到 57%,过火面积虽然有所增加,但是仍然不能到达森林的另一侧(如图 3.3 所示)。但是,如果继续提高密度至 61%(密度增加 4%),则火势不可阻挡地会到达另一侧(如图 3.4 所示)。这种情况有点出人意料。你也许认为,林木密度的微小变化对火势蔓延的影响不大。然而事实证明,Fire 模型有一个"关键参数",其对应的关键值为 59%。也就是说,当林木密度低于 59% 的时候,大火不会散布得很广,而如果高于这个数值,大火就会蔓延得更远。这是复杂系统重要且普遍的特性:**系统行为是非线性的,即,输入的细微变化可能会导致输出的大幅变动。**

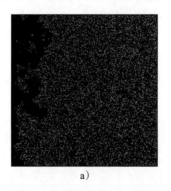 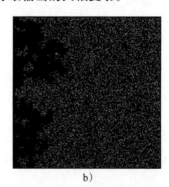

a)   b)

图 3.3　林木密度为 57% 的时候,Fire Simple 模型的两次运行结果

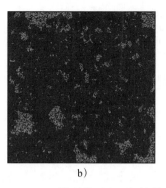

a)　　　　　　　　　　　　b)

图 3.4　林木密度为 61% 的时候，Fire Simple 模型的两次运行结果

在后面的三个小节中，我们将对 Fire Simple 模型进行改变和扩展。这些扩展模型可以在 NetLogo 模型库 IABM 文件夹的子文件夹 `Chapter Three > Fire Extensions` 中找到。

3.1.2　第一次扩展：增加一个火焰的传播概率

与其他模型一样，通过假设，Fire Simple 模型将现实系统的运作过程进行了简化。特别是在现实世界中，火焰不会以确定的方式从一棵树蔓延到另一棵树，而是受到多个可变因素的影响，诸如风力、树种、树枝之间的距离，等等。通常，当影响因素较多的时候，可以使用随机数对系统的复杂机制进行简化处理。因此，大火从一棵树蔓延到另一棵树，这个过程具有不确定性，但是我们并不知道火势蔓延的概率是多少。我们可以使用概率对大火在两棵树木之间的蔓延过程进行建模，并将此概率作为系统的参数。通过尝试不同的概率值，可以发现概率对整个火势蔓延形势的影响。

为了实现上述目标，首先要在 NetLogo 模型中创建一个名为 `probability-of-spread` 的滚动条，并将此滚动条的数值范围设置为 0 ～ 100。这个滚动条变量控制火焰从一棵树蔓延到另一棵树的概率。仅仅增加一个滚动条是不够的，还需要对程序代码进行修改，以使该参数发挥作用。实现这一点，首先需要确定该参数影响模型的方式。每一次火焰"传播"的时候，模型都会创建一个 0 ～ 100 之间的随机数，如果该数值小于 `probability-of-spread`，那么模型还是会像以前一样处理（点燃相邻的那棵树）[⊖]。如果大于等于 `probability-of-spread`，那么火势就不会向那个方向蔓延。我们来看看原始模型中的 GO 例程，在这段程序中，当所有起火斑块（红色斑点）引燃其周围树木的时候（将被引燃的斑块变成红色），此时就发生了火势蔓延的情况。按照程序逻辑看来，这个位置应该就是插入新变量的地方。旧程序代码如下：

```
ask patches with [pcolor = red] [
    ask neighbors4 with [pcolor = green] [
        set pcolor red
    ]
    …
```

对上面的代码进行修改，以使新参数发挥作用，此时只需新增一个判断语句[⊖]：

⊖　在模型运行过程中，需要对斑块逐一进行处理。然后，在处理某个斑块的时候——比如说，当处理某个起火斑块的时候——需要逐一对其各个方向（四个方向或者八个方向）的相邻斑块进行判断，每次判断都需要生成一个随机数，用以决定当前方向的相邻树木是否应该被点燃。——译者注

⊖　本书所有涉及模型代码的新增、修改和变更之处，在示例代码中会以"**黑色加粗**"方式表示，请读者在阅读代码的时候注意识别。——译者注

```
;; ask the burning trees to set fire to any neighboring non-burning trees
ask patches with [ pcolor = red ] [ ;; ask the burning trees
  ask neighbors4 with [ pcolor = green ] [ ;; ask their non-burning
    ;; neighbor trees
    ;; only burn if a random draw is greater than the probability of spread
    if random 100 < probability-of-spread [ set pcolor red ] ;; to catch
    ;; on fire
  ]
  ...
```

像以前一样，起火的 agent 会巡视四个邻居，然后挑选出那些未起火的斑块（树木）。但是这一次，不再是简单地点燃那些树木，而是针对每一棵未燃烧的树木，执行一次 random 100 指令，这个指令将产生一个范围在 0~99 之间的整数。如果这个随机数值小于 probability-of-spread 的值，模型还是像以前一样处理（点燃相邻的那棵树）；否则，火势就不会蔓延到那棵树。尤其需要注意的一点，即使此次火势蔓延"失败"了（未点燃指定的树木），这棵树仍然可能被它周围的其他树木引燃。

试着将 density 和 probability-of-spread 两个参数都设置为可变值。如果将 probability-of-spread 设置为 100%，新模型和原模型就是等价的。这是一个很好的经验法则，可以帮助进行模型扩展，也可以通过合理的参数设置，令其等价于原模型。做完这些调整，你可以检查一下，看看新模型与旧模型是否一致，并确认新模型中不包含任何程序代码错误。我们总是希望能够生成旧模型的结果，用来与新模型的运行结果进行比较。确保新模型包含旧模型的机制，并可以重现这种机制，意味着我们可以不必保留一个模型的多个版本。

调整参数，然后让模型运行几次，看看会发生什么。如果将林木密度设置为允许烧遍整个森林（就像在初始版本模型中所做的那样），然后把参数 probability-of-spread 设置为 50%，你会看到，火势不太可能燃遍整个森林。实际上，如果将 probability-of-spread 设置为 50%，那么大火蔓延至整个森林就需要非常高的林木密度。在实验过程中，你可能会注意到，林木密度的上限值设定为 99%。在原模型中，这是有道理的，因为 100% 的林木密度没有意义，但是现在，由于火势在树木之间的蔓延按照一定的概率进行，因此林木密度为 100% 是有意义的。修改滚动条的取值上限，将林木密度设置为 100%，然后再观察火势蔓延的情况，可以发现，新参数值极大地改变了模型的计算结果。图 3.5 显示的是完成第一次模型扩展后，Fire Simple 模型的运行屏幕截图。

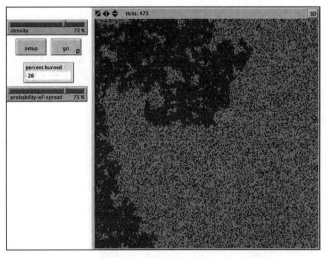

图 3.5　第一次扩展后的 Fire Simple 模型

3.1.3 第二次扩展：添加风的因素

有的时候，在 ABM 模型中，可以使用概率对模型中的一些机制进行"刻画"，借以实现模型的精炼，从而以更加贴近实际的方式对这些机制进行建模。我们的第一次模型扩展，实际上在 probability-of-spread 中隐藏了一些潜在机制。我们可以选择其中一个机制，并对其进行更精细的建模。在此，"风"就是一个很好的例子，可以对其进行详细建模。接下来，我们在模型中增加风的因素，也就是说：如果顺着风的方向，火势扩散的可能性会有所增加；在相反的方向上，则火势蔓延的可能性会降低；而在垂直于火焰运动方向上的风，对于火势蔓延几乎没有影响。当然，这种处理方式也许过于简单，因为风总是会对局部环境产生影响，例如湍流。正如读者所见，虽然所有模型都是经过简化处理的，但是我们仍然会接受并使用它们。

为了在模型中添加风的要素及其影响，我们将创建两个滚动条。一个用于控制来自南方的风速（负值表示风来自北方），一个用于控制来自西方的风速（负值表示风来自东方）。然后将这两个滚动条的取值范围设置为 −25 ～ 25。那么，在程序代码中如何使用这些新参数呢？就像在第一次模型扩展中所做的那样，我们希望这些新参数能够影响 probability-of-spread 变量。模型的运行效果将与火势试图传播的方向有很大关系。由于风速被设置为 −25 ～ 25，我们考虑将其取值转变为百分数的形式，通过调整这个百分数，就可以修改火焰传播的概率（概率也用百分数表示）。为此，首先创建一个名为 probability 的局部变量，并将 probability-of-spread 的值作为它的初始值。局部变量仅在限定的环境中有效，通常在使用它的程序体中定义。如果只想引用一个程序体中的某个变量，最好的办法是将其定义为局部变量。但是请注意，在定义这个变量的程序体以外的其他代码或者命令中，我们都无法看到局部变量的当前值。可以使用 let 指令定义一个局部变量，然后使用 set 指令修改它的值。我们可以依据参数 wind-speed 的值修改局部变量 probability 的值，即通过火势蔓延方向上的风速值对 probability 的值进行增减。以下代码包含上述过程：

```
to go
  ;; stop the model when done
  if all? patches [ pcolor != red ] [ stop ]
  ;; each burning tree (red patch) checks its 4 neighbors.
  ;; If any are unburned trees (green patches), change their probability
  ;; of igniting based on the wind direction
  ask patches with [ pcolor = red ] [
    ;; ask the unburned trees neighboring the burning tree
    ask neighbors4 with [ pcolor = green ] [
      let probability probability-of-spread
      ;; compute the direction from you (the green tree) to the burning tree
      ;; (NOTE: "myself" is the burning tree (the red patch) that asked you
      ;; to execute commands)
      let direction towards myself
      ;; the burning tree is north of you
      ;; so the south wind impedes the fire spreading to you
      ;; so reduce the probability of spread
      if direction = 0 [
        set probability probability - south-wind-speed
      ]
      ;; the burning tree is east of you
      ;; so the west wind impedes the fire spreading to you
      ;; so reduce the probability of spread
      if direction = 90 [
        set probability probability - west-wind-speed
      ]
```

```
;; the burning tree is south of you
;; so the south wind aids the fire spreading to you
;; so increase the probability of spread
if direction = 180 [
  set probability probability + south-wind-speed
]
;; the burning tree is west of you
;; so the west wind aids the fire spreading to you
;; so increase the probability of spread
if direction = 270 [
  set probability probability + west-wind-speed
]
if random 100 < probability [
  set pcolor red ;; to catch on fire
]
]
set pcolor red - 3.5 ;; once the tree is burned, darken its color
]
tick ;; advance the clock by one "tick"
end
```

这段代码还有一些问题。实际上，这段代码要做的是修改火势蔓延的可能性，也就是说，如果风向和火势蔓延的方向一致，就增加 probability 的值，否则就减少。要想计算某个斑块 probability 的变化值，首先需要确定火势蔓延的方向，然后决定哪个方向的风能够影响它，最后才是计算它的值。一旦计算出 probability 的值，就可以依据它确定火焰会不会蔓延到邻近的树木。

通过这次修改，火势的蔓延方式就变得非常有意思了。比如说，将林木密度设定为 100%，风势设定为强劲的西南风（来自西南方），同时，将 probability-of-spread 设定得低一些，比如说 38% 左右。在这种参数配置的情况下，火势将产生"三角形蔓延"的效果，也就是说，在其他条件不变的情况下，火势将向东北方向扩散（如图 3.6 所示）。

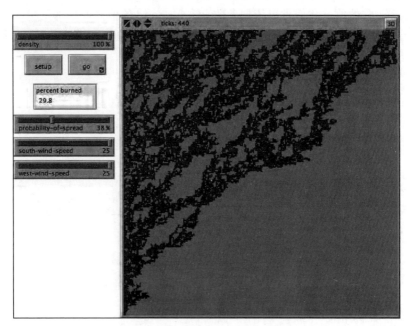

图 3.6   第二次扩展后的 Fire 模型

3.1.4   第三次扩展：允许火焰远程传播

在第二次模型扩展中，我们将风的因素添加到模型中，从而实现了火势向某个方向扩散的效果。关于风对火势的影响，还存在另外一种可能，即火焰在风的作用下，能够"跃过"相邻的树木（未点燃紧邻的树木）而点燃远处的树木。这种效果在模型中如何实现，是比较有趣的。为了确保修改后的模型还可以复现之前版本模型的运行结果，需要在模型中添加一个控件，以实现火焰"跳跃"的功能。为此，我们添加一个名为 big-jumps? 的布尔型变量（取值为 true 或 false）作为开关（switch）。NetLogo 中的开关可以控制某个值取 true 还是 false，而不会受其他变量的影响。这里所添加的 big-jumps? 开关可以打开或关闭"跳跃行为"。如果将 big-jumps? 设置为关闭（false），那么此时的模型与 Fire Simple 模型经过第二次扩展之后是相同的。模拟火焰在风的作用下发生跳跃的设计思路，是在当前的风向上，隔一段距离产生一束新的火苗。可以通过修改 GO 例程来实现，也就是在第二次扩展模型的基础上进行，代码如下所示：

```
...
if random 100 < probability [
  set pcolor red ;; to catch on fire
  ;; if big jumps is on, then sparks can fly farther
  if big-jumps? [
    let target patch-at (west-wind-speed / 5) (south-wind-speed / 5)
    if target != nobody and [ pcolor ] of target = green [
      ask target [
        set pcolor red ;; to ignite the target patch
      ]
    ]
  ]
]
...
```

这段代码中的第一部分将当前斑块设置为红色，这与上一个版本相同，但是在语句 if big-jumps? 之后的第二部分代码中则做出了改变。如果 big-jumps? 为 ture，那么程序将顺着风的方向，隔一段距离选择一个斑块，如果该斑块包含一棵未起火的树木（绿色斑块），则将这棵树点燃（因为火焰飘落到这棵树上）。如果模型设计得更详细一些，甚至可以包含火焰 agent，它可以顺风飘扬，落在哪里就将那里的树木点燃。在这次扩展中，我们不使用火焰 agent，只是模拟火焰飘落的效果。

将这段代码插入到应有的位置，然后看看它对模型会有什么影响。你会看到，当火焰在森林中飘散的时候，沿着风的方向会产生很多"火线"（如图 3.7 所示）。对模型的这次修改，视觉上能够产生意想不到的效果。你可以研究使用不同的参数集来观察不同的火焰蔓延方式。对模型的这次修改，增加了大火到达森林另一侧的可能性（这是我们的度量指标），但是结果模式却不尽相同，也就是说，火势虽然蔓延到了森林的另一侧，但是其中的很多树木并未起火。随着这种新模式的出现，可能需要重新审议我们最初确定的研究问题，模型的度量指标可能也需要改变。

对模型的每一次扩展都可能引出更多的问题，反过来需要对模型进行新的修改。在第三次扩展中，火焰在风向上发生远距离飘散，这个过程可能具有一定的概率，这和火焰的近距离传播具有相同的方式；或者，火焰的落点也可能是随机的而不是确定的。这两处改动留给读者自行练习。

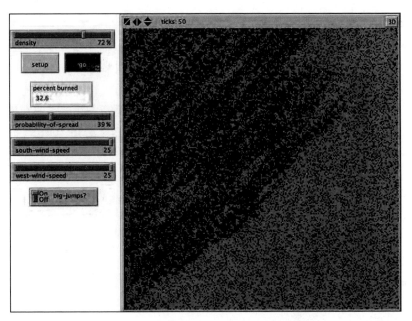

图 3.7　第三次扩展后的 Fire 模型

3.1.5　Fire 模型小结

我们对模型进行了三次修改，以三种不同的方式影响了模型的引爆点。第三次修改甚至导致之前的观测目标（火势是否能够蔓延到森林的另一侧）也失去了意义。随着改变火势蔓延的机理，诸如"林木过火比例"之类的测度指标会变得更加重要。这些新的观测指标可能存在引爆点，也可能不存在引爆点，这说明了引爆点的一个重要特征，即引爆点是由一个输入指标和一个输出结果共同定义的。如果某个模型本身不存在引爆点，说明引爆点与输入指标和输出结果的选择有关。

3.1.6　高级建模应用

我们在前面讲过，Fire 模型可以进一步泛化成渗透模型（model of percolation），渗透问题已经在地质学和物理学领域进行了广泛而深入的研究（Grimmett，1999）。广义的渗透形式是指，给定某种结构体，在其两个位置之间（流体或气体）依概率进行渗透。这是不是很像一个实体（entity）从系统一侧进入而从另一侧出来的情况（如图 3.8 所示）？以这种形式定义的问题，显然可以应用到石油钻探领域（Sahimi，1994）。然而，这种广义渗透形式的使用范围，却可以远远超出传统地质学和物理学的渗透情境。比如说，可用于研究创新的扩散过程。由于渗透与创新扩散具有一定的相似之处（Mort，1991），因此可以使用渗透模型对创新扩散过程进行建模。同样地，许多事情也可以在社区中传播，例如疾病在社区中的传播，这样一来，渗透模型就与流行病学相关了（Moore 和 Newman，2000）。Newman、Girvan 和 Farmer（2002）研究了所谓的"高度优化的耐受系统"（highly optimized tolerant system），例如，在面临火灾的时候，表现出来健壮性（robust）的森林，这几位学者使用渗透度（degree of percolation）作为系统健壮性的度量指标。我们在这里介绍的只是渗透模型应用到其他领域的几个例子而已。从简单 Fire 模型起步，可以对各种现象进行建模和研究，从而深入了解这些系统的内在机理和结果表现。

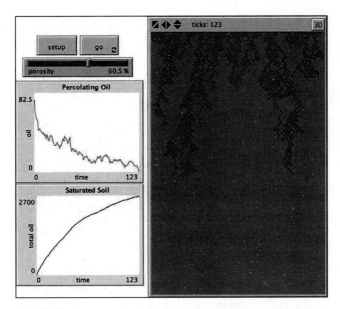

图 3.8　基于 NetLogo 的渗透模型。http://ccl.northwestern.edu/netlogo/models/Percolation（Wilensky，1998）

3.2　DLA 模型

正如我们在第 0 章所讨论的，基于 ABM 视角，可以获得对复杂系统的全新认识。如同 Fire Simple 模型所展示的那样，将无生命的对象（例如树木）作为 agent 是可能的。如果将原子和分子定义为 agent，并制定规则来描述这些 agent 之间的互动过程，就可以对许多物理现象获得更深入的了解。

例如，自然界中复杂而美丽的图案令人沉醉（硫酸铜溶液在电极上形成的 DLA 铜聚合体如图 3.9 所示），但是，实际上许多图案都可以使用简单规则生成。在 ABM 中，我们通常会看到图案的复杂性与规则的复杂性几乎没有直接联系。实际上在某些情况下，结果恰恰相反，也就是说，简单规则会形成复杂的图案。我们关注的重点不一定是规则的复杂性，而是这些规则产生的交互作用。许多基于 agent 的模型之所以有趣，不是因为单个 agent 做了什么，而是因为所有 agent 一起做了什么。

图 3.9　硫酸铜溶液在电极上形成的 DLA 铜聚合体（Kevin R. Johnson, 2006, http://commons.
wikimedia.org/wiki/File:DLA_Cluster.JPG）

在本节中，我们将审视一个非常简单的模型，其中，agent 所能做的只是在系统中随机运动，当满足基本条件时停止移动；尽管这个规则并不复杂，但是它会导致比较有趣的复杂现象。

3.2.1　DLA 模型概述

在许多物理过程中，从云的形成，到雪花的形成，再到烟尘、烟雾和灰尘的形成，粒子能够按照某种有趣的方式聚合在一起。DLA（Diffusion-Limited Aggregation，有限扩散聚合）是描述此类过程的理想模型，在 20 世纪 80 年代早期，DLA 首次作为计算模型出现（Witten 和 Sander，1981，1983）。DLA 模型能够逼真地生成自然界中的许多图案，比如水晶、珊瑚、真菌、闪电甚至人类肺体的图案，也可用于模拟社会模式的形成过程，如城市的发展过程（Garcia-Ruiz 等，1993；Bentley 和 Humphreys，1962；Batty 和 Longley，1994）。

NetLogo 版本的 DLA 模型是为建设 NetLogo 模型库而开发的早期几个模型之一（Wilensky，1997b），可以在 NetLogo 模型库中找到一个简单的 DLA 模型，具体位置是 Sample Models > IABM Textbook > Chapter Three> DLA Extensions > DLA Simple.nlogo"。该模型的初始环境包括大量的 agent（红色粒子），以及居中的一个绿色斑块。位于区域中间位置的绿色斑块是固定不变的。在按下 go 按钮之后，所有红色粒子都会随机向左或者向右移动一步。粒子移动后，如果它的任何一个邻居（即附近的斑块）是绿色的，那么这个粒子就会死去，然后它所在斑块就要变成绿色（之所以能够这样操作，是因为所有 turtle 型粒子都可以直接访问其所在斑块的变量值）。如果模型运行足够长的时间，就能够通过所有绿色斑块获得一个有趣的分形图案（如图 3.10 所示）。

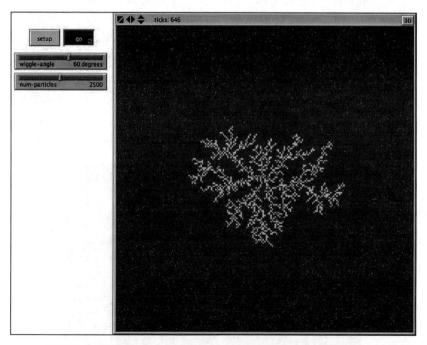

图 3.10　NetLogo 版本的 DLA 模型，http://ccl.northwestern.edu/netlogo/models/DLA（Wilensky，1997b）

以下是 DLA Simple 模型中 GO 例程的 NetLogo 代码。`wiggle-angle` 是一个全局变量，它的数值可以通过界面中的滚动条进行设置。

```
to go
  ask turtles [
    ;; turn a random amount right and left
    right random wiggle-angle
    left random wiggle-angle
    forward 1
    ;; if you are touching a green patch
    if any? neighbors with [ pcolor = green ] [
      set pcolor green ;; turn your own patch green
      die ;; and then die
    ]
  ]
  tick
end
```

如代码所示，如果某个粒子的任何一个邻居是绿色的，那么它就会停止移动，并将其所在斑块设置为绿色，然后该粒子死亡。粒子可以直接访问它所在斑块的变量值，这样就可以修改其所在斑块的颜色（NetLogo 中的 `pcolor` 变量）。

接下来，我们会对 DLA Simple 模型进行三次扩展，在文件夹 Sample Models > IABM Textbook > Chapter Three > DLA Extensions 中可以找到这三个扩展模型。

3.2.2　第一次扩展：引入概率

DLA Simple 模型的规则非常简单。模型代码也只包含两个例程，并且代码长度都比较短，但是这两个例程却可以产生很多有趣的结果。在对模型进行扩展的过程中，我们将研究如何增加几个简单的规则，以生成更有趣的图案。

将模型运行一段时间以后，你会发现它总是产生薄而稀疏的结构。通常情况下，结构中的"茎"和"躯干"只有一个斑块的宽度。这是因为，一旦粒子接触到绿色斑块，它就停止移动。最可能发生的情况是：粒子更容易抵达系统边缘，而无法接近系统内部。

然而，我们可以改变这种情况。如果对模型规则换一种方式进行解释，其实就是粒子一旦与静止的物体接触，那么它将以 100% 的概率变为静止的物体。那么，如果降低这个概率又当如何？这正是我们在本次扩展中要做的事情，即允许用户控制粒子停滞的概率。

在原有代码中，如果粒子的任何一个邻居是绿色的，那么它会停止移动，将其所在斑块的颜色改为绿色，然后该粒子消失。我们要做的是对此规则增加进一步的检验，与此同时，还必须对代码进行修改。由于粒子是否停止移动依概率而定，那么就有可能发生某个粒子恰好位于另一个绿色粒子之上的情况，此时，我们不希望该粒子停止运动。所以需要在粒子停止运动之前，确保该粒子不会在其他绿色粒子之上。这需要在模型中增加一个条件：

```
to go
  ask turtles [
    right random wiggle-angle
    left random wiggle-angle
    forward 1
    if any? neighbors with [ pcolor = green ]
      and pcolor = black
      and random-float 1.0 < probability-of-sticking [
      set pcolor green
      die
    ]
  ]
  tick
end
```

现在，只有当所生成的随机数小于给定概率值的时候，粒子才会停止运动（与某个绿色斑块相粘连）。但是这个概率值要在哪里定义呢？如果将这段判断代码添加到 GO 例程中，然后切换到 Interface 标签页, 此时 NetLogo 将报错, 因为这个概率值尚未定义。所以, 我们需要回到 Interface 标签页, 创建一个名为 `probability-of-sticking` 的滚动条, 并为其赋值, 其中最小值为 0.0, 最大值为 1.0, 增量为 0.01[⊖]。至此, 就完成了对模型的扩展, 可以令 `probability-of-sticking` 等于 0.5, 然后运行模型, 运行结果如图 3.11 所示。

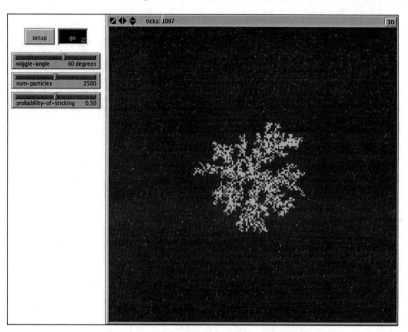

图 3.11　第一次扩展后的 DLA 模型

你可能会注意到, 当概率为 0.5 时, 图形的枝条会比原来粗一些。这是因为, 粒子附着在结构外部的可能性变小了, 所以在停止运动前, 粒子能够更深入到结构的内部。如果仍然希望获得原来模型的运行结果, 只需要将概率值设定为 1.0 就可以了。就像我们对 Fire Simple 模型进行扩展那样, 一定要确保扩展后的模型能够再现原模型的结果。采用这种方式, 不仅可以帮助检查修改后的代码是否有误, 还能在持续添加新的参数和机制之后, 与原始结果进行比较。

3.2.3　第二次扩展: 邻居的影响

添加概率参数使得我们可以更广泛地研究图案的结构, 同时也不影响继续在模型中添加简单规则的能力。对于 DLA 模型而言, 一种常用的扩展方式, 是研究粘连概率与粒子周围固定斑块 (绿色斑块) 数量之间的关系 (Witten 和 Sander, 1983)。在粒子的移动过程中, 如果它的周围已经有 2 ～ 3 个邻居斑块是固定的, 那么相较于只有一个固定邻居的情况, 粒子更容易停留下来 (与其他固定斑块发生粘连)。因此, 我们希望粒子停下来的概率会随着固定邻居斑块数量的增加而增加。

接下来我们对模型进行新的扩展。首先, 在模型界面上增加一个开关, 名为 "`neighbor-influence?`", 这个开关决定粒子停止移动是否与固定邻居的数量有关。`neighbor-`

⊖　由于 "random" 指令生成的是随机整数, 因此我们使用 "random-float" 命令生成 0~1 之间的随机数, 以表示概率值。

influence? 是一个布尔型变量（只有 true 或 false 两个取值）。为了表明这是一个布尔型变量，通常会在变量名之后加上一个问号（？）。添加这个开关之后，我们再回头审视 GO 例程。修改之前的 GO 例程是这样的：

```
to go
  ask turtles [
    right random wiggle-angle
    left random wiggle-angle
    forward 1
    if any? neighbors with [ pcolor = green ]
      and pcolor = black
      and random-float 1.0 < probability-of-sticking [
      set pcolor green
      die
    ]
  ]
  tick
end
```

我们需要根据 neighbor-influence? 的值修改 probability-of-sticking 的值。为此，我们首先创建一个名为 local-prob 的变量，如果 neighbor-influence? 的值为 false（关闭），则 local-prob 与 probability-of-sticking 取值相同。如果打开 neighbor-influence? 开关，那么粒子与少量绿色邻居黏附的可能性就会降低。我们将 probability-of-sticking 与粒子的八个邻居中绿色邻居的占比值相乘，就可以获得黏附概率。例如，如果将 probability-of-sticking 设置为 0.5，当粒子运动到某一处，它的八个邻居中有四个是绿色的（此处的绿色邻居占比值为 4/8），因此可得黏附概率为 $0.5 \times 4/8=0.25$。这样就可以建立一种关系：当绿色邻居较多时，黏附概率接近于 probability-of-sticking 的值；当绿色邻居较少时，黏附概率接近于零[⊖]。如果希望进一步研究的话，还可以尝试建立一些函数，检验其对结果的影响。要实现这个想法，可以将影响粒子的邻居数设定为一个参数。新代码如下：

```
to go
  ask turtles [
    right random wiggle-angle
    left random wiggle-angle
    forward 1
    ;; if neighbor-influence is TRUE then make the probability proportionate
    ;; to the number of green neighbors, otherwise use the slider as before
    let local-prob probability-of-sticking
    if neighbor-influence? [
      ;; increase the probability of sticking the more green neighbors
      ;; there are
      set local-prob probability-of-sticking *
        (count neighbors with [ pcolor = green ] / 8)
    ]
    if any? neighbors with [ pcolor = green ]
      and pcolor = black
      and random-float 1.0 < local-prob [
      set pcolor green
      die
    ]
  ]
  tick
end
```

当按照修改后的程序代码运行模型的时候，需要注意两点：①需要花费更长的时间才能形成图案，这是由于粒子停止移动的概率大大降低了；②最终呈现的图案非常厚重，就像一团

⊖　请注意，我们在滚动条中设置的最小值是 1/8，也就是说，粒子最少应与一个绿色邻居发生黏附。

墨滴。此外，只有一个斑块宽度的分支少了很多，这是因为，如果粒子只遇到一个固定的斑块，其停止运动的概率非常小。在图 3.12 中可以看到这种现象。

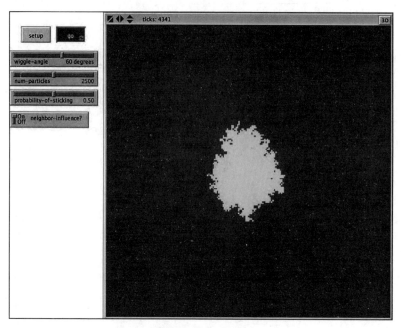

图 3.12   第二次扩展后的 DLA 模型

3.2.4   第三次扩展：不同的聚合方式

DLA 模型的前两个扩展主要关注了移动粒子如何停止运动的问题，还有另一种方法可以控制粒子的停止方式。即在程序开始的时候，只需给粒子更多的可以停泊的位置即可。检查上一次扩展模型的 SETUP 例程，可以看到，它在系统的中间位置生成了一个绿色的斑块：

```
to setup
  clear-all
  ;; start with one green "seed" patch at center of world
  ask patch 0 0 [
    set pcolor green
  ]
  create-turtles num-particles [
    set color red
    set size 1.5 ;; easier to see
    setxy random-xcor random-ycor
  ]
  reset-ticks
end
```

语句 patch 0 0 代表一个斑块，其 x 轴坐标为 0，y 轴坐标为 0，默认情况下，这个斑块位于 NetLogo 环境的中心位置。如果在程序开始的时候，创建更多的绿色斑块会怎样呢？如果有多个绿色斑块，那么对于移动的粒子而言，会有更多的地方可以停靠，那样就可以生成不同的聚合图案。首先，需要创建一个滚动条，用于控制聚集点的数量，我们将滚动条命名为 NUM-SEEDS，设置其最小值为 1（至少需要一个种子斑块），最大值为 10，增量为 1。

添加了这个滚动条之后，可以在 setup 代码段中，将由 NUM-SEEDS 设定的那些斑块设置为绿色：

```
to setup
  clear-all
  ;; start with NUM-SEEDS green patches as "seeds"
  ask n-of num-seeds patches [
    set pcolor green
  ]
  create-turtles num-particles [
    set color red
    set size 1.5 ;; easier to see
    setxy random-xcor random-ycor
  ]
  reset-ticks
end
```

n-of 报告器（reporter）从 **NUM-SEEDS** 所定义的斑块中随机选取一些，构成一个集合。然后，将这些随机选取的斑块变成绿色，使它们成为集聚体的种子。这与我们在 Fire 模型中所做的不同。在 Fire 模型中，我们使用随机变量，询问每个斑块是否包含一棵树（种子）。Fire 模型所使用的方法，是按照滚动条的数值大致形成林木的覆盖率；而 **n-of** 方法会精确生成滚动条所确定的种子数量。在 ABM 中，通常认为 Fire 模型所使用的概率方法更加真实，因为自然界中的林木数量难以精确测量。然而，**n-of** 方法可以使我们更精确地控制模型的行为。

完成上面的修改工作之后，这段代码就可以运行了。但是请注意，它还不能精确再现原模型的运行结果。即便将 **num-seeds** 的值设置为 1，也不能保证总是在模型环境的中心位置创建一个种子，这个种子可能出现在运行环境的任何位置。这样一来，这个模型与原模型就不一样了，即使如此，也没有什么关系。实际上，系统的中心位置并无特别之处，因为对于模型检测和研究而言，随机放置一个种子和把种子放在中间位置并无本质区别。如果一定要把种子放在系统的中心，可以通过增加另外一个参数解决，这个作业留给读者自己练习。经过上述三次扩展之后，简单 DLA 模型的最终版本如图 3.13 所示。在使用多个种子的情况下，图案看起来有点像玻璃上结晶的霜花的形状。

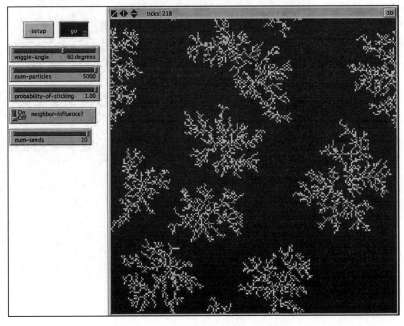

图 3.13　第三次扩展后的 DLA 模型

3.2.5   DLA 模型小结

在本节中，我们创建了 DLA 模型的三个版本，这些模型使我们能够依据简单规则生成不同的有趣的图案。尽管这些图案错综复杂，但是规则的描述却很简单。前两个扩展修改了粒子"停靠"的方式，这些经典的模型扩展方式使图案变得更粗壮、更牢固。第三次扩展添加了"多种子"的想法，这样就可以使用同一个模型生成不同的图案，并且可以对这些图案并行地进行比较。DLA 模型的经典之处在于，它能依据微观层面的简单性，生成宏观层面的复杂性。

3.2.6   高级建模应用

对于使用 ABM 检验经典化学和经典物理学中的现象，DLA 模型只是一个简单的例子。NetLogo 模型库中包含更多这样的例子。例如，Connected Chemistry 模型包（Wilensky，Levy 和 Novak，2004）基于 NetLogo 对许多标准化学原理进行了建模，而 NIELS 模型（Sengupta 和 Wilensky，2005）在电磁学领域进行了同样的工作。DLA 模型跨越了 ABM 与分形数学之间的界线。NetLogo 模型库中有许多模型涉及分形数学的内容（参见 NetLogo 模型库 Mathematics 大类的 Fractals 子类）。实际上，由于很多分形系统使用了条件规则，因此 ABM 可以作为刻画此类系统的一种自然方法，研究结果可能非常漂亮（基于 NetLogo 的 Mandelbrot 模型如图 3.14 所示）。

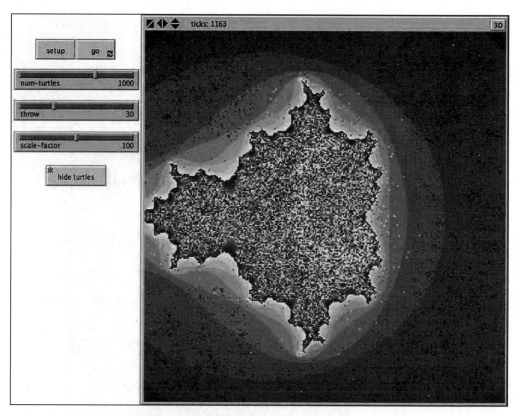

图 3.14   基于 NetLogo 的 Mandelbrot 模型，http://ccl.northwestern.edu/netlogo/models/Mandelbrot
（Wilensky，1997c）

3.3　Segregation 模型

构建一个基于 agent 的模型，有两种基本方法。第一种方法多见于解决科学问题，它是从某个已知现象出发进行研究，被称为"基于现象"的建模法（phenomena-based modeling）。通常，在开展"基于现象"的建模过程中，会采用一种聚合模式，术语称作参考模式（reference pattern），我们尝试使用 agent 规则实现该模式。第二种方法是以一些简单规则起步，在模型结束运行之后，看看会生成何种图案或模式，这种方法有时被称为探索性建模法（exploratory modeling）。在使用 ABM 的时候，我们经常组合使用这两种方法。Thomas Schelling 在对自然界中种群分隔（segregation）现象进行研究的过程中，采用更具探索性的建模方法构建了 Neighborhood Tipping 模型（1971）。Schelling 想知道，是否每一个人都希望找到并生活在这样一个地方：那里至少有一定比例（这个比例应该是合理的，而不是虚构的）的邻居喜欢你，而你不想成为被偏见所排斥的少数群体（Schelling 称其为"轻微的偏见"；参见 Anas，2002 年），如果执行这样的规则，世界将会如何？ Schelling 就此问题进行了研究。他使用类似国际象棋棋盘的网格描述空间区位，使用一美分硬币代表一个种族，十美分硬币代表另一个种族。通过手工计算，他统计出十美分硬币周围一美分硬币的数量，然后除以这个十美分硬币周围所有相邻的硬币数量（包括一美分和十美分硬币）。如果比值超过某个阈值，就将这个十美分硬币随机移动到一个空的位置。将上述过程重复数百次之后，就产生了某种结果（芝加哥某地地图如图 3.15 所示）。

对于较高的阈值水平，模型证实了 Schelling 的预测。棋盘很快被分成几个区域，每个区域中要么都是十美分硬币，要么都是一美分硬币。令 Schelling 和当时所有人惊讶的是，即便以较低的阈值运行该模型，仍然可以看到十美分硬币和一美分硬币分别汇集成簇。无论每一个个体的容忍度是大是小，这种整体上的分隔现象都会发生。在 Schelling 的模型中，虽然没有人想要孤立他的邻居，但是不同种群整体上还是呈现分隔的趋势。Schelling 称之为来自"微观动机"（micromotives）的"宏观行为"（macrobehavior）（1978）。

在 Schelling 对外介绍这个模型的时候，引起了很大的争议，主要有这么几个原因：第一，在那个时候，人们普遍认为居住分隔（housing segregation）是由于个人受到偏见所造成的。Schelling 的研究成果似乎"原谅"了人们的偏见，他说偏见本身不是造成种群分隔的原因，之所以形成分隔现象，是因为每个人的微小偏见在经过汇聚之后，产生了涌现现象。然而，Schelling 的观点不是要为人类的偏见进行辩解，而是他的模型证明了偏见不是撬动居住分隔现象的"杠杆支点"。除非将偏见减少为零，这样的话，即使是邻里中唯一的异族，这个人也不会有丝毫的"无适感"，否则这种分隔的动态过程就会出现。因此，如果你的目标是减少居住分隔，那么依靠减少个人偏见也许只是徒劳。

第二个争议较多的问题在于模型使用了非常简单的规则对人的行为进行建模。批评者争论说"人不是蚂蚁"，人类有很复杂的认知能力和社会化能力，不能使用如此简单的规则对人进行建模。毋庸置疑，Schelling 模型是关于人们选择居所的高度简化了的模型，然而，它也确实揭示了迄今为止未知的重要过程。最终，Schelling 笑到了最后。鉴于他对探索微观动机与宏观行为二者关系所做的大量工作，以及他针对冲突与合作的博弈论研究所做的贡献，Schelling 获得了 2005 年诺贝尔经济学奖。直到今天，对于在多大程度上可以使用简单规则对人类行为进行建模的问题上，仍然存在争论。我们将在本书后续章节对此进行深入探讨。

图 3.15 芝加哥某地地图，图中的每一个点代表 25 个人。Rankin 通过在这个比传统地图更精
细的层面上展示数据，从而在更高的层面上映射总体人口统计数据，很好地说明了种
族分隔的细微差别，就像 ABM 使我们能够做到的那样（图示说明：2000 年芝加哥基
于种族自我认同的迁居分类标识图。黑色线条代表芝加哥官方划定的街区图，数据来
源于美国人口普查，比例尺为 1 ∶ 200 000)（见彩插）

3.3.1 Segregation 模型概述

　　基于 NetLogo 的 Segregation 模型发布在模型库中的 IBAM Textbook 部分。模型文件
的存放路径为 Sample Models > IABM Textbook > Chapter Three > Segregation Extensions >
Segregation Simple.nlogo。模型如图 3.16 所示。当按下 setup 按钮时，数量相近的红色和
绿色 turtle 出现在系统中的任意位置。

　　每一个 turtle 对当前"居所"是否满意，取决于与该 turtle 同颜色的邻居数量占比是否
达到或超过阈值 %-SIMILAR-WANTED。当按下 go 按钮时，模型将检查是否存在"不满意"

的 turtle。每只"不满意"的 turtle 会被移动到新的位置。turtle 随机转动一个方向，并随机前移 0 ～ 10 个长度。如果新位置未被其他 turtle 占用，则该 turtle 就安定下来，否则就继续移动。在将所有"不满意"的 turtle 移动一遍之后，每个 turtle 会再次审视它"是否满意"，然后重复上述步骤（如图 3.17 所示）。

图 3.16　Segregation 模型的初始状态。红色和绿色 turtle 是随机分布的，http://ccl.northwestern.edu/netlogo/models/Segregation（Wilensky，1997d）（见彩插）

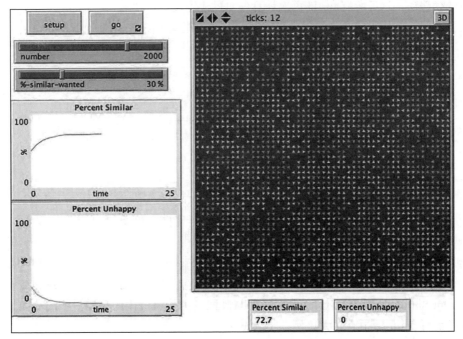

图 3.17　种群分隔模型的"容忍度"水平设置为 30%。即使大多数 agent 都觉得满意，也只有72.7% 的 agent 被同颜色的其他 agent 环绕

SETUP 例程代码如下：

```
to setup
  clear-all
  ;; create a turtle on NUMBER randomly selected patches.
  ask n-of number patches [
    sprout 1
  ]
  ask turtles [
    ;; make approximately half the turtles red and the other half green
    set color one-of [ red green ]
  ]
  update-turtles
  update-globals
  reset-ticks
end
```

这段代码会随机抽取一组斑块，在每个斑块上放置一个红色 turtle。斑块数量由 NUMBER 滚动条确定，因此，被安置 turtle 的数量对应于 NUMBER 滚动条的数值。这样，每一个 turtle 都有属于它自己的斑块。然后，程序代码以相等的概率（分别为 0.5% 和 0.5%）将所有 turtle 的颜色变为红色或者绿色。最终，红色 turtle 和绿色 turtle 的数量大致相等。

GO 例程代码为：

```
to go
  if all? turtles [ happy? ] [ stop ]
  move-unhappy-turtles
  update-turtles
  update-globals
  tick
end
```

当所有 turtle 都"满意"之后，将停止仿真运行。如果仍然存在"不满意"的 turtle，程序会让它们继续移动，然后所有 turtle 再次计算各自的满意度值。

满意度的计算代码包含在 UPDATE-TURTLES 例程之中，如下所示：

```
to update-turtles
  ask turtles [
    ;; in next two lines, we use "neighbors" to test the eight patches
    ;; surrounding the current patch

    ;; count the number of my neighbors that are the same color as me
    set similar-nearby count (turtles-on neighbors)
      with [color = [color] of myself]

    ;; count the total number of neighbors
    set total-nearby count (turtles-on neighbors)

    ;; I'm happy if there are at least the minimal number of
    ;;   same-colored neighbors
    set happy? similar-nearby >= ( %-similar-wanted * total-nearby / 100 )
  ]
end
```

这段代码要求每个 turtle 计算，在它的邻居中，有多少个邻居与其同色，有多少个不同色。如果同色邻居的占比不小于 %-similar-wanted 滚动条的数值，则将变量 happy? 设置为 true。

Percent Similar 监视器显示 turtle 邻居中与其同色的邻居占比的平均值；Percent Unhappy 监视器显示所有 turtle 中有多大比例"不满意"。

3.3.2 第一次扩展：增加更多种群

对该模型的第一次简单扩展，是增加第三、第四甚至第五个种群。可以通过修改 SETUP

代码完成。在当前版本中，模型最初将所有 turtle 设置为红色，然后再将其中的一半左右变成绿色。我们来回顾一下设置 turtle 所使用的程序代码：

```
;; create a turtle on NUMBER randomly selected patches.
ask n-of number patches [
  sprout 1
]
ask turtles [
  ;; make approximately half the turtles red and the other half green
  set color one-of [ red green ]
]
```

我们需要弄清楚如何修改这段代码，以便它能够处理两个以上的种群。由于需要使用更多的颜色来表示不同的种群，所以除了红色和绿色之外，还需要使用蓝色、黄色和橙色，以代表更多的其他种群。为了给更多的种群设置更多的颜色，我们定义了一个名为 colors 的全局变量：

```
globals [
  percent-similar  ;; on the average, what percent of a turtle's neighbors
                   ;; are the same color as that turtle?
  percent-unhappy  ;; what percent of the turtles are unhappy?
  colors           ;; a list of colors we use to color the turtles
]
```

在上述代码的最后一行，colors 是一个新的全局变量。接下来，需要定义这个全局变量的所有可能取值。这个步骤通过以下代码完成：

```
set colors [red green yellow blue orange ]
```

这一行代码将全局变量 colors 初始化为包含 5 种颜色的列表（list）。接下来，需要允许用户控制系统中的种群数量，为此需要添加一个滚动条，将其命名为 number-of-ethnicities，取值范围设定为 2～5。然后，就可以使用这个滚动条进行编程了。我们使用这个滚动条来修改 turtle 的颜色，为此，使用以下代码替换 SETUP 中的全部代码：

```
;; create a turtle on NUMBER randomly selected patches.
ask n-of number patches [
  sprout 1
]
  ;; assign a color to each turtle from our list of colors
  ask turtles [
    set color (item (random number-of-ethnicities) colors)
  ]
```

这段代码随机选择一些斑块（按照 NUMBER 滚动条的数值确定），并在每一个被选中的斑块上放置一个 turtle。每个 turtle 从我们刚刚初始化的颜色列表中随机选择一个颜色作为它自己的色彩。需要注意的是，turtle 可选颜色数量不得超过系统中种群的数量。比如说，如果 number-of-ethnicities 等于 3，那么只有列表中的前三个颜色才是可用的，其余颜色不可选用。

　　到当前为止，程序代码已经可以支持更多的种群，你试一试使用不同的种群数量，看一看它对种群分隔有何影响。你会发现，随着 number-of-ethnicities 变量数值的增加，系统需要更长的时间才能稳定下来（即所有 turtle 都满意），如图 3.18 所示。然而，无论当前系统包含多少种群，一旦系统稳定下来，监控窗口中的 Percent Similar 变量值最后都是一样的。你能解释这是为什么吗？

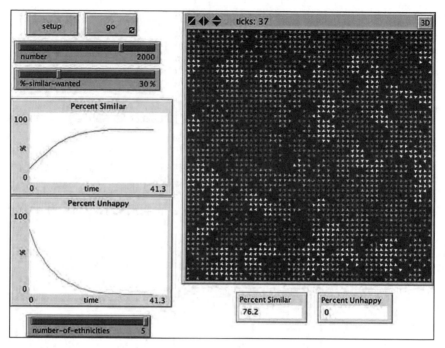

图 3.18   第一次扩展后的 Segregation 模型

3.3.3   第二次扩展：允许使用多个阈值

在 Schelling 模型的原始版本中，系统中的每一个 agent 都具有完全相同的相似性阈值（similarity threshold）。这意味着每个 agent 对于属于其他种群的邻居都有相同的容忍度。尽管在使用棋盘格的手工实验中，放宽这个假设比较难以实现，但是在使用 ABM 的时候，却很容易做到。实际上，在现实的人类群体中，每个人的容忍度是不同的。借助 ABM 语言，我们可以轻松地为每一个 agent 制定其个体特征。agent 可以根据各自的个体特征行事并决策。这意味着，即使 ABM 中的 agent 按照完全相同的代码运行，这些 agent 的行为也有可能完全不同。

那么，如何使 Segregation 模型中的个体更加多样化呢？一种方式是给这些 agent 的相似性阈值设定一个范围，而不是要求所有 agent 的阈值都相等。为此，我们需要让每个 turtle 都拥有属于自己的 %-similar-wanted 参数，这可以通过修改 turtles-own 中的属性实现。正如我们在第 2 章中介绍的那样，turtles-own 声明中的任何变量都是 turtle 的属性变量，这意味着，针对那些变量，每个 turtle 可以取不同的值。

```
turtles -own [
  happy?                  ;; for each turtle, indicates whether at least
                          ;; %-similar-wanted percent of that turtle's neighbors
                          ;; are the same color as the turtle
  similar -nearby         ;; how many neighboring patches have a turtle with my color?
  total -nearby           ;; sum of previous two variables
  my-%-similar-wanted     ;; the threshold for this particular turtle
]
```

现在，除了其他属性之外，每个 turtle 又有了一个名为 my-%-similar-wanted 的属性，只不过到目前为止，这个属性尚未赋值。我们需要修改 SETUP 例程，以便为每个 turtle 的 my-%-similar-wanted 变量进行初始化赋值。

```
;; assign a color to each turtle from the list of our colors
;; and assign an individual level of %-similar-wanted
ask turtles [
  set color (item (random number-of-ethnicities) colors)
  set my-%-similar-wanted random %-similar-wanted⊖
]
```

将上面这段代码插入第一次模型扩展中设置 turtle 颜色的程序代码之后。它的取值介于 0 和 **%-similar-wanted** 的当前值之间，这意味着 **%-similiar-wanted** 变量不再用于规定每个 agent 的容忍度，而是作为 agent 容忍度的最大限定值。

　　然而，由于决定 turtle "是否满意" 的程序代码还没有修改，因此已经设定的 agent 容忍度值并不会被程序采用。让我们改变 **update-turtles** 这一段代码，以便启用这些新的容忍度值。改动很小，如下所示：

```
set happy? similar-nearby >= ( my-%-similar-wanted * total-nearby / 100 )
```

我们要做的，就是将 **%-similar-wanted** 替换为 **my-%-similar-wanted**，用来告诉 turtle 使用它自己的私有变量而非全局变量。

　　现在已经完成了必要的修改，每个 agent 都会使用自己的阈值，你可以使用不同 **%-similar-wanted** 的值进行仿真，能看到结果有何不同吗？如果模型的运行次数足够多，你会发现，Percent Similar 监视器的最终结果值会比较低，甚至比第一次扩展之后的模型还要低。这个结果是合乎逻辑的，因为相对于上一个版本，人们的容忍度有所提高，甚至有些人的容忍度更高，对于这些人来说，即使住所周围有很多其他种群的邻居，他们也会很满意。实际上，所有 turtle 的属性变量 **my%-similar-wanted** 的平均值大体上只有全局变量 **%-simalar-wanted** 取值的 50%。将 **%-similar-wanted** 取值增加一倍，比较 Segregation 模型的原始版本和当前扩展版本会有哪些不同？这个问题留给感兴趣的读者进一步研究（如图 3.19 所示）。

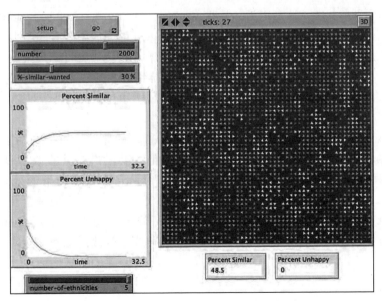

图 3.19　第二次扩展后的 Segregation 模型

⊖　请注意，经过此处修改，我们无法再现本次扩展之前的模型结果。通常，在进行模型扩展的时候，消除上一版本模型中的行为是不明智的。本例中，我们已经做了清楚的说明。为了保证本次扩展能够 "向后兼容"，可以使用 "random-normal" 语句，若令该正态分布的标准差为零，就可以再现原模型的行为。

3.3.4   第三次扩展：增加热衷于社区多元化的个体

现实世界中，群体中的有些人热衷于居住社区的种群多元化，而在 Segregation 模型的最初版本中，我们将这种情况做了简化处理，也就是说，模型中的所有 agent 均不寻求社区多元化。解决上述问题的一种方法是允许个体拥有 %-different-wanted 属性，就像每个人都拥有 %-similar-wanted 属性一样。我们首先为 %-different-wanted 创建一个滚动条，就像 %-similar-wanted 滚动条一样。然后，只需对代码做一点修改即可。在程序代码中，已经能够计算某个 agent 的邻居中异族 turtle 的数量，所以只要针对这段代码增加一个新参数就可以了。代码如下所示，：

```
;; count the number of my neighbors that are a different color than me
let other-nearby count (turtles-on neighbors)
              with [color != [color] of myself]

set happy? similar-nearby >= ( my-%-similar-wanted * total-nearby / 100 )
              and other-nearby >= ( %-different-wanted * total-nearby / 100 )
```

通过新添加的子句（以粗体字显示），新的满意度计算公式将使用以下方法确定 agent 是否"满意"：第一，邻居中同族个体的数量高于它们的 my-%-similar-wanted 阈值[⊖]；第二，邻居中异族个体的数量高于 %-different-wanted 阈值。因此，在这段程序中，要使 agent "满意"，异族邻居的数量不能太多，但是邻居也不能全都是同族。将上述代码添加到模型里面，多运行几次，看看结果如何。

当使用这些滚动条时，我们马上就能发现 Percent Similar 监视器的数值会下降。这是因为，此时所有 agent 都在寻求种群多样化，从而导致 Percent Similar 数值降低。但是，在调整滚动条的时候，你会发现在某些参数取值下，系统一直不能稳定下来。例如，如果同时将 %-similar-wanted 和 %-different-wanted 滚动条的取值调整到 50% 以上，模型可能永远无法达到平衡状态。这是因为，某些 agent（其属性 my-%-similar-wanted 的值大于 50%）试图满足不可能的要求：一方面，要求所有 agent 的邻居中要有 50% 以上与之属于同一种群，另一方面，又要求所有 agent 的邻居中有 50% 以上不能和它属于同一个种群，这两个条件是相互矛盾的[⊖]。一般来说，你会发现，新系统到达平衡态会花费更长时间。这是由于 agent 对于是否"满意"更加挑剔了，它们在寻求归属感的同时也在追求多样性（如图 3.20 所示）。

为了实现这次扩展，程序代码需要进行两处简单的修改。首先，当前程序中的 %-different-wanted 滚动条是一个全局变量，我们可以轻松对其修改，以使 agent 可以具有不同的阈值，与在第二次扩展中对 %-similar-wanted 滚动条的处理一样。与添加 my-%-similar-wanted 属性变量一样，在此为每一个 agent 添加一个新属性变量 my-%-different-wanted。其次，还需要对模型进行修改，使得一部分 agent 倾向于多样性，另一部分倾向于同一性。你会如何修改程序代码呢？修改后的程序会对结果产生哪些影响？

⊖ 原文这里是 %-similar-wanted，而程序代码为 my-%-similar-wanted，疑为作者笔误，特此更改。——译者注

⊖ 与经济学中传统理性经济人的假设相反，人们有时确实会有多样性偏好，ABM 非常适合对这种多样性进行建模。

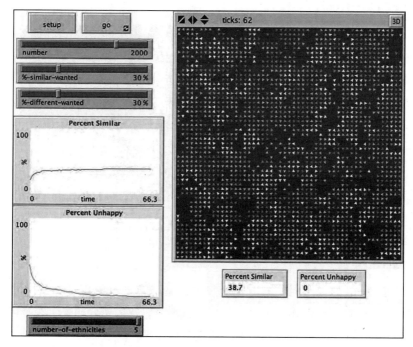

图 3.20　第三次扩展后的 Segregation 模型

3.3.5　Segregation 模型小结

从对 Segregation 模型的扩展过程中可以看到，ABM 具有一个特点，即针对现实世界中同一个问题的不同方面（侧面）进行研究，需要构建不同的仿真模型。在原模型中，Schelling 对于人们的偏好和行为给出了一系列假设。在对模型的第一次扩展中，我们期望关注种群多样性。在第二次扩展中，我们给予 agent 不同的阈值，这样可以更专注于个体差异和多样性，而非个体的一致性和普遍性。最后，在第三次扩展中，我们取消了 Schelling 模型中对种群中心主义行为的关注，代之以 agent 对种群多样性的偏好。通常情况下，ABM 可用于研究现实问题的某些特征或者个体交互过程中的特殊机制。至于如何进行这些特征和机制的筛选，最终选取什么样的特征和机制进行研究，这属于复杂系统建模的艺术性问题。

3.3.6　高级城市建模应用

基于 agent 的建模方法常被用于城市景观问题研究。"居住偏好"模型是城市系统建模的一项重要内容，我们之前介绍的 Segregation 模型可以看作该模型的一个特例。这些模型可以与商业模型、工业模型以及城市政策官方模型一起构建城市的综合模型。CITIES 项目就是一个这样的例子（如图 3.21 所示），该模型由西北大学 CLCBM 中心开发。CITIES 项目的目标是渐进性地完成一个真实城市的建模，以此作为教学和研究的工具（Lechner 等，2006）。城市建模的另外一个目标是探索城市生态的影响，及其对自然环境的影响。密歇根大学的 SLUCE 项目建立了多个居住模型和区域发展模型，探讨和研究土地使用政策，以及这些政策对密歇根东南部地区的环境影响（Brown 等，2005；Rand 等，2003）。这两个项目可以看作土地开发模型大类中的一个子集。如果读者希望详细了解土地应用问题的 ABM 模型，请参阅 Parker 等（2003）和 Batty（2005）等相关文献。

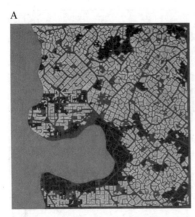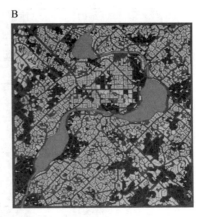

图 3.21　CITIES 模型的运行结果（Lechner 等，2006）

3.4　El Farol 模型

在使用基于 agent 的模型时，有时你会发现，一个模型可以再现你所感兴趣的某种现象，但是却无法给予你想要的输出结果或数据。在本节，我们将介绍一个经济情境模型，即 El Farol 模型，我们将为此模型额外添加一些报告器（reporter）。这样，我们就可以获得新的信息，这些信息是以前无法获得的。在基于 agent 的模型中，信息采集是非常简单的，并且 ABM 具有丰富多样的信息可视化方法。

通过本节的学习，你会知道，使用基于 agent 的模型不必了解模型的所有细节。El Farol 模型使用"列表"和数学回归，在对这个模型进行修改的时候，你不需要拥有"列表"和数学回归方面的知识。虽然我们总是希望了解模型的基本规则，但是对于特定的扩展而言，通过阅读 Info 标签页就能够了解，而不必花费时间弄清楚程序代码的每一处细节。在进行模型扩展的时候，知道哪些代码是需要修改的，哪些是可以忽略的，是一种非常有用的能力，当然这种能力并不容易培养。我们不需要深入了解 El Farol 模型的机理就可以对其进行扩展。

3.4.1　El Farol 模型概述

W. Brian Arthur 是一名爱尔兰经济学家，37 岁成为斯坦福大学最年轻的讲座教授。在经济学领域，他是应用复杂性方法的先驱，并且是圣达菲研究所⊖的创始人之一。1991 年，他将 El Farol 酒吧问题作为对有限理性和归纳法的研究议题。传统的新古典主义经济学假设人是完全理性的，即人们可以获取必要的信息，并且在任何情况下都能使其效用最大化（Arthur，1994）。当每个 agent 都如此行事时，个体行为汇聚之后，就可以实现"最佳均衡"（optimal equilibrium）。但是这种假设过于理想化了，实际上，人们并不真正满足这样的范式。因此，Arthur 建议将 El Farol 酒吧问题作为一个系统化的案例进行研究，在这个系统中，虽然 agent 不是"彻底优化的"（perfectly optimize），但还是能够实现古典经济所说的均衡。Arthur 提出的案例产生了很大影响，因为在这种情境下，"理想的"经济学模型是难以实现均衡的。

在美国新墨西哥州圣达菲的峡谷路上，坐落着一家名为 El Farol 的酒吧。这个酒吧很受

⊖　圣达菲研究所（the Santa Fe Institute）位于美国新墨西哥州圣菲市，是一家非营利性研究机构，主要研究复杂系统科学理论和方法。——译者注

圣达菲研究所人员的喜爱。每周都有一个晚上，酒吧会安排现场演奏爱尔兰音乐，Arthur 很喜欢参加音乐会，但是偶尔现场会变得拥挤不堪，拥挤的夜晚总是令 Arthur 懊恼。Arthur 想知道，人们如何决定是否应该去酒吧。他想，如果有 100 名喜欢爱尔兰音乐的圣达菲市民，每个星期他们都会试图预测本周的酒吧音乐会是否拥挤。如果有些人认为当晚的音乐会将拥挤不堪（超过 60 人参加），那么这些人就会待在家里；否则，他们就会去酒吧参加音乐会。假设每周音乐会的出席人数都可以获得，但是每个市民只能记住最近几周的出席人数，Arthur 考虑的一种建模方法，是假设每个 agent 都有几个策略可供选择，每一个策略都是关于本周出席人数的，比如，"是上周出席人数的两倍""是两周前出席人数的一半"或"是过去三周出席人数的平均值"。每个 agent 都有一组这样的策略，他们会验证这些策略如果用在上一周会是什么结果，然后从中选择一个最好的策略用于预测本周的出席人数。当 Arthur 使用 ABM 建模并验证结果的时候，他发现酒吧的平均出席人数大约为 60 人。因此，即使所有 agent 使用的策略不同，并且无法得到足够的出席人数信息，但是他们仍然会形成总体上的最佳策略。

这个模型在 NetLogo 模型库中的存放路径为 Sample Models > IABM Textbook > Chapter Three > El Farol（Rand 和 Wilensky，2007；http://ccl.northwestern.edu/netlogo/models/ELFarol）。该模型包含一些控件：你可以修改 `memory-size` 变量，它表示 agent 能够记忆过去几周的出席人数；也可以修改 `number-strategies` 变量，它表示每个 agent 可用策略的数量；还可以修改 `overcrowding-threshold` 变量，它表示酒吧拥挤情况下 agent 的数量。运行这个模型，你将看到 agent 在酒吧（蓝色区域）和居住地（绿色区域）之间来回往返，每次音乐会的出席人数绘制在左侧图形中，模型的 Interface 标签页如图 3.22 所示。

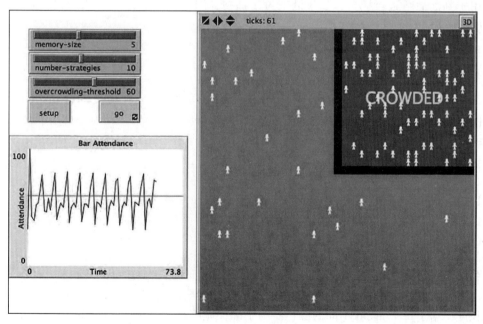

图 3.22   El Farol 模型，Rand 和 Wilensky（2007）。http://ccl.northwestern.edu/netlogo/models/ElFarol（见彩插）

3.4.2   第一次扩展：为做出成功预测的 agent 标记颜色

原模型会告诉你有多少 agent 出席了酒吧音乐会，也可以看到他们进出酒吧的视觉动画，但是原模型并未指出哪些 agent 做出了正确选择（在人数合适的情况下出席了演唱会）。是不是某些 agent 比其他人更善于预测呢？为了找出答案，首先需要记录每个 agent 在不拥挤的情况下出席酒吧演唱会的频率，为此，需要给 agent 添加一个新属性。我们将为 turtle 增加一个名为 reward 的新属性，如下所示：

```
turtles-own [
    strategies          ;; list of strategies
    best-strategy ;; index of the current best strategy
    attend?                ;; true if the agent currently plans to attend the bar
    prediction             ;; current prediction of the bar attendance
    reward                 ;; the amount that each agent has been rewarded
]
```

之所以将新属性命名为 reward（奖励），是因为 agent 出席演唱会的时候，如果酒吧不拥挤，那么这个 agent 会获得奖励。首先，我们需要初始化 reward 属性值，每个 agent 的 reward 属性的取值都是从 0 开始。因此，需要修改 SETUP 例程中创建 turtle 的那部分语句，将 reward 初始化为 0 的语句加入其中。最终代码结果如下：

```
;; create the agents and give them random strategies
create-turtles 100 [
    set color white
    move-to-empty-one-of home-patches
    set strategies n-values number-strategies [random-strategy]
    set best-strategy first strategies
    set reward 0
    update-strategies
]
```

每当 agent 去酒吧的时候，需要更新 reward 的值。查看 GO 例程，会发现有一些代码专门用于判断酒吧是否拥挤，如果酒吧过于拥挤，则在窗口上显示"CROWDED"字样。代码如下所示：

```
if attendance > overcrowding-threshold [
    ask crowded-patch [ set plabel "CROWDED" ] ;; label the bar as crowded
]
```

当条件为假（酒吧不拥挤）时，我们需要更新所有在演唱会现场的 turtle 的 reward 值。可以使用 if 和 ifelse 声明来实现，并在 ifelse 中的 else 部分给所有参加演唱会的 turtle 的 reward 值加 1。代码如下所示：

```
ifelse attendance > overcrowding-threshold [
    ask crowded-patch [ set plabel "CROWDED" ]
]
[   ;; if the bar is not overcrowded, reward the turtles that are attending
    ask turtles with [ attend? ] [
        set reward reward + 1
    ]
]
```

至此，我们已经奖励了那些在不拥挤情况下出席演唱会的 agent，接下来，也就是最后一步，需要调整模型的可视化部分，以便准确显示奖励的情况。一种方法是基于接受奖励的累积度，给予每个 agent 不同的颜色。为了确保能够跟踪模型中 agent 的相对差异，我们按照 agent 所获奖励的累积值为其着色，这也就意味着，要对模型中的所有 agent 进行染色，而不仅限于当前仿真时段中得到奖励的那些 agent。

进一步审核 GO 例程你会发现，有些代码要求每个 agent 对本周是否出席做出预测，因此在这段代码中更新 agent 的颜色比较好。NetLogo 中有一个名为 scale-color 的指令，允许执行染色操作，我们可以根据 agent 所获奖励情况为其染色。`scale-color` 语句需要四个输入：①基准色。我们设定为红色；②与颜色相关联的变量，本例是 reward；③数值范围的第一个值（first range value），本例中，将其设置为略高于迄今为止 agent 所获奖励的最大值；④数值范围的第二个值（second range value），将其设置为 0。如果 `scale-color` 数值范围的第一个值小于第二个值，那么 reward 数值越大，agent 颜色越浅；如果第二个值小于第一个值（本例如此），则 reward 数值越大，agent 颜色越深。此模型中，令第一个值大于第二个值，那么在模型开始运行的时候，每个 agent 都是白色的，随着 reward 累积值的不断增长，agent 的颜色越变越深。这样处理，可以使修改后的模型与原模型保持一致，因为原模型中的 agent 都是白色的。代码如下：

```
ask turtles [
  set prediction predict-attendance best-strategy sublist history 0 memory-size
  ;; set the Boolean variable
  set attend? (prediction <= overcrowding-threshold)
  set color scale-color red reward (max [ reward ] of turtles + 1) 0
]
```

在本例中，颜色最深的 agent 获得的奖励值最低，颜色最浅的 agent 所获奖励值最高⊖（El Farol 模型的第一次扩展如图 3.23 所示）。

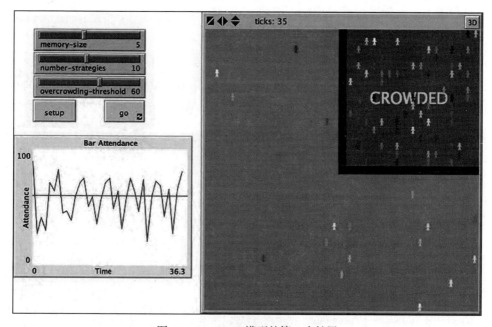

图 3.23　El Farol 模型的第一次扩展

3.4.3　第二次扩展：显示平均、最低和最高奖励值

第一次模型扩展使我们可以观察哪些 agent 擅长预测。但是，我们没有这些 agent 获得奖励的任何具体数据。当然，如果想查看 agent 的数据，可以鼠标右键单击某个 agent，这样就能够看到这个 agent 所获的奖励值。更好一点的方法是不断显示有关 agent 的一些信息。

⊖　原文如此，恐是作者手误，按照这个例子以及前面一段的描述，应该是颜色越深的 agent 拥有的奖励越多，
　　颜色越浅的奖励越少。——译者注

为了实现这项要求，可以使用监视器（monitor）来显示 agent 的相关属性值。

首先，在 Interface 标签页中添加一个监视器。第一个监视器用于显示全部 agent 中拥有最大奖励值者。在监视器编辑窗口的报告器（reporter）代码部分，可以放置以下代码：

```
max [ reward ] of turtles
```

我们将此监视器命名为 Max Reward，然后，再添加一个监视器，以显示获得最低奖励值的那个 agent，代码如下：

```
min [ reward ] of turtles
```

将此监视器命名为 Min Reward。最后创建第三个监视器，使用以下代码计算奖励平均数：

```
mean [ reward ] of turtles
```

第三个监视器命名为 Avg. Reward。现在，模型界面窗口应该与图 3.24 一样。当运行这个模型的时候，就可以得到一段时间内所有 agent 所获奖励值的平均、最大和最小值。我们很快就可以看到，尽管平均值和最大值都随时间增加而增加，但是最大值的增长会更快一些，这意味着，随着时间的持续，某些 agent 会做得越来越好。本次扩展所涉及的代码不多，但却可以提供你所需要的信息，并且能够帮助你深入了解模型是如何运作的，这些功能在之前的版本中是不具备的。

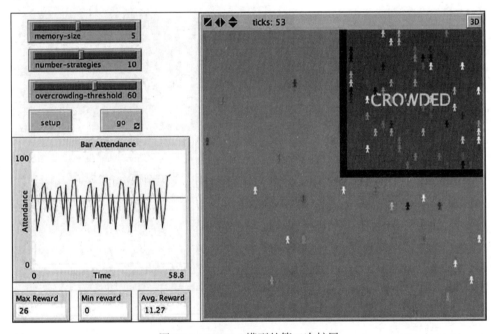

图 3.24 El Farol 模型的第二次扩展

3.4.4 第三次扩展：绘制奖励直方图

虽然第二次模型扩展给出了关于 agent 行为的更多数据，但是这些数据经过汇总之后，无法提供不同奖励等级上的 agent 数量。比如说，agent 在多个奖励级别上是均匀分布的吗？奖励的最小值和最大值周围是不是聚集了很多 agent，而二者的中间范围却鲜有 agent？为了找出这些问题的答案，我们将在 El Farol 模型中新增一个图形，也就是关于奖励分布的直方图。就像在第 2 章中为 Simple Economy 模型增加图形那样，但是在本次扩展中，需要使用 Plot Widget 中的 Plot Update Commands（绘图更新命令）功能。

首先，需要在 Interface 标签页中新建一个图形。在该图形的配置窗口中，将其命名为 Reward Distribution，然后，在 Plot pens 表中点击第一行的 pencil 图标，将绘图笔的模式（Mode）改为 Bar。在 Pen update commands 中使用以下程序代码，告诉绘图笔在此处绘制直方图。程序代码如下：

```
histogram [ reward ] of turtles
```

此行代码告诉绘图笔显示 turtle 的 **reward** 变量的直方图。运行模型之后，就可以看到新增了一个直方图。但是，图形的 x 轴不太正确，为此需要在 Plot setup commands 中输入如下代码：

```
set-plot-y-range 0 1
set-plot-x-range 0 (max [ reward ] of turtles + 1)
```

这些代码每运行一次，直方图就会更新一次。在绘图窗口中，设置 X 轴和 Y 轴的取值范围，以调整所绘图形的当前值。将 Y 轴的取值范围设置为 1，从而让 NetLogo 自行决定是否需要增加取值范围，以便能够显示所有数值（如图 3.25 所示）。

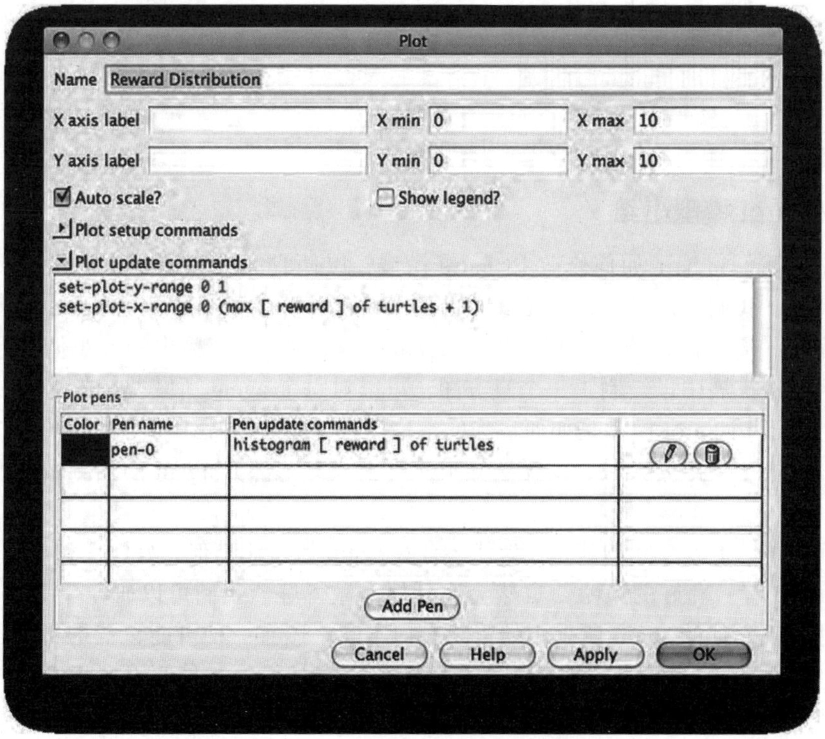

图 3.25　El Farol 模型的 Reward 直方图属性窗口

当模型运行一段时间之后，直方图开始呈现近似正态分布，但是很快就会发生变化，除了为数不多的个体具有较大的 Reward 值，还有不少 agent 的 Reward 值都比较小。这为下述假设提供了依据：只有几个 agent 能够获得较高的数值，且高分区域的柱形之间还有空隙，而大部分 agent 的 Reward 值非常接近于平均值（如图 3.26 所示）。

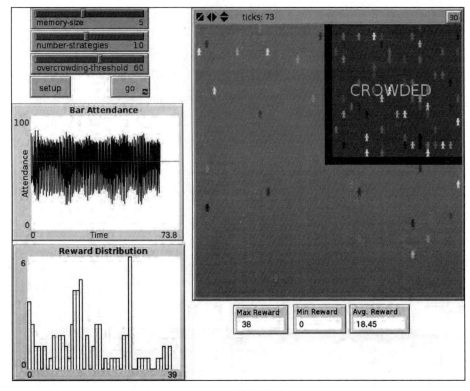

图 3.26   El Farol 模型的第三次扩展

3.4.5   El Farol 模型小结

本节中，我们讨论了如何修改 El Farol 模型，以便它能够比原版本提供更多信息。在第一次扩展中，我们提供了可视化工具，帮助了解那些成功做出预测的 agent 的多样性。在第二次扩展中，通过监视器，提供了所有 agent 的 Reward 数值输出的最小值、最大值和平均值。在第三次扩展中，绘制了一个直方图，可以对每个 agent 所获奖励的潜在分布有更深刻的了解。对于 El Farol 模型是如何运作的，这三种输出方式提供了丰富的视角。如果仅查看一段时间内的平均出席人数，就无法知道实际上只有一部分 agent 的预测做得很好，其余agent 则很一般。

自然而然地，下一个问题就是：为什么有些 agent 做得比其他人好？一种可能的情况是，表现好的 agent 有一套好的策略，自然会比其他人做得好。我们可以研究一下他们的策略，看看与那些表现不佳的 agent 所采用的策略有何不同。还有一种可能，就是那些非常出色的agent 会非常频繁地更换策略，或者很少更换策略，这是另外一种假设，我们可以对其进行研究。这些进一步的扩展工作就留给有兴趣的读者自己去练习。

3.4.6   高级建模应用

我们使用多种方法对 El Farol 模型进行了研究。部分原因是它结合了 ABM 和机器学习功能，因而令人感兴趣（Rand，2006；Rand 和 Stonedahl，2007 年）。机器学习推动了 ABM模型的发展，agent 不仅会随时间改变行为，也会改变策略，也就是说，agent 会改变自己的行动方式。我们将在第 5 章更深入地讨论机器学习的相关知识。El Farol 模型被理想化处理之后，产生了 Minority Game 模型（Challet、Marsili 和 Zhang，2004），由于它能够提供深入复杂系统的研究视角，物理学家和经济学家已经对其开展了一段时间的研究。比如说，El Farol 模型和 Minority Game 模型都可看作对金融市场的近似描述。某种意义上来说，如果金融市场上所有投资者都在抛售股票，你就应该买入，如果其他人都在买入，你就要卖出，因为在金融市场中，让自己成为"少数人"，通常是赚钱的好方式。

　　El Farol 模型也是一个经济学模型。另一个基于 agent 的经济学模型，是较早之前由圣达菲研究所开发的 Artificial Stock Market（人工股票市场）模型（Arthur 等，1997）。该模型试图对股票市场进行仿真，以便了解投资者如何影响股票市场环境，比如通过投资者行为解释市场繁荣或者市场萧条等现象。NetLogo 模型库中还有其他几种经济学模型，例如 Oil Cartel 模型和 Root Beer Game 模型（如图 3.27 所示）⊖。这两个模型都很有趣，因为它们使用了随 NetLogo 一起提供的 HubNet 工具。HubNet（Wilensky 和 Stroup，1999c）是 NetLogo 的一个功能，可以进行参与式仿真（Participatory Simulation），这是一类仿真方法，其中，可以人工控制 ABM 模型中的 agent（有关参与式仿真的更多信息，详见第 8 章）。这就为人们提供了一种能力，因为模型中混合着人工控制的 agent 和不受人控制的 agent，所以可以让人们更加深入地了解人工干预（通过人工控制的 agent 实施）如何影响复杂系统的运行，又如何受制于复杂系统的约束。

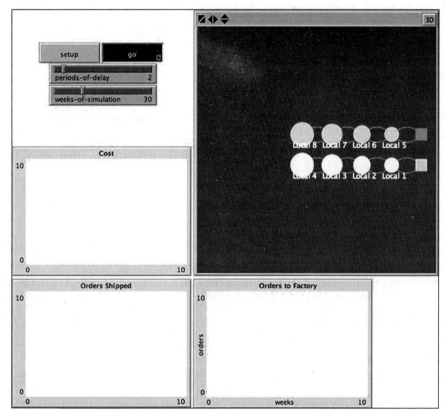

图 3.27　基于 NetLogo HubNet 的 Root Beer Game 模型（Wilensky 和 Stroup，2003），http://ccl.
northwestern.edu/netlogo/models/HubNetRootBeerGame

⊖　Maroulis 和 Wilensky（2004）。http://ccl.northwestern.edu/netlogo/models/HubNetOilCartel。

经过 El Farol 模型的三次扩展，你应该具备了对其他模型进行扩展的能力。在 Fire 模型和 DLA 模型的扩展版本中，你们可能已经发现，一种常用的方法是将模型中的确定型规则以概率型规则替代。相反，在 Fire 模型中引入风的因素之后（大风会将火花播散到森林中更远的地方），我们又使用基于 agent 的概率生成机制替换了概率型规则。每完成模型的一次修改，都需要考虑是否应制定一个新标准来度量模型的性能。在 DLA 模型中可以看到，研究不同规则的执行效果是有价值的，我们也探索了在该模型中设置不同启 / 停条件所带来的影响。在 Segregation 模型中，我们讨论了将全局参数——例如 %-similar-wanted——变更为多样化取值的 agent 私有属性，实现 agent 私有属性多样化取值的能力，还讨论了将 Schelling 所建模型的种群数量从两个扩展到多个的问题，此外，不仅实现了 agent 属性取值的多样化，也在 agent 行为规则方面实现了多样化。在 El Farol 模型中，通过扩展，可以让模型对外提供更多的数据和信息，并且实现输出形式的多样化，比如说，呈现更丰富的可视化结果、数值、全部 agent 某一个属性值的统计分布信息，等等。

3.5　本章小结

我们在这一章研究了四个模型，对每个模型使用三种方法进行了扩展，并通过这些模型介绍了 ABM 的一些核心概念。现在，你应该已经有能力和技术对感兴趣的模型进行扩展研究了。使用这些方法，你就可以对 ABM 进行更深入的了解。然而，如果希望创建一个与已有模型完全不同的模型，最好的办法就是新建一个，这就需要一切从头开始构建，这是我们在下一章将要讨论的内容。

习题

1. 修改 Fire Simple 模型，使用起火斑块报告器（fire-patches reporter）。
2. 修改 Segregation Simple 模型，使用两个新的报告器。
3. 为 Segregation 模型编写一个报告器，显示那些"不满意的"turtle。再编写第二个报告器，展示第一个报告器的统计信息。
4. 编写一个报告器，显示所有"不满意的"turtle。再编写一个报告器，展示"不满意的"turtle 的邻居中，与它属于同一种群的邻居数量的平均值。能否将第一个报告器作为第二个报告器程序代码的一部分？
5. 为第 2 章中的 Simple Economy 模型编写一个报告器，用于显示财富分配何时才能达到统计平稳。
6. Fire Simple 模型基于渗透理论，该理论解释了密度较小的物质如何能够穿透密度较大的物质。石油渗透是一个特别的例子，内容有趣且蕴含潜在价值。你能否将 Fire Simple 模型修改为石油渗透模型？
7. Segregation Simple 模型过于简化，部分原因是 Schelling 当时可以使用的建模资源有限。尽管如此，虽然很多居住选择的机制和规则被忽略掉了，但是模型仍然提供了一些重要的信息。请另外列出三个机制或因素，将其应用到 Segregation 模型中，并给出这些机制或因素的优点和缺点。在建模过程中，Schelling 选择了一些机制和因素，而放弃了另外一些，对此你有什么看法？为了强化某些机制或因素，可以对真实系统进行简化或者舍弃部分机制和因素，什么时候或什么情况下才能这么做呢？
8. Ants 模型具有多种信息素浓度。正如在模型 Info 标签页中所述，Ants 模型研究蚂蚁的觅食问题。假设蚂蚁一旦找到食物，总是可以利用完美分布的、预先设定好的蚁巢气味方向（nest-scent gradient），找到自己的方式直接返回巢穴。为了使模型看起来更为真实，请对其进行更改，让蚁巢气味成为蚂蚁释放的一种新的信息素，并且在蚂蚁离开蚁巢之后仍然能够存留一段时间。蚁巢气味信息素像蚂蚁释放的信息素一样可以扩散和挥发。

9. 增加 agent 类型。在 NetLogo 模型库 Biology 部分的 Disease Solo 模型中，当某个 agent 染病之后，它是无法康复的。请在模型中添加医生角色，医生可以四处巡视并治愈染病的 agent。这样处理之后会对模型运行结果造成哪些影响？

10. 比较 Percolation 模型和 Fire 模型。在观察 Fire 模型的时候，我们通常会问，林木密度达到什么程度，大火才能到达屏幕右侧。针对 Percolation 模型，也可以问同样的问题，即，孔隙率为多大，石油才能渗透到达屏幕底部。在 Percolation 模型中，修改系统运行环境的尺寸，使其与 Fire Simple 模型大小一致。那么，孔隙率多大的时候，石油才能渗透到屏幕底部？在 Fire 模型中，林木密度多大的时候，大火才能抵达屏幕右侧？这两个指标的数值是否相同？如果不相同，应如何解释二者的差异？如果相同，又该如何解释？

11. 使火花传播具有概率性。在扩展之后的 Fire Simple 模型中，火花飞散之后，总会引起未燃烧的树木起火。请对此规则进行修改，使得未燃烧树木起火的可能性依据一定的概率实现，就如同 Fire 模型的第一次扩展那样（火势依概率传播）。经过此次修改后，模型行为会有哪些改变？

12. 火花随机落点。Fire 模型经过第三次扩展之后，每次仿真都是在同一个位置确定性地生成火花，但这似乎并不现实。实际上，火花会随机跳到附近的某个位置。请修改 Fire 模型，以实现刚才所说的这种情况。完成此修改之后，模型的行为会有哪些改变？请对模型进一步修改，用 turtle 代表火花，从而实现火花的可视化。

13. 相变和临界点。相变和临界点的相关概念出现在许多不同类型的系统中，是指某个参数的微小变化会导致输出变量的巨大变化。Fire Simple 模型（渗透模型的特例）就是一个这样的例子。请给出一些会发生相变的现象，并从中选择一个，说明你会如何针对这种现象构建基于 agent 的仿真模型。

14. 在 Fire Simple 的原始模型中，当林木密度设置为 50% 的时候，绿色斑块（树）和黑色斑块（空地）的数量大致相等，即各占一半。许多人猜测，在此密度下，大火很可能扩散得很广泛。那么在 50% 的密度下，是什么原因阻止了火势的蔓延？

15. 在 Fire Simple 模型的第一次扩展中，两个参数（`density` 和 `probability-of-spread`）的取值由滚动条控制。请问，火势蔓延的严重程度与这两个参数的交互作用有何关系？

16. 在 Fire Simple 的原始模型中，每个斑块只会检查其上下左右四个方向的邻居，请对此进行修改，令其检查周围全部 8 个邻居。这样的修改对火势蔓延有何影响？这种情况下，林木覆盖率是否还存在临界值？如果存在的话，这个临界值是多少？

17. 在 Fire Simple 模型中，大火发源于视图的左边缘。请对此进行修改，使得火势随机发生在森林中的任何一个位置。在此种情况下，请重新定义模型的临界性，即哪个参数具有临界值？根据你所定义的参数临界性，这个参数的临界值应该是多少？

18. 在 NetLogo 模型库的 Chemistry and Physics 部分找到 Sandpile 模型[⊖]。该模型最初由 Bak、Teng 和 Weisenfeld（1987）开发，是第一个提出自组织临界性的模型。闪烁的白色区域帮助识别持续坍塌过程。模型的创建者还提出了一个想法来帮助了解每次坍塌的规模有多大。大多数坍塌的规模都很小，偶尔才会发生一次较大规模的坍塌。请你描述，一次添加一颗沙粒，如何能够引起大面积坍塌？你能够预测何时发生大的坍塌吗？你会从哪里入手进行研究？

19. 在 Sandpile 模型中，在沙粒的投放过程中，每次只在当前格的某个邻居中增加一粒。请修改这个模型，使沙粒在周围邻居中的投放是随机的。这样的修改将如何影响模型行为？

20. Sandpile 模型揭示了一些通常在复杂自然系统中才能观察到的特征，比如说，自组织临界性、分形几何、1/f 噪声，以及功率法则，等等。这些概念在 Per Bak 的著作（1996 年）中给出了更详细

⊖ 本书提到的 Sandpile 模型是运行于一个类似于围棋盘的网格环境中，可以在每个单元格中投放沙粒，每个单元格最多可以放置三粒沙子，如果超过这个数目，这个单元格就会 "坍塌"，此时就需要把单元格中的全部沙粒取出，一次一粒地放在这个单元格的邻居格中。如果邻居格中的沙粒数目超过 4，也会 "坍塌"，依此类推，观察系统持续的连锁反应。——译者注

的解释。请你在模型中添加一些代码，以测度这些特征。

21. 在 Sandpile 模型中，如果在放置了一颗沙粒之后就发生了坍塌事件，那么请你根据坍塌规模的大小，为每个斑块着色。为了实现这一点，你可以使用 PUSH-N 和 POP-N 程序例程，这样在计算坍塌规模尺寸之前，在模型中还可以回复到坍塌发生前一刻沙粒的分布状况。

22. 在 Segregation Simple 模型的最后一次扩展中，我们添加了 %-DIFFERENT-WANTED 参数，这是所有 agent 都可使用的全局变量。请你对这个模型进行修改，以便每个 agent 都可以具有不同的 %-different-wanted 值，就像在第二次扩展中我们修改 %-similar-wanted 那样。本次修改之后，模型结果会受影响吗？

23. 在 Segregation Simple 模型中，agent 查看其邻居构成，从而确定它们是否"满意"。你可以将邻域形状的大小作为参数吗？这将对模型造成什么影响？

24. 在 Segregation Simple 扩展模型中，agent 可以拥有不同的 %-similar-wanted 取值，同时它们还拥有 %-different-wanted 参数，但是这些变量以相似的方式控制所有的 agent。如果模型中存在两类 agent，一类只寻求多样性，另一类只寻求相似性，结果会怎样？修改模型，在模型中实现上述情形。本次修改将如何影响模型结果？

25. 对城市形态进行建模。我们之前讨论过将 Segregation 模型用于城市形态建模的问题。有许多不同的 ABM 模型可以捕捉城市格局创建过程中的各种原因。在 NetLogo 中，Urban Suite 模型集包含多个这方面的例子。在 Urban Suite 模型集中打开 Path Dependence 模型并进行检查。修改 Path Dependence 模型，使其包含 Schelling 的 Segregation 模型中的元素。给 Path Dependence 模型中的每一个 agent 新增两个属性，一个用于记录相似性的阈值，一个用于记录其颜色。如果 agent 对当前所在斑块的颜色不满意，它们可以移动到其他地方。上述修改会对原模型的结果造成哪些影响？

26. DLA Simple 模型通常会出现长长的、卷须状的粒子轨迹。你知道为什么会发生这种情况吗？像我们在第二次扩展中所做的那样，将粒子是否粘连在一起修改为依据概率确定，那么模型的现有模式会发生哪些改变？

27. 修改 DLA Simple 模型，使其中的粒子可以有多种颜色。

28. 在 DLA Simple 模型的第二次扩展中，我们假设粒子固化不动的概率取决于该粒子邻居的数量。为了实现这个要求，我们将粒子固化概率与该粒子的绿色邻居占比相乘，这种建模选择是不是可以使 DLA 模型更真实？针对此要求，请提出另外一种实现方法，并对其进行论证。

29. 在 El Farol 模型的第一次扩展中，我们依据 agent 所获奖励调整其颜色，所有 agent 开始的时候都是白色的，随着奖励的累积，其颜色逐渐加深。你能否对程序代码进行修改，使用其他色系的颜色？或者将颜色由深变浅，即开始的时候颜色深，所获奖励越多颜色越浅？是否还有其他办法，可图形化地显示奖励的累积情况？

30. 在 El Farol 模型的第二次扩展中，显示了最小、最大以及平均奖励值，但是这些主要是正态分布才使用的统计数据。如果你认为奖励不服从正态分布，那么应该显示哪些统计值呢？请你对模型进行修改，以显示关于奖励分布的额外的统计信息。

31. 在 El Farol 模型的第三次扩展中，我们使用直方图绘制奖励分布。另外一种图形化的显示方法是累积分布函数（CDF）。在 CDF 图形中，纵轴上任意一点 y 的值都等于横轴上与其对应的 x 值左侧（小于等于）概率值的累积量。换句话说，CDF 图形能够显示有多少比例的 agent 奖励值不大于某个设定值 x_0。你能否修改模型代码，以使用 CDF 而非直方图来显示 agent 的奖励情况？

32. 在 El Farol 模型中，确定采用何种策略的权重是随机生成的。请你试着修改权重的生成方式，使其只适用于以下几种 agent 策略：

（a）预测值总是等于上周的出席人数。

（b）预测值等于过去几周出席人数的平均值。

（c）预测值等于上上周（两周前）的出席人数。

你还能想到哪些简单策略？

33. 从 NetLogo 模型库的 Chemistry and Physics 部分找到 Rope 模型。该模型模拟物理波沿着绳子运动的过程。绳索的右端（用蓝色标识）固定在墙上，振动波从绳索的左端（以绿色标识）输入，以正弦运动的形式上下振动。这样就会产生一个沿着绳索传动的物理波形。请对模型的程序代码进行修改，使得绳索的右侧不再固定，而是可以自由移动。这种修改会对绳索的波形造成什么影响？

34. 从 NetLogo 模型库的 Computer Science 部分找到 Wandering Letters 模型。该模型介绍了如何构建一个文字处理器，其中每个字符的行为是独立的。某个字符只知道它的前一个字符是什么，以及整个单词的长度。当这些字符或者边界移动的时候，它们会按照各自的方式到达正确的位置。请对该模型进行扩展，使得用户可以输入他们自己的消息。你可能需要用到 NetLogo 中的用户输入语句。

35. 从 NetLogo 模型库的 Biology 部分找到 Flocking 模型，该模型展现了鸟群中的涌现规则。请你在模型中添加一个捕食者，从而改变鸟群的行为。

36. 从 NetLogo 模型库的 Sample Models 部分任意挑选一个模型，修改模型中 agent 的行为规则。但是请不要使用 Game 文件夹、Optical Illusions 文件夹和 System Dynamics 文件夹中的模型。如果你选择的是 Fire、DLA 或者 Segregation 模型，请使用本质上有别于本书介绍过的修改内容。请你确保修改后的模型能够显示某些新的、有趣的涌现现象。对于规则的修改，请给出简短的介绍和描述，并说明为什么你所做的扩展是有道理的，在模型的 Info 标签页中增加一个小节（以 EXTENSION JUSTIFICATION 命名）。经此修改后的模型与原模型相比系统行为有哪些变化，请给予介绍和说明。

37. 请构建一个简单的模型，包括一些 agent、agent 的出生规则（参考 hatch 语句）以及死亡规则（参考 die 语句），最好还有一个 agent 移动的规则。这些 agent 可以是任何东西，比如说，动物、粒子、组织，等等。能否找到几个可以引起有趣系统行为的规则？在模型中添加一个名为 setup 的按钮，该按钮可以对模型进行初始化，再添加一个名为 go 的按钮，通过这个按钮可以运行模型。在创建模型的时候，一定要明确描述 agent 所要遵循的规则。以不同的方式多运行模型几次。请问参数该如何设置，模型才能呈现最有趣的行为模式？你可以使用基于文本的伪代码来描述规则。

38. 在第 2 章，我们研究了几个元胞自动机（cellular automata，CA）模型，这些模型可以在 Life Simple and Sample Models > Computer Science > Cellular Automata CA 1D Elementary 目录中找到。目录中的第一个模型是一个简单的二维模型；第二个模型则将一个依时间演化的一维 CA 显示在二维环境中。创建你自己的 CA 模型，决定 CA 的维度（如果愿意的话，也可以使用 NetLogo 3D 软件开发一个三维 CA 模型），以及 CA 的邻域半径，还要决定是以同步方式还是异步方式更新方案。至少赋予 CA 三个不同的状态。在模型的 Info 窗口中设置一节，在其中介绍你所创建的 CA 模型的规则，在另一节中，记录模型中 CA 的有趣行为。

An Introduction to Agent-Based Modeling: Modeling Natural, Social, and Engineered Complex Systems with NetLogo

创建基于 agent 的模型

唯有令其繁茂，才能探究其本质。

——乔希·爱泼斯坦（1999）

做出选择，然后推翻它，这个过程只需要一分钟就足够了。

——T. S. 艾略特（选自 1920 年的《普鲁弗洛克的情歌》）

凡我不能创造的，我也无法理解。

——理查德·费曼（2001）[一]

在前面两章中，我们第一次体验了使用 ABM 方式编写代码。我们建立了一些简单的模型，检查了模型的代码，并对其进行了扩展。任何人都可以使用公开发布的模型，并在对其进行修改和扩展的基础上，完成大量研究工作，取得诸多成果。即使在最新的、最先进的 ABM 模型中，也常常可以找到从其他模型中借用的程序代码。然而，最终你还是希望从一张白纸开始，设计并搭建自己的模型。本章旨在针对你所要探究的问题或领域，让你从头开始，历经模型设计、模型构建、问题精炼、模型修订、结果分析、现实问题求解等所有环节。我们在此给出的工作顺序是线性的（一个接一个），但是，这些步骤实际上是相互重叠的，它们是循环迭代研究的一部分，也是模型精炼和问题锤炼的一部分。

我们将在特定模型背景中探讨上述问题，与此同时，也将讨论与模型创作和模型设计相关的一般性问题。为了方便地介绍这个过程，我们将本章分为三部分：（1）设计模型，让你了解如何确定模型中应该包含哪些元素的全过程；（2）构建模型，演示如何生成概念模型，以及如何创建计算对象；（3）检验模型，介绍如何运行模型，如何产生运行结果，以及如何对这些结果进行分析，从而对所研究的问题提出一个有用的答案。

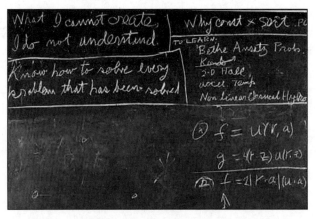

图 4.1 物理学家理查德·费曼生前所写的板书

[一] 理查德·费曼生前的板书见图 4.1。

本章中，我们将设计、构建和检验一个关于生态系统的简单模型。这个模型要解决的基本问题是：两个共享栖息地的物种，其种群数量如何随时间变化而变化？针对这个问题，我们将与其对应的模型称为"狼 – 羊简单模型"（Wolf Sheep Simple model）。尽管我们是在"只有两个物种"的背景下讨论这个模型，但是这个模型仍然可以进行一般化处理，从而推广到其他领域，例如公司之间争取消费者的问题，计算机系统中多种病毒的进化问题等。更为重要的是，在此模型中开发的组件，也是应用于大多数 ABM 中的基本组件。

4.1 设计模型

设计基于 agent 的模型有多种方法[○]，具体选择哪一种方法，取决于许多因素，包括待建模现象的类型、对所研究问题领域的认知水平、对 NetLogo 编程的熟悉程度，以及建模者个人的建模风格。

建模方法可以划分为两大类：基于现象的建模方法（phenomena-based modeling，PBM），以及探索性建模方法（exploratory modeling，EM）。使用 PBM 方法，需要从一个已知的目标现象起步。通常，每种现象都会有一个典型模式，称为参考模式（reference pattern）。参考模式的例子包括：城市中常见的住房区划和分区模式（单元房及其功能区的划分），太空中的螺旋形星系，植株上叶子的排列模式，以及存在相互作用的物种种群数量的波动模式。PBM 的目标是创建一个可以使用某种方式捕获参考模式的模型，将其应用于 ABM 之中，就是寻找一组 agent，并为这些 agent 确立规则，由此生成某种已知的参考模式。一旦生成了某个参考模式，就有了与之对应的候选解释机制，你还可以改变模型参数，看一看是否会产生其他模式，或许还可以尝试在数据集中或者通过实验找到这些模式。你也可以将 PBM 与其他类型的建模方法一起使用，比如基于方程的建模方法（equation-based modeling，EBM）。使用 EBM，意味着需要写出能够产生参考模型的方程。

第二种核心建模形式是探索性建模方法（exploratory modeling）。这种建模类型在使用方程建模的背景中更少见，而在 ABM 中会常见一些。当使用 ABM 进行探索性建模的时候，需要创建一个 agent 集合，并定义它们的行为，然后探索各种可能出现的模式。有些人可能只以抽象的形式进行研究，就像在第 2 章谈论过的 Conway 和 Wolfram 使用元胞自动机所做的研究。但是，对于建模过程而言，我们必须强调仿真模型的行为应该与现实现象具有相似性（就像在第 2 章中看到的由元胞自动机生成的类似于贝壳图案的模式）。然后，精炼模型，使其与现实现象更加贴近，并趋近于获得针对某些现象的解释性模型。

不同建模方法的另一个区别是，对于我们所指定的问题，模型在多大程度上能够给予回答。一方面，我们明确一个具体的研究问题（或者一组问题），例如"一个蚁群如何觅食？"或者"一群鸟如何以 V 字形飞行？"；另一方面，我们起初只是想对蚂蚁或者鸟的行为进行建模，但是并没有明确需要回答的问题是什么。随着对模型设计领域的不断探索，我们将逐步完善所研究的问题，并由特定的模型来求解。

第三个维度，是概念模型的设计过程与模型程序编码过程的结合程度。在某些情况下，我们建议在开展模型程序编码的任何工作之前，先要完成概念模型的全部设计工作。这是参考了"自顶向下"的设计方法。在"自顶向下"方法中，模型设计人员在开始编写哪怕

○ 正如在第 1 章中提到的，模型可以是针对某个流程的概念 / 文本描述（conceptual/textual description），也可以是基于软件的描述（software-based description）。在本章中，我们将使用"模型"一词代表以上两个概念，在需要进行区分的时候，我们将把基于文本描述的模型称为概念模型（conceptual model）。

一行程序代码之前，都需要完全确定模型中所使用的所有 agent 类型、agent 所处环境，以及 agent 彼此之间的交互规则。在另外一些情况下，概念模型设计和模型编码工作可以交叉进行，二者的工作进程相互影响，这是参考了"自底向上"的设计方法。在"自底向上"方法中，你选择一个领域或一种现象，可以有也可以没有一个明确的问题。使用这种方法，你需要从编写与问题域相关的程序代码开始，"自底向上"地构建概念模型，在模型中增加必要的机制、属性和实体，或许在此过程中还需要进一步形成和规范所研究的问题。例如，在一个"自底向上"的设计中，你希望研究股票市场如何演化的问题，于是针对买方和卖方的行为编写程序代码，在此过程中，你认识到还需要在模型中增加一类新的 agent，也就是破产者。

这些模型设计维度可以随意组合，构成多种方式。你可以从一个非常具体的问题开始，在程序代码编写之前，完成所有 agent 和规则的设计工作，或者你可以先设计出一些 agent，实验针对这些 agent 的各种规则，然后在开发流程接近结束的时候，再确定你所要建模的问题。

实际上，很少有人在构建模型时只使用一种方式，而是混合使用多种方式，并且随着研究需要和研究兴趣的变化，会来来回回地调整所采用的方式。在有些情况下，如果科研人员需要与程序员合作开发模型，通常会采用"自顶向下"的设计方式，这种方式可以让两个参与者在项目中独立发挥作用。NetLogo 的设计目的，就是让科学家能够很容易地开发自己的模型。一般来说，随着建模人员对程序编码越来越熟悉，越来越得心应手，他们就会使用 NetLogo 作为构建概念模型的工具。本章将使用混合方法介绍如何构建模型，为了论述得更清晰，我们主要使用"自顶向下"的方法。

使用"自顶向下"的设计过程，首先你要选择一种待研究的现象，或者某个想要回答的问题；接下来，需要设计 agent 及其行为规则，以此作为情境建模的元素；然后，需要对概念模型进一步进行提炼并持续修改，直至达到足够细化的水平，保证你知道如何为模型编写代码。

在整个设计过程中，有一个必须遵守的重要原则，我们称之为 ABM 设计原则（ABM design principle）：模型设计从简单起步，向着待解决的问题不断前进，逐步完善⊖。这个原则主要包含两点：第一，针对待建模的系统问题，最初只需要设计出最简单的 agent 集合，以及最简单的行为规则。这个思想来自爱因斯坦所说的"任何理论的终极目标，都是尽可能让不可削减的基本元素变得更加简单且数量更少，但是也不能放弃对任何一个单一经验数据的充分阐释"（1933）。或者换作他曾经说过的另一句话，"事情应该力求简单，不过不能过于简单"。对于 ABM 而言，这意味着模型应该尽可能简单，前提是它必须为你提供通向最终目标的途径。第二，时刻记着你的问题，不要在模型中添加任何与回答这个问题无关的东西。统计学家 George Box 引用了一句话来说明这一点，"所有的模型都是错的，但是有些模型是有用的"（1979）。Box 认为，不可避免地，任何模型都不是完全真实的，因为它们都对现实世界的某些方面做了简化，虽然如此，有些模型还是可用的，因为

⊖ 这个设计原则是从"自顶向下"模型构建角度进行阐述的。而"自底向上"的设计方法则有所不同，即模型构建从简单起步，时刻记得所研究的问题，逐步增加模型的复杂性，最终获得解决方案。在"自底向上"的流程中，需要从感兴趣的领域或现象开始，针对这个现象或问题，创建一个非常简单的模型或几个组件，然后，对这些模型或组件进行研究，寻找有前途的问题方向。采用"自底向上"的视角，在开始研究的时候，问题可以不必明确，而在研究过程中，问题和模型可以交叉变化，相互影响。

它们只是被设计用来回答某个或某一些特定的问题，模型简化并不妨碍我们获得想要的答案。

ABM 设计原则在很多方面是有用的。首先，它提醒我们核查每一个候选模型的 agent 和 agent 规则，如果建模过程中不需要这些 agent 或规则，就可以将其去除。对于初学者来说，所建模型中包含无用组件的情况并不少见。从构建一个小模型开始，逐渐向其中增加元素，就可以确保那些无用的组件永远也不会开发出来。检查每一个额外的组件，看看它们对于回答你的问题是否必需，正如威廉·奥卡姆所说，你抵制了"不必要地增加实体"的诱惑。通过这种方法，可以减少产生歧义、冗余以及造成模型与实际问题不一致性的可能性。ABM 设计原则的另一个优点，是使模型尽量简单，以便模型更易理解，更易校核。校核（verification）是保证可计算模型如实地实现概念模型目标的检验过程。概念模型越简单，模型的实施或开发过程也越简单，模型校核也会越容易。从简单起步、逐渐累积的模型开发过程，也有利于实现"准时制"（just-in-time）结果的开发过程。在开发过程的每一个时点，对于所研究的问题，模型应该能够给出一些答案，这不仅有助于模型的尽早使用，也会使你在模型开发过程中尽早验证模型的假设，尽早检验模型的输出结果，这样可以避免你在徒劳无益的道路上走得太远。更少的组件也意味着更少的测试组合，这些测试旨在针对所获得的结果建立某种因果关系。

如果将上述原则应用到 Wolf Sheep Simple 模型中，则需要在设计开始的时候，仔细思考这两种共享栖息地的物种，确定模型中所用到的 agent 及其行为。首先，确定待研究的问题，这是 ABM "自顶向下"设计原则要求的；接下来，讨论模型中会有哪些 agent，并研究它们可能的行为；然后，进行环境及其特征分析，作为开发过程的一部分，还需要讨论模型在每一个独立时点（individual time step）会发生哪些事情；最后，还需要确定采用哪些度量指标（measure）来回答我们的问题。

4.1.1　选择待研究的问题

也许有人认为，问题的选择与模型设计没有什么关系。但是，模型构建自然就应该是这样的一个过程：首先，选择一个问题；然后，构建模型并回答这个问题。有时这确实是我们所遵循和采用的流程，但是在很多情况下，当我们考虑使用 ABM 方法构建模型的时候，需要精炼（refine）所研究的问题。Wolf Sheep Simple 模型最初要回答的问题是："当这两个物种共享栖息地的时候，它们的种群数量随着时间的推移会发生哪些变化？"现在，让我们来评估一下，看看这个问题是否适合 ABM 建模，并在 ABM 范式下对其进行完善。

对于理解包含诸多交互性实体，因而具有不可预期输出结果的系统而言，ABM 方法尤为有效。正如我们在第 1 章所谈论的，有一些特定问题更适合使用 ABM 方法解决。如果所研究的问题违反了我们刚才给出的指导原则，那就应该考虑使用其他的建模方法。例如，在研究两个拥有庞大种群数量物种的动态变化过程中，我们可能会用到两个假设：第一，同一物种的个体是同质的，两个物种的个体在空间上是均匀地混合在一起的（所以模型中没有包含空间因素或者描述个体异质化的属性）；第二，一个物种的种群数量只与另一个物种的种群数量相关。如果按照以上这两个假设，使用基于方程的模型（EBM）就可以了，不必使用 ABM 模型。这是因为，EBM 适用于较大的同质群体问题的求解，我们在第 0 章中提到的经典 EBM 模型——Lotka-Volterra 微分方程（Lotka，1925；Volterra，1926）——就属于这种情况（本章稍后会对使用 EBM 还是 ABM 构建生态猎食模型给予更多分析）。但是，如果你认为 agent 的空间分布具有非齐次特性（heterogeneous），那么 ABM 就会更有价值。agent 是否具有同质化特性（齐次还是非齐次），会影响我们对 agent 的概念化工作。这些动物（狼和羊）的一个特征是如何利用它们所拥有的资源，这与我们所研究的问题是有关联的。现实中，动物利用食物资源，将食物转化为能量，因此在模型中，我们需要保证不同的 agent 拥有不同的能量，并且分布在地图的不同位置。在此，我们给出 ABM 设计原则的第三条：应考虑模型的聚合结果是否依赖于 agent 之间的相互作用，以及 agent 与环境之间的相互作用。例如，如果一个物种捕食另一个物种，那么模型的运行结果将取决于 agent 之间的相互作用。捕食者（狼）与猎物（绵羊）之间的相互作用，通常是在复杂的环境中进行的。我们应时刻牢记 ABM 的设计原则，从最简单的环境设置开始——环境中除了捕食者和猎物之外，还包括能够满足猎物（绵羊）消耗的最低水平的环境资源（草）。ABM 设计原则的第四条：针对那些具有时间依赖性的过程进行建模，ABM 会非常有效。在 Wolf Sheep Simple 模型中，我们主要想了解物种的种群数量如何随时间变化而变化。因此，可能需要进一步完善我们所提出的问题，即将研究重点放在两个物种能够在一段时间内共存的条件上。通过这种方式，我们上面提出的几条准则可以帮助评估 ABM 是否适用于待研究的问题，如果适用，我们就可以将精力放在待研究问题和概念模型的精炼与改善方面了。

在评估待研究问题适用于 ABM 之后，接下来要做的，是更正式地阐述这个问题，问题如下："我们能否找到合适的模型参数，以保证这两个物种在有限地域内保持种群不灭绝（种群数量始终为正数），其中第一个物种（狼）是第二个物种（绵羊）的猎食者，而第二个物种（绵羊）从环境中获取并消耗资源？"现在，请记住这个问题，我们接下来进行概念模型的设计工作。

4.1.2　一个具体的例子

既然我们已经详细地阐明了所要研究的问题，那么分析一下这个问题特定的上下文环境也是有意义的。之前，我们分析了参考模式，当时将其作为基于环境的 ABM 模型的来源进行了讨论。有的时候，参考模式是模型构建的灵感之源，有的时候，比如现在，我们已经对所要研究的问题进行了足够的完善，因此急需找到一个参考模式，使用该模式帮助我们测试现有模型是不是针对所研究问题的有效答案。在捕食者 – 猎物关系的研究中，有一个广为人知的案例，案例研究了美国密歇根州 Isle Royale 地区狼和驼鹿种群数量的波动情况，在这个例子中，数量有限的捕食者和猎物共生于一片狭小的区域之中。

学者们研究 Isle Royale 地区的狼和驼鹿已经超过 50 年，是全球所有捕食者 – 猎物系统研究项目中持续时间最长的。Isle Royale 是一个偏远的荒岛，被苏必利尔湖（Lake of Superior）寒冷的水域隔绝在外，是狼和驼鹿的家园。在这个荒岛上，捕食者和猎物的生与死，永恒且戏剧性地联系在一起，跨越了无尽的历史时空。学者们保留了这两个物种数十年的栖息记录，这是有史以来关于捕食者 – 猎物系统研究周期最长的项目，研究过程从未间断（摘自 Isle Royale 地区狼群与驼鹿计划网站，http://isleroyalewolf.org/）。

图 4.2 显示了 1959 ～ 2011 年 Isle Royale 地区狼群和驼鹿群的种群数量。这个图可以作为我们模型的参考模式，也就是说，我们构建的模型必须能够生成与之"类似"的图形，才能作为针对这种自然现象的解释模型。通常，这个过程被称为**验证**（validation），我们将在第 7 章和第 8 章中详细讨论。

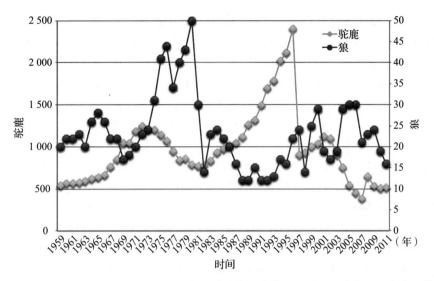

图 4.2　50 年来 Isle Royale 地区狼群和驼鹿群种群数量变化图。需要注意的是，当狼的数量达
　　　　到顶峰时，驼鹿的数量会处于低位；同样地，当驼鹿的数量达到顶峰时，狼的数量也
　　　　会处于低位

从图 4.2 的数据中可以看出，Isle Royale 地区狼和驼鹿的数量维持了 50 年，其间没有任何一个物种灭绝。种群数量大幅振荡，驼鹿数量处于低位的时候，狼的数量会达到顶峰，反之亦然。这些数据及特征可以作为我们建模的参考模式，并允许我们进一步将所研究的问题完善如下："我们能否找到合适的模型参数，以保证这两个物种在有限地理区域内的种群数量虽然振荡但是能够保持种群不灭绝（种群数量始终为正值），其中第一个物种（狼）是第二个物种（绵羊）的猎食者，第二个物种（绵羊）从环境中获取并消耗资源？"

在本章的所有模型中，我们都将以狼和绵羊为例，而不是使用狼和驼鹿。虽然狼和驼鹿的研究数据已经很好地建立起来了，但是，我们的目标不是匹配使用这个特定的数据集，而是要向读者介绍一些关于捕食者–猎物建模的经典案例，并试图重现物种种群数量的"振荡可持续模式"（oscillating sustained pattern）。

4.2　选择你的 agent

既然我们已经识别出了待研究的问题，并将之进行了语境化处理（contextualized），那么接下来就可以开始设计模型的组件。此时，我们要问自己第一个问题：模型中的 agent 是什么？在设计 agent 的时候，我们选择的模型组件应该具有自治性，它的属性、状态和行为应与所研究的问题相关。但是，一定要小心避免 agent 承载太多的东西。根据人们所采用的建模视角，几乎所有的模型组件都可以被认为是 agent。然而，那些采用臃肿 agent 的模型，可能很快就会变得无法管理。当你决定模型中使用什么样的 agent 的时候，重要的是关注那些与待研究问题关系最为密切的自治体。

还有一个与此有关的问题，就是 agent 的"颗粒度"（granularity）。每个实体（entity）都是由多个更小的实体组成的。你该如何选择实体的尺寸呢？ agent 是应该定义成分子或者原子，还是定义为身体器官或者细胞？有些 agent 的尺寸可以很大。比如说，如果想要研究一片草地，我们并不想对每一株草建模，相反，我们可能将"一丛草"作为 agent。此外，让每个 agent 的颗粒度大体保持在同一水平，这也是很重要的。比如，在时间尺度上，如果对羊群行为的建模是以"天"计量的，而对于青草的生长过程是以"分钟"计量的，那么二者就会难以调和。在物理尺度上，如果可供食用的青草的数量远远超过羊群所需，那么很多有趣的现象就不会出现，因为此时青草并没有成为限制条件（青草的供应量不受限制）。

假设未来你所建模型中的一些实体有可能转化为完整的 agent，那就可以选择把这些实体设计成原型 agent（proto-agent）。"原型 agent"是指那些没有个体属性、状态或行为的实体类型，但是它可以部分或全部地继承全局 agent 类型的特征。例如，在 Wolf-Sheep Simple 模型中，我们希望有一个人类的猎人与这两个物种互动，猎人会时不时地猎杀一些动物。没有必要在模型设计时就把猎人构造为完整的 agent，相反，可以创建一个更简单的原型 agent，它可以随机猎杀一定数量的动物。最终，如果需要的话，这个猎人也可以成为一个完整的 agent，可以和其他任何 agent 一样具有全部的属性和行为。我们将在第 5 章进一步讨论原型 agent。

根据前面的讨论，我们开始设计 Wolf Sheep Simple 模型。首先，选定三个 agent 类型，分别是捕食者（狼）、猎物（绵羊）和资源（供绵羊食用的青草）。还可以向模型添加其他 agent，例如，可以添加猎人、降水水平或土壤养分。但是，按照之前介绍的 ABM 设计准则，我们只选择狼、绵羊和青草作为 agent。这样，就有了两个简单的移动型 agent（狼和绵羊），以及一个固定型 agent（青草），这些是回答问题——描述两个种群在有限地理区域内共存需要哪些参数——所需的最小 agent 集。

4.2.1 选择 agent 的属性

一个 agent 通过属性区别于其他 agent。请你记住非常重要的一点：首先要确定 agent 的属性，然后才能将 agent 概念化，并设计 agent 之间以及 agent 与环境之间的行为交互。

在 Wolf Sheep Simple 模型中，我们分别为绵羊和狼设置三个属性：（1）能量水平。用于追踪 agent 的能量情况；（2）所在位置。agent 所在的地理区域；（3）运动方向。agent 正在移动或将要移动的方向[⊖]。能量属性不仅仅用于描述当前的活力（比如动物是鲜活的还是垂死的）。相反，"能量"一词包含了某种抽象的生物体"生命力"水平的概念，它不是指新陈代谢、卡路里存量、饥饿度等诸多指标中的某一项，而是把它们汇聚在一起，成为一个综合度量指标。我们还可以增加额外的属性，其中的一些属性也许在未来模型扩展的时候非常有用。例如，可以添加一个运动速度属性，这样就允许不同 agent 以不同的速度移动，或者增加进攻 / 防御能力属性，这个属性会影响个体抵抗捕食者的能力。然而，这几个属性似乎对于回答我们所研究的这个简单问题没有必要，因此不增加这些属性。

如果绵羊和狼具有完全相同的属性，那又如何区别它们呢？这个问题将在下一节进行分析，我们将讨论这两种 agent 类型各自的行为表现。

选择环境特征和稳定的 agent　我们已经完成了可移动 agent（狼和绵羊）及其行为的定义，接下来，需要确定这两种 agent 所处环境的特征，并决定它们如何与环境进行交互。

在 Wolf Sheep Simple 模型中，第一个显而易见的环境属性是土地上有没有青草，因为这是绵羊的食物。当然，我们还可以设立很多属性，比如海拔高度、水塘、林地以及其他可能影响动物移动或者捕食活动的属性。然而，为了保持模型的设计原则，我们将环境设定为

⊖　我们也给狼和绵羊两种 agent 增加了一个形状属性（shape），还给全部三种 agent 类型（狼、绵羊和青草）增加了颜色属性，这些虽然不是 ABM 所必需的核心属性，但却是影响模型可视化效果的重要内容。

一个大草场，并使用固定式的斑块 agent 类型模拟这个草场。如前所述，针对每一株草进行建模是没有意义的，所以我们给这些斑块设立一个名为"蓄草量"（grass amount）的数值型属性，用来对青草建模。使用斑块（patch）对草丛建模将是非常有效的方式，它属于稳定的 agent 类型。"蓄草量"属性值会根据绵羊的摄食行为而变化，它在模型中也是这么使用的。换句话说，就是按照之前讨论的原则，适当确定这个变量的颗粒度。

为了避免处理边界条件（如狼越过了模型的边界），模型环境将进行水平化和垂直化"回绕"（wrap），也就是说，狼从模型视界的右侧走出去，就会在模型视界的左侧出现。这种"环状"（torus-shaped）拓扑结构很适合 ABM 的需要，在 NetLogo 中是新建模型的默认拓扑结构（其他拓扑结构将在第 5 章讨论）。

还有一个问题也需要注意，即在某些 ABM 模型中，环境控制着 agent 的出生和死亡过程。在我们正在开发的这个模型中，出生和死亡是作为 agent 的内生行为进行处理的，但是也可以简化一下，即由环境控制 agent 的出生和死亡。这是构建生命循环的一种不太"突发（涌现）"的方式，但有时却不失为一种有用的简化手段。

4.2.2　筛选 agent 的行为

除了设计 agent 的结构之外，确定 agent 所能展现的行为类型也是很重要的。这些行为对于描述 agent 之间、agent 与环境之间的交互作用是必要的。

在 Wolf Sheep Simple 模型中，绵羊和狼具有许多相同的行为，即，随机转身、前进、繁殖和死亡的能力。二者的区别在于绵羊吃草而狼吃绵羊，这是两类 agent 的不同之处。当然，还有很多其他行为可用于界定这些 agent。例如，可以让羊群聚集在一起，以反抗狼群的攻击，或者对狼群实施反击。再比如，狼的移动速度可以有所不同，包括低速行走、中速奔跑、高速追逐。狼和绵羊还具有其他一系列行为，比如睡觉、消化食物、在暴风雨中寻求庇护所等。至此，以上所描述的行为（移动、繁殖、进食和死亡）对于简单模型而言是一个合理的选择，而这个模型可以解决我们所研究的问题。对于草丛 agent 来说，它只有一个简单的行为——生长。

设置仿真时间步长　现在我们已经建立了模型的基本组件，接下来就可以在模型中设计典型的时间步长（time step）了。要完成这项工作，需要全面考虑模型 agent 将要展现的行为，并决定如何表现这些行为，以及确定它们的执行次序。在现实世界中，动物的行为是并发的，持续时间是连续的。为了建立这个 ABM 模型，我们只是简单地把时间分割成离散的步长，然后再把每个时长排序、编号。采用这种方法，实际上无意之间隐含了一个假设，即 agent 按照一定顺序展现它们的行为。这不会对模型结果产生实质性的影响，这是一个工作假设⊖（working assumption），后期需要进行复核。一般来说，决定 agent 行为的发生次序可能比较棘手。我们将在第 5 章进一步讨论 agent 的调度问题（scheduling）。

在 Wolf Sheep Simple 模型中，动物有四种基本行为（移动、死亡、进食、繁殖），青草只有一种行为（生长）。另外一个工作假设就是确定行为发生的顺序，我们可以随便确定一个动物行为的顺序。由于任何顺序都是合理的，所以我们就任意选择一个。因为采用一个固定的顺序，使用（和调试）模型会简单一些，所以我们就采用本段第一句话所给出的行为顺序（即移动、死亡、进食、繁殖）。让我们来核对一下这个顺序，以保证它是有意义的。首

⊖　工作假设是指模型构建过程中实施的假设，随着模型构建不断深入和细化，工作假设可以进行调整甚至被删除，因此可以理解为"工作过程中的假设"。——译者注

先，移动（movement）是调整方向然后向前走。由于"移动"行为改变了 agent 所处的位置，因此也就改变了每个 agent 的局部环境，所以"移动"放在第一顺位是说得通的。其次，在 Wolf Sheep Simple 模型中，"移动"会消耗能量，因此将"死亡"安排在排序中的第二位。这是因为，当某个 agent 在移动过程中消耗了很多能量之后，应该查看一下它是否还有剩余能量。接下来，我们将"进食"放在第三位，也就是说，如果在该 agent 的局部环境中存在食物的话，它可以通过"进食"获取新的能量。现在 agent 有了新的能量，它们就可以繁殖了（繁殖也需要能量）。此时，每个 agent 会检查它是否有足够的能量来繁衍一个新的 agent[⊖]。最后，模型已经完成了全部工作，在开始下一次循环之前，需要让青草 agent "生长"。

设置时间步长的方法还有许多种。agent 行为发生的顺序可以改变，在某些 ABM 模型中，行为顺序会显著改变模型的运行结果（Wilensky 和 Rand，2007）。然而，在本例中，没有明显的理由说明更换当前的行为顺序会对模型运行结果产生重大影响，更何况当前使用的这个行为顺序也是符合逻辑的。此外，我们还可以在模型中使用额外的顺序，例如，可以将狼和绵羊分开模拟，首先让所有的狼移动，然后再让绵羊移动。以上所给的顺序和步骤都是符合逻辑的，也是相对简单的，可以是一个好的建模起点。我们在建模过程中会设立很多的工作假设，如果有必要的话，时间步长结构可以在将来被不断地复核和修订。

4.2.3　选择模型的参数

我们可以编写一套完全规范的规则，在一个时间步长范围内，控制 agent 之间、agent 与环境之间的交互行为。但是，创建一些参数——以便我们能够控制模型——才是更有意义的事情，这样我们才能方便地验证不同的模型条件。接下来要做的事情，就是确定模型中的哪些属性可以通过参数加以控制。

在 Wolf Sheep Simple 模型中有几个参数值得研究一下。比如说，我们希望控制绵羊和狼的初始数量，以便看到不同的初始种群数量如何影响仿真结束时的最终种群存量。另外一个需要控制的因素，是 agent 运动时所消耗的能量值。使用这个参数，我们可以调整 agent 穿越地块的难度，从而模拟不同的地形 / 地势。动物移动的成本是能量，它们可以从食物中获取能量。因此，需要设立相关的参数，分别控制从青草和绵羊中所能获取的能量。最后，由于绵羊以草为食，因而为了维持羊群的生存，需要青草能够再生，因此需要设置一个参数，用来控制青草的再生速率。

在这个模型中还可以包含许多其他的参数。比如说，在上文中我们选择的参数在模型的运行过程中是一成不变的。换句话说，一只绵羊从青草中获得的能量和其他绵羊一样多（实际情况也许并非如此），但是，我们可以采用正态分布，描述每只绵羊从相同数量的青草中获取能量的不同，从而实现模型的非齐次特征，此时就需要使用两个参数，分别控制能量获取的均值和方差。我们还可以添加参数来控制一些因素，这些因素在当前模型中是常数。例如，我们之前没有创建参数来控制 agent 的行走速度。如果模型具备修改这些参数的能力（特别是狼和绵羊的运动速度比率），可能会大大影响模型的结果。然而，按照 ABM 的设计原则，在当前建模阶段实现这种复杂性似乎并无必要。允许狼和绵羊拥有不同的移动速度，可以作为对当前模型的扩展。这个问题留给读者自己研究，详见本章的习题。

　⊖　这是对物种繁殖的极端简化！我们选择将繁殖过程简化为无性生殖，这是基于一个工作假设，是为了回答我们的问题而设立的，因此繁殖细节对于模型来说是无关紧要的。

选择测度指标　如果前面的工作都已完成，那么此时应该就有了一个工作模型。但是，对于如何针对待研究问题求解，我们还什么也没有做。基于这个目的，需要决定从模型中采集哪些测度指标。建立测度指标不用花费太多时间，但是如果这些指标选择不正确，那么模型的某些关键性结论就无法识别出来。在考虑将哪些测度指标纳入模型中的时候，你应该反复推敲当前所研究的问题。我们的建议是只包含相关度最高的测度指标，因为无关的指标会让你被太多的数据所干扰，同时也会降低模型的运行速度。

在 Wolf Sheep Simple 模型中，相关度最高的测度指标，是随着时间变化的狼群和羊群的种群数量，因为我们感兴趣的是有哪些数据集能够在时间延续的过程中，使这两个种群数量一直保持正数（不灭绝）。

在这个模型中，我们还可以构建其他一些测度指标，比如羊群或狼群个体的平均能量。由于该指标可以指明当前种群有多大可能存活下去，因此与我们所研究的问题也是相关的，但是该指标并不直接回答我们的问题，所以没有将它包含在模型内。有的时候，在模型中包括这样的指标仅仅是为了模型调试和测试。比如说，如果青草尚未重新生长，但是却看到羊群的能量正在增加，我们就应该怀疑将青草的能量转移给羊群的这部分程序代码存在错误。

4.2.4　Wolf Sheep Simple 模型设计小结

至此，我们已经介绍了 Wolf Sheep Simple 模型设计的主要步骤，此时可以创建一个摘要文档，对模型设计过程做一个小结。Wolf Sheep Simple 模型可以按如下方式进行描述。

寻获问题。在有限地域内共生的两个物种，第一个物种以第二个物种为食，第二个物种则从自然环境中觅食数量有限但是可再生的食物资源，那么在何种条件下，这两个物种的种群数量虽然可能大幅振荡，但是始终保持物种不灭绝？

agent 类型。包括绵羊、狼、青草。

agent 属性。能量、位置、前进方向（狼、绵羊）、青草数量（草）。

agent 行为。移动、死亡、繁殖（狼和绵羊）、捕食绵羊（狼）、吃草（绵羊）、再生（草）。

参数。绵羊的数量、狼的数量、移动成本、青草提供的能量、绵羊提供的能量、青草生长的速度。

时间步长：

1. 绵羊和狼的移动
2. 绵羊和狼的死亡
3. 绵羊和狼的进食
4. 绵羊和狼的繁殖
5. 青草的再生

测度指标。随时间变化的绵羊的数量，随时间变化的狼的数量。

像这样记的笔记，在模型设计过程中是非常有用的，就像我们在本小节所做的那样。在模型放置一段时间以后，你会发现这些笔记是非常有价值的，因为可以借此回忆为什么当时做了这样的决定，而没有采用你考虑过的其他方案。与此同时，为了向其他人介绍你的模型，持有这些笔记文档也是有用的。最后，建议你随时更新这些文档，这样模型设计的全过程就可以做到有迹可循。

比如，如果你采用的是"自顶向下"的设计方法，那么可以看看下面的问题并写下对应的答案，将其作为构建模型的临时性指南。

1. 拟针对当前环境或现象的哪一部分进行建模？

2. 这个现象涉及的主要 agent 类型是什么？

3. agent 在何种环境中运行？是否存在环境类型的 agent？

4. agent 具有哪些属性（根据 agent 类型进行描述）？

5. agent 可以采取哪些行动（或行为）（依据 agent 类型进行描述）？

6. agent 如何与环境进行交互？ agent 之间如何进行交互？

7. 如果采用离散步长定义所研究的现象，那么在各个时点会有哪些事件发生？这些事件如何排序？

8. 你希望从这个模型中观察到什么？

如果你采用"自下而上"的方法，就不能从这些问题起步。相反，你也许只是想构建某种生态模型，然后在模型中放置一些绵羊，令其在环境中游荡。接下来，就是为这些绵羊制定一些行为，例如移动、行走、进食、繁殖和死亡。为了让羊群有食物可吃，还可以在模型中添加青草。绵羊吃草之后，就引出另外一个问题："什么东西吃绵羊呢？"因此，还要在模型中增加狼，令其作为绵羊的捕食者。按照这个过程，也能实现 Wolf Sheep Simple 模型的构建，并且在开始的时候，不必思考模型的最终目标。

现在我们已经完成了 Wolf Sheep Simple 模型的初步设计，下一步就是模型的实施。

建立模型 完成概念模型的设计之后，就可以开始模型的实施（编写程序代码）。同样地，在模型构建过程中，也要继续采用 ABM 的设计原则。尽管这个模型相当简单，我们还是要把它分解为多个子模型，这些子模型需要经过 5 次以上的迭代才能完成。这些子模型具有如下作用：能够各自独立运行；帮助我们一步步地完成整体模型的构建；检查工作过程是否有偏差；确保模型按照既定目标工作。

在基于 agent 的模型中，很多时候模型的最终结果并不像人们所期望的那样，这可能是由模型实施过程中存在的错误造成的，也有可能既不是模型实施的问题，也不是概念模型有错误，而是来源于复杂系统的核心特性——系统涌现行为，如前所述，系统涌现行为是非常难以预测的。在模型一步一步构建的过程中，也许会观察到不同寻常的系统行为，这比我们一次性完成模型的构建更容易发现这些系统行为的起因。因此，ABM 的设计原则仍然适用于整个模型的实施过程。

模型的第一个版本 为了展现某些行为，我们所创建模型的最简单形式应该是什么样子？一种简化方法是从整个模型出发，仅仅观察一个物种，并且忽略环境因素。经过简化，最简单的模型看起来应该是这样的：一些绵羊在草地上到处徘徊。为了实现这样的场景，需要编写两个代码例程，一个名为 SETUP（用于生成羊群），一个名为 GO（用于羊群移动）。

我们要做的第一件事是在 NetLogo 的 Code 标签页中创建一个绵羊 breed（物种）：

```
breed [ sheep a-sheep ]
```

这句话的意思是说产生了一个名为 sheep 的移动 agent 类（即为 NetLogo 中的 turtle）。首先给出它的复数形式"sheep"，然后是单数形式"a-sheep"。绵羊这个单词有点尴尬，因为它的复数和单数都是 sheep，所以我们对于单数加了"a-"。后面在添加"wolves"和"wolf"的时候就没有这个问题了。在程序代码中，将主要使用复数形式（sheep），但是在使用 breed 指令进行声明的时候，给出可选的单数形式（A-SHEEP）也是有用的，这样一来，NetLogo 就可以提供更有意义的错误消息。最后要注意的一点是，此时虽然生成了 sheep，但是 turtles（agent 集）依然存在。这是因为在 NetLogo 中，所有的移动类 agent

都属于 turtles 集，无论它们是否使用 breed 指令进行定义。所以，如果想让所有的移动类 agent（本模型中的 sheep 和 wolves）做点什么事情，可以使用指令 ask turtles 实现，如果只是想命令 sheep，则使用指令 ask sheep，如果只是命令 wolves，则使用指令 ask wolves（在创建 WOLVES 之后）。

在创建 sheep 物种之后，就可以创建 SETUP 例程，代码如下：

```
;; this procedure sets up the model
to setup
    clear-all
    ask patches [ ;; color the world green
        set pcolor green
    ]
    create-sheep 100 [ ;; create the initial sheep
        setxy random-xcor random-ycor
        set color white
        set shape "sheep"
    ]
    reset-ticks
end
```

以上这段 SETUP 例程将是最终完成的模型中代码长度最长的，但它的内容却非常简单直白。首先，对模型中的环境（world）做净化处理。模型中的"环境"指代所有的 agent，既包括可移动型 agent（如 turtle、绵羊、狼），也包括固定型 agent（如斑块、青草）。然后，指令 clear-all 重置模型中的所有变量，整备模型以支持其重新运行。接下来，所有斑块被要求将颜色（pcolor）设置为绿色，表示它包含青草。尽管此时模型还没有包含任何青草的属性，也没有纳入绵羊与青草互动的行为规则，改变颜色只是为了便于可视化。最后，在模型中生成和放置 100 只绵羊。生成绵羊之后，需要给它们的属性赋初始值。一是给每只绵羊分配一对随机的 x 坐标和 y 坐标，按此坐标将其分布到环境中。二是将绵羊的颜色属性设置为"白色"，并将其形状属性设置为"sheep"⊖，使得这些 agent 看起来像是真的绵羊。最后一行代码 reset-ticks 是重置并启动 NetLogo 时钟，令模型做好运行准备。

针对模型中的程序代码编写注释（使用分号添加注释）是非常有用的。模型运行的时候，在分号后面写入的任何文本都将被忽略，以这种方式添加的文本称为代码注释（commenting）。如果没有这些注释，不仅其他人很难读懂你的程序，而且时间过得越久，你自己也会愈加难以理解。没有注释（以及其他文档）的模型用处不大，因为很难让其他人弄清楚这个模型究竟要做什么。

生成绵羊之后，我们继续编写 GO 例程。回头再看一下已经完成的设计文档，可以发现绵羊的主要行为之一就是四周移动，所以我们要让计算机实现这个行为。可以将绵羊的运动分为两个部分：第一，转动方向；第二，向前移动。为此创建名为 WIGGLE 和 MOVE 的例程，稍后将对这两个例程进行定义。代码如下：

```
to go
    ask sheep [
        wiggle ;; first turn a little bit in each direction
        move   ;; then step forward
    ]
    tick
end
```

⊖ NetLogo 有一组默认的 turtle 图形，所有模型都可以使用，其中包括"sheep"。此外，还有一个包含更多图形的扩展库，可以通过导入功能在模型中使用，或者你还可以设计你自己的自定义图形。可以通过 Tools 菜单下的 Turtle 形状编辑器（Turtle Shape Editor）功能实现。

这段代码要求所有绵羊都要执行一系列动作：转向（`wiggle`）、向前移动（`move`）。所有绵羊将按照随机顺序，依次完成所有这两个动作。这个步骤完成之后，`tick` 指令会推进模型时钟，表示时钟走过了一个时间单位。为了使程序代码能够运行，首先必须定义WIGGLE 和 MOVE 这两个例程。由于每只绵羊都会执行这两段程序，我们将其注释为"绵羊的代码例程"（sheep procedure），也就是说，该代码例程不会明确指令任何 agent，而是隐含地假设主调用例程会请求正确的 agent 集来执行它们。

```
;; sheep procedure, the sheep changes its heading
to wiggle
  ;; turn right then left, so the average is straight ahead
  right random 90
  left random 90
end

;; sheep procedure
to move
  forward 1 ;; take a step forward
end
```

这段程序中的第一个例程（WIGGLE 例程）比较简单，只是令 agent 的正面向右偏转一个随机角度（介于 0 ～ 90° 之间），然后再向左偏转一个随机角度（也介于 0 ～ 90° 之间）。这样做的目的是调整绵羊的前进方向，既可能向左也可能向右，没有任何倾向和偏好⊖。这种随机确定的转向方法在 ABM 中很常见，被称为 ABM 的"惯用语"。在 NetLogo 中，通常将这种摇摆行为称为"WIGGLE"。在第二个例程（MOVE 例程）中，令绵羊向前移动一个长度单位⊜。正如设计部分所提到的，绵羊的移动距离以后将由一个全局参数控制，但是现在，我们仍然把它作为固定长度（一个斑块的宽度）。参见图 4.3。

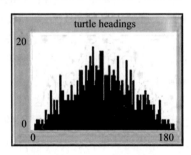

图 4.3   1000 个 turtle 偏转角度数据的直方图。开始的时候，所有 turtle 的朝向都是 90°，经过
　　　　一次偏转之后，这些 turtle 的朝向在 90° 值周围服从二项分布

现在可以运行这个模型了。只需要在命令中心（command center）先后输入 `setup` 和 `go`指令就可以运行这个模型⊜。为了使模型更容易使用，可以在模型的 Interface 标签页中创建

⊖ 从技术上讲，turtle 经过左、右两次偏转之后的朝向角度服从二项分布，概率密度函数的中间值就是 turtle 的当前朝向角度。定性地说，这意味着小的转向比大的转向更有可能。在某种意义上，二项分布类似于正态分布。

⊜ 因为 MOVE 例程只包含一条指令，所以我们不是必须将其设定为一个独立的例程，但是因为在设计过程中，我们在 agent 的移动环节中增加了其他效果，因为提前预见到以后会有复杂的移动过程，所以我们一开始就按照例程来进行设计。

⊜ 正如 NetLogo 教程中所介绍的那样，命令中心（command center）是用户输入一行指令并测试其运行效果的地方。

名为 go 和 setup 的按钮。在 go 按钮中，选中 FOREVER 复选框，这样 GO 例程就可以无限重复执行。经过这一步，模型应该如图 4.4 所示。

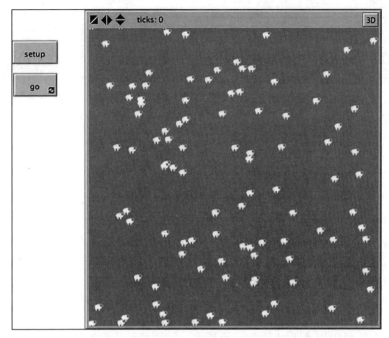

图 4.4　Wolf Sheep Simple 模型的第一个版本（详见补充资料）

模型的第二个版本　现在模型中的绵羊可以四处活动了，可以看到模型里面有了一些东西，我们也做了第一次验证工作，以保证模型能够按照我们的设计意愿运行。接下来，按照我们的设计目标，需要考虑可以进行哪些简单的扩展。在这个模型的第一个版本中，羊群虽然可以四处走动，但是它们什么也没有消耗，而在现实世界中，羊群活动是需要消耗能量的。因此，模型开发的下一步是纳入移动成本。回想一下，我们设计的绵羊有三个属性：朝向（heading）、位置（location）和能量（energy）。在模型的第一个版本中，绵羊的朝向和位置已经赋值了——这些属性是由 NetLogo 给所有 turtle 型 agent 自动赋值的。接下来，我们还得为"能量"定义一个新的属性。为了完成这个任务，只需在模型例程靠近顶部的位置插入如下代码：

```
sheep-own [ energy ] ;; sheep have an energy variable
```

在程序代码中，仅仅声明绵羊拥有能量是不够的，还需要对能量变量进行初始化，并保证在绵羊移动的时候，该变量值会随之变化。当我们调试这段代码的时候，还需要让程序按照 number-of-sheep 滚动条（位于模型 Interface 标签页中）的数值初始化绵羊的数量，而不是将其数量固定为 100 只。这样一来，我们可以很容易地在模型中改变绵羊的数量，这是因为——正如在前面的设计环节所提到的——我们希望绵羊的数量是一个可以调节的参数。在创建这个滑动条时，还需要给它增加几个属性，即 number-of-sheep 的最小值（初始值）、最大值和增量（点击滑块时，一次增加的值）。在这种情况下，可以将最小值设定为 1（少于 1 只绵羊是没有意义的），最大可以到 1000，增量为 1，这是因为绵羊的数量只能是整数，比如，2.1 只绵羊是毫无意义的，如图 4.5 所示。

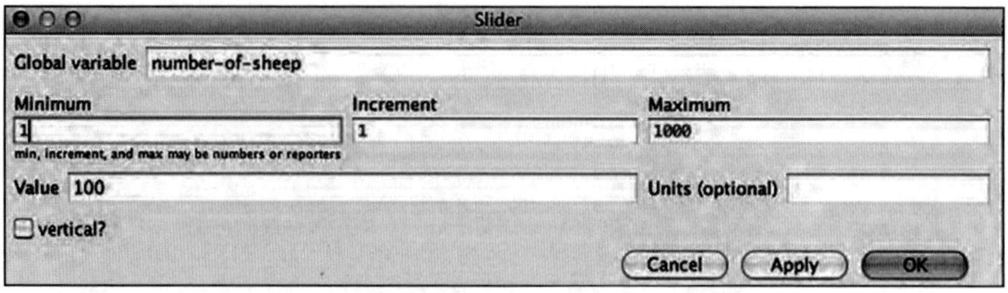

图 4.5　设置 number-of-sheep 滚动条

修改后的 SETUP 例程如下：

```
;; this procedure sets up the model
to setup
  clear-all
  ask patches [ ;; color the whole world green
    set pcolor green
  ]
  ;; create the initial sheep and set their initial properties
  create-sheep number-of-sheep [
    setxy random-xcor random-ycor
    set color white
    set shape "sheep"
    set energy 100
  ]
  reset-ticks
end
```

我们还需要在 MOVE 例程中添加一行指令，计算移动的成本（能量消耗）：

```
;; sheep procedure, the sheep moves which costs it energy
to move
  forward 1
  set energy energy - 1 ;; take away a unit of energy
end
```

起初，可以将移动成本设置为 1 个单位，因为我们知道在进行模型扩展的时候，移动成本会成为模型的一个可变参数。如果对于能量消耗没有任何惩罚，那么增加移动成本就毫无意义。我们希望当绵羊没有多少能量的时候，它就会死亡。因此，还需要让程序进行检查，看绵羊是否已经耗尽了它所有的能量。为此，需要修改 GO 例程，令其调用一个子例程，检查绵羊的死亡情况。

修改后的 GO 例程如下：

```
to go
  ask sheep [
    wiggle        ;; first turn a little bit
    move          ;; then step forward
    check-if-dead ;; checks to see if sheep dies
  ]
  tick
end
```

然后，还需要编写 CHECK-IF-DEAD 子例程，代码如下：

```
;; sheep procedure, if my energy is low, I die
to check-if-dead
    if energy < 0 [
        die
    ]
end
```

现在，如果我们依次按下 setup 和 go 按钮，模型将运行一会儿，然后所有的绵羊会同时消失。但是，模型还将继续运行（你可以看到 go 按钮一直保持着被按下的状态）。如果在羊群消失殆尽的情况下，模型能够停止运行就好了。为了实现这个任务，在 GO 例程中增加一行代码就可以：

```
to go
  if not any? sheep [ stop ]
  ask sheep [
    wiggle
    move
    check-if-dead ;; checks to see if sheep dies
  ]
  tick
end
```

现在，如果重新运行这个模型，可以看到，当所有的绵羊都消失之后，模型就停止运行了。还有一个功能比较有用，就是知道当前时刻还有多少只绵羊存活，所以我们添加一个图，表示任意时刻存活绵羊的数量。也许你还记得在第 2 章也画过这样一个图形，但是当时是通过在 plot widget 部件中编写代码实现的。NetLogo 包含两种绘图方法。我们在第 2 章使用的方法被称为"基于 widget 的方法"，因为它使用了图形化的 widget。另一种方法被称为程序化方法（programmatic method）或基于代码的方法（code-based method）。这两种方法都是通过编写程序代码来更新图形的，但是在基于代码的方法中，程序代码实际上位于 NetLogo 的 Code 标签页中，而在基于 widget 的方法中，程序代码位于 plot widget 内部。一般来说，两种绘图方法都能实现对方所具备的绘图功能，至于具体使用哪种方法，取决于建模人员的选择。这两种绘图方法各有优缺点。基于 widget 的方法，其优点在于不会在 Code 标签页中书写绘图用代码，从而降低 Code 标签页窗口的杂乱程度。对于简单图形而言，这个方法设置速度更快。然而，对于包含很多"画笔"（pens）的复杂图形来说，使用基于 widget 的方法可能很困难。进一步来说，如果在 widget plot 中有错误代码，它会很难被发现，这是因为此类错误不会显示在 Code 标签页里面。而基于代码的方法，其优点和缺点正好与基于 widget 的方法相反。至于选择哪一种方法，我们认为它依赖于建模人员的编程风格。我们一般建议使用 widget 绘制相对简单的图形，使用 Code 标签页绘制复杂的图形（具有复杂的设置环境和许多同步画笔）。

在本章中，我们将介绍基于代码的方法，即在 Code 标签页中编写绘图代码，以实现图形的更新。我们在 Code 标签页中所做的一切，也可以使用基于 widget 的方法完成。对两种方法都有所了解是有意义的，这样你在构建自己的模型的时候，就可以决定采用哪种方法了。如果使用基于代码的方法绘图，首先要在 Interface 标签页中创建一个图形，并设置其属性，然后在 GO 例程中调用一个绘图程序，代码如下：

```
to go
    if not any? sheep [
        stop
    ]
    ask sheep [
        wiggle
        move
        check-if-dead ;; checks to see if sheep dies
    ]
    tick
    my-update-plots ;; plot the population counts
end
```

接下来，需要定义 MY-UPDATE-PLOTS 例程（update-plots 语句会完成与基于 widget

方法类似的操作）：

```
;; update the plots in the interface tab
to my-update-plots
    plot count sheep
end
```

本来可以在 GO 例程的尾部直接使用 plot count sheep 指令，但是将来很可能还要绘制其他物种的种群数量，因此需要提前布局，为此我们创建 MY-UPDATE-PLOTS 例程。这样一来，今后就可以使用这个例程绘制多种曲线。现在如果运行模型，这个图形就会告诉我们，在仿真开始的时候，所有绵羊都是活着的，最后所有绵羊一同死去。所有绵羊将于时刻 101 一起死掉，这是我们为每只绵羊所设置的初始能量和能量消耗所导致的（移动一步消耗一个单位的能量）。前面说过，我们希望羊群的移动能耗是一个参数，所以需要再添加一个滚动条来控制羊群的移动能耗，然后修改 MOVE 例程使之发挥作用，代码如下：

```
to move
    forward 1
    ;; reduce the energy by the cost of movement
    set energy energy - movement-cost
end
```

在模型运行结束的时候，你的模型应该如图 4.6 所示。

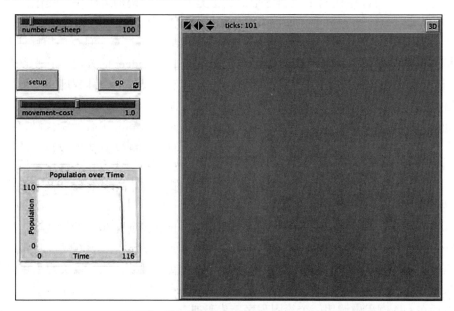

图 4.6   Wolf Sheep Simple 模型第二版运行结束后的情况（参见补充材料中的 Wolf Sheep Simple 2 模型）

模型的第三个版本   目前，模型展现出一种预测性很强的行为，即每一次运行到 100/movement-cost 时刻，所有的绵羊就会消失，然后模型停止运行。这是因为当前的羊群只有能量消耗（移动导致消耗能量），而没有办法获取能量。因此，需要给绵羊吃草和获得能量的能力。我们必须先创建草地。为了创建草地，需要告诉 NetLogo 每个斑块（在模型中就是草丛）都要有一个名为 grass-amount 的属性——该属性标记当前斑块此时所能提供的草的数量，只需在现有 sheep-own 代码行之后增加如下一行代码即可：

```
patches-own [ grass-amount ]    ;; patches have an amount of grass
```

接下来，需要设置当前斑块中的青草数量，当程序处理这个斑块的时候，它将修改斑块的颜色，以表明这个斑块当前有多少蓄草量可用。为了实现这一操作，我们随机选择一个浮点数（在 0.0~10.0 之间）作为当前斑块的可用蓄草量⊖。我们对蓄草量使用了浮点数，这与羊群有所不同，因为绵羊是独立的个体，所以只能是整数，而斑块包含的是"一丛草"而不是"一棵一棵的草"。此外，采用浮点数可以让每个斑块的蓄草量有所不同，从而实现 agent 的异质性。然后，使用不同的绿色设置草地的颜色：如果没有草，斑块就是黑色的；如果有很多草，斑块就是亮绿色的⊖。实现代码如下：

```
to setup
    clear-all
    ask patches [
        ;; patches get a random amount of grass
        set grass-amount random-float 10.0
        ;; color it shades of green
        set pcolor scale-color green grass-amount 0 20
    ]
    create-sheep number-of-sheep [
        setxy random-xcor random-ycor
        set color white
        set shape "sheep"
        set energy 100
    ]
    reset-ticks
end
```

现在，我们需要修改 GO 例程，这样绵羊就可以吃草了。正如在设计时间步长的时候提到的，把这段程序放在羊群死亡检查代码之后的位置，代码如下：

```
to go
  if not any? sheep [
    stop
  ]
  ask sheep [
    wiggle          ;; first turn a little bit
    move            ;; then step forward
    check-if-dead   ;; checks to see if agent should die
    eat             ;; sheep eat grass
  ]
  tick
  my-update-plots ;; plot the population counts
end
```

接下来编写 EAT 例程，修改后的代码如下：

```
;; sheep procedure, sheep eat grass
to eat
    ;; check to make sure there is grass here
    if ( grass-amount >= 1 ) [
        ;; increment the sheep's energy
        set energy energy + 1
        ;; decrement the grass
        set grass-amount grass-amount - 1
```

⊖　所谓"浮点"（floating-point），技术上是指计算机在内存中存储数值的表示法，伴随一个十进制（或者二进制）的浮点。在实践中，你只需要知道 random n 指令会产生一个小于 n 的随机非负整数，random-float x 指令会生成一个小于 x 的随机实数，例如 0.9997 或 3.14159。

⊖　如同在 El Farol 扩展模型中所见，scale-color 有四个输入：基准色；决定颜色明暗程度的数值；取值区间下限值；取值区间上限值。在这里，我们将取值区间上限值设置为 20，即使其最大取值至多为 10。这意味着 scale-color 将只使用 green 变量数值范围的一半。如果允许 scale-color 变量使用 green 变量的全部取值范围，那么含有大量青草的斑块将会变成白色而不是亮绿色。

```
        set pcolor scale-color green grass-amount 0 20
    ]
end
```

这段程序只是检查某只绵羊所在斑块是否有足够的青草。如果有的话，那只绵羊就将其转化为能量并蓄积到体内，然后程序将该斑块中的蓄草量进行核减。与此同时，还需要调整斑块的颜色，以反映它的最新蓄草量。

代码修改到这里，模型的行为仍然不是很合理。羊群到处游荡，尽其所能地进食，最终全部灭绝。模型中的唯一可变因素是那些斑块所包含的青草量。模型运行之初，斑块中的青草量是随机确定的，羊群在模型区域中的行走路线也是随机的，所以有些区域的青草会被羊群全部吃光，而另外区域的青草只有一部分被吃掉。

为了使模型更合理，我们添加一个可使青草 agent 重新生长的过程。只有允许青草再生，羊群有了能量补充来源，才有可能长时间地维持一定的数量。我们通过修改 GO 例程来实现，修改后的代码如下：

```
to go
    if not any? sheep [
        stop
    ]
    ask sheep [
        wiggle
        move
        check-if-dead
        eat
    ]
    regrow-grass ;; the grass grows back
    tick
    my-update-plots ;; plot the population counts
end
```

接下来定义 REGROW-GRASS 例程：

```
;; regrow the grass
to regrow-grass
    ask patches [
        set grass-amount grass-amount + 0.1
        if grass-amount > 10 [
            set grass-amount 10
        ]
        set pcolor scale-color green grass-amount 0 20
    ]
end
```

这段程序只是告诉所有的草丛 agent，每次增加 0.1 个单位的青草量。此外，还会确保青草量不超过 10 个单位，也就是说，任何一个草丛（斑块）的蓄草量都不能超过最大值 10。然后，程序更改草地的颜色以匹配新值。依靠这个很小的改变，羊群就能在模型运行期间一直生存。模型目前有处在不同位置的三段代码负责修改草的颜色，把这些代码放在单独的例程中会好一些。通常，一旦需要复制相同的代码，就应该把这些代码放在一个单独的例程中，这样做是有好处的。如果后期要对它进行修改，只需在一个位置修改即可（比如，如果希望使用黄色而不是绿色对草丛进行着色）。保持代码更简洁，将有用的代码片段放在适当命名的子例程中，有助于其他人读懂它。所以我们定义了 RECOLOR-GRASS 例程，代码如下：

```
;; recolor the grass to indicate how much has been eaten
to recolor-grass
    set pcolor scale-color green grass-amount 0 20
end
```

现在，只需要使用 RECOLOR-GRASS 子例程替换 SETUP、REGROW-GRASS 和 EAT 例程中的斑块着色代码就可以了，模型还能像替换前一样工作。

将模型反复运行几次，每次初始化的时候都放置 100 只绵羊，很明显，100 只绵羊不会吃完所有的草，最终，整个世界变得满眼葱绿。然而，如果绵羊的初始种群数量不断增加，比如说增加到 700 只，然后再运行模型，可以看到，羊群将消耗完几乎所有的青草，于是很多绵羊死掉了。然而，有很少一部分绵羊——当青草消失后，它们体内尚有较大的能量储备——会活下来。最终，青草重新生长，幸存的羊群得以继续存活，不再有过多的绵羊相互争夺食物。

我们想要引入的另外一个参数——它可能会像绵羊的初始数量一样影响模型的波动性——是草的再生速度。为此，需要添加一个名为 **grass-regrowth-rate** 的滚动条，令其边界值为 0 和 2，步长增量为 0.1，然后修改 REGROW-GRASS 例程，以使新参数发挥作用：

```
;; regrow the grass
to regrow-grass
  ask patches [
    set grass-amount grass-amount + grass-regrowth-rate
    if grass-amount > 10 [
      set grass-amount 10
    ]
    recolor-grass
  ]
end
```

现在，如果将 **grass-regrowth-rate** 的值设置得足够高（比如 2.0），那么即使模型中有 700 只绵羊，整个羊群也可以持续生存。这是因为绵羊可以从青草中一次性地获取全部能量，然后青草又可以在一个时间单元内再生出这些能量。绵羊虽然会在下一次移动时消耗掉这些能量，但是那部分能量可以立即得到补充（因为此时到处都是青草，青草被吃掉，一个时间单元之后，马上又长出来了）。然而，如果将 **movement-cost** 滚动条设置为大于 1.0 的数值，那么羊群最终仍会死亡。这是因为它们消耗能量的速度比从环境中获取能量的速度更快，即使青草不短缺，也无济于事。为了使模型更加灵活，可以添加另一个参数 **energy-gain-from-grass**，它将控制绵羊从青草中获得的能量值。和上一个滚动条一样，也需要设置合理的边界值和步长增量。为了使用这个新的滚动条，需要修改 EAT 例程，代码如下：

```
;; sheep procedure, sheep eat grass
to eat
  ;; check to make sure there is grass here
  if (grass-amount >= energy-gain-from-grass) [
    ;; increment the sheep's energy
    set energy energy + energy-gain-from-grass
    ;; decrement the grass
    set grass-amount grass-amount - energy-gain-from-grass
    recolor-grass
  ]
end
```

请注意，我们使用 **energy-gain-from-grass** 参数，一方面可以累加绵羊在 EAT 例程中获得的能量，另一方面可以减少当前斑块的青草蓄积量。当然，也可以为这两个函数使用两个不同的参数，但是如果把"绵羊/青草"生态系统视为一个能量转换过程，这样青草所包含的能量就会转给绵羊。现在，我们能够看到一些有趣的动态变化。例如，在图 4.7 中，你可以看到一个运行实例，羊群数量的初始值为 700 只，模型连续运行大约 300 个时间单位之后发生了大规模的饥荒，然后，饥荒逐渐地稳定下来，运行到大约 500 个时间单位之后，绵羊的数量才稳定下来，刚刚超过 400 只。在足够多的绵羊死掉之后，青草不断再生，养活着剩余的羊群，系统达到均衡状态。理论上，由于绵羊是随机运动的，所以有可能出现很多绵羊长时间聚集在为数不多的几个斑块上的情况，最终会造成这些绵羊饿死，但是在现实环境中，这种情况不太可能发生。依据模型参数的不同选择，还有可能发生其他情况。在开始下一版本的模型设计之前，你可以任意试验参数，并对其进行研究和探索。

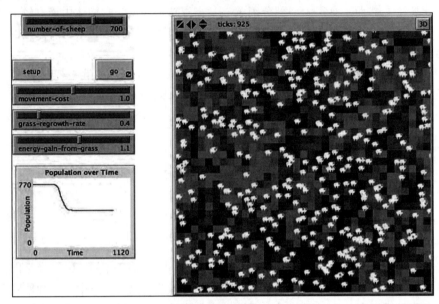

图 4.7 模型的第三个版本，系统达到均衡状态（参见补充材料中的 Wolf Sheep Simple 3 模型）

模型的第四个版本 至此，模型已经包含了绵羊移动、消耗资源（食草）以及死亡等功能，但是绵羊的数量却只能下降，无法回升。为了使绵羊的数量能够回升，需要在模型中增加繁殖功能（reproduction）。

构建一个带有繁殖功能的完整模型——需要两性配对，还需要怀孕等待——将花费很长时间，而且这份辛苦是否值得也不好说，因为这个模型对于能否回答我们建模之初所提出的问题，谁也无法明确。相反，可以通过两个假设对其进行简化。第一个假设：一只绵羊也可以繁育后代。可以视为无性繁殖，或者把这只绵羊想象成相伴一生的两只绵羊（一只公羊和一只母羊）。这个假设乍看起来似乎很奇怪，明显与现实不符。但是想想 George Box 的那句名言：“所有的模型都是错的，但有一些是有用的。”如果经过简化处理的模型仍然有用，那么即使违反了繁殖的基本常识也没关系。如果后期发现简化令模型失去了实用性，可以再向其中增加有性繁殖的功能。第二个假设：与其考虑妊娠的问题，不如假设当绵羊的能量达到一定水平之后，就会立即诞生一只羊羔。我们可以将这个能量水平看作一个代理人（proxy），它有能力搜集到足够的资源，并且在妊娠期间一直收集能量，当它获取到足够能量的时候，就会生产出一只羊羔。

为实现以上假设，首先向 GO 例程中添加代码：

```
;; make the model run
to go
  if not any? sheep [
    stop
  ]
  ask sheep [
```

```
    wiggle          ;; first turn a little bit
    move            ;; then step forward
    check-if-dead   ;; check to see if agent should die
    eat             ;; sheep eat grass
    reproduce       ;; the sheep reproduce
  ]
  regrow-grass      ;; the grass grows back
  tick
  my-update-plots   ;; plot the population counts
end
```

然后，需要编写 REPRODUCE 例程：

```
;; check to see if this sheep has enough energy to reproduce
to reproduce
    if energy > 200 [
        set energy energy - 100    ;; reproduction transfers energy
        hatch 1 [ set energy 100 ] ;; to the new sheep
    ]
end
```

这段代码查看当前这只绵羊是否有足够的能量进行繁殖（繁殖所需能量是初始能量的两倍）。如果是的话，那么首先将这只绵羊（成年羊）的能量值减少 100，然后产生一个羊羔（使用 hatch 指令在同一个斑块中克隆一只羊羔），并将羊羔的能量值设置为 100。

现在，如果以较低的移动能量成本（与能量获取速度相比）运行这个模型，绵羊的初始种群数量为 700 只，随着时间的推移，绵羊的数量会增加，最终达到接近 1300 只的水平，如图 4.8 所示。

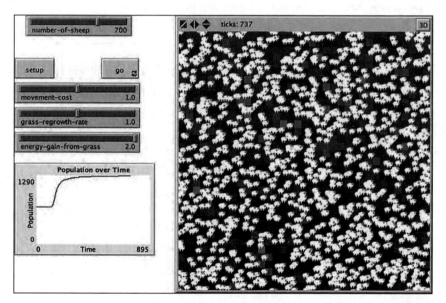

图 4.8　Wolf Sheep Simple 模型的第四个版本（包含繁殖功能、参见补充材料中的 Wolf Sheep Simple 4 模型）

模型的第五个版本　到目前为止，模型中的绵羊基本上可以按照概念模型描述的方式进行活动了，但是最初的设计目标是模型要包含两个物种，所以还需要加入狼群。接下来要做的第一件事，是告诉 NetLogo 我们现在要在模型中引入第二类 turtle，也就是狼。与此同时，还需要给狼赋予能量。虽然可以像使用 sheep-own 声明一样，在模型中添加 wolves-own 声明来完成这项工作，但是，由于模型的 turtle 型 agent 只有绵羊和狼，所以我们将 energy

作为所有 turtle 的一般属性。为了实现这一点，我们将 sheep-own 声明更改为 turtles-own 声明，代码如下：

```
breed [sheep a-sheep]
breed [wolves wolf]

turtles-own [ energy ]     ;; agents own energy
```

接下来需要创建狼 agent，就像创建羊 agent 一样。首先在模型中添加 number-of-wolves 滚动条，然后修改 SETUP 例程：

```
;; this procedures sets up the model
to setup
   clear-all
   ask patches [
      set grass random-float 10.0 ;; give grass to the patches
      recolor-grass ;; change the world to green
   ]
   create-sheep number-of-sheep [ ;; create the initial sheep
      setxy random-xcor random-ycor
      set color white
      set shape "sheep"
      set energy 100 ;; set the initial energy to 100
   ]
   create-wolves number-of-wolves [ ;; create the initial wolves
      setxy random-xcor random-ycor
      set color brown
      set shape "wolf"
      set size 1.5  ;; increase their size so they are a little easier to see
      set energy 100   ;; set the initial energy to 100
   ]
   reset-ticks
end
```

在上述代码中，我们已经将狼添加到模型中，此外还需要增加狼的行为。我们注意到，对于狼群和羊群来说，它们的所有行为都是共同的，只是在细节上有些差别（例如，狼吃羊，羊吃草，但两者都需要"吃"）。所以我们将 GO 例程中的 sheep 替换为 turtles，因为所有移动型 agent 都要执行这些行为，代码如下：

```
;; make the model run
to go
  if not any? turtles [ ;; this time check for any turtles
     stop
  ]
  ask turtles [
     wiggle              ;; first turn a little bit
     move                ;; then step forward
     check-if-dead       ;; check to see if agent should die
     eat                 ;; wolves eat sheep, sheep eat grass
     reproduce           ;; wolves and sheep reproduce
  ]
  regrow-grass           ;; regrow the grass
  tick
  my-update-plots        ;; plot the population counts
end
```

这里需要注意，我们把绵羊的所有行为都赋予了狼，虽然这个模型还能够运行，但是狼和绵羊的进食行为有所不同，因此还需要修改 EAT 例程。

```
;; sheep eat grass, wolves eat sheep
to eat
   ifelse breed = sheep [
      eat-grass
   ]
```

```
    [
        eat-sheep
    ]
end
```

现在，模型中绵羊和狼的进食行为不一样了，也就是说，"羊吃草，狼吃羊"。然后，我们将以前的 EAT 例程重命名为 EAT-GRASS，其中的代码不变，还是羊吃草。还需要定义一个 "狼吃羊" 的行为。为了实现这个功能，首先增加一个名为 energy-gain-from-sheep 的滚动条，类似于之前添加的 energy-gain-from-grass 滚动条，然后编写 EAT-SHEEP 例程：

```
;; wolves eat sheep
to eat-sheep
    if any? sheep-here [ ;; if there are sheep here then eat one
        let target one-of sheep-here  ;; select a random sheep on my patch
        ask target [ ;; eat the selected sheep
            die
        ]
        ;; increase the energy by the parameter setting
        set energy energy + energy-gain-from-sheep
    ]
end
```

在这段程序中，每只狼首先检查在它所停留的斑块上是否有羊可以捕食。如果有的话，就杀死一只羊（从所在斑块中的所有绵羊里面随机挑选一只），然后根据能量获取参数，将羊的能量转移并添加到自己体内。

现在，模型已经包含了我们所要构建的所有 agent、行为及交互过程。然而，可视图形中尚未包含所有的信息。在图形中同时显示狼群的种群数量也是有意义的，与此同时，还可以显示模型环境中青草的全部蓄积量。为了达成这一点，首先需要在种群图形（population plot）中增加两支笔，分别命名为 wolves 和 grass，另外将默认的 plot pen 重命名为 sheep。然后修改 MY-UPDATE-PLOTS 例程：

```
;; update the plots
to my-update-plots
  set-current-plot-pen "sheep"
  plot count sheep
  set-current-plot-pen "wolves"
  plot count wolves * 10 ;; scaling factor so plot looks nice
  set-current-plot-pen "grass"
  plot sum [ grass-amount ] of patches / 50 ;; another scaling factor
end
```

这段代码相当直白。"*10" 和 "/50" 是比例因子，这是为了增加图形的可读性，以便所有数据都可以绘制在同一个坐标轴上。（但是一定要记住，狼群的实际数量只是图中标识数量的 1/100）[一]。在模型中，针对这些变量添加监视器也是常见的用法，这样一来，就可以随时读取这些参数的精确值。现在，可以对 Wolf Sheep Simple 模型进行各种参数设置实验。许多参数设置会导致一个或两个物种的灭绝。我们可以找到某些参数组合，它们会形成一个 "自我维系"（self-sustainable）的生态系统，在这样的生态系统中，物种的种群数量会以某种循环的方式发生变化。图 4.9 给出了一个这样的参数配置。通过这些参数，狼和羊的种群得以维系，并伴有数量起伏。

[一]　请注意，所有这些图形都可以使用基于 widget 的方法绘制。

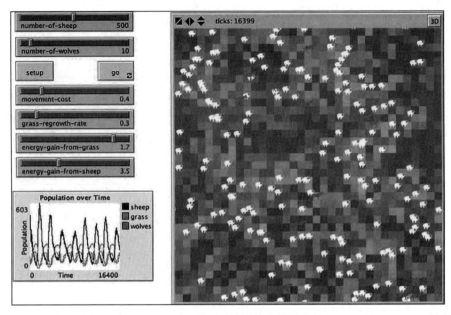

图 4.9　包含了狼的 Wolf Sheep Simple 模型（参见补充材料中的 Wolf Sheep Simple 5 模型）

4.3　检查模型

我们发现有一组参数可以展现出参考模式中的行为。我们注意到，这些参数的特定值并不对应于任何现实中的捕食者和猎物种群。我们还没有根据真实数据校准模型，所以参数值本身并不重要。然而，当发现存在着能够展示参考模式的对应模型参数时，就能够深入了解所要研究的自然现象。现在，模型已经构建完成，并且找到了一组参数，可以让狼群和羊群共生，而且种群数量还会起伏振荡，这就能够部分回答我们所研究的问题：能否找到合适的模型参数，以保证这两个物种在有限区域内保持种群不灭绝（种群数量始终为正数），其中第一个物种（狼）是第二个物种（绵羊）的猎食者，第二个物种（绵羊）从环境中获取有限的但是可再生的资源？现在我们知道，使用我们所建立的规则，是有可能产生目标参考模式的，因此它们可能作为该模式的一种生成推理。然而，这种系统行为只在模型中观察到一次，并不能提供可靠的答案。首先，由于模型的许多组件实际上存在随机性，因此不能保证在使用完全相同参数的情况下，模型再次运行时还会表现出相同的行为。第二，虽然找到了一组参数可以使狼群和羊群共生，但是除此之外，难道就没有其他参数设置也能实现同样的行为吗？更具一般性的答案，应该是能够让我们对参数的范围以及参数之间的关系做出声明，符合这些条件的任何参数都可以让狼群和羊群共存。话虽如此，但若使用多种参数设置方案反复运行模型，又将产生太多的数据。这样一来，为了针对所研究问题提供一个简单的答案，确实需要试验多种参数配置方案，并且需要多次重复运行模型，这样才能以一种有用的方式对所得数据进行汇总。我们将在第 6 章探讨数据分析的更多细节。在暂时搁置 Wolf Sheep Simple 模型之前，我们将进行一次基本分析，以便对所研究问题给出一个初步答案。完成这项分析工作之后，对于一个模型来说，就给出了从最初设计阶段直到完成第一份实际结果在内的全过程。第 6 章将会更加详细地重新讨论这些议题。

重复运行模型　无论何时，当拥有一个具有随机成分的模型时，一定要重复运行它，这样才能确保你正确地描述这个模型的行为。如果模型只运行一次，你可能恰巧看到通常不会产生的异常行为。比如说，Wolf Sheep Simple 模型开始运行之后，可能会达到一种极端状态：系统中只有一只狼和一只羊，而这只羊又生下了第二只羊，通常两只羊足够狼食用了，但是不太可能诞生出第三只羊。然而，由于狼和羊在区域内的移动方式，产生这样的极端结果是极为不可能的，这个结果也不会是模型的典型输出。因此，重复运行模型是非常重要的，这样就可以刻画模型的正常行为或一般行为，而不是异常行为[⊖]。另外，如果你恰好希望研究这些异常行为，那么就更需要重复运行模型很多次，才能找到这种异常行为并对其特征进行刻画。

　　大多数 ABM 软件平台都提供了重复模型运行的方法。NetLogo 提供了 BehaviorSpace 工具（Wilensky 和 Shargel，2002），使你能够以相同（或不同）的参数多次迭代运行模型并收集输出结果。我们将在第 6 章学习如何使用 BehaviorSpace（行为空间）工具。

　　在重复运行模型的时候，另外一个需要考虑的问题是：模型的一次运行需要持续多少时间单元（步长）？因为我们希望能够基于不同的随机数种子值比较模型的运行结果，所以固定每一次运行的时间步长是有意义的。当你试图描述一个模型的行为时，一次运行多长时间、一共运行多少次、如何平均化处理模型的输出结果，这些都不是简单的问题。这些问题将在第 6 章讨论。现在让我们使用 Wolf Sheep Simple 模型，使用之前说到的参数设置方案，每次运行 1000 个时间单位，重复运行 10 次，在模型结束之后，获得狼、羊以及草丛的种群数量。

　　参数扫描及结果收集　如前所述，仅仅找到一组似乎能够回答所研究问题的参数配置方案，并不意味工作就此完成。一般来说，还有其他一些参数方案也会产生类似的行为结果。另外，也许某个特定的参数方案具有唯一性，但是另有一些参数方案——与这个方案的取值非常接近——会产生非常不同的行为。因此，检查模型中的关键参数，对于研究模型行为的稳健性（鲁棒性），理解模型对参数变化的敏感性，是非常重要的。

　　稳健性和敏感性分析将在第 6 章进一步讨论，现在我们集中讨论一个重要的因素。在 Wolf Sheep Simple 模型中，有一个参数有时会影响模型行为，就是狼的初始种群数量。如果模型中有太多的狼，它们就会吃掉所有的羊，然后自己也会因为缺乏食物来源而饿死。如果模型中狼的数量太少，那么在绵羊的数量增加到足以养活它们之前，狼群也无法继续存活。为了检验这个效果，我们针对狼的初始种群数量的 11 个不同取值方案（5～15）进行仿真，每个方案重复运行模型 10 次。

　　数据分析　数据汇总的方法有许多种。数据分析不仅使我们能够以更紧凑的形式描述复杂的数据结果，而且也为我们提供了一种无差别对待数据的方式，以便进行数据集的比较和对照。

　　掌握大量数据虽然是好事，但是很难在拥有 3 个不同的变量、10 个不同的随机数种子值以及 11 个不同的初始参数设置方案的情况下，对模型的行为结果给出结论，因为这些因素可以构成 330 个组合场景。因此，我们需要以某种方式汇总和分析这些数据，使其易于理解。数据汇总的一种典型方法是基于重复运行的结果计算指标的平均值。如果使用均值和标准差来表示结果，就会把 10 个数值（模型的观测值）转变为 2 个（统计分布的参数）。数据汇总的另一种方式是依据数据绘图。在 x 轴上绘制初始参数值，在 y 轴上绘制汇总之后

⊖　一般说来，不仅仅 ABM，随机型建模方法都会遇到这样的问题。如欲更多地了解关于随机建模（有时称为蒙特卡罗方法）的发展历史和主要方法，参见 Hammersley 和 Handscomb（1964）、Kalos 和 Whitlock（1986）、Metropolis 和 Ulam（1949）的著作。

的数据，经过这种简化处理，可以将 330 个不同方案的输出结果简化为图 4.10 中的三条折线。这样一来，这些数据就更容易理解了，你可以在图 4.10 中观察到（使用与 Wolf Sheep Simple 模型相同的比例因子对数据进行了缩放）。当然，检验模型生成的所有数据也是有可能的，我们将在本书后面讨论相关方法。

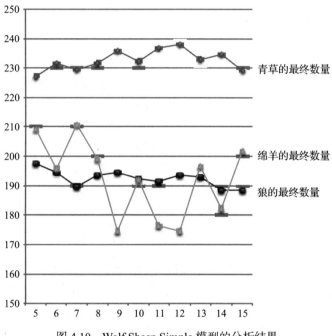

图 4.10   Wolf Sheep Simple 模型的分析结果

至此，我们已经完成了这个模型的设计工作，并将它投入实际使用，并针对所研究的问题做了一个简单的分析。在许多情况下，由于狼、绵羊和草的数量都存在波动起伏，因此最后的数字并不总是一致的，但是作为问题研究的起点，这些结果还是有意义的。比如说，使用数据绘图之后，常会给出最终数字的平均值，但是如果检查这些数字的方差，你可能会对运行结束时数据的振荡程度有更多的了解。在第 6 章，我们将就如何进行模型分析的问题开展更详细的研究。

4.4   Predator–Prey 模型：补充情境

ABM 方法的最初应用之一是对生态系统进行建模，通常被称为基于个体的建模方法（individual-based modeling，参见附录）。在相当长时间内，生态系统建模一直是生物学家和环境学家的兴趣所在。如果人们能够更好地理解生态系统是如何运作的，以及成功的生态系统对全球环境的影响是什么，就可以更好地进行干预，帮助并维持这些系统。关于这个议题的更多信息，请参考 Grimm 和 Railsback（2005）的著作。

我们在第 0 章曾经简单介绍过，Lotka（1925）和 Volterra（1926）是最早尝试以具体的方式研究生态和种群动态的研究团队之一，他们建立了一个方程组，用以描述捕食者 – 猎物之间的交互作用。这些简单的方程表明，只需要几个参数就可以对生态系统进行有意义的建模。一旦拥有了某个系统的模型，你就可以开始探索如何使系统处于有利的状态。Lotka-Volterra 方程的一般结果是捕食者和猎物的种群数量发生不断的循环变化。如图 4.11 所示。

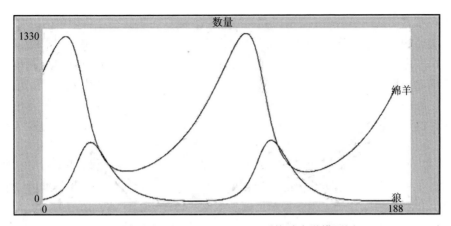

图 4.11　Lotka-Volterra 关系（Wolf Sheep Predation 系统动力学模型）(Wilensky, 2005)。

　　根据参数设置，如果模型开始运行的时候两个物种的种群数量相等，那么捕食者（比如狼）就会开始捕食猎物（比如绵羊），这将导致猎物数量的减少，最终猎物会灭绝，那时候捕食者再也没有猎物可供食用，这反过来又会导致捕食者死亡，因为它们没有猎物可吃。然而此时，猎物就能在被捕食者吃掉之前进行繁殖，如此一来，猎物的数量就会增加。随着猎物数量的增加，捕食者更容易找到猎物，然后捕食者的数量也随之增长。反过来，这种情况又会导致猎物数量的减少，整个过程就这样周而复始。

　　Lotka-Volterra 方程是描述捕食者和猎物数量波动的标准方法。因为它们是微分方程（如图 4.12 所示），是代表种群数量变化的连续型模型。但是显而易见，种群数量的取值不是连续而是离散的。有时，对离散过程进行连续性近似是没有问题的，但是在捕食者－猎物案例中，这样的处理可能过于简化了。此类模型的一般问题是：如果一个物种的种群数量变得非常小，标准微分方程模型不允许它等于零，这意味着种群数量反弹的概率总是为正值（也就是这个物种永远也不会灭绝），然而这在现实世界中是不会发生的，当猎物数量为 0.1 的时候，种群的数量是不会反弹的，如果整个物种灭绝了，最后一个个体也会灭绝，也就没有机会反弹了。这种现象在基于微分方程的建模中非常普遍，有时被称为"纳米羊问题"（nano-sheep problem），详情参见"狼－羊 / 捕食者－猎物模型"（Wilson, 1998）。问题是"纳米羊"（例如，百万分之一个羊）并不存在，羊要么存在，要么不存在，只有这两种可能。因此采用连续型分布对它们建模可能会出问题。

$$\frac{\mathrm{d}x}{\mathrm{d}t} = \alpha x - \beta xy$$

$$\frac{\mathrm{d}y}{\mathrm{d}t} = \delta xy - \gamma y$$

图 4.12　经典的 Lotka-Volterra 微分方程，其中 x 是猎物的数量，y 是捕食者的数量，α、β、γ、δ 是描述两个物种相互作用的参数

　　为了纠正"纳米羊"问题，生物学家建立了基于 agent（或者用生物学家喜欢的术语，基于个体的）的捕食者－猎物关系模型，与本章构建的模型有些类似。在某些条件下，这些模型可以再现 Lotka-Volterra 模型的结果，但是不会存在"纳米羊"的问题。他们还预言这个模型实际上非常容易发生种群灭绝的情况，而这是 Lotka-Volterra 方程无法实现的（Wilson 等，1993；Wilson，1998）。1934 年，高斯证明对于孤立的捕食者和猎物（没有其他竞争物种）来说，基于 agent 的模型在预测方面更准确——事实上，在 ABM 中，种群灭

绝发生的频率比 Lotka-Volterra 模型预测的结果要高得多。我们在本章创建的这个简单模型也展现了类似的结果。对于许多参数值来说，要么狼灭绝，要么羊和狼一起灭绝，但是对于某些参数值来说，两个物种的种群数量是可维系的以及起伏波动的。

先进的建模应用   更宽泛而言，环境和生态系统建模有着悠久的历史，代表了基于 agent 建模范式的最初应用（DeAngelis 和 Gross，1992）。对于当前研究来说，这仍然是一个令人兴奋的领域。基于 agent 的模型在生态系统的应用之一是食物链（food web）的建模（Yoon 等，2004）。这项应用结合了 ABM 和另一种新的复杂系统研究方法——网络分析法（Schmitz 和 Booth，1997）。通过网络分析法了解生态交互的结构，通过 ABM 了解动物的交互过程，研究人员对整个生态系统有了更深入的认识（如图 4.13 所示）。ABM 和生态建模领域结合的另一个特别有趣的应用，是对工程建设项目开展指定的环境影响评估，以改善人类对环境的影响。例如，Weber 及其同事针对鱼群开发了一个具有重要价值的模型，检验了在水坝周围可能采用的不同鱼梯（fish ladder，鱼类通过水坝的通道）对鲑鱼群的影响（Weber 等，2006）。

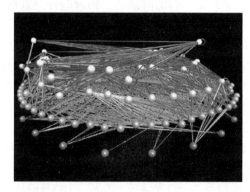

图 4.13   Little Rock 湖的食物网络（foodwebs.org，2006）。

生态模型也可以作为进化模型的基础。ABM 方法被频繁地用于组织进化问题建模（Aktipis，2004，Gluckmann 和 Bryson，2011，Hillis，1991，Wilensky 和 Novak，2010）。随着自然选择和其他进化机制被视为计算算法，物种进化也就更适合采用 ABM 方法。此类模型可用于理解历史上发生过的物种适应和物种形成现象。图 4.14 给出了从 NetLogo 模型库选出的这方面的两个例子。在人工生命（Artificial Life）领域，科学家在硅胶中开展人工有机体的进化研究。此外，在第 8 章将会看到，受进化过程启发的机制可用作机器学习的方法。

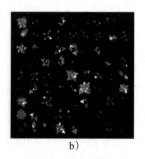

a)   b)

图 4.14   基于 agent 的进化模型。a) 昆虫伪装的演变。不同地域会造成昆虫身体色彩的演变，
从而在环境中伪装自己（http://ccl.northwestern.edu/netlogo/models/BugHuntCamouflage）；
b) 计算型生物形态的演变。人造花朵通过交配和融合特性实现进化（http://ccl.
northwestern.edu/netlogo/models/SunflowerBiomorphs）

4.5 本章小结

Wolf Sheep Simple 模型使用 ABM 设计原则进行设计：从简单起步，按照你想要回答的问题构建模型。在模型设计方面，以及模型实施和分析方面，我们介绍了如何使用这些原则指导我们的工作。设计 ABM 需要一种新的建模思维方式，有时使用 ABM 会更自然，因为它只要求我们像 agent 一样去思考问题（Wilensky 和 Reisman，2006）。这样一来，我们无须猜测模型和现实之间的因果关系。相反，站在 agent 的地位进行思考，并将这些 agent 在现实世界中所做决策及决策过程进行程序编码转换，就可以 "自下而上" 地构建我们的模型。无论是在 ABM 的设计过程中，还是在模型实施过程中，都可以如此行事。最后，一旦完成 ABM 模型的构建，就可以观察其行为，分析其结果。这样的分析可能会让我们重新思考所做出的关于 ABM 设计的一些决定，并重新审视我们最初的设计方案。

Wolf Sheep Simple 模型不仅是理解构建基于 agent 模型的概念和原则的基础，它还具有足够的泛化性，因此可以作为基础模板，用在你感兴趣的其他待开发的模型中。例如，对于那些研究经济学问题的人来说，Wolf Sheep Simple 模型可能类似于公司（狼）争取消费者（羊）而预算（草）有限的情形。当然，按照当前的格式，这个模型还不能直接用于解决这些问题——有些机制需要改变，参数和结果输出可能会有很大的不同。这些例子表明，ABM 方法能够广泛应用于多种现象。而且，从基于 agent 的视角来看，看起来似乎不相关的现象也可以被看作相似的现象，即使 agent 差异非常大，但是它们都遵循类似的规则集。

习题

1. 增加新参数。在向 Wolf Sheep Simple 模型添加繁殖功能的时候，我们在代码中设置了两个常量。首先，只有当两类动物个体的能量超过 100 个单位时才能繁殖，其次，繁殖需要消耗 100 个单位的能量。为这些参数创建滚动条。改变这些参数会如何影响模型的行为？

2. Wolf Sheep Simple 模型只对动物数量进行了绘图，但是动物的能量几乎和动物的数量一样重要。请你在模型中添加一个新的图形，绘制动物能量随时间变化的过程。

3. 现在所有 turtle 型 agent 在 Wolf Sheep Simple 模型中以相同的速度移动。如何扩展模型，使得所有的狼以某个速度移动，所有的绵羊以另外的速度移动？如何改变模型，使所有动物个体的移动速度都是不同的？这会对模型产生什么影响？特别是，狼与绵羊的速度之比如何影响模型的动态特征？

4. 更快的移动能力需要以更高的能量消耗为代价。你将如何改变模型，使 agent 的移动速度影响其能量消耗？

5. 在本章中，我们使用基于代码的方法而非基于 widget 的方法来更新图形。我们也可以使用基于 widget 的绘图法进行替代。请你重写这个模型，使用基于 widget 的绘图方法而非基于代码的方法。

6. 在 Wolf Sheep Simple 模型中，狼和绵羊的运动是随机的。而在现实世界中，则是捕食者追逐猎物，而猎物试图逃跑。你能否修改运动机制，从而让狼追赶绵羊？狼和绵羊的速度之比如何影响模型的动态特征？

7. Wolf Sheep Simple 模型探索了两种动物的相互作用，但大多数生态系统有更多的动物物种。请你在模型中创建第三个物种。一种方法是创造一个与狼争夺绵羊的物种，并且它可以吃狼，也可以被狼吃掉。你能让包含这三个物种的生态系统达到稳定状态吗？

8. 扩展 Wolf Sheep Simple 模型，让草的生长速度以概率方式实现，而不是恒定的速度。

9. Wolf Sheep Simple 模型使用的是无性繁殖方式。请你修改模型，使其更真实地模拟生殖过程。可能的方式包括：要求两个相同物种的 agent 在同一个斑块上进行繁育；让 agent 具有性别；两个 agent 在同一个斑块内经历孕期，然后诞生一个新的 agent。以上修改是否显著地改变了模型的动态特征？

10. 我们已经谈论了很多关于模型设计的知识。但是到目前为止，都是假设你已经知道自己模型的复杂程度。ABM 模型是否总有一个合适的复杂度？简单模型有其优势，详细的现实模型也有其优势，请对它们各自的优势进行比较。

11. 确定型行为与随机型行为。人类出于本性，总是认为在其所观察到的每件事背后都存在某种因果关系，但有时情况并非如此。或者，有时即使我们对某个现象已经有了完美的理解，也就是了解了一切潜在的运作过程，但是我们可能仍然希望在模型中引入非确定型因素。你能解释为什么要在一个完全确定的模型中包含随机行为吗？是否存在这种可能，即微观行为是不确定的，而宏观行为是确定的？建立一个包含移动 agent 的模型，使这些 agent 最终总是产生相同的模式，哪怕它们的偏转角度和前进步数都是随机的。

12. 设计模型。假设市议会要求你构建一个基于 agent 的城市交通模型。他们特别感兴趣的是应该把钱花在什么地方，以尽量缩短普通居民上班的时间。请你设计两个模型，帮助他们回答这个问题。第一个模型关注的是城市中单个社区或投票选区的规模。第二个模型关注整个城市的人口水平。请问模型中的 agent 是什么？在这两种不同的情况下，agent 是不同的吗？在实际构建这些模型的时候，你需要哪些数据？你将如何模拟不同的政策策略，即如何分配资金以减少通勤时间？为了回答市议会所提的问题，你需要收集哪些度量指标？

13. 进化。在本章所建立的 Wolf Sheep 模型中，每一代中的狼和绵羊都是完全相同的，实际上，真正的狼和绵羊会随着时间的延续而进化。比如说，狼可能跑得更快或视力更好（尽管这些特点可能导致更高的新陈代谢），绵羊可能也会跑得更快，并且可能学会躲避狼的追赶（尽管这些也可能有相应的代价）。请你在 Wolf Sheep 模型中添加这个进化机制。这是否会增加维持种群数量的难度？

14. 对食物链进行建模。我们之前提到过，ABM 可以用来对食物链进行描述。然而，这些模型通常被构建成聚合模式。请你构想这样一个模型：模型包含的不再是狼和绵羊的个体，而是一个有关狼群和绵羊种群增减的简单描述。此外，你还可以想象有更多的物种，比如青草、昆虫以及鸟类。所有动物相互捕食，就构成了一个食物链。食物链模型仍然是一个基于 agent 的模型吗？请给予解释。

15. 交叉学科。在本章最后，我们介绍了如何将 Wolf Sheep Simple 模型构建为或者转换成多家公司在市场中搜寻资源的模型。请你开发这种并行模式，并描述你将如何使用 Wolf Sheep Simple 模型作为开发经济竞争模型的基础。

16. 借助他山之石。比习题 15 所用方法更具普遍性的另一种方法，是以某个现有模型为基础（该模型与你所要建立的新模型在机制上具有相似性），对其进行修改，最终收获一个你想要的新模型。你能根据本章结论所给建议的任何一条来重新定义 Wolf Sheep Simple 模型吗？

17. 假设有一个专业运动队与你取得了联系，他们希望了解工人在比赛后是如何收集场地垃圾的。他们要你帮忙建立一个模型，模拟观众自己捡起垃圾，然后扔到体育场四周垃圾桶里面的行为。这个问题让你想到了 NetLogo 模型库中的 Termites（白蚁）模型。请你对 Termites 模型进行修改，以适应当前问题场景，将白蚁换成人，让他们将垃圾（木屑）放到垃圾桶里面。

18. 依据文本描述构建简单模型。你已经知道如何构建一个简单的模型，那么能否构建一个其他人描述过的模型呢？例如，假设你在一篇科学文献中读到这样一段话："agent 被随机分配到某个环境中。每个 agent 都有一个标识健康或生病的状态。在模型开始的时候，只有一个 agent 处于生病的状态，其余 agent 都是健康的。时钟每滴答一次，所有 agent 都会随机移动到其所在位置附近的一个新位置。在 agent 移动后，如果它的附近有生病的 agent，那么它就会生病。"请你建立这个模型。你认为你的模型与那篇论文作者所建立的模型是一样的吗？

19. agent 的类型。查看模型库中的 Termites 模型。在这个模型中，白蚁把木屑堆在一起。这个模型中只有一种白蚁，即能从事木屑堆放的白蚁。现在请你想象一下，此时出现了第二个白蚁品种，这种白蚁会把木屑从木屑堆搬走。请你将第二种白蚁添加到模型中。添加第二种白蚁后，模型结果有何影响？比较两个模型的运行模式有何不同。

20. 循环元胞自动机。创建一个循环元胞自动机。在二维循环元胞自动机模型中，每一个元胞可以有 k 种状态。但是与传统元胞自动机不同的是，如果某个元胞处于状态 i，它只能前进到状态 $i+1$，如果抵达状态 k（$i=k$），则前进到状态 0。仅当所有邻居所构成的状态值突破某个阈值的时候，该元胞才会推进其状态。请你构建这个模型，同时修改状态数量以及阈值范围，这两个参数会如何影响模型的运行结果？改变视界环境的大小会如何影响模型？现实世界中有哪些现象具有类似于循环元胞自动机的行为？

21. 将人类添加到模型中。使用我们在本章构建的 Wolf Sheep Simple 模型，将人添加到模型之中。人类会杀死狼，但是不会从狼身上获取能量，因为他们不吃狼。人类会杀死绵羊，他们会从绵羊身上获取能量。增加人类之后，模型会受哪些影响？

22. 空间位置和草。在 Wolf Sheep Simple 模型中，环境中草丛的分布是随机的。然而更现实的情况则是，草的生长区域在空间上具有集聚性，即草丛茂盛的区域彼此相近，草丛稀少的区域相互靠近。请你修改 SETUP 和 GO 例程，以实现上述任务。这种变化对模型有何影响？对绵羊又有什么影响？

23. 改变模型机制。在 Wolf Sheep Simple 模型中，斑块的蓄草量随着时间变化而线性增长，但是这与实际情况并不相符。如果周围有更多的草地，那么斑块中的草丛就会生长得更快，这是因为有更多的植物可以产生种子。请你改变草的生长方式，使其依赖于周围斑块中草丛的密度。最终，草丛将会受到物理空间的限制，将会因为竞争水分、养分和阳光而变得过度拥挤，反而不利于其生长。对于这种情况将如何建模？草丛生存机制的变化将如何影响模型的行为？

24. 模型中包含不同的统计分布。在这个模型中$^{\ominus}$，我们使用均值并讨论如何使用方差来描述多次仿真的结果。实际上，这是基于一种假设，即可以使用这些统计值来描述仿真输出数据的分布情况。然而在某型情况下，这些统计值可能不会帮助我们，甚至会误导我们。请你寻找一个场景，其中模型的输出数据不能使用均值和方差进行描述。在你所找的例子中，为什么不能使用这两个描述性统计值对数据集进行表征？这个数据集有什么特征？

25. ABM 和 OOP。基于 agent 的建模方法（ABM）与面向对象的程序设计方法（object-oriented programming，OOP）具有很多相同的特性，而在某些方面，二者又有很大不同。OOP 指代一类程序开发语言，ABM 则描述了一种认识世界的视角。请你记住这一点，并以此对 OOP 和 ABM 进行比较。在什么情况下，agent 与 OOP 中的对象是相似的？二者又有什么不同？

$\ominus$　原文如此，不知道作者所指是哪个模型。读者可以认为是本章所使用的任何模型。——译者注

An Introduction to Agent-Based Modeling: Modeling Natural, Social, and Engineered Complex Systems with NetLogo

ABM 的组件

将每个难题切分成诸多小问题，这是灵活而必要的解决之道。

——勒内·笛卡儿

整体大于部分之和。

——亚里士多德

乌龟叠成塔，只只又层层（*it's turtles all the way down*）。

——佚名

迄今为止，对于扩展 ABM 模型以及构建自己的 ABM 模型，我们已经有了一些经验，现在让我们回过头来，全面审视这些模型中的一个个组件。这给了我们一个机会，好好反思那些在实施新的 ABM 时所出现的问题。在本章中，首先对 ABM 组件做一个概述；在某些例子中，此类概述实际上是对前面章节的回顾。然后，我们按照顺序依次介绍各个组件。最后，将讨论如何将所有这些组件组合在一起，创建一个用于构建 ABM 模型的完整的组件工具集。

5.1 概述

构建 agent 与环境，通过规则定义 agent 的行为，确定 agent 之间、agent 与环境之间的交互模式，这是 ABM 方法的设计初衷，第 1 章对此已经有所介绍。如果愿意的话，你可以将以上关于 ABM 的描述看成一个采用基于 agent 建模方法构建的模型的简单图示。任何一个 ABM 的主要组件都包括 agent、环境及交互过程。agent 是模型的本体单元（ontological unit），环境是 agent 赖以生存的世界。agent 与环境之间的区别有可能不固定，有时环境也会被作为 agent 建模。交互过程可以发生在 agent 之间，也可以发生在 agent 与环境之间。agent 行为也可以发生于某个 agent 内部，仅仅直接影响那个 agent 的内部状态。比如说，某个 agent 试图确定应该采取什么行动，就像 Segregation 模型的居民确定自己是应该高兴还是应该不高兴。环境不仅可以是被动的，也可以是自主行动的，第 4 章中的青草自我再生就是如此。

除了以上列出的三个基本组件（agent、环境及交互过程）之外，我们还要再增加两个。第一个称为 "观察者 / 用户界面"（Observer/User Interface）。观察者本身是一个 agent[⊖]，只是它可以访问其他所有 agent 和环境。观察者要求 agent 开展特定的任务。在基于 agent 的模型中，模型用户（User）可以通过用户界面与 agent 进行交互，用户借此告诉观察者模型应该做什么。第二个是调度（Schedule），这是观察者用来告诉 agent 何时采取行动的组件。调

⊖ 在 NetLogo 中，观察者被概念化为一个有观点的 agent，而在其他一些 ABM 软件包中，则被概念化为一个 "不具形体的"（disembodied）控制器。

度组件通常也会涉及用户交互过程。NetLogo 模型的用户界面通常包括 setup 和 go 两个按钮。用户依次按下 setup 和 go 按钮，以调度这些事件按顺序发生。

现在，我们将更加深入地介绍这五个组件。我们将使用 NetLogo 模型库中的几个模型来说明本章的几个例子。我们首先从 Traffic Basic 模型开始。这是一个简单的交通流模型（在模型库中的 Social Science 部分可以找到）。该模型最初由两个高中生设计（Resnick,1996；Wilensky 和 Resnick, 1999），旨在揭示交通堵塞的成因。学生们认为交通拥堵的成因一定包括交通事故、雷达测速仪以及车辆改道等因素。不过，他们最初的模型中并未包含这些阻碍因素，然而令人惊讶的是，尽管模型中不存在上述阻碍因素，仍然发生了交通拥堵的情况。这是因为，当一辆汽车加速并逐渐靠近前面的汽车时，司机最终不得不减速，这就导致他后面的车辆也会减速，从而向后产生连锁反应。最后，处于拥堵路段前面的车辆可以再次移动，但是那个时候，处于其后的车辆还不能行驶[⊖]，这样就会造成交通堵塞，甚至在前面路段的交通堵塞逐渐舒缓的时候，拥堵过程还会不断地向后传递[⊖]。这个简单模型（如图 5.1 所示）再次印证了涌现现象往往不符合我们直觉的问题。正如我们在第 0 章所讨论的，理解涌现现象时遇到的常见问题是"层级混置"。本例中，人们很容易错误地认为个体 agent 的属性是导致汽车堵塞的成因。因此，当前面的汽车开始行驶的时候，拥堵还会向后持续传递，这似乎有悖于我们的认知。

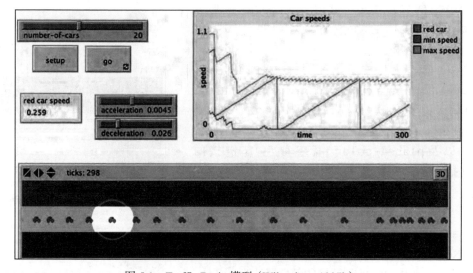

图 5.1　Traffic Basic 模型（Wilensky，1997b）

5.2　agent

agent 是 ABM 的基本单元。因此，仔细选择 agent 十分重要。完成 agent 定义的两个主要方面：一是它们所拥有的属性（property），二是它们所能采取的行动（action，有时称为行为或方法）。agent 的属性是 agent 的内部和外部状态——数据及描述。agent 行为或行动是 agent 所能做的事情。

⊖　因为车辆起步的时候，需要与前车保留足够的安全距离，所以只有在前车开出一段距离之后，车辆才会起步。——译者注

⊖　这是一个层次化思考如何影响感知的例子，我们在第 0 章中曾经讨论过这个问题。

除了上述两个主要属性之外，还有几个与 agent 设计相关的问题。首先是"粒度"（grain-size）问题，即，对于被选择的模型，agent 采用哪个粒度才是最有效的？其次需要考虑的因素是"认知"，也就是，agent 有多大能力观察它们周围的世界并做出决定？它们是否会在"刺激 – 反应"方式中有所行动？它们是否在行动之前进行规划？最后，我们还将讨论一些特殊类型的 agent。第一个是原型 agent（proto-agent），指未完全定义的 agent ；第二个是元 agent（meta-agent），指由某些 agent 组成的 agent。

5.2.1　属性

agent 的属性用于描述 agent 的当前状态，也就是在查看 agent 时看到的条目（item）。在第 2 章中，我们简要介绍了如何使用斑块监视器来查看斑块的当前状态，也可以使用监视器来查看 turtle 及其他类型的 agent。本例将使用 turtle 监视器查看 agent 的属性。在 NetLogo 中，还可以对链接和斑块进行监视。

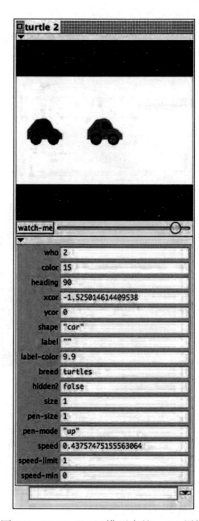

在 Traffic Basic 模型中，如果检查其中某一辆车，你会看到（在 agent 当前所处环境）如图 5.2 所示的属性列表[⊖]。这个列表包含两组属性。第一组属性是 NetLogo 创建的所有 turtle 的标准属性：who（名称），color（颜色），heading（标题），xcor（x 轴坐标），ycor（y 轴坐标），shape（图形），label（标签），label-color（标签颜色），breed（品种），hidden？（是否隐藏），size（尺寸），pen-size（绘图笔尺寸），pen-mode（绘图笔模式）。同样地，斑块和链接也有一组默认属性。斑块的属性包括：pxcor（x 轴坐标），pycor（y 轴坐标），pcolor（颜色），plabel（标签）以及 plabel-color（标签颜色）。链接的属性包括：end1（端点 1），end2（端点 2），color（颜色），label（标签），label-color（标签颜色），hidden？（是否隐藏），breed（品种），thickness（厚度），shape（图形）以及 tie-mode（链接模式）（以上属性在 NetLogo 用户手册中均有更详细的描述）。

在 NetLogo 中，turtle 和链接的颜色属性为 color，而斑块的颜色属性是 pcolor。同样地，turtle 的位置属性为 xcor 和 ycor，而斑块则以 pxcor 和 pycor 作为位置属性。这样做是为了简化操作[⊖]，这样 turtle 可以直接访问其所在斑块的属性。例如，令某个 turtle 将其颜色设置为与其所在斑块的颜色相同（这是使该 turtle 在当前斑块中不可见的有效方式），该 turtle 只需执行 `set color pcolor` 命令即可。但是，如果

图 5.2　Traffic Basic 模型中的 agent 属性

⊖　如果需要查看某个 agent，你可以鼠标右键单击它，或者使用 NetLogo 的 inspect 语句。

⊖　斑块属性的 pcolor、pxcor 及 pycor 中的首字母 p 也是斑块（patch）的首字母，代表它们是斑块的属性，以示区分。——译者注

这个斑块的属性名称与这个 turtle 的属性名称相同（比如说斑块和 turtle 的颜色属性名称都为 color），那么上述指令就无法执行，因为命令语句不知道应该处理 agent 的 color 属性还是斑块的 color 属性。只有 turtle 才能直接访问斑块属性，因为 turtle 一次只能停留在一个斑块上。然而，链接可以跨越多个斑块，并且总是被连接到多个 turtle，所以在链接程序（link procedure）中，如果想要使用某个斑块的属性，必须表明所指的是哪一个斑块。类似地，如果想要在 turtle 或者斑块程序中使用链接的属性，必须表明所指的是哪一个链接。进一步地，斑块不能直接访问 turtle 或链接的属性，因为一个斑块可能包含 0、1 或多个链接或 turtle。因此，当访问 turtle 或者链接的属性时，必须明确要访问的是哪个 turtle 或者链接。

在 Inspector 窗口中，首先显示的是 agent 的默认属性值，接下来是模型作者特别添加到 agent 中的属性（例如，在图 5.2 中的 speed、speed-limit、speed-min）。这些作者定义的属性应该在与模型相关的 Info 标签页中进行描述，也会在 Code 标签页的注释中进行描述。对于这个模型而言，speed 属性描述的是汽车的当前速度，speed-limit 属性表示汽车的最大速度，speed-min 属性表示汽车的最小速度。

当 Traffic Basic 模型开始运行时，所有这些属性都在 SETUP-CARS 例程中进行设置，设置代码如下：

```
set speed 0.1 + random-float .9
set speed-limit 1
set speed-min 0
```

speed-limit 和 speed-min 属性值被设置为常数，这意味着模型中所有汽车都有相同的 speed-limit 和 speed-min 属性值。如需更多信息，请访问 http://www.intro-to-abm.com/#updates-p208。与之不同，speed 属性则被设置为一个常数加上一个随机获取的值，这使得所有汽车的速度取值最低为 0.1，最高为略低于 1.0，这种方法可以保证每辆汽车（可能）会有不同的速度。虽然有可能出现两辆汽车速度相同的情况，但是需要在这两辆车的速度取值过程中生成完全相同的随机浮点数，这在现实中是不太可能的。

当前初始化车辆行驶速度的方法是采用均匀分布进行取值。其结果是速度取值为 0.2 的车辆与速度取值为 0.9 的车辆在数量上一样多。通常，我们希望所有 agent 的某个属性的取值大致相同，但是也要有一些差异。实现这一点的常用方法是使用正态分布随机变量而不是均匀分布随机变量来设置属性值。例如，在 Traffic Basic 模型中，可以重写速度设置的例子，代码如下：

```
set speed random-normal .5 .1
```

random-normal 指令后面的两个参数分别是（正态分布的）均值和标准差。该语句赋予每辆车不同的速度，这些速度值围绕在数值 0.5 周围而变化。参数 0.1 表明车速围绕均值 0.5 的分布情况。如果标准差从 0.1 修改为 0.2，那么某个 agent 的车速远远大于或者小于 0.5 的可能性就会变得更大。标准差等于 0.1 的时候，67% 的车速取值位于 0.4 ～ 0.6 之间；97% 的车速取值位于 0.3 ～ 0.7 之间；99% 的车速取值位于 0.2 ～ 0.8 之间。

目前为止，我们采用常数值或统计分布对 agent 的属性进行了初始化。另外一些方法是从列表或数据文件中取值。例如，如果想要再现某个交通模式下已经发生的特定场景（instance），并且已经获知该场景中所有车辆的初始速度（历史数据），则可以将这些速度值存放在一个列表中，然后通过列表调用完成初始化。这种方法使得我们能够再现特定的经验案例和应用。

此外，还可以在模型运行过程中更改 agent 的属性值。例如，在 Traffic Basic 模型中，前面提到的速度参数会在模型的运行过程中被不断地修改，以实现车辆行驶过程中速度的调整。在 SPEED-UP-CAR 例程中，车速按以下指令增加：

```
set speed speed + acceleration
```

属性定义了 agent 的当前状态，但是也可以在模型运行过程中对其进行修改，以反映 agent 状态的变化情况。

专栏 5.1   agent 的基本属性

在 NetLogo 中，有一组标准属性是全部 agent 共有的，其中一些位于工具箱中，是 ABM 的基本属性。以下是 NetLogo 中 turtle 型 agent 的一些基本属性（完整的属性列表请参阅 NetLogo 文档）：

who 该属性称为"标识编号"（who number），是 NetLogo 独有的。任何 ABM 工具箱都有一些唯一的标识码或字符串，用于在运行过程中跟踪每一个 agent。

xcor 和 ycor 这是 agent 在系统环境中的位置坐标，用于确定 agent 在系统环境中的位置，以及某个 agent 与其他 agent 的相对位置。

heading agent 的朝向——agent 面对的方向——是 NetLogo 中 agent 的一个固有属性。在有些工具箱中，agent 没有内置的朝向属性，但是如果模型包含了运动功能，那么对于 agent 来说，拥有朝向属性通常是有用的。

color 用于在 ABM 可视化界面中显示 agent 的颜色。在 NetLogo 中，turtle 和链接的颜色属性为 color，斑块（patch）的颜色属性为 pcolor（在某些 ABM 工具箱中，如果模型可视化界面与模型运行机制的联系不紧密，颜色往往不是标准的 agent 属性）。

5.2.2　行为（活动）

除了定义 agent 的状态（属性）之外，还需要定义 agent 的行为（agent 可能采取的活动）。agent 的活动或者行为是指某个 agent 改变环境状态、其他 agent 状态或者自身状态的方法。在 NetLogo 中，有许多行为是为 agent 预定义的。这些预定义行为的列表太大了，无法在此一一介绍，这些行为包括 forward（向前）、right（向右）、left（向左）、hatch（孵化）、die（死亡）和 move-to（移动到）等活动（如欲浏览 NetLogo 中的所有预定义行为，可以在 Turtle、斑块和链接对应的字典中进行查找）。与属性不同，可以通过检查器（inspector）查看 agent 的行为，这是找出某个 agent 所拥有的全部预定义行为的唯一方法。

在模型中，为 agent 定义新的行为也是可能的。例如，在 Traffic Basic 模型中，agent 具备两个附加行为：speed-up-car（加速）和 slow-down-car（减速），这两个活动都会改变 agent 的速度[⊖]，代码如下：

```
to slow-down-car [ car-ahead ]
  ;; slow down so you are driving more slowly than the car ahead of you
  set speed [ speed ] of car-ahead - deceleration
end
```

⊖ 在 NetLogo 中，当某项活动应用于特定 agent 类型的时候，我们通常为其增加一个注释，表明该活动是一个 "turtle 例程"。

```
to speed-up-car
  set speed speed + acceleration
end
```

除了加速或减速功能之外，每辆汽车还要根据限速值调整其行驶速度，并总是按照调整后的速度行驶。在 Traffic Basic 模型中，与之对应的程序代码位于主 GO 例程之中，代码如下：

```
let car-ahead one-of turtles-on patch-ahead 1
ifelse car-ahead != nobody
  [ slow-down-car car-ahead ]
  [ speed-up-car ] ;; otherwise, speed up
;; don't slow down below speed minimum or speed up beyond speed limit
if speed < speed-min [ set speed speed-min ]
if speed > speed-limit [ set speed speed-limit ]
fd speed
```

在这段代码中，每辆车首先检查它的前面是否还有其他车辆。如果有，就减速，以确保不会撞上前面的车辆。否则就会加速（但是不会超过限速值）。这是一个交互过程，即通过感知前车的速度并据此调整自己的状态，从而实现与前车的交互。相反，如果某辆车减速，就会迫使它后面的车辆也减速。每个 agent 的任何动作都会影响其他 agent 的行为。

到目前为止，我们已经看到汽车如何改变自己的内部状态，以及如何影响其他车辆的状态。你还可以想象一下这些车辆如何影响其所在道路，以及如何影响模型中的环境。例如，道路上的交通流量越大，道路的磨损程度就会越高，所以可以在组成道路的那些斑块中添加一个 wear（磨损）属性，然后再添加一个 WEAR-DOWN（磨损）例程，在这个例程中，汽车不断磨损路面，而这反过来又可能影响汽车在该路段上的最高行驶速度。

行为是 agent 与其周围环境进行交互的基本方式。我们将在本章后面讨论一些传统的交互机制。

专栏 5.2　turtle 型 agent 的行为 / 活动

　　大多数 ABM 工具箱都包含一组标准的 agent 活动。其中的许多活动是很常见的，并且是所有 ABM 的基本属性。这里列出一些 NetLogo 中 turtle 型 agent 可能采用的常见行动：

　　forward/backward 使 agent 能够在模型世界中向前和向后移动。

　　right/left 使 agent 能够在模型世界中改变前进方向。

　　die 告诉 agent 销毁自己，并将其从所有相关的 agent 集合中移除。

　　hatch 创建一个新的 agent，它是当前 agent 的克隆体，具有与当前 agent 完全相同的属性值。

5.2.3　agent 种类大全

agent 的类型　一般来说，agent 主要有三种类型：可以在环境中游走的**移动型** agent（mobile agent），丝毫不能移动的**固定型** agent（stationary agent），以及能够连接两个及以上 agent 的**连接型** agent（connecting agent）。在 NetLogo 中，turtle 是移动型 agent，斑块是固定型 agent，链接是连接型 agent。从几何学角度来看，turtle 是一个没有形状、没有面积的"点"，尽管它们可以被赋予不同的形状和尺寸。因此，即使一个 turtle 看起来足够大，能够覆盖好几个斑块，它也只是位于其中心位置所在的那个斑块上（通过 xcor 和 ycor 确定其位置）。对于斑块来说，它有时表示一个被动的环境，并接受移动型 agent 的作用，有时又可以采取行动以及执行操作。斑块和 turtle 的主要区别在于：斑块不能移动，而 turtle 可以移动。此外，斑块占据了模型环境中某个确定的空间和区域，因此，一个斑块上面可能容纳多个 turtle 型 agent。链接本身也无法移动，可以将两个 turtle 连接起来，这两个 turtle 作为链接的"端点"（end nodes），当端点移动的时候，视觉上链接也一起移动。链接通常用来表示 turtle 之间的关系，它们也可以代表环境——例如，定义为 agent 可以通过的运输路线，或者定义为代表友谊 / 沟通的渠道。尽管存在差异，但以上三种 agent 都具有行为能力，也就是说，它们可以针对自己采取行动或执行操作。

在某些 ABM 工具箱中，环境是被动响应的，并且不具备 agent 的全部能力。环境具备直接执行操作和活动的能力，可以允许模型更容易地展示环境的许多自治过程。例如，在第 4 章的 Wolf Sheep Simple 模型中，可以通过添加 grass-amount 变量来实现草地再生，而不是要求环境中的所有斑块都执行草地生长行为。虽然在计算机处理上可能没有多大差别，但是将环境表示为 agent 的集合，可以让用户具有空间感，这样更符合用户的认知习惯，因而更具合理性——比如说，用户可以站在一丛草的角度审视问题，从而使模型更容易理解。

agent 的属种　除了以上三种 NetLogo 预定义的 agent 类型之外，建模人员还可以创建自己的 agent 类型，称之为属种（breed）。agent 属种用于定义一个 agent 所属的类别（category）或类（class）。在 Traffic Basic 模型中，所有 agent 都属于同一种类型，所以不需要区分它们的属种，此时使用了 turtle 属种的 agent，这是 NetLogo 的默认属种。但是，如果 agent 需要具有不同的属性或动作，就需要使用不同属种的 agent。

在第 4 章，我们使用了两个 agent 属种，分别是"狼"（wolf）属种和"羊"（sheep）属种。尽管这两个属种具有相同的属性集，但是使用两个属种还是有用的，因为每个属种都有不同的特征行为——狼吃羊，羊吃草。我们在模型一开始就定义了属种，代码如下：

```
breed [sheep a-sheep]
breed [wolves wolf]
```

与此同时，我们可以定义该属种的属性：

```
turtles-own [energy]
```

在这个例子中，狼和羊都具有相同的"能量"（energy）属性，但是也可以为它们设置各自不同的属性。例如，可以为狼定义一个"猎杀强度"（fang-strength）属性，为绵羊定义一个"逃生强度"（wooliness）属性。"猎杀强度"用来决定狼成功杀死绵羊的可能性。相反，假设狼有时只会咬到一嘴羊毛，而不是每次扑杀都会得到羊肉，则"逃生强度"就可以用来表示绵羊从狼的攻击下逃脱的可能性。如果这个例子按照这种思路进行设计，则需要额外增加两行代码：

```
sheep-own [ wooliness ]
wolves-own [ fang-strength ]
```

这样一来，所有 agent 除了现有属性之外，又新增了两个属性。因此，绵羊将具有"逃生强度"属性和"能量"属性，而狼则具有"猎杀强度"属性和"能量"属性。

agent 集　属种是一类特定的 agent 集合（collection），其中，集合由 agent 的属性和活动类型进行定义，也可以采用其他方式定义 agent 集合。NetLogo 使用术语 agentset 指定 agent 的无序集合，我们在本书中会使用这个术语 / 定义。通常在创建 agentset 的时候，要么通过收集具有某些共同点的 agent（例如，agent 位置或其他属性）完成，要么通过从另一个 agent 集之中随机选择一个子集（subset）实现。

在 Traffic Basic 模型中，我们可以为所有速度超过 0.5 的 agent 创建一个集合（set）。在 NetLogo 中，以上操作通常使用 `with` 语句实现。在下面的例子中，将创建一个 agentset，然后将它插入模型的 GO 例程中：

```
let fast-cars turtles with [speed > 0.5]
```

然而，我们通常想让这些 turtle 做某些具体的事情，比如，要求那些速度快的 turtle 将其尺寸变大，以便更容易被发现，代码如下：

```
let fast-cars turtles with [speed > 0.5]
ask fast-cars [
  set size 2.0
]
```

在上面的代码中，`let` 声明语句将所有速度较快的车辆纳入一个 agentset 中。如果接下来不打算再和这个 agentset"对话"，则可以不再使用 `let` 语句，也不用构建包含"飞驰车辆"的 agentset，而是直接向 turtle 发指令：

```
ask turtles with [speed > 0.5] [
    set size 2.0
]
```

如果把这段代码放到模型中，很快就会发现所有车辆的图片尺寸会变得很大。这是因为当 turtle 的速度下降到 0.5 以下时，还没有告诉它们要把尺寸缩小。为此需要添加更多的代码。一种实现方式是使用另外一个 `ask` 语句：

```
ask turtles with [speed > 0.5] [
    set size 2.0
]
ask turtles with [speed <= 0.5] [
    set size 1.0
]
```

还有另外一种方法可以实现相同的目标，但是不用创建 agentset，即要求所有 turtle 都要有所响应，但是会根据这些 turtle 的属性选择它们可以采取的行动。在上面的代码中，所有速度较快的 turtle 都会先于速度较慢的 turtle 被处理（执行代码）。而在下面的代码中，所有 agent 都会接受相同 `ask` 命令的问询，因此 turtle 被处理的顺序是随机的。在当前例子中，虽然这两段代码的运行结果相同，但是实际上这要取决于对 agent 执行的代码内容，如果程序要改变的是 agent 的速度而非尺寸，这两段代码的运行结果就会不同，如下所示：

```
ask turtles [
  ifelse speed > 0.5
    [ set size 2.0 ]
    [ set size 1.0 ]
]
```

创建 agentset 的另一种方法是根据 agent 所处位置进行划定。Traffic Basic 模型在 `go` 例程中就是这样设计的：

```
let car-ahead one-of turtles-on patch-ahead 1
ifelse car-ahead != nobody
  [ slow-down-car car-ahead ]
  [ speed-up-car ]
```

在上面的代码中，指令是为当前车辆前面的那个斑块中的所有车辆创建一个 agentset。如果构成的 agentset 中至少有一辆车（agentset 不为空），则从中随机挑选一辆，然后使用 `one-of` 指令，将当前车辆的车速设置为略低于所选车辆的速度。除了这种方法之外，还有很多种方法可以依据 agent 所处位置访问其所在集合，包括 `neighbors`、`turtles-at`、`turtles-here` 以及 `in-radius` 等指令。

通常，随机选取并构建的 agent 集合也有其用处。这些 agent 可能并无特别关联，只是为了进行某些操作而把它们凑在一起。在 NetLogo 中，完成此类操作的首选例程是 N-OF。例如，我们在第 3 章讨论的 Segregation 模型使用了 N-OF 例程，模型要求一组随机选取的斑块产生一群红色的 turtle，然后再要求所有这些 turtle 将其颜色随机变成绿色和红色，对应代码如下：

```
ask n-of number patches [
  sprout 1
]
ask turtles [
  set color one-of [ red green ]
]
```

agentset 与列表　在之前的多个例子中，我们同时使用了 agentset 和列表（list），有时是显式使用，有时是隐式使用。现在我们来澄清它们到底是什么，如何工作，二者之间有何不同，在什么情况下可以使用一个代替另一个。agentset 与列表都是变量，都可以包含一个或多个其他变量。在创建变量的时候，需要指定所创建的变量属于二者中的哪一个，可以使用它们各自的构造函数报告器（constructor reporter）完成。如果想要创建一个空列表，可以使用如下程序代码：

```
let a-list []
```

如果你愿意，可以向列表中添加数字、字符串甚至 turtle，代码如下：

```
;; we put items at the start of the list
set a-list fput 1 a-list
set a-list fput "and" a-list
set a-list fput turtle 0 a-list
show a-list
;; prints [(turtle 0) "and" 1]
```

列表可以包含任何类型的元素。与列表不同，agentset 只能包含 agent，并且只能包含同一类型的 agent，比如 turtle、斑块或链接中的一种。NetLogo 有专门的报告器用于生成空的 agentset，例如 `no-turtles`、`no-patches` 和 `no-links` 报告器。代码如下：

```
;; this creates an empty agentset of turtles
let an-agentset no-turtles
```

`no-turtles` 是一个空的 turtle 型 agentset（不包含任何 turtle 的 agentset），通过将某个变量设置为 no-turtles，就可以指定这个变量的 agentset 类型。假设我们已经有了一个空的 agentset，就可以使用 `turtle-set` 报告器向它添加 turtle 了：

```
;; this adds turtle 0 to the agentset
set an-agentset (turtle-set an-agentset turtle 0)
;; this adds turtle 1 and turtle 2 to the agentset
set an-agentset (turtle-set an-agentset turtle 1 turtle 2)
show an-agentset
;; prints (agentset, 3 turtles)
```

在 agentset 中只能存放不同类型的 agent（turtle 属种、斑块以及链接），而在列表中却可以放入任何东西——包括各类 agent。通过两个重要的属性可以区分 agentset 和列表。

第一，可以"要求"（ask）agentset 采取行动，但是不能"要求"列表做任何事情。例如，

当使用

```
ask turtles [] ;; do stuff
```

语句的时候，我们真正要做的是首先为所有 turtle 创建一个 agentset，然后随机要求所有这些 turtle 按照语句方括号里面的指令去行动。如果对列表进行这种尝试，程序就会报错。

第二，agentset 是无序的。这意味着无论何时去调用它，agentset 都会以随机顺序输出一个 agent 列表。需要注意的是，列表所展示的不仅仅是列表中的内容，还包括列表内容的排序，而 agentset 展示的只是它所包含的内容。

所以，当我们想和 turtle 互动的时候，到底是使用 agentset 还是使用列表呢？除非有更好的理由，否则应该总是使用 agentset。主要是我们常常希望 turtle 以随机顺序活动。这是因为，如果 agent 总以相同的顺序被处理，那么模型的有效性就会受到威胁。例如，在 Wolf Sheep Predation 模型中，如果某些绵羊总是被优先拿出来，检查其所在领地是否有草可吃，如果有的话，就让它们把草吃掉，那么这些绵羊就会获得不公平的优势，因为在它们之后处理的、位于同一块草地上的其他绵羊可能就无草可吃了。

然而，有时确实需要 turtle 按照一定的顺序进行活动。例如，我们可能希望某些 turtle 具有特定的优势。在这种情况下，需要创建一个有序列表，并根据我们认为的决定其优势的那个参数对其排序。比如说，如果 turtle 包含不同的信息，我们希望具有更多信息的 turtle 最后才被处理（不具备优先权）。代码如下：

```
;; information determines how late they get their turn (later is better because
;; then they will know what everyone else did before making their decision)
turtles-own [ information ]

;; create an empty list
let a-list []
;; sort-on reports a list containing turtles sorted
;; by the parameter specified in the brackets
set a-list sort-on [ information ] turtles
```

名为 **a-list** 的列表包含了所有按照升序排列的 turtle。但是如前所述，不能"要求"包含 agent 的列表做任何事情，相反，必须对其进行迭代，要求列表中的每一个 agent 执行我们所要求的操作。为此，可以使用 **foreach** 命令：

```
foreach a-list [
    ask ? [ ] ;; do stuff here
]
```

上面代码中的问号"**?**"是一个特殊的变量，使用它可以获取列表中每个元素的值。所以，这条指令将遍历列表中的每一个 turtle，并按照列表当前确定的顺序，要求每个 turtle 执行方括号中指定的操作。我们将在下一章进一步讨论"**?**"变量。

类似地，还可以创建斑块型列表。假设我们想要按照从左到右、从上到下的顺序对环境中的斑块进行标号，就可以创建一个经过排序的斑块型列表（如图 5.3 所示），然后使用下面的代码对这些斑块进行标号：

```
;; patches are labeled with numbers in left-to-right,
;; top-to-bottom order
let n 0
foreach sort patches [
    ask ? [
        set plabel n
        set n n + 1
    ]
]
```

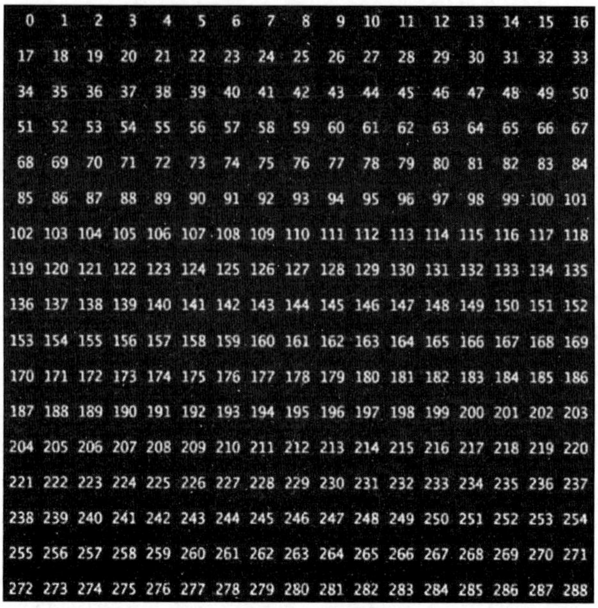

图 5.3　按照升序标号的斑块

Agentset 及其计算　在结束对 agentset 的讨论之前，还需要指出的是，当我们要求某个 agentset 执行某个活动的时候，实际上是要求该 agentset 中的所有 agent（并且只有这些 agent）同时执行这个活动。如果该 agentset 中某个 agent（比如说 agent A）的活动会导致集合中另一个 agent（比如说 agent B）不再满足被收入该 agentset 的条件（也就是说，agent B 此时不应再算作 agentset 的成员），但是 agent B 仍将执行这项活动。同样地，如果 agent A 的活动导致 agent C（此时不属于 agentset）现在满足了被收入该 agentset 的条件，agent C 也不会执行这项活动。

为了对此进行说明，我们来看一看模型库的 IABM Textbook 文件夹的 Chapter 5 子目录下名为 Agentset Ordering 模型的代码片段：

```
;; create 100 blue turtles of size between 0.0 and 2.0
to setup
  clear-all
  create-turtles 100 [
    set size random-float 2.0
    forward 10
    set color blue
  ]
  reset-ticks
end

to go
  ;; ask all turtles with size < 1 to ask a larger turtle to
  ;; decrease its size, and then turn themselves red
  ask turtles with [ size < 1.0 ] [
    ;; each small turtle chooses a big turtle
    let big-turtle one-of turtles with [ size > 1.0 ]
    if big-turtle != nobody [ ;; make sure there is a big turtle
      ask big-turtle [
        set size size - 0.5 ;; decrease the size of the big turtle
```

```
        ]
      ]
      set color red ;; small turtles turn red
    ]
    print count turtles with [ color = red ]
    print count turtles with [ size < 1.0 ]
    tick
  end
```

我们只看代码中的粗体字指令，它的功能是对尺寸小于 1.0 的 agent 集，将其成员 agent 的尺寸变小，从而改变第一个 ask 指令所定义的 agentset。例如，开始的时候，一共有 10 个 agent，其中 8 个 agent 的尺寸小于 1，另外 2 个的尺寸为 1.2，当被至少一只尺寸较小的 turtle 选中后，这只被选中的尺寸较大的 turtle 就会缩小尺寸（低于 1.0）。但是，这只新转 化来的小尺寸 turtle 不会执行内循环中的 ask 指令，这是因为第一个 agentset（含有 8 个成员）在创建之后是保持不变的；因此，直到下一次执行 GO 例程并重建 agentset 的时候，这个变小了的 agent 才会参与 agentset 的活动。以上代码的最终结果，是在 GO 例程执行结束时，某个 turtle 的尺寸虽然小于 1.0，但是它仍然是蓝色的。打印输出的结果也显示这两个数值 (红色 turtle 的数量和小尺寸 turtle 的数量) 是不相等的。在第一次研究 agentset 的时候，这可能会令人困惑，但是实际上，这可能只是你遇到的同一个问题的其中一种情况，每当你根据一个变量的条件采取某个行动时，都会影响这个变量的值。

使用 agentset 时经常出现的另一个问题与计算效率有关。有的时候，如果待执行操作涉及多个 agent，那么生成一个 agentset 并对其进行计算，这样做的效率会高很多。例如，以下 GO-1 例程是从模型库的 IABM Textbook 目录的 Chapter 5 子目录下的 Agentset Efficiency 模型中截取的：

```
;; GO-1 sets the labels of red patches to a small random number (0-4)
;; and the labels of green patches to a larger random number (5-9)
;; provided that there are at least 5 patches of the other color.
to go-1
  ask patches with [ pcolor = red ] [
    if count patches with [ pcolor = green ] > 5 [
      set plabel random 5
    ]
  ]
  ask patches with [ pcolor = green ] [
    if count patches with [ pcolor = red ] > 5 [
      set plabel 5 + random 5
    ]
  ]
  tick
end
```

在这段代码中，ASK 语句将 patches with [pcolor = red] 和 Patches with [pcolor = green] 这两个 agentset 运行一次，然后针对每一个斑块再运行一次。由于 agentset 包含在 ASK 语句块中，因此每个 agentset 将被执行的次数是 "1+ 斑块数量"。

下面的 GO-2 例程与 GO-1 例程是等价的，但是 GO-2 例程的计算效率更高，因为它只对每个 agentset 计算一次。agentset 的计算成本很高，因此通常建议首先生成 agentset，然后再要求它们执行操作。

```
;; GO-2 has the same behavior as GO-1 above, but it is more
```

```
;; efficient as it computes each of the agentsets only once.
to go-2
  let red-patches patches with [ pcolor = red ]
  let green-patches patches with [ pcolor = green ]
  ask red-patches[
    if count green-patches > 5 [
      set plabel random 5
    ]
  ]
  ask green-patches [
    if count red-patches > 5 [
      set plabel 5 + random 5
    ]
  ]
  tick
end
```

在上面的代码中，GO-2 的计算效率是 GO-1 的很多倍。

然而，重要的是你的代码应具有可读性，这样其他人才能看得懂。相比于人类的处理效率而言，计算机的运行效率终归要高得多。因此，应该注意的是，只要存在折中的可能性，保证代码的清晰性，比计算效率更重要。

如果只改变 GO-1 例程和 GO-2 例程中的一行，就会产生一个致命性的问题：

```
;; GO-3 explores what happens if patch colors are changed on the fly.
;; GO-3 results in the entire world becoming green.
to go-3
  ask patches with [ pcolor = red ] [
    if count patches with [ pcolor = green ] > 5 [
      set pcolor green
    ]
  ]
  ask patches with [ pcolor = green ] [
    if count patches with [ pcolor = red ] > 5 [
      set pcolor red
    ]
  ]
  tick
end
```

执行上面这段代码，你可能希望得到一个类似于图 5.4 的图形。也就是说，你期望红色斑块变成绿色，绿色斑块变成红色，实际上这一切并未发生。相反，这段代码将生成图 5.5 那样的图形，其中所有的斑块都是红色的。为什么会发生这种出乎意料的情况呢？这是我们刚刚讨论过的排序问题的又一个例子。第一个 ask 语句将斑块变成绿色，然后第二个 ask 语句开始执行，此时因为所有的斑块都是绿色的，所以什么都不会改变。在 GO-4 例程中，通过提前生成 agentset，不仅效率更高，还能保证欲操作的绿色斑块 agentset 就是程序运行开始时的那个绿色 agentset，而不是经过第一个 ask 语句之后变成绿色的那些 agent，这样就可以获得你所希望的图 5.4。

```
;; GO-4 explores what happens if you first keep track
;; of which patches are red and which are green.
;; GO-4 results in the patches swapping their colors.
to go-4
  let red-patches patches with [ pcolor = red ]
  let green-patches patches with [ pcolor = green ]
  ask red-patches [
```

```
    if count green-patches > 5 [
      set pcolor green
    ]
  ]
  ask green-patches [
    if count red-patches > 5 [
      set pcolor red
    ]
  ]
  tick
end
```

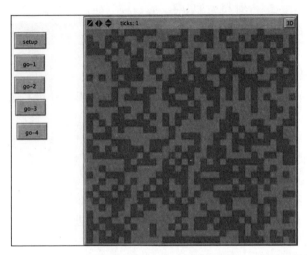

图 5.4   程序运行开始时构造 agentset，产生预期的行为（见彩插）

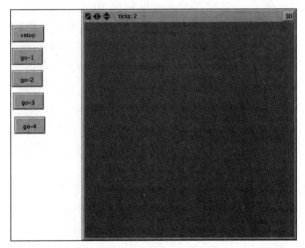

图 5.5   在模型状态改变之后构造 agentset，导致意料之外的结果（见彩插）

专栏 5.3   计算复杂度

　　基于 agent 的模型可以是计算密集型的。通常，保证模型代码尽可能高效是有必要的。在遍历 agent 集合之前生成 agentset，可以使计算更有效率，以上就是一个很好的例子。除此之外，还有很多其他方式。描述算法效率的标准方法是大 O 表示法（Big-O notation）。大 O 表示法指定某个算法耗费的计算时间与算法输入量之间的函数关系。例如，$O(n)$ 代表计算时间与输入量 n 之间的增长关系是线性的，$O(n^2)$ 表示计算时间与输入量 n 之间的增长关系是二次的。如果输入量 n 的值很大，那么 $O(n^2)$ 算法的运行时间比 $O(n)$ 算法的运行时间要长得多。例如，如果计算每个 agent（共有 n 个）与环境中心点之间的距离，只需要 $O(n)$ 个时间单位，因为每个 agent 只需要检查一次。但是，如果想求出每个 agent 与其他 agent 之间的距离，则将执行 $n(n-1)$ 次操作，这意味着需要 $O(n^2)$ 个时间单位。在计算机科学中有一个完整的领域，称为计算复杂度，它致力于创建更有效率的算法（Papadimitriou，1994）。在现实中，大 O 表示法被用于两个算法进行比较：若一种算法的运行时间为 $O(n^2)$，另一种算法的运行时间为 $O(n)$，则后者的运行速度更快，通常会被采用。

5.2.4 agent 的粒度

在设计基于 agent 的模型时，首先考虑的是应该以哪种粒度创建 agent，即，待建模 agent 的复杂度应该多大？在第 0 章，我们讨论过一个重要的复杂性层次结构，比如说原子、分子、细胞、人类、组织，等等。因此，这里所说的 agent 粒度，是指在这个层次结构中，选择哪个层级的元素作为模型中使用的 agent。如果将基于 agent 的模型中的 agent 想象为人，也就是说，模型中的每一个 agent 都是一个人，那么粒度的选择就是显而易见的。但是那个"显而易见的"答案往往并不是最佳选择。比如说，如果要研究的是各国政府之间的相互交往和相互影响，你可能并不想对这些政府中的每个人进行建模。通常，将每个政府（而不是各个政府中的所有个体）作为一个 agent 更为合理。

那么，如何为模型中的 agent 选择复杂度级别呢？原则上，应该选择那些能够代表交互过程基本层级的 agent。例如，查看 NetLogo 模型库 Biology 部分的 Tumor 模型（如图 5.6 所示），该模型选择的 agent 是人体中的细胞，因为这个模型研究的问题是肿瘤细胞如何扩散。然而，NetLogo 模型库 Biology 部分的 AIDS 模型（如图 5.7 所示）也与疾病有关，但基本 agent 是人而不是细胞。这是因为 AIDS 模型更关注艾滋病如何在人群中传播，而不是在人体内部如何扩散。Tumor 模型关心的问题是细胞之间如何相互作用才会导致癌症，因此，模型最重要的交互作用发生在细胞层面，因而细胞作为 agent 就是一个比较好的选择。而 AIDS 模型关心的问题是人与人之间如何交互才会引起疾病的传播，所以人作为 agent 就比较合适。这两个模型凸显了待研究的问题、待建模的行为交互以及最终选取的 agent 粒度三者之间的关系。

如同以上两个例子表明的那样，为 agent 选择最优粒度并不容易。在另外一些案例中，合适的 agent 粒度可能不止一个。例如，在 Tumor 模型中，agent 的粒度可以上移，从而表现出一定的聚合性。除了从细胞的角度观察问题，还可以令 agent 代表人体组织，这样就可以研究肿瘤细胞对人体全身的影响方式和过程。在此类模型中，常把一群细胞看作行为上无差别的个体，即可以将数十个细胞作为一个核 agent（core agent）。这样做的好处，是可以降低模型的计算强度；这样做的坏处，是无从得知发生在核 agent 内部细胞之间相互作用的细节。对于此类 agent 的复杂度水平而言，细胞个体和细胞群体都是有效的选择粒度，至于最终选择哪一个，既取决于待研究问题的详细程度，也有计算复杂度方面的考虑。

为 agent 选择合适的粒度，也可以大大简化模型构建的难度，因为这可以让你忽略待建模问题中那些不必要的内容，而专注于你所感兴趣的互动过程。例如，在 AIDS 模型中，不把实际的艾滋病病毒作为 agent，这样就可以评估疾病在人群中的传播方式，而不是疾病在人类个体中的发展过程。与之相反，通过观察 Tumor 模型中的细胞，就能够以更高的解析度研究细胞之间的相互作用，如果采用分子作为 agent，就无法开展如此深入的研究工作。为 agent 选择适合的粒度，这是成功开发 ABM 模型早期阶段的一个重要步骤。

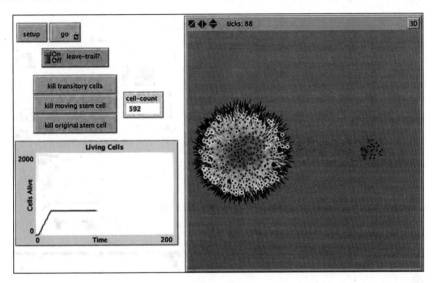

图 5.6　NetLogo 中的 Tumor 模型，来源：http://ccl.northwestern.edu/netlogo/models/Tumor（Wilensky，1998b）

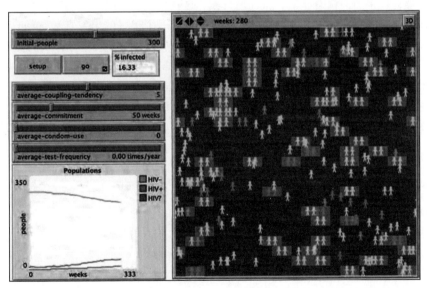

图 5.7　NetLogo 中的 AIDS 模型，来源：http://ccl.northwestern.edu/netlogo/models/AIDS（Wilensky，1997a）

同样重要的是所选用的 agent 粒度与模型中其他 agent 要有可比性，称之为"模型尺度"（scale of the model）。换句话说，agent 之间大体上要在相同的时间尺度上活动，在模型中要有大致相同的物理表征能力。当然，若某些 agent 的尺度不同，它们仍然有可能共存于同一个模型中，此时可能需要调整模型的行为，以便它们能够恰当地交互。

5.2.5 agent 认知

前面曾经讨论过，不同 agent 具有不同的属性和行为。然而，agent 如何检查它们的属性及其所处的环境，并决定该采取哪些行动呢？我们使用被称为"agent 认知"（agent cognition）的决策过程来回答这个问题。我们将讨论 agent 认知的几种类型：反射型 agent（reflexive agents）、基于效用的 agent（utility-based agents）、基于目标的 agent（goal-based agents），以及自适应 agent（adaptive agents）(Russell 和 Norvig，1995)。通常，人们认为上述几种认知类型的复杂度是逐级增加的，也就是说，反射型 agent 最简单，自适应 agent 最复杂。实际上，这并不是严格的复杂性层级划分方法，相反，它们只是描述性的术语，可以帮助我们谈论 agent 认知，并且这些术语可以混合或者搭配使用。比如说，我们可以构建一个基于效用的自适应 agent。

反射型 agent 建立在非常简单的规则之上。它们使用 `if-then` 规则对输入进行响应，并采取必要的行动（Russell 和 Norvig，1995)。例如，Traffic Basic 模型中的汽车就是反射型 agent，它的行为控制代码应该是这样的：

```
let car-ahead one-of turtles-on patch-ahead 1
ifelse car-ahead != nobody
  [ slow-down-car car-ahead ]
  [ speed-up-car ] ;; otherwise, speed up
...
fd speed
```

这段代码的含义是：如果某辆车的前方有正在行驶的车辆，那么就将其车速降低并且低于前车的车速；如果前面没有车辆，就加速行驶。这就是基于程序状态的反射性活动，因此称为反射型 agent。这是 agent 认知的最基本形式（通常是一个很好的出发点）。agent 认知有时会更复杂。比如说，可以为汽车增加燃油效率（由车辆行驶速度决定）指标，从而提升模型复杂度。我们可以让汽车依据燃油效率调整行驶速度，其结果是这些车辆可能需要不断加速或减速，而在此之前，模型的目标是在不造成交通事故的前提下，尽量降低油耗。上述类型的决策过程，称为"基于效用的认知形式"，在这种认知形式中，agent 试图使效用函数最大化——车辆的燃油效率最高（Russell 和 Norvig，1995)。如果要在当前模型中实现 agent 认知，首先需要使用一个计算车辆燃油效率的新程序代码更换现有的 SPEED-UP-CAR 例程，代码如下：

```
;; choose a car on the patch ahead
let car-ahead one-of turtles-on patch-ahead 1
ifelse car-ahead != nobody
  [ slow-down-car car-ahead ]
  ;; otherwise, adjust speed to find ideal fuel efficiency
  [ adjust-speed-for-efficiency ]
...
fd speed
```

如果汽车达到了最大经济速度（maximally fuel efficient speed）[⊖]，我们希望 ADJUST-SPEED-FOR-EFFICIENCY 例程保持车辆行驶速度保持不变，即，如果当前速度低于最大经济速度，则加速，否则就减速。此外，如果将要与前车相撞，这辆车也需要减速。对于这种情况，最终的效用函数还应该包含一个异常值，即针对可能碰撞的活动，将其效用值设置为

⊖ 经济速度或经济时速是指汽车最省油的行驶速度，各种车型的经济时速有所不同，但大致会在 90km/h 左右，车辆行驶速度低于或高于经济时速，油耗就会上升。——译者注

0。针对这个需求，可以保留代码的第一部分（在汽车发生碰撞之前减慢车速的部分代码），而当某辆车前面没有其他汽车时，只需要添加下面的 ADJUST-SPEED-FOR_EFFICIENCY 例程代码即可。以下代码摘自 Traffic Basic Utility 模型，模型可以在 NetLogo 模型库的 IABM Textbook 目录下的 Chapter 5 子目录中找到。

```
;; adjust speed to be closer to most efficient speed
to adjust-speed-for-efficiency
  if speed != efficient-speed [ ;; if car is at efficient speed, do nothing
    ;; if accelerating will still put you below the efficient speed, then
    ;; accelerate
    if (speed + acceleration < efficiset-speed) [
      set speed speed + acceleration
    ]
    ;; if decelerating will still put you below the efficient speed, then
    ;; decelerate
    if (speed - deceleration > efficient-speed) [
      set speed speed - deceleration
    ]
  ]
end
```

在效用函数代码中，每辆汽车都寻求函数 f 的最小化取值，函数 f 被定义为：$f(v)=|v-v^*|$，其中，v 是这辆汽车的当前速度，v^* 是最大经济速度。程序代码所描述的约束为：v 不能任意调整，相反，每个时间周期内的增量是有限的。通过尝试 efficient-speed 的不同取值，可以从初始模型中获得相当不同的交通模式。对于较低的 efficient-speed 取值范围，系统可以达到自由行驶状态（不会发生交通堵塞）。

有一点需要注意，初始模型代码可以看作效用函数的最大化过程——存在最高车速约束的简单效用函数。因为这个效用函数过于简单，所以我们没有将其 agent 归入基于效用的 agent 类型，而是将其作为反射型 agent。这种判断可能存在一定的主观性。车辆 agent 认知类型的第二个例子比初始模型设计要复杂得多，但是要有一个前提，即模型还可以进一步完善。修改后的代码仍然不复杂，它假设我们已经预先定义了 efficient-speed 的值。但是，如果不知道汽车的经济速度又该怎么办呢？如果能够获知汽车的瞬时油耗，那么经过一段时间，就可以得知其经济速度。增加了这些内容之后，汽车就变为简单的自适应型 agent。

agent 认知的第三种类型是基于目标的认知。想象一下，Traffic Grid 模型（如图 5.8 示）——可在 NetLogo 模型库中的 Social Sciences 部分找到——中的每一辆车都有家庭地址和工作地点，模型的目标是车辆要在一个合理的时间内从家庭行驶到工作地点。在这种情况下，agent 不仅需要具有加速和减速的能力，还必须能够左右转弯。在模型的这个版本中，汽车就是基于目标的 agent，因为它们都有一个目标（到达工作地点或者回家），并且这个目标支配着它们的活动。

我们需要修改 Traffic Grid 模型，使得每辆车都有一个家庭地址和一个工作地点属性。我们希望这两个地点不要在公路上（off-road），而是要毗邻公路。网格的背景色是棕色（颜色编号为 38），我们首先创建一个 agentset，包含所有毗邻道路的棕色斑块（道路是白色的）。这些斑块有可能是这些 agent 的家庭或工作地点。代码如下：

```
let goal-candidates patches with [
  pcolor = 38 and any? neighbors with [ pcolor = white ]
]
```

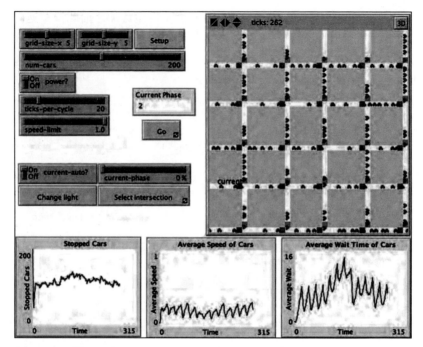

图 5.8   Traffic Grid 模型，来源：http://ccl.northwestern.edu/netlogo/models/TrafficGrid（Wilensky，
2002b）

在创建车辆的时候，对于每辆汽车，都会从那个 agentset 中随机选择一个斑块作为其家庭地点，然后再随机选择另一个斑块作为其工作地点。代码如下：

```
set house one-of goal-candidates
set work one-of goal-candidates with [ self != [ house ] of myself ]
```

GO 例程中涉及车辆的代码应该是这样的：

```
;; set the cars' speed, move them forward their speed, record data for
;; plotting, and set the color of the cars to an appropriate color based
;; on their speed
ask turtles [
  set-car-speed
  fd speed
  record-data
  set-car-color
]
```

为了在模型中实施基于目标的认知，我们需要定义一个程序例程，汽车将使用该例程在两个目的地之间导航。在初始模型中，车辆只能一直向前行驶，而在新版模型中，在每一个时间节点（time step），车辆都可以判别它周围的哪一个斑块距离目的地最近，然后就向那个方向行驶。我们在名为 NEXT-PATCH 的例程中实现这个功能。首先，每辆车判断自己是否已经抵达目的地，如果是的话，就切换下一个新目标：

```
;; if I am going home and I am on the patch that is my home
;; I turn around and head towards work (my goal is set to "work")
if goal = house and patch-here = house [
  set goal work
]
;; if I am going to work and I am on the patch that is my work
;; I turn around and head towards home (my goal is set to "home")
```

```
if goal = work and patch-here = work [
  set goal house
]
```

上面这段代码并不理想，因为住房和工作地点都在公路旁边，而汽车行驶在公路上，所以条件 patch-here=house 或者 patch-here=work 永远得不到满足。由于我们已经把住房和工作地点都安排在了公路两侧，所以让汽车验证目的地是否位于它的右手侧，就可以解决这个问题。

```
;; if I am going home and I am next to the patch that is my home
;; my goal gets set to the patch that is my work
if goal = house and (member? patch-here [ neighbors4 ] of house) [
  set goal work
]
;; if I am going to work and I am next to the patch that is my work
;; my goal gets set to the patch that is my home
if goal = work and (member? patch   -here [ neighbors4 ] of work) [
  set goal house
]
```

在确定好目的地之后，每辆车都会从它毗邻的斑块中选择一个与目的地相距最近的斑块，并移动过去。为了实现这个要求，程序首先选择车辆能够触及的所有候选斑块（靠近道路），然后从中选择距离目的地最近的那一个斑块，并行驶过去。

由此产生的 NEXT-PATCH 例程为：

```
;; establish goal of driver (house or work) and move to next patch along the way
to-report next-patch
  ;; if I am going home and I am next to the patch that is my home
  ;; my goal gets set to the patch that is my work
  if goal = house and (member? patch-here [ neighbors4 ] of house) [
    set goal work
  ]
  ;; if I am going to work    and I am next to the patch that is my work
  ;; my goal gets set to the patch that is my home
  if goal = work and (member? patch-here [ neighbors4 ] of work) [
    set goal house
  ]
  ;; CHOICES is an agentset of the candidate patches that the car can
  ;; move to (white patches are roads, green and red patches are lights)
  let choices neighbors with [ pcolor = white or pcolor = red or pcolor = green ]
  ;; choose the patch closest to the goal, this is the patch the car will move to
  let choice min-one-of choices [ distance [ goal ] of myself ]
  ;; report the chosen patch
  report choice
end
```

这段程序写好之后，接下来修改 GO 例程，要求每辆车都在家和工作地点之间来回移动。

```
ask turtles [
  face next-patch ;; car heads towards its goal
  set-car-speed
  fd speed
  record-data      ;; record data for plotting
  set-car-color    ;; set color to indicate speed
]
```

目前，网格中已经存在以目的地为导向的汽车 agent。然而，模型所使用的方法比较徒劳，因为 agent 使用直线距离（就像鸟的飞行路线一样）度量它们与目的地之间的远近程度，而不是实际行驶距离。因此，车辆有时会不知所措地在同一段道路上来回行驶，而不懂得应该绕过一个街区。在本章最后的习题中，我们向读者提出挑战，希望读者提出更智能、更复杂的设计方案，以便 agent 能够更可靠地到达它们的目的地。

　　ABM 的一个优势是 agent 既可以改变决策，也可以调整策略（Holland，1996）。能够基于以往经验而改变其策略的 agent 就是自适应型 agent。对于传统 agent 而言，在相同情况下，它们总是会做出相同的反应，而自适应 agent 则不同，即使输入是相同的，它们也会做出不同的决策。在 Traffic Basic 模型中，汽车并不总是采取相同的行动，它们会根据周围车辆的情况而采取不同的活动，时而减速，时而加速。然而，无论这辆车过去经历了什么（比如说，是否遇到了交通拥堵），未来它们在面对相同的情况时，仍然会采取相同的操作（策略不变）。要想真正成为一个自适应体，agent 不仅要随时改变其行动，也要改变策略。它们必须具备改变其行为的能力，因为之前曾经遇到过类似的情况，那么根据以往的经验，这次它们就应该做出不同的反应。换句话说，agent 从过去的经验中学习，并依据所学的知识，在未来改变其行为。例如，过去观察到的是，车辆 agent 与前面的车辆相距 5 个斑块时就会迅速刹车，即使再晚一点刹车也不会相撞。在未来，它可以改变规则（策略），即只有与前车相距 4 个斑块的时候才刹车。那么这个 agent 现在就是一个自适应 agent，因为它不仅能改变行动（action），也能改变其策略（strategy）。

　　在交通模型中，自适应型认知的另一个例子是 agent 能够获知最佳加速度值，以便使其保持最高车速。在 Traffic Basic 模型中，可以修改 GO 例程中的代码，以实现这种 agent 认知类型。相应代码如下所示。（为了使这段代码能够运行，还必须更改 SETUP 例程以及某些全局属性，这个问题作为练习留给读者完成）。这段代码在 Netlogo 模型库的 IABM Textbook 目录的 Chapter 5 子目录的 Traffic Basic Adaptive 模型中可以找到：

```
to adaptive-go
  ;; Only test to see if the new acceleration is better every ticks-
  ;; between-tests ticks to allow the speed to stabilize between changes
  ;; to acceleration.
  if ticks > 0 and ticks mod ticks-between-tests = 0 [
    ;; check to see if our new speed of turtles is better than the speed to
    ;; beat if so then adopt the new acceleration
    ifelse mean [ speed ] of turtles > speed-to-beat [
      set best-acceleration-so-far acceleration
      set speed-to-beat mean [ speed ] of turtles
    ] [
      ;; In case the speed threshold was set during instability (a spike),
      ;; we slowly lower it over time to give us a chance to learn a better
      ;; acceleration.
      set speed-to-beat 0.1 * mean [ speed ] of turtles + 0.9 * speed-to-beat
      set acceleration best-acceleration-so-far
    ]
    ;; Increase or decrease the acceleration to look for a better one.
    set acceleration acceleration + random-float 0.002 -0.001
  ]
  ;; invoke the non-adaptive go code
  go
end
```

　　这段代码看起来略显复杂，但是实际上非常直截了当。本质上，汽车会一直使用迄今为止所找到的最佳加速度值，除非它们找到了一个更优的值，这个值由 `ticks-between-tests` 确定。随着时间推移，在最佳加速度的情况下，这些车辆的行驶速度平均值可以加权获得；如果新的加速度允许车辆以更快的速度行驶，那么汽车就将使用这个新的数值。在使用最佳加速度计算速度平均值的过程中，我们认为历史速度的权重（0.9）应高于当前速度的权重（0.1），这是因为可能偶尔得到欺骗性的数据（噪声），因此，依赖大量历史数据而非特殊时点数据，更有利于速度均值的计算。模型代码允许最佳加速度值持续变化，这意味着如果环境发生了变化（例如路上的车变多了，路变长了，等等），车辆还可以适应新的情况。

如果运行 Traffic Basic Adaptive 模型，你会注意到汽车最终会停下来，从而形成交通堵塞，然后可能需要相当长的时间才能达到自由行驶的状态（free-flow state），最终，模型"学习到"较高的加速度值能够形成全局最优的行驶速度。在这个例子中，模型经过学习获得的加速度值适用于所有 agent。接下来，我们要对模型进行另外一个改进，是允许个体 agent 学习并获得各自的最优加速度值，而不再使用同一个数值（这个问题也留给读者自行练习）。既然模型现在能够学习加速，那么也就可以学习减速，这是留给读者的另外一个练习。

除了我们讨论过的几种认知基本类型之外，对于 agent 认知还有更多、更高级的方法。最好的方法之一，就是将 ABM 与机器学习（machine learning）相结合。机器学习是人工智能的一个领域，它研究如何赋予计算机适应环境的能力，以及应该采取哪些措施来响应给定输入。让 agent 使用各种机器学习技术，比如神经网络（neural network）、遗传算法（gennetic algorithm）以及贝叶斯分类器（Bayesian classifier），它们就可以依据所获得的新信息改变其行动（Rand, 2006; Rand 和 Stonedahl, 2007; Holland, 1996; Vohra 和 Wellman, 2007）。这就有可能产生具有相当复杂认知水平的 agent。

> **专栏 5.4：机器学习**
>
> 机器学习是利用已有经验对计算算法进行研究，以提高系统性能的一种方法。在 20 世纪 80 年代，美国运通公司使用软件将信用卡申请划分为三种情况：（1）立即批准；（2）立即拒绝；（3）需经信贷经理审核（Langley 和 Simon, 1995）。然而，信贷经理能够正确判断申请人是否会拖欠贷款的概率只有 50%。Michie（1989）运用机器学习算法对这些案例进行检验，准确率能够达到 70%，美国运通公司决定使用这个算法，而不再依赖信贷经理。
>
> 在这个例子中，使用一组测试用例对算法进行训练。这些测试用例以信用卡申请信息作为输入，以申请人是否会拖欠贷款作为输出。然后，使用测试阶段未使用的案例对算法进行检验，此时算法的正确预测率可以达到 70%。由于算法可以持续不断地学习，所以它们能够在使用过程中不断提升自身性能。这只是机器学习诸多可能应用中的一个例子。如欲了解更多信息，请参看文献 Mitchell（1997）。

5.2.6 其他 agent 种类

我们已经讨论了属种（breed）和各种类型的 agent，但是还有两种特殊类型的 agent，值得介绍一二。第一种是元 agent（meta-agent），也就是由其他 agent 组成的 agent；第二种是原型 agent（proto-agent），相当于一种占位符（placeholder），只不过它代表的是 agent，允许为两类 agent（完全定义的 agent 和未完全定义的 agent）定义它们之间的交互行为。

元 agent　在现实中，很多 agent 指代的事物实际上是由其他 agent 组成的。实际上，任何一个 agent 都是由其他 agent 构成的；引用我们经常说的一个寓言："每一只乌龟的下面都是另外一只乌龟"（it's turtles all the way down）[⊖]。换句话说，对于模型中的 agent，我们总可以站在更低一些的层次上对它进行细节性的描述，直至到达物理学所能描述的最基本水

⊖ 这个故事是这样的：一位造访者请教智者是什么阻止了地球的坠落，智者说地球被一只巨大的乌龟驮着。造访者又问，这只乌龟靠什么支撑？智者回答："当然是另一只乌龟！"造访者笑着问："那么第二只乌龟又靠什么支撑呢？"智者回答说："每一只乌龟的下面都是另外一只乌龟"。这句话的起源存在争议，William James 是最有可能的候选者。

平，在那之前都是如此。比如说，我们选择一个人作为 agent，他实际上是由许多子 agent（subagent）构成的，你对这个人的观察角度不同，那么所获得的子 agent 也是不同的。你可以将一个人的子 agent 看作他身体的各个系统——比如说，免疫系统和呼吸系统，或者将这些子 agent 看成心理方面的元素，比如智力和情感。进一步来说，这些子 agent 还不是最基本的层次。在这个例子中，身体系统是由器官、组织和细胞组成的。

在每一个层级，我们都对元 agent（由其他 agent 组成的 agent）与子 agent（组成其他 agent 的 agent）之间的关系进行描述，厘清了二者之间的关系。然而，在同一时刻，agent 既可以是元 agent 也可以是子 agent⊖（两种身份并存）。例如，器官由细胞组成，因此可以将其视为元 agent，同时器官也扮演着人体系统组成成分的角色，因此它们也是子 agent。通过定义子 agent，同时给予这些子 agent 自己的活动和属性，然后使用它们构成元 agent，就可以在 ABM 中使用了。

在一个元 agent 看来，其他元 agent 就是 agent 个体。如果两个人相遇，他们不会直接通过心脏或肺进行交流（除非这次邂逅发生在手术台上）。相反，他们的交流对象只能是完整的人，在 ABM 中也是如此。假设有一个人体的元 agent，它由智力和情感组成。这个元 agent 所"说"的一切都是智力与情感交织的结果。当另一个人体元 agent 与它对话的时候，前者只会关注对话的内容，而不会在意后者的构成个体有哪些。

当我们考虑对 agent 及其交互过程进行建模的时候，必须决定在何种粒度水平下对这些 agent 的行为进行描述。我们总是认为，当模型中存在某些 agent 是由其他 agent 构成的时候，将其转换为元 agent，可以进一步提升模型的完善程度。也就是说，我们希望在模型中不使用具有自治能力的 agent，而是使用元 agent，这种方法有时确实很有用。但是，NetLogo 对于元 agent 并不提供明确的语言支持，尽管有一些指令可以将多个 agent 捆绑在一起进行移动（例如 TIE 指令），这也只在某些情况下才有效。在建模过程中，如果希望将多个 agent 组合起来形成（或代表）一个 agent，NetLogo 对此没有任何限制，只是你要考虑它的指令支持问题。

原型 agent　一个实体真正成为 ABM 框架中的 agent，必须具备自有属性或活动。然而，有时我们希望创建一个 agent，但是又不想让它拥有自己的属性和活动，只是作为一个占位符（空壳）存在，将来可以替换成实际的 agent。我们把这样的 agent 称为原型 agent（proto-agent）。比如说，你正在创建一个住所选址决策模型，你会将居民作为 agent；一个人选择居住在哪里，很大程度上受到就业和服务场所（例如，杂货店、商店或餐馆）的影响，你或许想把这些"服务中心"也作为 agent 纳入模型中。但是，描述居民 agent 所需的详细程度（居民是模型关注的焦点）对于"服务中心"而言是不必要的。相反，此时的"服务中心"只是占位符，仅仅表示居民会在那里寻找工作或购买商品。然而，随着模型不断细化，可能为"服务中心"提供额外的决策能力。例如，这些"服务中心"会依据它们的特点及其对未来市场增长的看法，预测市场需求，决定店面选址，如果你想把这些细节纳入模型之中，就需要对模型加以细化。建模初期，将"服务中心"这样的 agent 作为原型 agent，意味着当模型需要升级到更详细版本的时候，不必返工去修改居民 agent。相反，还可以继续使用那些已经定义过了的交互事件，即居民 agent 与"服务中心"原型 agent 之间的交互行为。虽然并没有特殊的 NetLogo 指令用于创建原型 agent，但是像斑块和 turtle 类型的 agent 是可以作为原型 agent 使用的，这取决于你如何看待它们。

⊖　不同的 agent 角色只能属于不同的层级。对于同一个 agent 而言，在低层级中，它是元 agent，在高层级中，它是子 agent。不会存在一个 agent 在同一个层级中既是元 agent 又是子 agent 的情况。——译者注

元 agent 和原型 agent 都提供了一种方法，即由一个简单模型起步，通过不断完善和精炼，模型得以逐步至臻。

5.3 环境

在基于 agent 的模型中，建模初期的另一个关键问题是如何设计环境（environment）。环境包括 agent 在模型中开展活动和交互的条件与栖息地（condition and habitat）。环境会影响 agent 的决策，反过来，又会受到 agent 决策的影响。例如，在第 1 章的蚁群模型中，蚂蚁在环境中留下的信息素改变了环境，反过来又改变了蚂蚁的行为。在 ABM 中，有很多不同的环境类型。我们将在本节讨论几种最常见的环境类型。

在讨论环境类型之前，读者需要知道环境本身可以通过多种方式实现。首先，环境可以由 agent 组合而成，因此构成环境的每一个部分都可以拥有完备的属性和活动。在 NetLogo 中，这是环境的默认视图——环境由斑块构成的 agentset 表示，由此，允许环境的不同组成部分拥有不同的属性，并且可以依据本地交互过程而采取不同的行动。环境构建的第二种方法，是将它表示为一个具有全局属性和活动集的大型 agent。此外还有一种方法，是使用 ABM 工具箱之外的其他工具箱去构造环境。例如，可以使用地理信息系统（GIS）工具箱，或者社交网络分析（social network analysis，SNA）工具箱，前提是保证 ABM 可以与使用这些工具箱构建的环境进行交互。原则上，我们讨论的各类环境与其创建 / 实施方法无关；尽管如此，读者应该知道，使用不同方法构建环境的难易程度是不一样的。

5.3.1 空间环境

在基于 agent 的模型中，空间环境通常有两种变体：离散空间（discrete space）和连续空间（continuous space）。按照数学表示法，连续空间中任意两点之间都会存在另外一个点；而在离散空间中，虽然每个点都有与其相邻的点，但是在任意两点之间不一定存在另外的点，所以每一个点与其他任何一个点都是彼此分离的。然而，当我们在 ABM 中构建环境的时候，连续空间只能以近似的方式实现，连续空间需要使用离散空间表示，只不过点与点之间的距离非常小。值得注意的是，无论离散空间还是连续空间，既可以是有限的，也可以是无限的。然而在 NetLogo 中，采用的标准是有限空间，当然实现无限空间也是可能的（将在本章后面介绍具体实现方式）。

离散空间 ABM 中最常用的离散空间是网格图（lattice graph），有时也称为网状图（mesh graph）或格图（grid graph）。在网格图所代表的环境中，每一个位置单元（location）都在规则化的网格中与其他位置单元相连。比如说，在环状方格图（toroidal square lattice）中，在每一个位置单元的上下左右四个方向上，都存在一个相邻的位置单元。NetLogo 中最常见的环境是由斑块组成的，在 ABM 中，这些斑块分布于二维网格图之中（图 5.9 给出了斑块的彩色标识图，图示结果使用 `ask patches [set pcolor pxcor * pycor ]` 语句可以实现）。通过这种方法实现的统一化拼接（uniform connectivity）与基于网络的环境（network-based environment）有所不同，本章后面将对此进行更详细的讨论。

最常见的两种网格类型是正方形网格和六边形网格，稍后将依次讨论。还有一种类型的规则化多边形也可以用来拼贴平面（在覆盖平面之后不留任何空隙），即三角形。但是，相对于正方形和六边形而言，三角形不常用于表示环境。此外，还有 8 种通过三角形、正方形、六边形、八边形和十二边形组合而成的半规则化贴片（Branko 和 Shephard，1987）。由于不同位置单元所采用贴片的形状不同，因此由其构建而成的环境可能是不均匀的。因此这些形状在 ABM 中并不常用，尽管没有谁会刻意限制它们的使用。

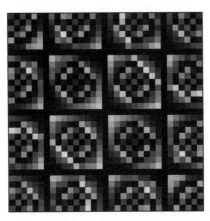

图 5.9   具有不同彩色的斑块（见彩插）

正方形网格空间   正方形网格（square lattice）是 ABM 环境中最常见的一种类型。正方形网格由许多小的正方形单元格组成，类似于数学课上使用的方格纸。正如我们在第 2 章中讨论的，在正方形网格中，对于单元格之间的相邻关系有两种经典的表述方法：冯·诺依曼邻域（von Neumann neighborhood），包括主要方向（上下左右）的 4 个相邻单元格（参见图 5.10a）；摩尔邻域（Moore neighborhood），包括毗邻的 8 个相邻单元格（参见图 5.10b）。半径为 1 的冯·诺依曼邻域（以 John von Neumann 的名字命名，他是元胞自动机理论的首创者）是这样的一个网格：它的每一个单元格都有 4 格"邻居"，即该单元格的上、下、左、右各有一个"邻居"单元格。半径为 1 的摩尔邻域（以元胞自动机理论的另一位先驱者 Edward F. Moore 命名）则是另外一种形式的网格：它的每一个单元格在 8 个方向上有 8 个"邻居"，该单元格与"邻居"之间的接触方式分为两类，一是共享一条边，二是共享一个顶点，这 8 个"邻居"的方向为：上、下、左、右、左上、右上、左下、右下。一般来说，摩尔邻域能够让你近似地实现平移操作，由于 ABM 模型普遍存在平移的情况，因此摩尔邻域是离散型移动操作（discrete motion）的首选建模方法。

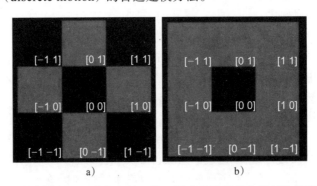

图 5.10   a）冯·诺依曼邻域；b）摩尔邻域。处于居中位置的黑色单元格是聚焦单元，橙色单元格是它的邻居（见彩插）

如果半径设定为大于 1，那么这些"邻居"还可以进行扩充。比如说，一个半径为 2 的摩尔邻域会有 24 个"邻居"，而一个半径为 2 的冯·诺依曼邻域则有 8 个"邻居"。只要记住摩尔邻域中"邻居"数量比冯·诺依曼邻域多就可以了，这是区分摩尔邻域和冯·诺依曼邻域的一种简单方法。我们将在下一节讨论邻域如何影响行为交互这个问题。

六边形网格空间 与正方形网格相比，六边形网格（hex lattice）具有一些优势。在正方形网格中，单元格的中心点与它的 8 个"邻居"单元格中心点的距离是不一样的，尤以对角线上的"邻居"距离最远。然而，在六边形网格中，每个单元格和它的"邻居"之间的距离都是一样的。进一步来说，六边形是所有能够平铺平面空间的多边形中边数最多的，对于某些应用而言，六边形是最好的选择。上述两个优点（单元格中心彼此距离相等；单元图形边的数量最多）意味着六边形网格比正方形网格更适合连续平面近似。只是因为正方形网格与笛卡儿坐标系的一致性更高，选择正方形网格结构可以降低使用难度，因此即使六边形网格更具优势，许多 ABM 模型和 ABM 工具箱还是会使用正方形网格。然而只要稍加努力，任何出现在现代 ABM 中的正方形网格都可以使用六边形网格进行模拟。例如，NetLogo Code 案例库有两个模型 Hex Cells 和 Hex Turtles（参见图 5.11 和图 5.12）。在 Hex Cells 模型中，环境中的每个斑块都有 6 个邻居，每个 agent 所处的斑块都是六边形。换句话说，虽然整体环境是一个矩形，但是我们为每个斑块都定义了一组新的邻居。在 Hex Turtles 模型中，所有 turtle 都采用箭头作为其图形，并沿着可以被 60° 整除的方向前进；也就是说，当 turtle 移动的时候，它们只能沿着既定的角度前进。

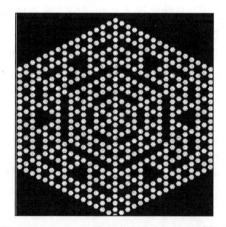

图 5.11 NetLogo 模型库中的 Hex Cells 模型

图 5.12 NetLogo 模型库中的 Hex Turtles 模型

连续空间 在一个连续空间中，不再有单元格或者离散区域的概念。处于连续空间中的 agent 将定位于平面空间中的点，这些点可以使用模型所允许的最小数值分辨率来表示。在连续空间中，agent 可以在空间内平滑移动，途径起点和终点之间的所有中间点，而在离散空间中，agent 直接从一个单元格中心移动到另一个单元格中心。由于计算机是基于离散处理技术设计的机器，因此它不可能完美地表示一个连续型空间，但是可以使用足够高的分辨率来表示。换句话说，所有使用连续空间的 ABM 实际上使用的都是足够细化的离散空间，一般来说，分辨率只要能满足大多数用途就足够了。

NetLogo 包含一个有意思的创新之处（许多其他 ABM 工具箱并不具备）是它默认使用的是一个连续空间，在此空间之上再放置一个离散的网格。这样做的结果就是 agent 不仅可以在空间内平滑移动，它们还可以知道自己在哪个单元格之内，并实现与网格的交互。为了实现这个设计，必须存在一个离散空间与连续空间之间的映射关系。在 NetLogo 中，解决方法是令每一个斑块的中心点坐标取整数值，然后斑块围绕这个坐标点延伸 0.5 个长度单位。例如，中心点坐标为（−1，−5）的斑块，它的四个端点坐标分别为（−1.5，−5.5）、（−0.5，−5.5）、（−0.5，−4.5）和（−1.5，−4.5）。然而，这样表述并不完全正确，因为斑块边线上的点只能属于一个斑块：例如，中心点坐标为（0，−5）的斑块，它包含（−0.5，−5.5）到（−0.5，−4.5）连线上的点及转角点，中心点坐标为（−1，−4）的斑块，它包含（−0.5，−4.5）至 (−1.5,−4.5) 连线上的点及转角点。换句话说，**一个斑块包含它的底边线和左边线，但不包含它的顶边线和右边线。**

使用 NetLogo，不需要事先确定使用连续空间还是离散空间；模型开发人员可以在编程过程中充分利用这两种空间形式的优点。实际上，许多 NetLogo 示例模型同时使用了离散矩形网格和连续型平面。例如，Traffic Basic 模型将汽车表示为空间中的点，但是使用前置斑块（即矩形网格）来确定汽车应该加速还是减速。

专栏 5.5　拓扑结构

拓扑结构（topology）是具有相同连接结构的一种环境类型。比如说，一张纸代表一个有界平面的拓扑结构，不管这张纸有多大，它的边界始终是一个矩形。圆环曲面是甜甜圈的拓扑结构。拿出一张纸，把它卷起来，把纸的顶边和底边连在一起，就会得到一个甜甜圈形状的（圆环曲面）拓扑。拓扑结构的有趣之处在于它的连通性，以及这些特性如何促进或者阻止 agent 移动。当处于有界平面拓扑上的 agent 来到平面边缘的时候，此时它就无法再移动了。相比之下，环形曲面拓扑上的 agent 不会遇到任何边界，可以一直移动。

边界条件 使用环境空间时遇到的另外一个问题是如何处理边界，这也是六边形和正方形网格用于连续空间时会出现的问题。如果一个 agent 已经到达了环境空间的左侧边缘，并且还想继续向左走，那么会发生什么呢？对于这个问题（也就是环境的拓扑结构）有三种标准处理方法：（1）agent 出现在网格的右侧边缘（环形拓扑）；（2）无法继续向左前进（有界拓扑）；（3）可以永远向左走（无限平面拓扑）。

环形拓扑（toroidal topology）是指所有的边都和与之对应的另一条边以常规方式相连。在矩形网格中，空间的左侧与右侧相连，顶端与底部相连。因此，当 agent 朝着一个方向移动并走出空间的时候，它会出现在空间反方向的另一端。有时候，我们将这种情形称为"缠绕"（wrapping），因为 agent 可以从空间中的一个边界跨出而同时从反方向的另一个边界跨入。一般来说，使用环形拓扑意味着建模者可以忽略边界条件，这会使模型开发工作更容易。如果空间不是环状的，那么建模者就要为此制订特殊规则，告诉 agent 当它遇到边界之后该如何应对。在平面空间模型中，遇到这种问题的时候，agent 只需要转向或者后退一步即可。实际上，ABM 最常用的环境空间是正方形环形网格（square toroidal lattice）。

有界拓扑结构（bounded topology）不允许 agent 的移动范围超出空间边界。这种拓扑结构对于某些环境而言更为真实。比如说，假设针对农业耕作过程进行建模，如果农民开着拖拉机一直向东开，最后突然出现在地块的西侧，这就太不真实了。本例中，使用环面空间环境可能会影响耕地所需燃料的数量，所以针对当前模型所研究的问题，有界拓扑结构或许是更好的选择。让空间环境的一部分是有界的，其余部分是缠绕的，这是有可能的。例如，在 Traffic Basic 模型中，汽车只能从左向右行驶，空间的顶部和底部是有界的（模型中的汽车不能上下移动），空间的左、右两个边界是"缠绕的"（实际上，这是一个圆柱形拓扑结构）。这样会让环境空间看起来像是一条绵延不绝的道路。在 NetLogo 中，可以在 Model Setting 对话框中指定每个边界集（"南 – 北向"或者"东 – 西向"）是"有界的"还是"缠绕的"。

无限平面拓扑结构（infinite-plane topology）不存在边界，换句话说，agent 可以沿着某个方向永远向前走。实际应用中，环境空间可以设置为从很小的尺寸起步，每当 agent 即将超越边界的时候，空间就向外伸展一些。有的时候，agent 确实需要在更广泛的空间内移动，这种情况下无限平面就非常有用了。有些 ABM 工具箱提供了内置的无限平面拓扑结构，但是 NetLogo 并没有提供。然而，在 NetLogo 中规避这种限制是可以做到的，即通过赋予每一个 turtle 单独的 (x, y) 坐标（使之与内置拓扑结构建立关联）来实现。这样一来，当一个 agent 离开空间环境的某个边界时，我们可以把这个 turtle 在屏幕上隐藏起来（不显示），然后将它记录在另外的坐标集中，直到这个 agent 返回可见区域，再把它显示到屏幕上（如需了解这个功能的实现方法，可参见 Random Walk 360 模型的示例代码）。在大多数情况下，环形拓扑结构或有界拓扑结构将是更合适（也更简单）的选择。

专栏 5.6　探索环境与拓扑结构

请找出一种现象或者问题，更适合使用六边形网格而不是正方形网格（或者相反）。分别使用六边形网格和正方形网格对这个问题建模，并演示所得到的结果。针对三种拓扑结构（有界、环形和无限），分别找到一个最适合的现象或问题，并对之进行建模。然后，从上述三种现象或问题中任选一个，用三种拓扑结构分别进行建模。比较使用这三种不同拓扑结构进行建模的经验。

5.3.2　基于网络的环境

在现实世界特别是社会领域中，agent 之间的交互不受自然地理限制。例如，谣言在个体之间的传播不会受到地理位置的制约。如果我打电话给在德国的朋友，告诉他一个谣言，这个谣言不必经过我和友人之间的所有联系人就有可能在德国扩散开来。在很多情况下，我们希望使用一个基于网络的环境（network-based environment）来表示个体之间进行交流的方式或途径（参见图 5.13 和图 5.14）。在基于网络的环境中，可以在模型中的两个 agent（代表我和友人）之间绘制一条链接，这就表示我给我的德国友人打了电话。链接是由它所连接的两个端点（通常称作"节点"）所定义的。这些术语可以用于快速发展的网络科学领域（Barabási，2002；Newman，2010；Watts 和 Strogatz，1998）。需要注意的是，数学图论文献使用不同的术语指代这些本质上相同的对象，其中，图（网络）包含顶点（节点）和连接顶点的边（链接）。本书中，我们将使用网络（network）/节点（node）/链接等词汇。

在 NetLogo 中，链接所属的 agent 类型就是它自己。像斑块一样，链接可以是信息传递和环境描述的被动接收者，也可以是具有属性和自主行为能力的完备型 agent。前面介绍过的网格环境可以认为是网络环境的一个特例，其中斑块相当于节点，与其网格中的"邻居"相连。实际上，网格图也称作格子网络，其属性是网络中的各个位置与其他位置看起来都是完全相同的。然而，考虑概念和效率的原因，ABM 环境通常不使用网格环境表示网络。此外，如果将斑块作为默认拓扑结构，那么空间环境既可以使用离散方式表示，也可以使用连续方式表示，然而网络只能是离散的。

在诸多问题的研究中（如疾病或谣言的传播、社会群体的形成、组织架构，以及蛋白质结构等问题），基于网络的环境有其用武之地。有几种网络拓扑结构常用于 ABM 中。除了前面提到的常规网络之外，还有三个最常见的网络拓扑结构：随机（random）网络、无尺度（scale-free）网络，以及"小微"世界（small-world）网络。

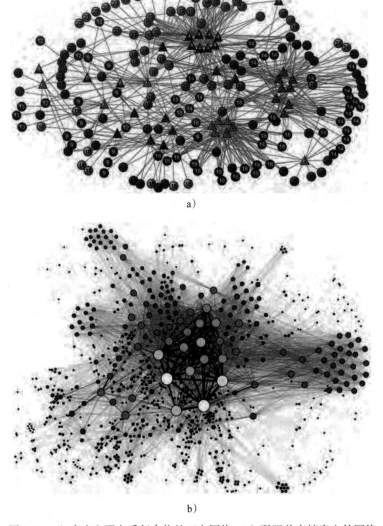

a）

b）

图 5.13　a）癌症和蛋白质复合物的双向网络；b）联盟共享档案文件网络

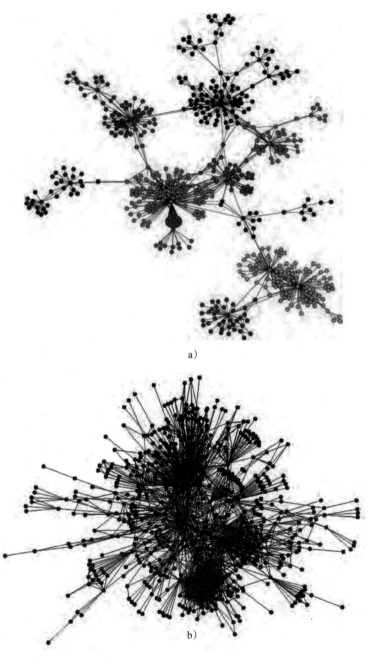

图 5.14 a）西北大学 McCormick 学院研究人员协作网络；b）亚洲和中东地区之间的航线

在随机网络中，每个个体随机地与其他个体相连。这些网络是通过在系统中的 agent 之间随机添加链接而创建的。例如，在你创建的模型中，所有 agent 都在一个大房间里面移动，每个 agent 都可能与其他 agent 建立链接，链接条件是，某个 agent 所遇到的其他 agent 的社会安全号码的最后两位数字是未与其建立链接的剩余 agent 之中最大的，这样就有可能创建一个随机网络。数学家 Erdös 和 Rényi（1959）率先研究了随机网络，并介绍了生成随机网络的算法。我们在此展示一个创建随机网络的简单方法。这段代码可以在 NetLogo 模型库 IABM Textbook 目录 Chapter 5 子目录中的 Random Network 模型中找到：

```
to setup
    ca
    crt 100 [
        setxy random-xcor random-ycor
    ]
end

to wire1
    ask turtles [
        create-link-with one-of other turtles
    ]
end
```

上面这段代码创建了一组 turtle，并将它们随机放置在屏幕上。然后，要求每个 turtle
与随机选择的另外一个 turtle 创建链接。如果想让每个 turtle 都拥有不止一个链接，只需
要求每个 turtle 重复执行这段代码就可以了。这段代码最终会生成一个网络，其中的每个
节点至少拥有一个链接，这意味着网络中不存在孤立的节点（没有链接的节点）。Random
Network 模型还给出了其他几种创建随机网络的方法，包括经典的 Erdös-Rényi 网络。我们
将在第 6 章进一步讨论随机网络。

无尺度网络具有如下特性：全局网络（global network）中的任何一个子网络都拥有与全
局网络相同的属性。创建这种类型网络的一种常用方法，是向系统中添加新的节点和链接，
使得那些拥有大量链接的现存节点更有可能增加新的链接（Barabási, 2002）。这种方法有时
也称为偏好链接（preferential attachment），因为具有更多链接的节点会被优先连接。这种网
络创建方法倾向于生成具有中心节点（这些节点拥有大量的辐射性链接）的网络，因为它看
起来很像自行车的轮子，所以这种网络结构有时又被称为中心辐射网络（hub-and-spoke）。
现实世界中的许多网络，如互联网、供电网络、航空航线，都具有与无尺度网络类似的特
征。

创建一个无尺度网络，首先需要生成两个节点并将它们链接起来。这段代码可以在
NetLogo 模型库 IABM Textbook 目录的 Chapter 5 子目录下的 Preferential Attachment Simple
模型中找到：

```
to setup
  clear-all
  set-default-shape turtles "circle"
  ;; create two turtles (nodes) and space them out
  create-turtles 2 [
    set color red
    fd 5
  ]
  ask turtle 0 [ create-link-with turtle 1 ] ;; create a link between them
  reset-ticks
end
```

这段代码首先将环境清空，然后将 turtle 的图形由默认形状改为圆形，这样它们看起来
更像抽象化的节点。接下来生成两个节点，并在节点之间绘制一个链接。通过 GO 例程可
以系统化地增加节点，每次添加一个，使用现有链接选择端点。添加新节点的代码（达到
`num-nodes` 限制的节点数）如下：

```
to go
  if count turtles > num-nodes [ stop ]
  ;; choose a partner attached to a random link
  ;; this gives a node a chance to be a partner based on how many links it
  ;; has this is the heart of the preferential attachment mechanism
  let partner one-of [both-ends] of one-of links
  ;; create new node, link to partner
```

```
create-turtles 1 [
  set color red
  ;; move close to my partner, but not too close -- to enable nicer
  ;; looking networks
  move-to partner
  fd 1
  create-link-with partner
]
;; lay out the nodes with a spring layout
layout
tick
end
```

上面这段代码的关键之处在于如何确定一个连接到新节点的伙伴节点。设计这段代码的一个思路是给该网络中的每一个节点生成一张"彩票","彩票"的数值等于该节点当前所拥有的链接的数量;然后,随机抽取一张"彩票",持有这张"彩票"的那个节点即为伙伴节点。这段代码来自 NetLogo 模型库 Networks 部分的 Preferntial Attachment 模型(如图 5.15 所示),该模型是在 Barabási-Albert 网络模型(1999)的基础上开发的。

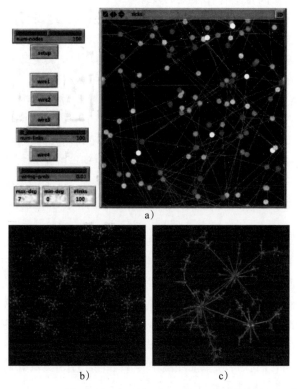

a)

b)   c)

图 5.15   a) Random Network 模型所展现的 Erdös-Rényi 经典随机网络;b) 和 c) 均为
       Preferential Attachment 模型中的无尺度网络。http://ccl.northwestern.edu/netlogo/models/
       PreferentialAttachment(Wilensky,2001)

我们要介绍的最后一个标准网络拓扑结构是"小微"世界网络。"小微"世界网络是由一簇一簇的"节点团"(dense cluster)组成的,"节点团"内部的节点高度互连,"节点团"之间则通过为数不多的长距离链接相连。这些长距离链接的存在,使得网络中任意两个节点之间的信息传输无须经过太多链接即可完成。"小微"世界网络的构建有时是从常规网络开始的,例如前面介绍的二维网格(2D Lattice),然后随机地连接一些相距较远的节点,使得

agent 可以实现远距离跳跃（Watts 和 Strogatz，1998）。谣言传播可以使用"小微"世界网络进行建模，因为大多数谣言扩散过程发生在局部区域（在某个地理位置附近的朋友之间传播），但是偶尔也会发生远距离的跳跃（传播给一个身在远方的朋友）。有关如何创建"小微"世界网络的示例，请参阅 NetLogo 模型库 Networks 部分的 Small-World 模型（Wilensky，2005a）。

描述网络特性的方式有很多。常用的两种方式是平均路径长度（average path length）和集聚系数（clustering coefficient）。平均路径长度是网络中所有成对节点之间距离长度的平均值。换句话说，我们测量网络中每一对节点（任意两个节点）之间的距离，然后对所有观测结果求平均值。平均路径长度可以描述出网络中每一个节点到其余节点之间距离的特征。某个网络的集聚系数是各个节点的近邻之中同时具有邻里关系的成员占比的平均值。换句话说，在我的朋友之中，有些人彼此也是朋友，集聚系数就是用来度量这个比例的。在那些集聚系数均值较高的网络中，任意两个相邻节点一般都有很多相同的邻居，然而在集聚系数均值较低的网络中，邻居之间很少存在重叠的现象。

随机网络具有较低的平均路径长度和较低的集聚系数，这表明从一个节点移动到另一个节点不需要花费很长时间，因为这些节点与其他节点之间都会存在一些链接，节点之间的连接没有规律性。完全的规则化网络（比如基于网格的环境）具有较高的平均路径长度和相对较高的集聚系数。在规则化网络中，信息传递所需时间较长，但是邻居之间的联系却更紧密。"小微"世界网络虽然具有较高的集聚系数，但是平均路径长度比较低，邻居往往紧密地聚集在一起，由于存在不多的几个长距离链接，信息仍然可以在网络中快速流动。无尺度网络的平均路径长度也比较低，这是因为那些具有许多邻居的节点可以作为信息交流的集散中心。我们将在第 6 章给出一个创建和使用基于网络的环境的示例。NetLogo 还包括一个特殊的扩展组件，即网络扩展，用于创建、分析和使用网络。这个扩展组件可以让我们将网络理论方法完整地集成到 ABM 中。我们将在第 8 章介绍网络扩展组件的使用。

5.3.3　几类特殊的环境

我们已经介绍了两种定义环境的方法——基于网格的方法和基于网络的方法，它们都是二维的，都是"交互拓扑结构"的实例。交互拓扑结构（interaction topology）对 agent 之间进行通信和交互的路径进行了描述。到目前为止，除了已经介绍的这两种交互拓扑结构之外，还有其他几种标准拓扑结构也需要让读者了解一下。最有趣的两种拓扑结构涉及使用三维世界以及地理信息系统（Geographic Information Systems，GIS）。三维世界允许 agent 在三维环境中移动，如同它们在传统二维环境中移动一样。GIS 使得我们可以将现实世界的地理数据图层导入 ABM 中。以下我们来逐一介绍。

三维世界

一种不可名状的恐惧攫住了我。四周一片黑暗；接着有一阵头晕目眩、恶心得好像要失明的感觉；我看见了一条线，但那又不像是一条线；我看到了一个空间，但那又不像是空间；我是我自己，但那又不像是我自己。当我终于能够说话的时候，我痛苦地大声尖叫："要么是我疯了，要么这里就是地狱。"

"都不是，"球体的回答很平静，"这是知识，这里是三维空间，再次睁开你的眼睛，好好看看吧。"

——Edwin A. Abbott，《平面国：一个多维的传奇故事》

传统 ABM 采用正方形斑块构建二维矩形网格。然而，许多系统却是在三维空间中运行的。在多数情况下，将其简化为二维空间是可行的，因为此类系统中的移动行为是二维的，例如，大多数人不能飞（只能在平面上行走），或者为移动行为增加一个维度并不能对模型运行结果产生多大作用。然而有时在模型中增加第三个维度是非常重要的。一般来说，三维环境使得开发人员可以对某些复杂系统进行研究，在这样的系统中，第三个维度就不能被简化，或者，还有的时候，运用三维空间是为了增加模型的物理真实感。

NetLogo 有一个被称为 NetLogo 3D 的版本（NetLogo 文件夹下的一个独立应用程序），它允许建模者在三维空间开发 ABM 模型。许多经典的 ABM 模型都是在 NetLogo 3D 模型库所提供的环境中开发完成的（Wilensky，2000）。例如，我们在第 3 章中讨论的 Percolation 模型就有一个 3D 版本（见图 5.16）。

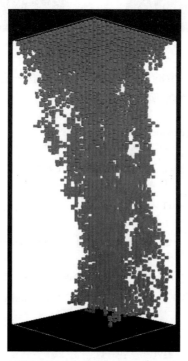

图 5.16　Percolation 模型的 3D 版本，http://ccl.northwestern.edu/netlogo/models/Percolation3D （Wilensky 和 Rand，2006）

ABM 的部分元素在二维和三维环境中是一样的，但是另外一些元素会发生变化。比如说，如果在三维环境中仍然要求使用二维正方形网格的概念来描述环境，那么就需要在二维的基础上再扩展一个维度，也就是创建一个三维立方体网格（cubic lattice）。虽然使用三维环境与二维环境并无太大差别，但是处理三维世界还是需要一些额外的数据和命令。例如，agent 需要包含 Z 坐标，以及操控这个新自由度的指令。

在三维环境中，不再只使用朝向（heading）描述 agent 方向，还需要使用俯仰角（pitch）和横滚角（roll）来描述 agent 的方向。如果把 agent 想象为一架飞机，那么俯仰角就是机鼻的指向与水平面之间的夹角。比如说，如果机头是垂直向上的，那么俯仰角就是 90°（如图 5.17 所示）。横滚角就是机翼的指向与水平面之间的夹角。比如说，如果两个机翼一个朝上一个朝下，那么横滚角就是 90°（如图 5.18 所示）。在许多 ABM 的三维系统中，朝向有一个新名字，即偏航（yaw）。然而，在 NetLogo 中，无论是 2D 版本还是 3D 版本，我们仍然使用朝向一词，以保持称谓一致[⊖]。

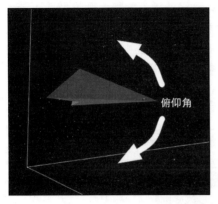

图 5.17　俯仰角

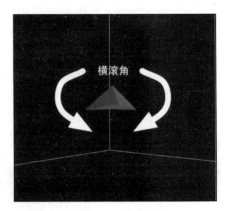

图 5.18　横滚角

为了了解 3D 模型和 2D 模型的创建差异，让我们看一看每个模型中的程序代码。2D Percolation 模型中的 PERCOLATE 例程是这样的：

```
to percolate
    ask current-row with [pcolor = red] [
        ;; oil percolates to the two patches southwest and southeast
        ask patches at-points [[-1 -1] [1 -1]]
            [ if (pcolor = brown) and (random-float 100 < porosity)
                [ set pcolor red ] ]
        set pcolor black
        set total-oil total-oil + 1
    ]
    ;; advance to the next row
    set current-row patch-set [patch-at 0 -1] of current-row
end
```

注意在 2D 版本中，程序代码让每个斑块都检查其下方、左侧和右侧的斑块。而在 3D 版本中，这种做法需要改变。在 3D Percolation 模型中（Wilensky 和 Rand, 2006），PERCOLATE 例程是这样的：

```
to percolate
    ask current-row with [pcolor = red] [
        ;; oil percolates to the four patches one row down in the z-coordinate and
        ;; southwest, southeast, northeast, and northwest
        ask patches at-points [[-1 -1 -1] [1 -1 -1] [1 1 -1] [-1 1 -1]]
            [ if (pcolor = black) and (random-float 100 < porosity)
                [ set pcolor red ] ]
        set pcolor brown
        set total-oil total-oil + 1
    ]
    ;; advance to the next row
    set current-row patch-set [patch-at 0 0 -1] current-row
end
```

PERCOLATE 例程的 3D 版本和 2D 版本之间的唯一区别是，在 2D 版本中一次渗透一行斑块，而在 3D 版本中一次渗透一个立方体形状的斑块。其结果是，在 3D 版本中，每个斑块必须要求处于它下方的 4 个斑块（呈十字形）进行渗透，而不像 2D 版本中只渗透两个。

⊖　严格来说，pitch、yaw 和 roll 分别为飞机沿着 x 轴、y 轴和 z 轴旋转的结果，这是航空领域的专业名词。pitch 是以机翼所在的轴进行旋转；yaw 是以重力方向为轴进行旋转；roll 是以机身所在的轴进行旋转（摘自 https://www.cnblogs.com/zhoug2020/p/7636588.html）。——译者注

就像前面的例子那样，有时将二维模型转换成三维模型是非常容易的。在许多情况下，三维转换增强了模型的真实性。因为许多现象都包含渗透过程，而渗透会发生在三个维度方向，就像石油在岩石中的扩散一样，所以在三维环境中构建渗透过程是合理的。然而在某些情况下，使用二维环境表示复杂系统就足够了（甚至比三维表示更好一些）。最终是否采用三维表示法，主要取决于建模者所要回答的问题本身。如果需要使用第三个维度来更好地描述当前问题，那么就应该使用三维环境。相反，如果使用二维环境可以加快和促进模型的开发，那么就不需要使用第三个维度。这个问题并不总是容易回答。比如说，某个研究人员对山坡土地的利用和变化感兴趣，一开始可能认为需要使用三维环境，因为山脉的海拔高度变化很大，因此需要使用高度、宽度和长度三个指标。但是，一旦研究人员所关心的只是山地地表的林木覆盖情况，那么谁还有兴趣关注那块土地的高低变化呢？至于土地海拔高度的变化情况，只需将其设定为斑块的一个变量即可。事实上，这正是 Grand Canyon 模型所采用的处理方式，该模型可以在 NetLogo 模型库的 Earth Science 部分找到。

在 NetLogo 中，三维视图（3D View）是一个独立的窗口，它提供了对视角（比如"绕轨运行""缩放"和"移动"）的控制与操作，这些功能使你可以更好地观察模型（如图 5.19 所示）。

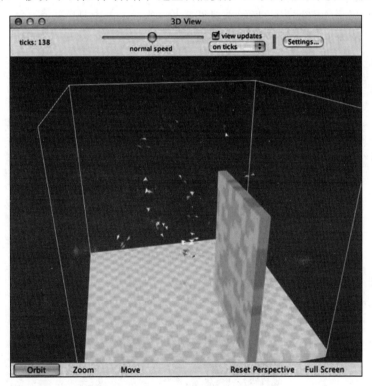

图 5.19　Flocking 3D Alternate 模型，一群飞鸟在墙边飞翔。http://ccl.northwestern.edu/netlogo/ models/Flocking3DAlternate（Wilensky，2005）

基于 GIS 的环境　地理信息系统（GIS）是包含大量数据的、与现实世界的实际地理位置相对应的环境$^{\ominus}$。GIS 被环境科学家、城市规划者、国家公园管理者、交通工程师以及其他许多人员广泛使用，帮助他们组织数据，并制订针对土地的各项决策。利用 GIS，我们可以

$\ominus$　尤其需要注意的是，GIS 环境实际上是一个空间环境，它既可以包含连续空间，也可以包含离散空间，但是，由于 GIS 数据的处理方式与传统数学空间的数据处理方式有很大不同，因此我们决定在本书中单独讨论它。

依据一个特定对象或现象在现实中的物理位置，对它们的信息建立索引。进一步地，GIS 研究人员已经开发出了分析工具，使得人们能够对这些数据快速进行模式检验，并确定其空间分布。其结果是 GIS 工具和技术允许人们对复杂系统模式进行更深入的研究。

在 GIS 地形中移动的 agent，可能在与该地形进行交互的时候受到一定的限制。对于这个问题，可以将 GIS 作为一种交互式拓扑结构加以解决。GIS 系统并不是只能严格地作为地理数据（例如海拔、土地使用情况、地表覆盖情况）使用。只要获得了关于某个特定问题或现象的大量数据，就可以利用 GIS 对这些数据进行编码。比如说，可以将某个住所周围邻居的社会经济状况纳入其邻居数据中。

ABM 在这个结构中处于什么位置呢？ GIS 可以为 ABM 提供一个可管控的环境。由于 ABM 包含了复杂系统的丰富的过程模型，所以它天然地能够与 GIS 很好地匹配，而 GIS 提供了丰富的建模方式。允许 ABM 检查并管理 GIS 数据，可以对所研究系统进行更加丰富的描述。GIS 使得建模人员能够针对复杂现象构建更加真实和精细的模型。

为了说明这一点，请查看 NetLogo 模型库中的 Grand Canyon 模型（如图 5.20 所示）。该模型研究了大峡谷中的河水流动情况。通过使用 Grand Canyon 模型的数字海拔地图（由 GIS 地形海拔数据集创建），用户能够对真实环境（大峡谷）中复杂过程（河水流动）的简化模型进行可视化观察。

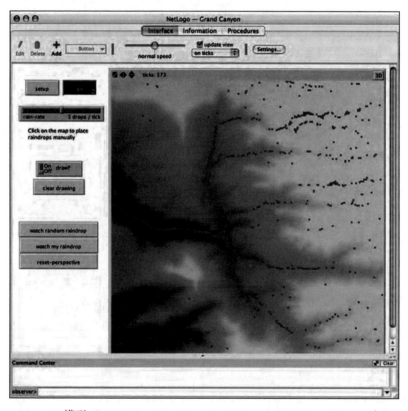

图 5.20　Grand Canyon 模型。http://ccl.northwestern.edu/netlogo/models/GrandCanyon（Wilensky，2006）

那么，该如何将 GIS 数据纳入模型中呢？第一步是使用 GIS 工具箱对数据进行检查。这些数据来自美国国家海拔数据集（National Elevation Dataset，http://seamless.usgs.gov）。然后，将数据从原来的 ESRI 文件格式转换为 ASCII 文件格式。ESRI 是一个大型的 GIS 软件生产商，有许多数据集采用这个格式。你可以使用 ESRI 众多产品中的一个（例如 ArcGIS）来检查 ESRI 格式的数据。更改文件格式后，文件中的数据值将缩放到 0 ～ 999 之间，并且数据头信息被从文件中剔除，这样使得 NetLogo 更容易管理这些数据。最终，可以得到一个包含 90 601 个条目的大列表文件。这个列表表示为 301 行、每行包含 301 个海报高度数值。列表的第一行看起来是这样的：

```
819 820 822 828 830 832 834 835 836 837 839 841 842 844 845 846 847 848 849 848 847
844 840 833 829 826 825 825 826 827 828 830 832 835 838 841 841 842 842 843 844 845
847 849 850 850 852 855 858 862 864 866 865 864 864 870 873 876 878 880 880 880 880
879 878 877 877 879 879 881 884 887 888 888 887 883 881 880 879 873 870 866 864 860
860 861 860 856 853 852 853 852 851 850 848 845 843 841 840 836 834 833 833 834 835
835 836 838 838 839 840 843 845 847 848 853 856 859 863 871 874 876 879 884 887 890
894 902 905 908 910 912 912 912 912 911 908 906 906 901 897 897 900 904 909 913 918
919 919 916 914 915 915 914 912 913 911 907 904 899 899 903 906 911 913 915 917 922
923 921 918 907 903 904 908 910 911 911 910 909 912 915 918 918 918 920 921 919 918
918 919 921 922 924 924 926 929 931 932 935 938 940 942 944 945 946 947 947 945 942
943 949 950 952 953 956 957 958 959 960 960 960 959 957 956 955 955 956 956 957 957
959 960 961 962 963 964 964 963 963 963 962 960 954 951 949 948 950 954 959 963 965
966 966 967 968 969 970 971 972 973 974 974 975 975 975 975 975 975 974 975 976 976
977 978 979 980 981 981 981 981 981 981 981 982 982 983 985 987 988 989 991 992 993
993 990 990 992 993 994 993
```

该数据文件被保存为 "Grand Canyon data.txt"。由此，NetLogo 模型就产生了一个 301×301 个斑块的世界。使用以下代码可以将该数据文件读入 NetLogo 模型[⊖]：

```
file-open "Grand Canyon data.txt"
let patch-elevations file-read
file-close
;; put a little padding on the upper bound so we don't get too much
;; white, and higher elevations have a little more variation.
set color-max max patch-elevations + 200
let min-elevation min patch-elevations
;; adjust the color-min a little so patches don't end up black
set color-min min-elevation - ((color-max - min-elevation) / 10)
;; transfer the data from the file into the sorted patches
(foreach sort patches patch-elevations [
  ask ?1 [ set elevation ?2 ]
])
```

以上程序代码中，第一行执行打开文件操作；然后，一个名为 `patch-elevations` 的临时变量被创建，作为一个大列表用来存放文件中的数据；接下来，关闭数据文件；然后，依据海拔高度的最小值和最大值确定如何为环境着色；最后，为环境中的每一个斑块分配一个从文件中读入的、与之对应的数据点的海拔高度值。在程序代码的后部，这些信息用于为斑块着色：

```
ask patches
     [ set pcolor scale-color brown elevation color-min color-max ]
```

scale-color 告诉一个 agent 基于某个数值选择一种合适的颜色。在本例中，要求斑块根据其海拔高度值将它们的颜色设置为某种深棕色，即海拔较低斑块的颜色是深棕色的，而海拔较高斑块的颜色是浅棕色的。

以上介绍了在基于 agent 的模型（这个示例模型可以使用几乎任何一种基于 agent 的建模工具进行处理）中包含少量 GIS 数据的一种方法，也可以在修改这些数据之后将其反向导入 GIS 之中（详见习题 4）。我们将在第 8 章进一步讨论集成 GIS 和 ABM 的更先进的方法，

⊖ 附带说明一下，这段代码包含在 STARTUP 例程之中。STARTUP 例程是 NetLogo 的一个特别例程，它在模型被打开、未按下任何按钮之前运行。

包括 NetLogo GIS 扩展——这是 NetLogo 软件包的标准构件。使用 NetLogo GIS 扩展是将大量 GIS 数据导入 NetLogo 模型的首选方法。

专栏 5.7 特殊的局部变量：? (问号)

Grand Canyon 模型代码使用了形为 **?1** 和 **?2** 的变量。**?**、**?1**、**?2** 等变量是 NetLogo 中一种特殊的局部变量，为某些语句保存写入报告器和命令块的当前输入值。例如，在 **foreach** 语句中，在 **foreach** 语句每次执行循环时被设置为不同的值，如下所示：

```
(foreach sort patches patch-elevations [
  ask ?1 [ set elevation ?2 ]
])
```

在每次迭代中，**?1** 变量将被设置为排序后的下一个斑块。默认斑块排序规则是这样的：位于左上角的斑块是列表中的第一项，然后按照从左至右、从上到下的顺序将全部斑块进行排序。将 **?2** 变量设置为 **patch-evelation** 列表中的下一项。这些局部变量使用的另一个例子是 **sort-by** 语句，该语句使用一个比较报告器和一个列表，然后返回一个排序后的列表。考虑下面两个例子：

```
sort-by [?1 < ?2] [8 5 4 7 2 1]
```

```
sort-by [?1 < ?2] [8 5 4 7 2 1]⊖
```

在上面两个语句中，**?1** 总是列表中任意两个被比较数据的第一项，**?2** 则为第二项。第一个列表排序之后的结果是 **[1 2 4 5 7 8]**，第二个结果是 **[8 7 5 4 2 1]**。

5.4 行为交互

至此，我们已经讨论了 agent 及其存在的环境，接下来将研究 agent 与环境是如何进行交互的。ABM 中存在 5 种基本的交互类型：agent 自交互 (agent-self)、环境自交互 (environment-self)、agent-agent 之间的交互 (agent-agent)、环境 – 环境之间的交互 (environment-environment)，以及 agent – 环境之间的交互 (agent-environment)。以下将按照顺序逐一讨论这些常见的交互类型，并给出相应的例子。

agent 自交互 agent 并不总是需要和其他 agent 或所在环境进行交互。实际上，许多 agent 交互都是在其内部完成的。例如，我们在 5.2 节所讨论的大多数高级认知的例子，就包含了 agent 与其自身交互的过程。agent 依据其当前状态决定如何行事。我们在第 4 章使用过的一种经典类型的 agent 自交互过程，即繁殖（出生）过程，目前为止还没有进行讨论。出生事件（birth event）是 ABM 中的典型事件，也就是一个 agent 产生另一个 agent 的情况。虽然我们是在生物学范畴内讨论生育问题，但是类似的互动过程也存在于其他领域，从社会科学领域（例如，一个组织可以创建另一个组织）到化学领域（例如，两个原子的结合可以产生一个新的分子）无不如此。下面是第 4 章中使用过的"出生"代码：

```
;; check to see if this agent has enough energy to reproduce
to reproduce
    if energy > 200 [
        set energy energy - 100  ;; reproduction costs energy to the parent
        hatch 1 [ set energy 100 ] ;; which is transferred to the offspring
    ]
end
```

⊖ 原书此处代码有误，已修正。——译者注

　　如你所见，agent 将考察它自己的状态，并据此决定是否产生一个新的 agent。然后，调整它的状态，降低自身能量值，创造一个新的 agent。这就是 agent 繁殖的典型方式，即，考虑是否有足够的资源"生育"后代，如果是，就"孵化"一个。上面给出的例子是一个 turtle 生成另一个 turtle，然而斑块也可以产生 turtle（在 NetLogo 中，可以使用命令 sprout 实现）。请注意，虽然环境（由斑块表示）可以创造一个新的 turtle，但是斑块却不能产生新的环境区域，正如一句老话所说："土地之所以有价值，是因为它们不会变多。"

　　与"出生"所对应的就是"死亡"，在第 4 章也有一段描述死亡的程序。在 NetLogo 中这也是一个 agent 自交互的过程。NetLogo 中没有 kill 指令用于直接杀死一个 agent，但是另外一个 agent 可以要求某个 turtle 自杀（注意：还有一个 clear-turtles 指令，该指令可以清除所有 turtle）。以下是第 4 章中使用的代码：

```
;; asks those agents with no energy to die
to check-if-dead
  if energy < 0 [
    die
  ]
end
```

　　这是一种非常典型的消灭 agent 的方式：如果某个 agent 没有足够的资源可以维持生存，那么就把它从仿真过程中清除。

　　在 Traffic Basic 模型中，还有另外一种 agent 自交互过程。模型中的 agent 决定它们应该以多快的速度行驶：

```
ask turtles [
  let car-ahead one-of turtles-on patch-ahead 1
  ifelse car-ahead != nobody
    [ slow-down-car car-ahead ]
    [ speed-up-car ] ;; otherwise, speed up
  ;; don't slow down below speed minimum or speed up beyond speed limit
  if speed < speed-min [ set speed speed-min ]
  if speed > speed-limit [ set speed speed-limit ]
  fd speed
]
```

　　如果忽略这段代码的开头部分（汽车感知前方车辆的位置）和结尾部分（汽车实现移动），那么代码中间部分的所有动作（汽车改变速度）就是 agent 自交互过程，因为汽车会依据当前速度值而改变接下来的车速。这是另外一种典型的 agent 自交互过程，其中，agent 审查它所拥有并可以支配的资源，然后决定如何使用这些资源。

　　环境自交互　环境自交互是指环境中的某些区域改变自身状态的过程。比如说，经过计算，它们可以改变自身的内部状态变量值。在第 4 章中，一个典型的环境自交互例子就是青草的再生过程：

```
;; regrow the grass
to regrow-grass
  ask patches [
    set grass-amount grass-amount + grass-regrowth-rate
    if grass-amount > 10.0 [
      set grass-amount 10.0
    ]
    recolor-grass
  ]
end
```

　　每一个斑块都被要求检查自己的状态以及本轮需要增加的青草数量，但是，如果斑块的当前青草数量过多，那么就将蓄草量设置为其所能容纳的最大值。最后，斑块依据其蓄草量的数值调整它自己的颜色。

agent-agent 之间的交互　在基于 agent 的模型中，两个或两个以上 agent 之间的交互通常是最重要的活动类型。我们看过的一个典型的 agent-agent 交互活动在 Wolf Sheep Predation 模型中，也就是狼捕食绵羊的活动：

```
;; wolves eat sheep
to eat-sheep
  if any? sheep-here [ ;; if there are sheep here then eat one
    let target one-of sheep-here
    ask target [
      die
    ]
    ;; increase the energy by the parameter setting
    set energy energy + energy-gain-from-sheep
  ]
end
```

本例中，狼 agent "吃掉" 绵羊 agent，并拿走后者的能量。然而，在这个模型中还可以增加竞争或逃脱的情况，狼虽然有机会吃掉绵羊，但是绵羊也有机会逃脱。竞争是 agent-agent 交互的另一种情形。

Traffic Basic 模型描述了另外一种典型的 agent-agent 交互过程：某个 agent 感应其他 agent。在 **go** 循环的开始部分

```
ask turtles [
    let car-ahead one-of turtles-on patch-ahead 1
    ifelse car-ahead != nobody
        [ slow-down car-ahead]
…
```

我们可以看到，当前车辆正在感应前方是否有其他车辆。如果有，则改变它的车速，以反映前方车辆的速度。当使用基于 agent 的模型进行开发或者与之交互调用的时候，很容易将其中的 agent 人格化。也就是说，我们总是假设这些 agent 自然而然地拥有那些被建模事物固有的知识、属性或行为，但是实际上，这些并不会被自动刻画到所建模的 agent 中。所以，我们要时刻提醒自己，用于计算目的的 agent 是非常简单的，了解这一点非常重要，描述 agent 的规则，如 agent 如何感知外部世界、如何依据所获信息进行活动，必须完整地给出。此外，为了感知其他 agent，agent 还要能感知环境，我们将在本节后面对此进行讨论。

最后一个 agent-agent 交互的例子是通信。agent 之间可以彼此共享它们自身的信息，以及它们周围世界的信息。这种交互类型允许 agent 获取它们可能无法直接访问的信息。例如，在 Traffic Basic 模型中，当前车辆可以要求它前面的车辆向其通报行驶速度。另外一个更为经典的 agent-agent 交互的例子是 NetLogo 模型库 Code Examples 部分的 Communication T-T Example 模型。在该模型中，一个 turtle 从一条信息开始，将其传递给其他多个 turtle，过程代码如下：

```
;; the core procedure
to communicate ;; turtle procedure
    if any? other turtles-here with [message?]
        [ set message? true ]
end
```

这些 turtle 选择一个本地 turtle 并与之进行交流。如果另一个 turtle 有一条消息，当前 turtle 就会复制那条消息。如果这些 turtle 是通过网络连接在一起的，那么就可以改变程序代码，让某个 turtle 与和它有链接关系的 turtle 进行交流，而不仅仅限于本地 turtle。以下

这段代码来自 Communication T-T Network 模型，这个模型可以在 NetLogo 模型库的 IABM Textbook 文件夹的 Chapter 5 子文件夹下找到：

```
;; the core procedure
to communicate ;; turtle procedure
    if any? link-neighbors with [message?]
        [ set message? true ]
end
```

上述代码允许 turtle-turtle 之间通过链接进行交互。本例中，这些链接服务于部分环境而非全部 agent。交流并不是借助于链接进行的唯一一种互动方式，链接可用于多种类型的agent 交互。

环境 – 环境之间的交互　　在 ABM 模型中，环境中不同区域间的交互，可能是最不常用的交互类型。然而，环境 – 环境交互有几种常见的用途，其中之一就是扩散。在第 1 章讨论的 Ants 模型中，蚂蚁在环境中留下信息素，这些信息素通过环境 – 环境交互方式扩散到整个世界。此交互过程包含在 GO 例程的代码中，如下所示：

```
diffuse pheromone (diffusion-rate / 100)
ask patches [
  ;; slowly evaporate pheromone
  set pheromone pheromone * (100 - evaporation-rate) / 100
  if pheromone < 0.05 [ set pheromone 0 ]
]
```

这段代码的第一部分是唯一的环境 – 环境之间的交互过程——`diffuse` 命令会自动地将信息素从一个斑块扩散到它周围的斑块。代码的第二部分实际上就是一个环境自交互的例子。随着时间的推移，每个斑块上的信息素都会逐渐挥发，然后它的颜色也会改变，以反映化学物质在那个阶段的变化情况。

agent– 环境之间的交互　　当 agent 操控或检查其所在环境的时候，或者当环境以某种方式改变或者观察 agent 的时候，agent 就会与环境发生交互。agent 与环境交互的一种常见类型是 agent 对环境的观察。在 Ants 模型中，当蚂蚁在环境中寻找食物和感知信息素的时候，就展示了此类交互过程。相关代码如下：

```
to look-for-food   ;; turtle procedure
  ifelse food > 0 [
    set carrying-food? true  ;; pick up food
    set food food - 1        ;; and reduce the food source
    rt 180                   ;; and turn around
    stop
  ] [ ;; go in the direction where the pheromone smell is strongest
    uphill-pheromone
  ]
end
```

在 Ants 模型中，斑块含有食物和化学物质，所以上述代码的第一部分会查看当前斑块中是否存在食物。如果有食物，那么蚂蚁就搬起食物，转回蚁巢，然后这个过程就结束了。如果没有食物，蚂蚁会检查是否存在化学物质，并沿着化学物质存在的方向前进。

另一种常见的 agent– 环境交互类型是 agent 的移动。某些情况下，运动只是一种 agent 自交互的过程，因为它只改变 agent 的当前状态。但是，由于环境中任何给定区域的主要属性就是包含在其中的 agent，因此 agent 的运动也是 agent 与环境交互的一种形式。根据世界（world）的拓扑结构，agent 的运动过程会对环境产生不同的影响。

考虑以下两种运动类型。

在 Ants 模型中，蚂蚁通过"摆动"四下移动：

```
to wiggle ;; turtle procedure
    rt random 40
    lt random 40
    if not can-move? 1 [ rt 180 ]
end
```

需要注意的是，在这个例程的最后一行，蚂蚁查看它是否到达了世界的边缘。如果是，它就要转过身来，然后沿着新的方向前进。

当某个 agent 从世界的一端走出并从另一端返回的时候，也需要进行环境之间的交互。在 Traffic Basic 模型中，拓扑结构是在水平方向上"环绕的"，因此，汽车能够一直沿着直线行驶（如果把它看作一个圆环面，那么车辆就是在一个环形轨道上行驶）。

在此介绍了五种不同类型的基本交互过程：agent 自交互、环境自交互、agent–agent 之间的交互、环境 – 环境之间的交互，以及 agent– 环境之间的交互。虽然有更多的例子使用了这些交互方式，在此只是给出了它们最常见的应用。更多的例子将在本章最后的习题中给出。

5.5 观察者 / 用户界面

现在我们已经讨论了 agent、环境以及发生在 agent 与环境之间的交互过程，接下来，还需要讨论由谁来控制模型运行的问题。观察者（observer）是一个高层级的 agent，它负责保证模型按照开发者所需步骤运行和处理[⊖]。观察者向 agent 和环境发出命令，告诉它们改变数据或采取行动。在 ABM 中，模型开发人员制定的大部分控制过程是由观察者进行协调的。然而，观察者是一类特别的 agent，所以它没有过多的属性，即使它可以像任何 agent 或斑块一样访问全局属性。观察者所持有的为数不多的特别属性，都是和建模世界的观察视角相关的。例如，在 NetLogo 中，通过使用 follow、watch 或 ride 等命令，观察视角可以放在某个特定 agent 的中心位置，或者关注在某个特定 agent 的身上（参见图 5.21）。

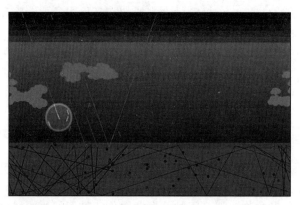

图 5.21　Climate Change 模型（使用了一个代表太阳射线的 turtle，即图中由透明"光环"包围的那个 agent）。http://ccl.northwestern.edu/netlogo/models/ClimateChange（Tinker 和 Wilensky，2007）

二维 NetLogo 世界可以转换为三维视角展示，通过单击位于观察控制带（view control strip）右上角的"3D"按钮来实现。在 NetLogo 3D 模型中，可以控制观察者的视角（使用

⊖　在 NetLogo 中，这个 agent 被称为 Observer（观察者）；而在其他 ABM 工具箱中，可能有另外的称谓，比如 Modeler（建模者）或 Controller（控制器）。

命令 face、facexyz 和 setxyz，或者通过 3D 控件实现，如图 5.22 所示），如此一来，模型世界就可以通过某个特定 turtle 的"眼睛"进行观察，而不是通常的鸟瞰视角（除此之外，观察者的基本任务是要求 agent 做这做那，以及控制数据和属性）。

图 5.22　2D 模型的 3D 视图

在 NetLogo 中，有多个 observer（观察者）按钮和 agent 按钮。observer 按钮告诉观察者应该做哪些事情。例如，可以创建一个 setup 按钮，并把以下代码写入其中：

```
create-turtles 100 [ setxy random-xcor random-ycor ]
```

只有观察者才能运行这段代码。不能要求一个 turtle 使用 create-turtles 创造其他 turtle（尽管可以使用 hatch 指令达到同样的效果）。如果想让 turtle 做点什么，那就可以创建一个 turtle 按钮（在编辑按钮对话框的下拉框中选择 turtle 选项），代码如下：

```
fd random 5 rt random 90
```

也可以创建一个观察者按钮实现相同的功能，但是如果让观察者使用相同的程序代码，模型就会报错，因为只有 turtle 才能执行 fd 指令。所以需要告诉观察者，由它要求 turtle 做某件事情：

```
ask turtles [
  fd random 5 rt random 90
]
```

综上所述，观察者实际上扮演了模型的一般监督者角色。建模过程中，通常通过观察者与模型进行交互。

用户输入和模型输出　在第 3 章进行模型扩展，以及在第 4 章构建新模型的时候，我们已经介绍了许多 ABM 交互过程的标准方法，但是，在此还是有必要对其中的某些方法做一下扼要重述。ABM 需要一个控件界面或者一个参数集，允许用户设立不同的参数或设置方案。最常见的控件是"按钮"，通过"按钮"可以在模型中执行一条或者多条指令；如果它是一个"长置按钮"（forever button），那么程序将连续不断地重复执行这些指令，直到用户再次按下按钮才会停止。在 ABM 中，用户可以请求运行操作的第二种方法是通过命令中心以及 agent 监视器中的迷你命令中心完成。命令中心是 NetLogo 中一个非常有用的功能，它允许用户交互式地测试指令，控制 agent 和环境。

另外一些界面控件是数据驱动的，通常提供给模型用户使用，与活动驱动的控件相反。数据驱动的界面控件可以分为输入控件和输出控件。输入控件包括滚动条（slider）、开关（switch）、选择器（chooser）以及输入框（input box）。输出控件则由监视器（monitor）、绘图

（plot）、输出区域（output area）和注释（notes）组成。虽然这些控件的名称是 NetLogo 所特有的，但是在大多数 ABM 工具箱中，类似的控件也是存在的。在 NetLogo 的界面中，按钮是蓝灰色的，输入控件是绿色的，输出控件是卡其色（土黄色）的。

滚动条使模型用户能够从取值范围中选取某个特定的数值。例如，某个滚动条的取值范围可以是 0 ~ 50（增量为 0.1），也可以是 1 ~ 1000（增量为 1）。在 Code 标签页中，可以直接访问它的值，好像它是一个全局变量。开关使得用户能够关闭或者打开模型中的各种元素，在 Code 标签页中，开关也可以像全局变量那样进行访问，不过开关是布尔型变量。选择器允许模型用户从建模者创建的预定义下拉菜单中选择一个选项，同样地，选择器也可以在 Code 标签页中像全局变量那样进行访问，只不过它们是字符串类型，这些字符串是选择器中的不同选项。最后，输入框在形式上更加自由，允许用户输入模型可以使用的任何文本。

下面再来说说输出控件。监视器用于显示某个全局变量或者某个计算公式的值，这些数值每秒钟可以更新好几次。监视器不记录历史数值，只是向用户显示系统的当前状态。绘图提供了传统的二维图形，使用户能够观察输出变量随时间的变化情况。输出框使建模者能够创建形式自由的、基于文本的输出，并将之呈现给用户。最后，注释使建模者能够在 Interface 标签页上放置文本信息（例如，编写一个指导模型用户如何操作的说明）。与监视器不同，注释中的文本是不会改变的（除非你手动编辑它）。

还有很多创建输出的方法将在第 6 章深入介绍，第 6 章还将介绍如何对 ABM 进行分析。在本章的最后，我们还想介绍一个方法。除了 ABM 界面交互的这些直接操作方法之外，还有一类基于文件的方法（file-based method）。比如说，你可以编写代码从某个文件中读取数据。这样一来，用户只要修改这个文件，就可以更改模型的输入。同样地，除了 NetLogo 使用的传统输出方法以外，建模人员还可以将数据输出到文件中，这是非常有用的，因为这样可以保留模型运行的过程数据，方便后期跟踪分析，即使 NetLogo 结束运行之后也不会丢失。进一步地，使用 Excel 和 R 之类的工具软件或者分析软件包，就可以从这些数据中计算出摘要统计量的值。我们也将在第 6 章对此进行深入讨论。

可视化　可视化是模型设计的一部分，研究如何将模型所包含的数据以可视化方式呈现。建立有效认知和符合美学的可视化输出，可以使模型作者和用户更容易理解该模型。尽管对于将数据以静态图片的形式呈现出来的研究由来已久（Bertin，1967；Tufte，1983，1996），但是对于如何在实时动态的仿真过程中实现数据可视化的研究工作却少之又少。目前，已经有学者在尝试将静态准则应用于动态可视化过程（Kornhauser，Rand 和 Wilensky，2007）。一般而言，在进行 ABM 可视化设计的时候，应该牢记三条准则：简化（simplify）、解释性（explain）和突出性（emphasize）。

简化　可视化过程和结果应尽可能简单，要确保不提供额外有用信息（或与当前想要解释的内容无关的信息）的任何东西都已从中消除。这样模型用户就可以避免被不必要的"杂乱图形"分散注意力（Tufte，1983）。

解释性　如果可视化中的某个结果不能即刻呈现⊖，那么就应该提供一些快速感知的方法，让用户知道可视化要描述的是什么内容，比如说，使用图例或描述性的文字。如果没有清晰和直接的描述，模型用户可能会误解建模人员试图表达的内容。对于一个有用的模型来

⊖ 对某些模型而言，某些指标或者运行结果要在模型运行一段时间之后才能获得，而不是即刻呈现。——译者注

说，任何看到它的人都应该很容易理解它要表述什么意思。

突出性 模型的可视化，就是对模型能够提供给用户的所有数据的简化。因此，模型可视化应该突出建模人员想要研究的重点内容和重要交互过程，此外，还要考虑与最终用户沟通的问题，并相应地与最终用户进行通信。通过夸大可视化的某些方面，可以把人们的注意力吸引到这些关键性结果上面。

模型可视化常常被忽视，但是好的可视化方案可以令模型更容易理解，并且可以让模型用户真心喜欢使用这样的模型。那么，怎样才能达成一个好的可视化结果呢？对可视化构建完整过程的介绍超出了本书的范围，不过可视化最好还是从图形和颜色两方面起步比较合适。NetLogo 中的每个 agent 都有自己的形状和颜色，所以你可以为某些 agent 选择合适的形状和颜色，使得它们在背景中看起来比较突出，而其他 agent 就没有那么突出。例如，如果模型中的 agent 实质上都是一样的，比如蚂蚁，那么可以令所有蚂蚁都是同样的颜色，如同 Ants 模型那样，这样就实现了可视化的简化处理。还可以依据 agent 的某些特性改变其形状（图片），用于展示可视化结果。例如，在 Hammond 和 Axelrod（2003）的 Ethnocentrism 模型中，具有相同策略的 agent 具有相同的形状，即使它们具有不同的颜色，如图 5.23 所示。最后，为了强调重点内容，除了颜色之外，还可以使用其他工具。例如，在 Traffic Basic 模型中，有一辆车是红色的且具有光环，这是为了突出它。如果这辆车是蓝色的，并且没有光环，就很难从其他汽车中将其分辨出来，那么也就很难指出典型车辆是如何活动的。在设计用户界面的时候，在细节方面付出努力和精力，总会获得一定的回报。

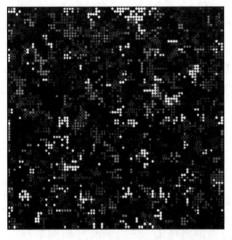

图 5.23 使用 NetLogo 构建的 Ethnocentrism 模型。该模型利用形状来可视化 agent 策略。
http://ccl.northwestern.edu/netlogo/models/ethnocentrism（Wilensky, 2003）

批处理和交互式运行 当打开一个空白的 NetLogo 模型时，会启动命令中心，上面写着"Observer"（观察者）。这个空白窗口允许你使用互动方式控制 NetLogo。如果打开一个现有模型，则需要按 setup 和 go 按钮运行。此外，对于大多数模型来说，即使它们处于运行状态，你也可以调整滚动条或修改设置，看看新参数会对模型性能产生哪些影响。这种"一时兴起"的控制方式称为交互式运行（interactive running）。在设计 ABM 的时候，还需要考虑用户会如何与模型进行交互，这是非常重要的。比如说，在模型运行过程中，用户是否需要调控所有的参数，还是只允许用户调控一部分参数？如果是后一种情况，还需要让用户了解哪些参数是他们可以调控的，这是很有用的。例如，在 NetLogo 中，常见的做法是：

在模型开始运行之前，用户可以对 setup 按钮上的控制变量进行初始化（模型一旦开始运行，这些参数就不能修改了）；而在模型运行过程中，用户可以修改的控制变量放在 setup 按钮的下面。不管使用哪种解决方案，建模人员在建模过程中都应该时刻注意这些问题。

与交互式运行对应的另一种模型运行方式称为批处理（batch running）。使用批处理方式，用户并不直接控制模型，而是编写一个重复多次运行模型的脚本，这些脚本通常在每一次运行中，为伪随机数发生器设定不同的种子值，或者为模型设定不同的参数集。这样就允许用户使用模型开展仿真实验，或者在不同条件下多次运行同一个模型并收集仿真结果。NetLogo 提供了两种实施批处理的典型方法：BehaviorSpace（行为空间）和 NetLogo 控制型 API。我们将在第 6 章进一步探讨的行为空间是一个交互式工具，允许模型用户指定模型的初始条件和参数。行为空间可以在 NetLogo 用户界面或者非图形界面的"命令行模式"（headless mode）中运行（例如，在命令行界面中运行）。NetLogo 控制型 API 是一种可以与 NetLogo 进行交互的方法，使用 Java 程序代码（或其他与 Java 虚拟机兼容的程序语言）控制 NetLogo 模型。控制型 API 既可以控制 NetLogo 的图形用户界面（GUI），也可以在"命令行模式"中运行。关于"命令行模式"和 NetLogo 控制型 API 的更多细节超出了本书的范围，读者可以在 NetLogo 文档中找到更多这方面的信息。在设计模型的用户界面时，你要始终牢记，有些用户希望能够与模型通过批处理方式进行交互。通常，这意味着模型在每次开始运行的时候，都应该清除环境中的相关内容，并且不依赖于任何过去的信息。

5.6 时间进度表

时间进度表（schedule）是对模型执行次序的描述。不同 ABM 工具箱或多或少都有关于时间进度表的明确描述。在 NetLogo 中，并不存在一个称为"时间进度表"的可识别对象。时间进度表只是模型中事件发生的顺序，它依赖于用户按下按钮的顺序，以及那些按钮所运行的代码段或代码例程的次序。我们首先讨论通用的 SETUP/GO 例程，因为它们出现在大多数基于 agent 的模型中，然后再介绍 ABM 中关于调度与排程（scheduling）的一些更微妙的问题。

SETUP 和 GO 例程   首先，ABM 模型中通常有一个初始化过程来创建 agent、初始化环境，以及准备用户界面。在 NetLogo 中，这个过程通常被称为 SETUP 例程，当用户按下模型中的 setup 按钮之后，该例程被执行。SETUP 例程通常开始于清除模型上一次运行所产生的全部 agent 和数据。然后，它检查用户如何操控那些由用户界面控制的各种变量，这些变量将产生影响模型运行所需的所有新的 agent 和新的数据。比如说，Traffic Basic 模型中的 SETUP 例程是这样的：

```
to setup
    clear-all
    ask patches [ setup-road ]
    setup-cars
    watch sample-car
end
```

与许多常见的 ABM 模型一样，这个例程调用一系列其他例程。最初，它清理世界；然后要求斑块执行 SETUP-ROAD 例程，设置道路，创建模型环境；随后，调用 SETUP-CARS 例程来创建车辆，SETUP-CARS 例程会依据 number-of-cars 滚动条的数值决定创建多少辆汽车；最后，watch 指令告诉观察者对某一辆车进行标记并观测其状态变化。

时间进度表的另一个主要组成部分通常被称为主循环（main loop），在 NetLogo 中就是

GO 例程。GO 例程描述模型在一个时间单元（一个滴答）中发生的事情。通常情况下，包括 agent 该做什么、环境需要进行哪些修改、用户界面进行哪些调整，以此来反映发生了哪些事情。Traffic Basic 模型中的 GO 例程是这样的：

```
to go
  ;; if there is a car right ahead of you, match its speed then slow down
  ask turtles [
    let car-ahead one-of turtles-on patch-ahead 1
    ifelse car-ahead != nobody
      [ slow-down-car car-ahead ]
      [ speed-up-car ] ;; otherwise, speed up
    ;; don't slow down below speed minimum or speed up beyond speed limit
    if speed < speed-min [ set speed speed-min ]
    if speed > speed-limit [ set speed speed-limit ]
    fd speed
  ]
  tick
end
```

在上述例程中，agent 改变它们的速度和运动状态，然后向前推进计时器，这种方法可以让模型的所有组件都知道时间已经过去了一个计量单位。在这个模型中，环境虽然保持不变，但是可能出现前方道路有坑洞或者维修的情况，此时就需要在 GO 例程中调用其他例程。

SETUP 例程和 GO 例程提供了面向 NetLogo 模型时间进度表的一个高级视角。然而，为了对时间进度表做一个完整描述，还有必要检查在 SETUP 和 GO 中调用的其他例程。

在研究 ABM 时间进度表的时候，必须考虑两个问题。无论 ABM 使用同步更新（所有 agent 同时更新）还是异步更新（一些 agent 在其他 agent 之前更新），与此相关的是，我们必须决定模型是否按顺序运行（agent 轮流活动）、是否并行运行（所有 agent 在同一时间进行操作），或者是否处于并发模拟（simulated concurrency）状态（介于顺序运行和并发运行之间）。我们将依次研究这些问题。

异步更新与同步更新　如果某个模型使用异步（asynchronous）更新时间调度法，就意味着，当某些 agent 更改其状态时，其他 agent 马上就可以看到。在同步（synchronous）更新时间调度法中，某个 agent 状态的变化只有到下一个时间单元才会被其他 agent 看到，也就是说，所有 agent 同时更新各自的状态。这两种模式在 ABM 中很常见。比较而言，异步模式更接近现实情况，因为现实世界中的 agent 都是独立更新各自的状态，而不会相互等待。Traffic Basic 模型、Wolf Sheep Predation 模型、Ants 模型、Segregation 模型以及 Virus 模型都使用异步模式。然而，同步模式因为更容易管理和调试，所以使用也比较多。NetLogo 模型库中的 Fire 模型、Ethnocentrism 模型以及 Cellular Automata 模型都使用同步模式。不同的更新模式会对模型行为产生相当大的影响。比如说，在同步模式中，agent 的行为顺序无关紧要，因为它们只在下一个时刻才会受到其他 agent 的影响，而不会受其他 agent 当前状态的影响。但是，在异步模式中，了解 agent 活动以何种顺序执行以及如何执行是非常重要的，这也是我们将要讨论的问题。

顺序活动与并行活动　在异步更新模式中，agent 的活动既可以按照顺序执行也可以并行执行。顺序活动是指同一时刻只能有一个 agent 执行的活动，并行活动是指多个 agent 可以同时执行的活动。在 NetLogo 4.0 及以上版本中，顺序活动是 agent 的标准行为，换句话说，当使用 ask 指令要求 agent 做某件事情的时候，这个 agent 会完成你要求它做的全部操作，然后才会把控制权传递给下一个 agent。某些情况下，这种行为模式是不切实际的，因为在现实系统中，agent 的行动与思考是持续不断的，某个 agent 的行为会立刻影响其他

agent，它们对外界变化的响应不会按照顺序执行。从模型编写者的角度来看，顺序操作更容易编程实现，因为了解并行活动的交互过程是非常困难的。然而，对于那些确实处于并行活动的 agent，需要使用具有并行处理能力的硬件，以便每个 agent 的活动都由一个单独的处理器进行管理。

针对上述问题，还有一个中间解决方案，即模拟并发（simulated concurrency）。模拟并发可以使用一个处理器模拟多个 agent 的并行活动。目前为止，很少有 ABM 工具箱支持模拟并发，NetLogo 对它的支持也很有限。在 NetLogo 中应用模拟并发的一种方法是利用"turtle forever"按钮。利用这个按钮，每个 agent 可以完全独立地活动，观察者完全不涉及其中，比如说，NetLogo 模型库 Biology 部分的 Termites 模型（Wilensky，1997c）。在这个例子中，所有 turtle 执行以下操作过程：

```
to go   ;; turtle procedure
    search-for-chip
    find-new-pile
    put-down-chip
end
```

在这个例子中，即便某些白蚁还没有执行完第一轮的 `put-down-chip` 命令，其他一些白蚁却可能已经开始执行第二轮的 `search-for-chip` 命令。虽然模型运行结果的差别是细微的，但有时却很重要，它提供了一种实现模拟并行的途径和方法。

5.7 整合

至此，我们已经介绍了 ABM 的所有组成部分，对于基于 agent 的模型的创建过程，你应该已经有了深刻的了解。特别地，在创建模型的时候，要牢记任何 ABM 都应该包括三个部分：代码（code）、文档（documentation）和界面（interface）。代码已经讨论过并在前面 3 章大量使用，告诉 agent 应该做什么，并告诉模型应该如何运行。文档是对代码的描述，从而将模型放在现实世界的语境中。界面允许用户控制模型并操控结果。

在 NetLogo 中，代码被放置在 Code 标签页（参见图 5.24）。在前几章中，我们深度不一地讨论了一些代码，所以在此对代码不做更多讨论，只是想强调一下，在代码中放置文档是重要的。在所开发的代码示例和模型中，我们在代码旁边放置了相应的注释（使用分号标识注释字符）。在其他人阅读你的程序代码时，注释可以帮助他们理解这段代码是做什么用的。事实上，注释甚至可以帮助你自己。在完成模型开发的几年之后，建模人员经常需要重复使用这些代码，或者被他人问到关于这些代码的问题，如果建模人员没有很好地对代码进行注释，他们也许需要花费很长时间才能弄清楚这些代码的作用，或者才能解释清楚为什么程序代码要按照这种方式编写。为代码编写文档，是获得长期收益的短期投资，并且收益往往大于最初的投入。

在 NetLogo 中，文档位于 Info 标签页（参见图 5.25）。这是除了代码注释之外的另一种文档形式。此处的文档应该论及模型的总体目的和结构。在 NetLogo 中，该文档通常分为 8 节（参见专栏 5.8），模型作者还可以自由进行章节的添加。将文档划分为 8 节虽然只是 NetLogo 特有的做法，但是总体说来，这种划分方法是有意义的，基本能够涵盖模型的主要方面。总体概览一节论及模型背景（WHAT IS IT?），用户手册一节介绍如何利用这个模型（HOW TO USE IT），其余节分别为：有趣的结果（需要注意的事情，以及需要尝试的事情）、模型的未来改进（模型扩展）、模型中使用的特定技术（NetLogo 特性）、与模型创新性相关的工作，以及涉及模型的其他信息（相关模型、信任模型和参考模型）。模型文档还有其他几种格式。一种比较流行的是 ODD 格式，由 Grimm 及其同事（2006）开发，ODD 致力于成为描述仿真模型的一种标准化协议。在将仿真模型打磨成与真实世界现象高度一致的工作循环中，文档编写是最后一个环节。没有哪个仿真模型不是以文档言讫为竣工标志的。

图 5.24　Code 标签页

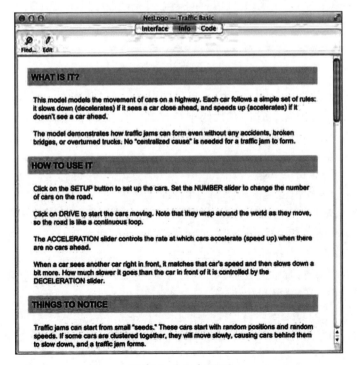

图 5.25　Info 标签页

模型需要完成的最后一部分内容是用户界面。在 NetLogo 中，用户界面位于 Interface 标签页中（参见图 5.26）。UI 使得用户可以为一次特定的仿真设定模型运行参数，并观察运行结果。还有一点，正如我们在前面几节中所讨论的那样，一个好的可视化展示可以帮助用户对模型有更深入的了解，而这是无法从模型的数值型输出中获得的。实际上，在许多情况下，ABM 建模人员对模型的了解更多是通过观察模型运行过程获得的，而不是基于模型输出的原始数据。

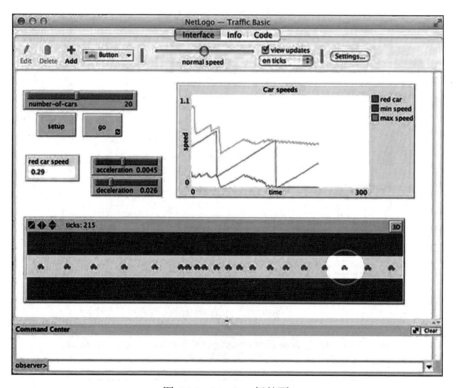

图 5.26　Interface 标签页

之前介绍的其他组件（agent、环境、交互过程、界面 / 观察者，以及时间进度表）是代码、文档和界面的核心内容。它们在代码中被控制，在文档中被描述，在用户界面中被使用。这三部分合在一起，就完成了可以交付的整个模型。

专栏 5.8　Info 标签页中的栏目

WHAT IS IT?　提供待建模现象的一般性描述。

HOW TO USE IT?　给出模型运行的操作方法，描述模型的界面元素。

THING TO NOTICE　描述模型所展示的有趣现象。

THINGS TO TRY　介绍用户应该如何操作，以生成新的结果。

EXTENDING THE MODEL　给出模型改进的建议和挑战，以检验新特性和新现象（与研究论文中的未来研究展望相似）。

NETLOGO FEATURES　讨论模型所使用的 NetLogo 的一些特别有趣的特性。

RELATED MODELS　列出与模型有关的其他基于 agent 的模型（通常来自 NetLogo 模型库）。

CREDITS AND REFERENCES　告诉用户是谁创建了模型，以及用户在哪里可以找到关于模型的更多信息。

5.8　本章小结

迄今为止，我们介绍了五类 ABM 组件：agent、环境、交互、观察者 / 用户界面，以及时间进度表，我们只是在概念层面对它们进行了描述和介绍。当创建自己的模型时，你会发现需要使用这些组件的实例（instance），新建实例都不会存在于上述五个类别之外。即便 agent 可以有很多不同的属性和行为，可以有很多种类，但是它们是 ABM 模型的基本组成部分，没有 agent，ABM 就无从谈起；环境是 agent 驻足的地方，因此对环境的充分描述对于 ABM 模型非常重要；交互过程揭示了模型演化的动态性，因而对于 ABM 模型的操作至关重要。观察者 / 界面是关于如何控制模型以及如何从模型中提取数据的。没有观察者和界面，模型就不能使用。最后，时间进度表告诉模型何时做何事，在构建模型的时候，必须考虑时间进度表的一些重要细节。

上述五个组件集成在一起，就可以构成一个基于 agent 的模型。它们通过三个部分构成模型：代码、文档以及用户界面。代码是模型的形式化描述，文档将模型与现实世界问题联系在一起，用户界面使得用户能够控制模型的输入、输出和操作。

这些组件和部分也是设计 ABM 模型的一个有用的起点。例如，假设你希望扩展 Traffic 模型，从而实现对整个城市运输系统的建模。那么，你可以首先询问模型的基本 agent 是什么，是否想对火车、汽车、公交车、渡轮、自行车甚至行人进行建模？然后，还需要考虑一下环境。火车需要运行在铁路系统的网络上，但是行人和自行车就没有太多地理上的限制问题。关于 agent 的决定将影响你对于环境的决定，反之亦然。之后，还需要考虑 agent 和环境应该如何交互。市政厅能够建设新的交通系统吗？还是你认为目前的交通网络会由外部因素决定是否修缮？某些 agent 是否会造成其他 agent 等待或延迟？你只是想为通勤者的上班过程进行建模，还是针对处于休闲旅行中的 agent 建模？观察者和用户界面如何与这些情况进行交互？所有 agent 的移动都由可视化展示，还是只需要简单地计算给定通勤时间的均值？时间进度表如何工作？谁来决定通勤者要去哪里？通勤者能否依据上一个工作日的交通情况改变今天的出行方式？通过思考这些基本问题，就可以对分析结果进行架构，并以此构建自己的模型。

结束本章学习之后，你已经了解了如何使用简单的 ABM 模型、如何扩展一个 ABM 模型，以及如何构建你自己的 ABM 模型，同时，你也熟悉了基于 agent 模型的组件。在下一章中，你将学习如何对一个模型进行分析，从而创建有用的结果，以便回答你在建模之初所关心的问题。

习题

1. 从 NetLogo 模型库中任选一个模型。请回答：模型中的 agent 是什么？环境是什么？交互过程有哪些？观察者具有哪些责任？进度时间表如何设置？
2. NetLogo 中的 turtle 型 agent 具有一些默认属性（标题，xcor，ycor，颜色以及其他）。在 NetLogo 文档中找到完整的列表并查看它，然后请你提出一个新的属性，作为对这些默认属性的有益补充。建模的时候使用这个属性的依据是什么？不使用的依据又是什么？

3. 我们已经讨论了地理环境和基于网络的环境。那么，有没有需要同时使用这两种环境的模型？请你介绍一下这个模型。它为什么需要同时使用这两类环境？这两类环境之间可以进行交互吗？

4. 修改 Grand Canyon 模型，让河水缓慢地侵蚀河岸（降低河岸的海拔高度）。多运行几次模型，将获得的高程结果地图导入 GIS 软件包。对比模型运行前后地图的不同之处。

5. 我们已经介绍了几个基本的交互过程，这些交互过程在基于 agent 的模型中很常见。很大程度上，agent 执行的典型交互过程与所研究的问题有关。因此，针对特定领域的问题创建一组交互过程是很有用的。能否针对某个特定领域，描述一系列的典型交互过程？比如说，在经济学、生物学和工程应用的模型中，会经常发生哪些交互过程？

6. 观察者和时间进度表需要由模型开发者将它们一起放在一个 ABM 模型中，这样它们才能一起工作。观察者与时间进度表有何不同？这两个组件在模型中是独立存在的吗？它们是否可以形成一个大部件，这个大部件的一部分控制时间，另一部分控制交互拓扑结构？

7. **将人体视为一个 ABM**。在基于 agent 的建模世界中，术语"元 agent"（meta-agent）被用来描述这样一组 agent：这些 agent 一起行动，它们像一个 agent 那样共同思考问题。例如，当一家公司与其他公司有业务往来的时候，这家公司就可以被认为是一个"元 agent"，即它是由多个 agent 个体（公司的员工）组成的。反过来，这家公司可能又是一个更大的集团公司（此时集团就是一个元 agent）的一个个体成员。从"元 agent"的角度对人体进行描述。人体的基本 agent 是什么？人体的"元 agent"又是什么？

8. **优先添加**（preferential attachment）。在 NetLogo 模型库 IABM 目录的 Chapter 5 文件夹中找到并打开 Preferential Attachment Simple 模型。该模型会生成一个网络，新节点被添加到该网络的时候，它更可能连接到已经有许多链接的那些节点。此类网络在现实世界中很常见，它们结构完整，同时具有涌现特征，例如，航空公司网络、互联网、某一部电影中的好莱坞演员，以及电力网络。在许多这样的情况下，如果你准备加入一个网络，你会想要连接那些具有更高自由度的节点（链接数量越多，自由度越高）。然而，模型并不会将节点的自由度值作为唯一考量因素。如果一个节点除了连通性之外还有一个属性值（intrinsic value）会如何？请你修改这个模型，给节点赋予一个属性值。新节点连接到网络的时候，需要同时考虑自由度和属性值。在模型中增加一个滚动条，以便能够控制这种关系。如果只考虑自由度，那么模型的运行结果会怎样？如果只考虑属性值，结果又会怎样？如果二者同时考虑又如何？

9. 修改 Preferential Attachment 模型，使得那些中心节点（存在较多连接的节点）获得越来越多的连接请求，假设过多的连接请求会降低被接受的可能性。这种变化会对网络产生什么影响？

10. **巨型组件**（giant component）。NetLogo 模型库的 Network 部分有一个 Giant Component 模型。该模型从一组节点开始，随机在这些节点之间添加链接。巨型组件是网络中拥有最大链接数量的那个子组件。你可能会问的一个问题是，是否存在这样一个节点，在该节点上的巨型组件尺寸增长迅速？需要向模型添加多少个链接，才能产生巨型组件？当改变节点数量的时候，这个数值是否会变化？如果希望将所有节点都纳入巨型组件中，该怎么办？将模型运行几次，看看需要耗时多久才能将所有节点都包含在巨型组件中。运行时间有什么规律？

11. 在 Giant Component 模型中，任意两个节点相互连接的概率都是一样的。你能否让某些节点比其他节点更具吸引力？这将如何影响巨型组件的形成？

12. 在 NetLogo 模型库的 Networks 部分有一个名为 Small Worlds 的模型（Wilensky，2005a）。模型最初是由一些以特定的环形网络连接在一起的节点构成的。你能否找到另外一种形式的网络对模型进行初始化，从而可以很容易地演进成为一个小世界？

13. 在 NetLogo 模型库的 Networks 部分还有一个名为 Virus on a Network 的模型，该模型演示了计算机病毒通过网络节点传播的过程，网络中的节点可能处于三种状态之一：容易被感染、已经被感染，或者有抵抗力。假设病毒可以通过电子邮件方式将自己传播给电脑通讯录里的每一个人。由于是否处于他人的通讯录并不是一个对称关系[⊖]，请对此模型进行更改，使用直接链接而不是间接链接连通相关节点。

14. 尝试做一个类似于 Virus on a Network 的模型，要求其中的病毒具有自身变异能力。这种具有自我修改能力的病毒会对计算机系统构成相当大的安全威胁，因为传统的病毒签名识别技术可能无法对付它们。在你的模型中，如果变异之后的病毒与原来的病毒有较大差异，那么已经具备了免疫力的计算机节点可能会再次感染。

15. NetLogo 模型库的 Networks 部分有一个名为 Team Assembly 的模型，这个模型描绘了针对短期项目所组建的小团队，随着时间的迁移，个体行为如何影响大规模网络结构的变化。协作网络（collaboration network）可以被看作包含了诸多个体的网络与项目之间的链接关系。例如，某个协作网络模型可以代表一个学术期刊，模型包含两类节点：科学家和著作。科学家与著作之间的联系代表作者身份。因此，一篇著作与多个科学家之间具有联系，代表这些科学家是这部著作（或文章）的共同作者。更一般地，一个协作项目可以用一种类型的节点来表示，参与者则用另外一种类型的节点来表示。请你使用双向网络（bipartite network）对模型进行修改，从而完成团队的组建。

16. **不同的拓扑结构**。请构建一个模型，其中位于欧氏空间中的 agent 与靠近它的其他 agent 进行交流。然后另外建立一个环境相同的模型，只是其中的 agent 通过社交网络进行通信。何时会用到这两个模型？每种拓扑结构有哪些优点？又有哪些缺点？比较两个模型的运行结果。

17. **莫比乌斯带（Möbius strip）**。我们讨论过用于 agent 交互的许多不同的拓扑结构。还有一个有趣的拓扑结构就是莫比乌斯带。如果想要构建一个莫比乌斯带，只需要拿出一条纸带，把纸带的一端扭转 180 度，然后再把纸带两端连接起来就可以了。莫比乌斯带的特点在于，普通纸张有上下两个面（双侧曲面），而它只有一个面（单侧曲面）。为了证明这一点，可以在莫比乌斯带上画一条直线，看看这条线如何不间断地滑过整个曲面而不必跨越纸的边缘。请利用这种拓扑结构，构建一个基于 agent 的模型。比如说，是否可以对 Flocking 模型进行修改，使鸟群在莫比乌斯带上飞翔？（提示：一种实现方法是构造一个上下有界、左右环状封闭的拓扑结构。）

18. **更聪明的 agent**。NetLogo 模型库的 Computer Science 部分有几个名为 Artificial Neural Net 的模型，从中选取一个并进行检验。这个模型展示了如何使用一种简单的机器学习技术，开发一种匹配输入与输出的算法。在本章中，我们讨论了如何使用机器学习算法使 agent 更聪明。你可以尝试从 Neural Net 模型中提取出相关程序代码，然后把它放在另一个模型中，使那个模型中的 agent 变得更聪明。例如，以 Wolf Sheep Predation 模型为例，给狼群使用 Neural Net 模型中的代码，使得它们可以自行判断追踪方向，从而能够更高效地捕猎。

19. **自适应 Traffic Basic 模型**。在本章关于自适应 agent 的一节中，我们给出了一些必要的程序代码，可以帮助你构建一个自适应 Traffic Basic 模型。使用这些代码（可能需要适当修改和补充），令模型可以正常运行。为了完成这项工作，可能需要重写 SETUP 例程，并添加一些全局声明。

20. **个体自适应 Traffic Basic 模型**。在上一题的自适应 Traffic Basic 模型中，所有 turtle 都具有相同的加速度。现在请对相关代码进行修改，使得 turtle 的加速度可以各不相同，并依据自身体验调整各自的加速度值。

21. **Info 标签页**。我们已经讨论了文档对于模型的重要性。Info 标签页是文档的关键部分，它描述了模型所代表的内容。事实上，一些学者认为，如果没有合适的文档来详细描述仿真模型（例如程序代码）与现实世界问题之间的关系，那么这个模型就不是真正意义上的模型，它不过是能够计算某些数值的一段软件代码而已。请你证实这个论点。模型开发者究竟应该将文档完成到何种程度才能让模型完整？请针对你的结论给出必要且合理的解释。

⊖ 所谓"对称关系"，是指 A 处于 B 的通讯录中，则 B 一定也处于 A 的通讯录中。本例中的计算机节点处于"非对称关系"。——译者注

22. **Interface 标签页**。Interface 标签页使模型用户可以与你设计的模型进行交互。Interface 标签页既能够提供清晰的可视化能力，也能够提供一套易于使用的交互工具来控制模型的运行，具备这两点很重要。请你描述三个用于可视化设计的准则。描述三个 "易于使用" 界面的设计准则。

23. **离散事件调度器**（discrete event scheduler）。关于何时为 ABM 模型设计时间进度表的事情，我们已经讨论了几个不同的问题。还有另外一种调度方法在本章中并未讨论，即离散事件调度法（Discrete Event Scheduling，DES），它是关于模型中的 agent 与环境如何调度在离散时间点上发生事件的一种方法。例如，Mathematics 部分的 Mousetraps 模型就使用了 DES 方法。在 Mousetraps 模型中，无论小球何时在空中飞过，它只是简单地移动到它要停止的地方，然后试图触发一个捕鼠器。现在如果不使用这种方法，你想想如何不使用小球 agent 而同样完成这个模型；也就是说，当某一个捕鼠器被触发，它会在未来某个时点，安排一定半径内的另外两个捕鼠器也被触发。这就是离散事件调度。请你使用 DES 重新实施这个模型。

24. 使用 DES 中的离散时钟（discrete tick）表示时间是非常有用的。然而，这种方法对所有系统而言也许并不是计算效率最高的机制。对某些系统而言，模型开发者更在意事件什么时候执行而不是多久执行一次，在这种情况下，你觉得是否应该弃用 DES？这样的系统应该是什么样的？它与基于标准时钟（按照固定时间步长行进的时钟）的系统有哪些不同？这种新方法的成本和收益有哪些？

25. **激发模式**（activation）。agent 执行次序会极大地影响模型的运行结果。在 NetLogo 模型库 Computer Science 部分的 Cellular Automata 目录下找到 Life 模型。该模型以同步方式运行所有斑块，即，每个斑块都等待其他斑块各自更新状态之后才更新自己的状态。修改这个模型，使其以异步方式运行。这两个模型的运行结果该如何比较？描述每个模型所产生的模式。在采用异步模式的模型中有没有可能产生 "滑翔机"（在第 2 章中讨论过）？

26. **三维模型**。针对二维 ABM 模型总是可能创建其三维版本。有的时候，两个模型的行为是相似的，有时则会截然不同。请你根据 NetLogo 模型库 Social Science 部分的 Segregation 模型，创建其三维版本。

27. 在 NetLogo 的 3D Flocking 模型中，请你对模型进行扩展，使得鸟群飞行的时候能够避让模型世界中间的障碍物。

28. 在 NetLogo 的 3D Termites 模型中，请你对模型进行扩展，使得白蚁可以对不同颜色的木头产生偏好。构建一些有用的图形，用于度量白蚁的行动过程。

29. 在目标导向的 agent 一节，我们介绍了 Traffic Grid 模型中目标导向 agent 是如何笨拙行事的。agent 会在与目标距离相等的那些单元格中转来转去，循环不止，结果就是这些 agent 永远也不会到达目的地。请你对模型中的算法进行修改，使得 agent 总是能够到达目的地。

30. 上题中，在修改完 Traffic Grid 模型之后，由于车辆会在路上转弯，因此交通仍然不是很顺畅。请你进一步修改模型，使得一辆车到达目的地之后，它会驶离公路并到达别墅或者办公地点，然后在那里停留一段时间（停留时间长度为变量 `stay-time` 的值）。`stay-time` 取何值才能使得交通系统效率最高？

31. **turtle 和斑块**。turtle 和斑块都属于 agent。实际上，许多模型既可以基于 turtle 开发，也可以基于斑块开发。找到 NetLogo 模型库 Biology 部分的 AIDS 模型。现有模型是基于 turtle 开发的。请你重新开发这个模型，要求不使用任何 turtle，只使用斑块。打开 NetLogo 模型库 Computer Science 部分的 Life 模型，这个模型是基于斑块开发的。请你重新开发这个模型，不使用斑块，而是使用 turtle 实现繁殖和死亡。介绍一下在开发这两个模型的过程中所获得的经验和体会。什么情况下使用 turtle 作为 agent 更合适？什么情况下使用斑块更好？

32. 找到并打开 NetLogo 模型库 Computer Science 部分的 Robby the Robot 模型。Robby 是一个虚拟机器人，它可以在房间中移动并捡起罐子。该模型演示了如何利用遗传算法（GA）来为 Robby 进化控制策略。遗传算法从随机产生的策略开始，然后通过进化过程来改善这些策略。你可以改变 POPULATION-SIZE 和 MUTATION-RATE 滚动条的设置。这两个滚动条变量如何影响种群的最佳适应性和进化速度？尝试使用不同的规则来选择下一代父本。何种数值能够实现最快的进化速度？在快速进化和制胜策略效果之间是否存在折中的可能性？

33. 在自然界和人类社会中，分散的成员个体常常可以同步其行为。比如物理系统中的耦合振荡器，生物系统中同步闪烁的萤火虫，人类系统中鼓掌的观众，莫不如此。

    打开 NetLogo 模型库 Biology 部分的 Fireflies 模型。它展现了萤火虫同步闪烁的两种策略："相位提前"（phase advance）和"相位延迟"（phase delay）。

    (a) 在保持其他设置不变的前提下（特别是将 `flashes-to-restart` 设置为 2），将战略选项在"延迟"（delay）和"提前"（advance）二者之间转换。哪一个策略看起来更有效？为什么？

    (b) 分别在"相位延迟"和"相位提前"两种策略下，尝试将 `flashes-to-restart` 变量的值在 0、1 和 2 之间调整。请你注意观察，每种设置将给出一个特征不同的图形，其中一些根本不允许同步（例如，使用相位迟延同步策略，将 `flashes-to-restart` 的值从 1 调到 2）。为什么这个控制变量会对仿真结果产生如此大的影响？

    (c) 对于萤火虫不断闪烁的现象，模型只研究了保持同步的两种策略。你还能找到其他策略吗？是否可以对现有策略进行改进？

    (d) 还有其他一些情形，分散的成员必须通过简单的规则同步它们的行为。除了感知其他萤火虫的闪烁之外，如果一只萤火虫能够知道另一只萤火虫处于闪烁周期的哪个阶段（也许听到越来越响的嗡嗡声），仿真结果会怎样？在这种情况下，什么样的同步策略是有用的？

    (e) 如果所有萤火虫的闪烁周期长度都是可调节的（最初的闪烁间隔时长是随机的），那么它们是否可能同时在周期时长和闪烁步调上协调一致？

34. **列表操作**。编写一个报告程序，使用两个列表作为输入，将两个输入列表中的对应数值相加后输出到另外一个列表。

35. 编写一个例程，给定一个 turtle 列表以及一个数值列表，要求每个 turtle 按照数值列表中的对应数值移动相应的步数。

36. 编写一个报告器，将输入列表中的信息按照相反的顺序写入另外一个列表。

分析 ABM 模型

我对他的答复是："……如果人们认为地球是扁的，那么他们错了。如果人们认为地球是圆的，那么他们也错了。但是如果你认为"认为地球是圆的"以及"认为地球是扁的"这两个想法都错的话，那么你所犯的错比二者加起来还要多。"

——Isaac Asimov

三思而后行。

——谚语

6.1 度量类型

迄今为止，我们对一些 ABM 模型进行了研究和修改，学习了如何从零开始建模，以及如何对模型行为进行分析。在本章中，我们将学习如何使用 ABM 针对我们所研究的领域产生新的、有趣的结果。那么，ABM 模型能够生成何种结果呢？检查和分析 ABM 数据的方法有很多种，仅仅选择其中一种可能存在一定的局限性，因此，了解各种工具和技术的优缺点是很重要的。在构建 ABM 之前考虑好分析方法是有益的，这样能够设计生成有利于分析的输出。

6.2 疾病的传播建模

如果某个人感冒了，并且咳嗽得很厉害，他可能会传染给其他人，他所接触的人（他的朋友、同事甚至是陌生人）可能也会因此感冒。如果某种感冒病毒感染了某个人，这个人会在他康复之前把这种疾病传染给另外 5 个人（现在有 6 个人感染）。以此类推，被感染的 5 个人又会把感冒分别传染给另外 5 个人（现在有 31 人感染），后来被感染的 25 个人又会把感冒分别再传染给 5 个人（现在有 156 人感染）。事实上，初期的感染率是呈指数增长的。

然而，由于感染人数增长得非常快，对于任何规模的人口群体，被感染人数最终都将达到一个极限值。比如说，上述那家 200 人的公司，最后有 156 人被感染。由于这家公司只有 200 人，所以在公司范围内，156 个被感染者各自再去感染 5 个健康者是不可能发生的，因为此时健康者的数量已经非常少了，所以被感染者数量的曲线会变得越来越平缓。到目前为止，按照我们所做的描述，这个简答模型假设每个感染者感染的健康者数量都是相同的，很显然，这种情况在现实中是不可能的。当人们在工作场所走动的时候，会出现这种情况：大部分人在一天之中遇见的人并不多，但是会有个别人在一天之内遇到很多人。此外，按照初始的描述，我们假设一个病人可以感染 5 个人，另外一个病人也可以感染 5 个人，这些被感染者不存在重叠的问题。而在现实中，重叠的情况非常普遍。因此，在一个场所内，传染病的传播速度并不是按照我们最初的设想那样直线增长。如果希望了解疾病的传播过程，并且希望针对传染过程构建一个 ABM 模型，那么我们该怎么做呢？

首先，需要创建一些 agent，追踪它们是否感染了感冒；此外，需要在空间中定位这些 agent，并使其具备移动的能力；最后，需要通过感染一组个体，实现对模型的初始化。以上就是本章将要讨论的 NetLogo 模型的开发方式（如图 6.1 所示）。在这个模型中，个体在环境中随机移动，一旦接触到其他个体就会感染其他个体。

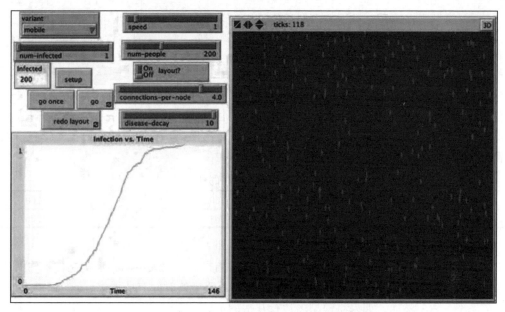

图 6.1　Spread of Disease 模型（疾病传播模型）

这个模型虽然简单，但是它展示了有趣而复杂的行为。如果增加模型中的人数，会发生什么现象呢？疾病在人群中会传播得更快，还是会因为人数变多而需要更长的传播时间？将人数分别设为 50、100、150 和 200，运行模型并检查结果。由于环境的大小维持不变，因此增加个体数量意味着增加人口密度。同时，我们将记录整个人群被完全感染的时间（见表 6.1）。

表 6.1　感染数据

人数	50	100	150	200
100% 感染需要的时间	419	188	169	127

依据这些结果，我们可以得出结论，即随着人口密度的增加，完全感染的时间将大大减少。仔细想想，这是有道理的。起初，当第一个人被感染时，如果周围没有多少人，他就没有太多机会传染给其他人，因此感染率会缓慢上升。然而，如果周围有很多人，就会有更多感染的机会。此外，在模型运行后期，当只剩下一两个未被感染的 agent 时，在人数较多的情况下，他们更有可能遇到已经被感染的人。尽管总人数增加意味着被感染人数也会增加，需要更多的感染过程，但上述结论却是事实。

专栏 6.1　语言的演变

　　在 Spread of Disease 模型中，我们讨论了疾病是如何从一个个体传播到另一个个体的。然而，该模型并不局限于疾病传播。比如说，思想（idea）也可以从一个人传给另一个人。一个典型的例子就是语言的演变。语言演变的类型有很多种，其中一个就是新词汇的引入（Labov，2001）。让我们换一种方式看待 Spread of Disease 模型。假设当任意两个个体相遇时，他们会彼此交谈。如果其中一个人使用了一个新词汇，那么他就为另一个人提供了在未来的交流中使用该词汇的能力。通过这种方式，可以看到一个新词汇是如何像传染病一样在人群中传播的（Enfield，2003）。Spread of Disease 模型和语言演变过程之间的一个区别，是在语言演变过程中通常存在对变化的抵抗，这个特征也需要包括在模型中。通过对本节的学习，你可以探索如何修改 Spread of Disease 模型，使其成为更稳健的语言演变模型。参见 NetLogo 模型库 Social Sciences 部分的 Language Change 模型（Troutman 和 Wilensky，2007）。

假设把这些数据拿给你的某个朋友看，她不相信这个结论。她认为达到 100% 感染的时间应该与人口数量呈线性增长关系。她检查了代码，并确定代码似乎符合描述（该过程称为验证，我们将在下一章讨论）。之后，她运行模型并收集到与我们相同的数据（我们将在下一章讨论这种重复仿真形式）。她收集的数据见表 6.2。

表 6.2　你朋友获得的数据

人数	50	100	150	200
100% 感染需要的时间	305	263	118	126

表 6.2 中的结果并不支持你这位朋友的想法，即 100% 感染的时间会随着人口的增长而增加，但是另一方面，这些数据与我们最初收集的结果也有很大不同。事实上，在你朋友的数据中，在人口总量为 150 和 200 的情况下，100% 感染的时间有所增加，这似乎与我们最初的结果不一致。然而，如果将模型多运行几次的话，可能会得到不同的结果。我们需要使用一些检验方法来确定这些数据是否存在某些趋势[⊖]。

之所以出现数据不一致的情况，是因为大多数 ABM 模型在算法中使用了随机性。例如，代码中包含了随机数生成器。模型中的 agent 在界面中如何移动不是明确规定的，而是在时钟每一次“滴答”的时候，多次调用随机数生成器的结果。此外，对于种群中每个 agent 在每一个时钟周期中，这些随机决策至少发生一次。显然，仿真运行一次获得的结果不足以表征模型的行为。假设我们收集了一组不同人口密度的模型运行 10 次的数据（如表 6.3 所示）。虽然这些运行结果看起来更像我们最初获得的结果，而不是你朋友得到的结果，但是仍然难以发现明确的趋势并对这种结果进行全面分析。因此，为了描述这些行为模式，有必要求助于一些统计学知识。

表 6.3　原始数据

人数	运行 1 次	运行 2 次	运行 3 次	运行 4 次	运行 5 次	运行 6 次	运行 7 次	运行 8 次	运行 9 次	运行 10 次
50	419	365	305	318	323	337	432	380	430	359
100	188	263	256	205	206	205	201	181	202	231
150	169	118	163	146	143	167	137	121	140	140
200	127	126	113	111	133	129	109	101	105	133

6.2.1　ABM 的统计分析：超越原始数据

统计分析是处理任何类型的科学数据时最常见的方法，无论这些数据来源于计算模型、

⊖ 针对这个模型特例而言，使用启发式方法或生成闭式解（closed-form solution）来确定模型的增长率是相对简单的办法。但是，我们在此将探索如何从数据中直接获取增长速率，因为这通常是唯一可行的方式。

物理实验、社会学调查还是其他方法。描述统计学所使用的一般方法，是针对一个大数据集进行汇总和摘要，然后据此进行数值测度，而不是检查数据集中的每一个数据。例如，假设要确定一枚硬币的质量是否均匀（抛硬币时出现正面的可能性和出现反面的可能性是否一样大），我们可以进行一系列实验，抛掷硬币并观察结果。确定这枚硬币质量是否均匀的一种方法，就是简单地检查当前获得的所有观察结果，比如说 HHHHTTHTTT，然后基于这个结果确定硬币是否质量均匀。然而，如果想要进行一千次、一万次，甚至一百万次这样的实验，那么检查所有结果就会花费太多时间。还有一个更好的方法是计算硬币正面出现的频率，即观察到的成功概率及其标准差。计算平均值和标准差比检查大量数据要容易得多（例如，对于 HHHHTTHTTT 这个观测结果，则硬币朝上的概率是 0.5，10 次试验的预期结果是观察到 5 次正面，标准差为 1.58)。

为了更深入地将此方法应用于 Spread of Disease 模型，可以创建表 6.3 结果的汇总统计信息，如表 6.4 所示。

表 6.4　汇总统计信息

人数	均值	标准差
50	366.8	47.39385802
100	213.8	27.40154091
150	144.4	17.65219533
200	118.7	12.2939497

从这些汇总结果可以看出，随着人口密度的增加，达到 100% 感染的平均时间不断减少。还有一个有意思的结果，就是随着人口密度上升，标准差反而下降，这意味着数据的波动变小了。换句话说，更多的实验结果更接近理论均值（mean）。这是因为，当只有少量 agent 的时候，在很长时间内个体之间无法相遇，也就难以实现疾病的传播，但是在较高的人口密度情况下，发生上述情况的概率比较小，这意味着达到 100% 感染的时间更接近理论均值。

上述结果似乎证实了我们最初的假设，即随着人口密度的增加，感染的平均时间减少。在 ABM 中，统计分析是接受或拒绝假设的常用方法。最初研究 ABM 模型的时候，可以从探索可能性空间（参数空间）开始，观察运行结果的变化情况，随着时间的推移，可以开始创建关于 ABM 模型输入如何生成各种输出的假设。像上面那样设计一个实验，对实验结果进行分析，从而得出接受或者拒绝假设的结论。

如果你熟悉基本的统计方法，则可以直接对这些数据开展进一步的统计分析，并且可以试着描述随着人口密度增加、感染时间减少的变化速率。还可以进行统计检验，以证明人口密度的变化导致 100% 感染所需的时间是不同的。下一章将简要介绍用于分析 ABM 模型的统计检验方法。关于统计分析的详细讨论超出了本书的范围，如欲更深入地了解统计分析方面的知识，请参阅统计学导论教材。

由于在进行统计分析的时候会自然地"压缩"数据，因此这是检验 ABM 模型的一种有用的方法。ABM 模型会生成大量数据（Spread of Disease 模型只是一个简单的例子），如果可以对这些数据进行汇总处理，就可以高效地检验具有大量输出数据的 ABM 模型。

有许多工具能够用于统计分析。例如，Microsoft Excel、开放源代码的 R 软件包、SAS、Mathematica 和 Matlab，这些软件都含有用于大数据集分析的工具包和函数集。从 ABM 模型获取数据并将其导入这些软件包，通常是很容易的。大多数 ABM 工具包都允许将数据导出到 CSV 文件中（使用逗号分隔数值），上面给出的所有工具软件都可以导入此类 CSV 数据，然后就可以在这些工具包中进行任何必要的统计分析了。此外，大多数 ABM 工具包都提供内置的执行简单统计分析的基本能力（例如，在 NetLogo 中就有 mean 和 standard-deviation 指令）。因此，在运行过程中，ABM 模型本身就可以生成汇总统计信息。最后，一些 ABM 工具包提供了在模型运行过程中连接到统计软件包的能力。例如，在 NetLogo 中，可以使用 Mathematica Link 控件在 Mathematica 中控制 NetLogo，这样就能够从 Mathematica 中检索模型的任何结果（Bakshy 和 Wilensky，2007）。类似地，也可以使用 NetLogo 的 R 语言扩展控件调用 R 统计包进行分析。

6.2.2　多次运行 ABM 的必要性

如前所述，当试图从 ABM 收集统计结果时，应多次运行模型，并在不同时点收集不同的结果。大多数 ABM 工具包能够提供一种自动收集运行数据的方法（例如，在 NetLogo 中有一个名为 BehaviorSpace 的工具⊖），了解如何访问这些功能是很重要的。然而，即使没有这些功能，ABM 工具包通常也是功能齐全的编程语言，允许你编写自己的工具来构建实验，以生成你所需要的数据集。实际上，在前述分析中就是这样生成数据的。只需要编写以下代码即可：

```
repeat 10 [
  set num-people 50
  setup
  while [ not all? turtles [ infected? ] ] [ go ]
  print ticks⊖
]
```

通过修改 num-people 变量的值，可以获得表 6.3 所示的 4 组数据。如果想要研究多个变量，或者针对一个变量设置多个实验值，这种方法会显得比较烦琐。为了便于实现这个实验过程，大多数 ABM 工具包都提供了批处理实验工具。这些工具可以使用多种不同的设置，自动运行模型多次，并以某种便于使用的格式（如前面提到的 CSV 文件）收集模型输出结果。例如，如果想通过 NetLogo 的 BehaviorSpace 运行之前所说的实验，可以启动 BehaviorSpace，然后选择一个新的实验。设置对话框如图 6.2 所示。

完成 BehaviorSpace 实验的设置步骤具有一定的指导意义。首先，我们从实验命名说起。让我们称其为"人口密度"实验，它同时也是 BehaviorSpace 生成的、用于保存实验结果的输出文件的名称。然后，选择 BehaviorSpace 的参数以及相应的参数范围，从而能够在 BehaviorSpace 中重复再现同一个实验。接下来，使用 BehaviorSpace 语法对每个参数进行设置。例如，使用 ["num-people" 50] 语句将 num-people 变量的取值设置为 50，或者赋予 num-people 变量一个取值范围，这样一来，BehaviorSpace 将按照这个范围内的各个不同取值自动运行模型。如果想要重新生成之前的结果，可以通过 ["num-people" [50 50 200]] 语句改变 num-people 变量的值。这行代码告诉 BehaviorSpace 将 num-people 的取值从 50 开始，依次增加 50，直到 200 为止。此外，还可以同时修改两个参数的值。例如，如果想要在修改 num-people 变量值的同时也修改 num-infected（初始被感染人数）的值，可以使用 ["num-infected" [1 1 5]] 语句完成。这将同时针对 num-people 和

⊖　Wilensky 和 Shargel (2001)。

⊖　print 指令将数据传送到命令中心。使用 file-open、file-print 和 file-close 指令可以将数据写入文件中，这些功能通常都很有用。

num-infected 选取不同的值（即，(num-infected, num-people) = (1, 50), (2, 50), (3, 50), (4, 50), (5, 50), (1, 100), (2, 100), (3, 100), (4, 100), (5, 100), (1, 150), (2, 150), (3, 150), (4, 150), (5, 150), (1, 200), (2, 200), (3, 200), (4, 200), (5, 200)) 等 20 种不同的参数设置）。接下来，我们看一下希望每组参数重复仿真的次数。在实验中，我们收集了 10 次重复仿真的结果，所以需要把它设置为 10。除此之外，还可以指定感兴趣的值，例如，因为我们想要检查达到 100% 感染所花费的时间，所以加入一个名为"ticks"的报告器，它报告当前的仿真时间。然后，关闭"Measure runs at every tick"选项，这样就可以获得最终的"滴答"总数。SETUP 和 GO 例程允许你指定使模型启动和运行所需的任何其他 NetLogo 代码。"Stop condition"（仿真终止条件）对话框允许你为每次仿真运行指定特定的停止条件，"Final commands"对话框允许在模型两次独立运行之间插入你希望执行的任何命令。最后，"Time limit"对话框允许设置在没有达到停止条件时，强制模型终止运行的最大"滴答"数。完成这些变更之后，BehaviorSpace 对话框如图 6.3 所示。

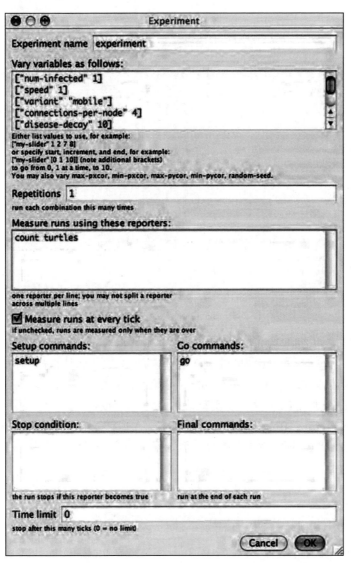

图 6.2　BehaviorSpace，NetLogo 的一个批量实验工具

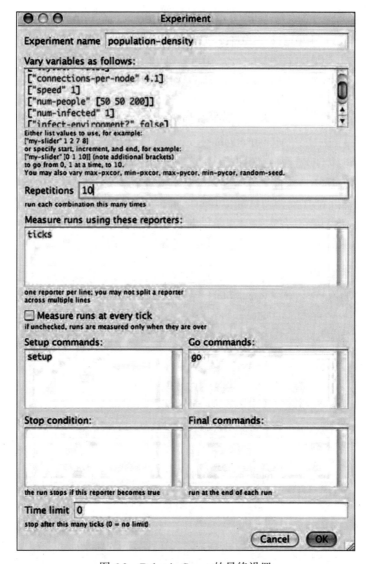

图 6.3　BehaviorSpace 的最终设置

　　点击 OK 按钮，返回实验选择对话框。在这里，可以运行这个实验，并选择输出是以表（以行为基准）、电子表格（以列为基准）还是其他格式（同时以行列为基准，或者不设基准）存储，同时还可以指定文件保存的位置。如果在运行实验之后希望查看结果，可以启动电子表格或统计包来加载 CSV 文件。实验结果如表 6.5 所示。除了我们感兴趣的数据（num-people 和 ticks）之外，BehaviorSpace 还可以显示所有额外的参数，例如 num-infected 和 speed[⊖]。这些结果与前面描述的结果相似，但并不完全对应，因为二者使用了不同的随机数种子值。

　　⊖　实际上，当 BehaviorSpace 每打印电子表格的一行时，它会自动报告一个额外的变量，即 tick count，所以 ticks 报告器实际上是多余的。

表 6.5 导入电子表格中的 BehaviorSpace 数据

BehaviorSpace Table data									
population-density									
DATE									
TIME									
[run number]	network?	layout?	connections-per-node	speed	num-people	num-infected	infect-environment?	[tick]	ticks
1	FALSE	FALSE	4.1	1	50	1	FALSE	299	299
2	FALSE	FALSE	4.1	1	50	1	FALSE	432	432
3	FALSE	FALSE	4.1	1	50	1	FALSE	444	444
4	FALSE	FALSE	4.1	1	50	1	FALSE	400	400
5	FALSE	FALSE	4.1	1	50	1	FALSE	467	467
6	FALSE	FALSE	4.1	1	50	1	FALSE	397	397
7	FALSE	FALSE	4.1	1	50	1	FALSE	337	337
8	FALSE	FALSE	4.1	1	50	1	FALSE	280	280
9	FALSE	FALSE	4.1	1	50	1	FALSE	366	366
10	FALSE	FALSE	4.1	1	50	1	FALSE	257	257
11	FALSE	FALSE	4.1	1	100	1	FALSE	268	268
12	FALSE	FALSE	4.1	1	100	1	FALSE	165	165
13	FALSE	FALSE	4.1	1	100	1	FALSE	183	183
14	FALSE	FALSE	4.1	1	100	1	FALSE	200	200
15	FALSE	FALSE	4.1	1	100	1	FALSE	151	151
16	FALSE	FALSE	4.1	1	100	1	FALSE	206	206
17	FALSE	FALSE	4.1	1	100	1	FALSE	217	217
18	FALSE	FALSE	4.1	1	100	1	FALSE	234	234
19	FALSE	FALSE	4.1	1	100	1	FALSE	197	197
20	FALSE	FALSE	4.1	1	100	1	FALSE	209	209
21	FALSE	FALSE	4.1	1	150	1	FALSE	131	131
22	FALSE	FALSE	4.1	1	150	1	FALSE	127	127
23	FALSE	FALSE	4.1	1	150	1	FALSE	173	173
24	FALSE	FALSE	4.1	1	150	1	FALSE	179	179
25	FALSE	FALSE	4.1	1	150	1	FALSE	203	203
26	FALSE	FALSE	4.1	1	150	1	FALSE	124	124
27	FALSE	FALSE	4.1	1	150	1	PALSE	128	128
28	FALSE	FALSE	4.1	1	150	1	FALSE	190	190
29	FALSE	FALSE	4.1	1	150	1	FALSE	170	170
30	FALSE	FALSE	4.1	1	150	1	FALSE	141	141
31	FALSE	FALSE	4.1	1	200	1	FALSE	103	103
32	FALSE	FALSE	4.1	1	200	1	FALSE	124	124
33	FALSE	FALSE	4.1	1	200	1	FALSE	124	124
34	FALSE	FALSE	4.1	1	200	1	FALSE	138	138
35	FALSE	FALSE	4.1	1	200	1	FALSE	211	211
36	FALSE	FALSE	4.1	1	200	1	FALSE	137	137
37	FALSE	FALSE	4.1	1	200	1	FALSE	115	115
38	FALSE	FALSE	4.1	1	200	1	FALSE	110	110
39	FALSE	FALSE	4.1	1	200	1	FALSE	142	142
40	FALSE	FALSE	4.1	1	200	1	FALSE	130	130

一般来说，在 ABM 模型中进行多次实验是非常重要的，因为这样才能确定某些结果究竟反映了系统的实质特征，抑或只是偶然出现。常见的方法是手动运行模型多次，但是为了更好地理解仿真输出结果，使用批处理实验工具通常会便利一些。前面已经介绍了 BehaviorSpace，它是 NetLogo 自带的批处理实验工具，大多数 ABM 软件都有类似的工具包，可以进行参数迭代，以及收集多次运行的结果。

6.2.3　在 ABM 中使用图检验结果

查看表 6.4 中的汇总统计数据（或者退一步，查看表 6.3 中的数据），你可能发现此类数据包含的信息量不足。统计数据可以证明达到 100% 感染的时间随着人数的增加而减少这一观点是正确的，但是并不能说明全部情况，因为它们无法提供数据分布的完整描述。此外，理解数据本身是困难的，因为你很难通过一堆数字快速识别出其中的含义。如果能够以一种可以快速理解整个数据集的方式来呈现数据，那就太好了。将整个数据集以图的方式展示，在提供所有可用数据的同时，还能增强理解。例如，可以从表 6.3 中获取数据，创建一个四种不同人口密度与达到 100% 感染时间的关系图，如图 6.4 所示。在 NetLogo 中，创建简单的图形不难，而且通常足以满足简单数据分析的需要。但是，对于复杂的数据集，设计一个有用且能实时提供信息的图形却具有一定的挑战性，这也是大量文献的研究主题（Tufte，1983；Bertin，1983）。

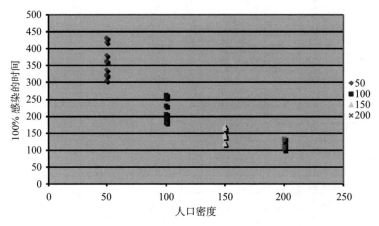

图 6.4　基于图形模式的原始数据展现（见彩插）

从图 6.4 可以看到数据是如何分布的，以及数据是如何随着人口密度变化而变化的。这些数据似乎表明，随着人数的增加，100% 感染时间之间的差异有所减少。如果人数越来越多，感染时间可能会趋于稳定，即无论人数是 2 000 还是 3 000，100% 感染的时间都是 100 个时间周期。或者说，无论人数是 150 还是 200，达到 100% 感染的时间似乎并没有太大差异。

然而，这些数据可能仍然太过复杂而难以理解。我们可以使用同样的方法令汇总数据更便于理解，如图 6.5 所示。图中绘制了每类数据的平均值，以及包含一个标准差的误差条（error bar）。这个图可能不如图 6.4 容易理解，但是如果图 6.4 中有 100 个数据点而不是 10 个，那么图 6.5 可能更有助于理解。

图不仅可以用来在模型运行后研究数据，即使在模型运行期间也是有用的。许多 ABM 工具包都提供了在模型运行期间不断更新图的功能，以便实时查看模型进度。这对于理解模型动态和时间演化非常有用。例如，在 Spread of Disease 模型中，有一个图能够说明随时间推移被感染 agent 的占比变化情况（如图 6.6 所示）。如果要检验表 6.3 中的某个值，那么你应该关注图中 x 的最终值，因为表 6.3 记录的是当 y 值达到 1.0 时对应的 x 值。

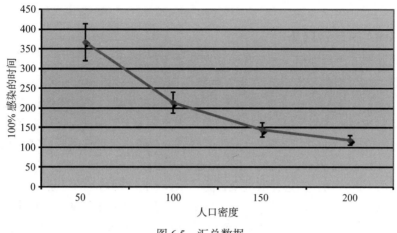

图 6.5　汇总数据

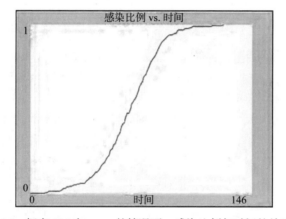

图 6.6　拥有 200 个 agent 的情况下，感染比例与时间的关系图

　　图 6.6 是时间序列的一个例子，因为数据是按照它所发生的时间顺序采集的。时间序列分析在 ABM 中非常重要，因为 ABM 模型生成的很多数据都具有时序特征。时间序列的一种分析方法是确定模型运行过程中数据是否可以分为特定的时段。例如，在前面的结果中，似乎存在三个非常不同的行为阶段：一开始，被感染 agent 的数量增长非常缓慢；经过大约 50 个时间周期之后，被感染 agent 的数量迅速增加；最后，经过大约 100 个时间周期，被感染 agent 的数量缓慢增加。将这三个阶段的数据与模型行为进行比较通常是有用的。第一阶段，只有少数被感染的 agent 传播疾病，所以传播非常缓慢；第二阶段，被感染 agent 的数量增长很快，这是因为被感染 agent 和正在被感染 agent 的数量比较大；第三阶段，没有被感染 agent 的数量很少，因此感染数量大幅降低。以上是使用时间序列帮助理解模型行为的一个例子。

　　在应用 ABM 的时候，大多数情况下，不能只考察一次运行结果（如图 6.6 所示的那样），而是要研究多次仿真的结果。这样做不仅可以帮助了解模型的总体趋势，还可以帮助了解模型运行的常见可能结果。例如，某个模型的运行可能存在两种方式：一种是疾病以 S

形曲线在人群中传播，另外一种是初期传播速度非常慢，后期快速传播至所有成员。模型到底会以上述哪种方式运行，我们只能通过观察多次仿真结果的图形才能知道。通过观察包含系统特征的多次仿真结果，而不是仅凭一次仿真结果，可以让你识别出系统真实的行为特征。

6.2.4   在 ABM 中分析网络

正如我们在第 5 章提到的，如果你想研究物理上的近距离交互，可以让 agent 游走并进行互动，但是许多类型的交互并不发生在物理空间，而是发生在社交网络中。前面研究的 Spread of Disease 模型依靠 agent 的移动和彼此接触传播感染。部分疾病传播的确是通过人们之间的活动和接触实现的，但是疾病传播很大程度上与人们的社交网络有关。实际上，某些疾病（比如性传播疾病）根本不是通过偶然接触传播的，而是只能通过某种社交网络进行传播。Spread of Disease 模型同样致力于探索这种可能性。该模型包含一个界面元素选择器，允许选择模型的不同选项。当选择器被设置为"network"（网络）的时候，agent 不再在平面上随意移动，它们将通过网络连接在一起，疾病也因此在网络中传播。在这个模型中，所创建的网络是一种特殊类型的网络，也就是随机图（random graph）[⊖]，上一章对此已有介绍（本例是一个 Erdös-Rényi 随机图 [1959]）。

专栏 6.2   时间序列分析

时间序列分析本身就是一个研究领域。该领域的基本问题是如何表征本质上具有时间特征的数据集。很多时候，时间序列分析的目标是预测序列中的下一组数据点。一种方法是将过去的时间序列解码为短期和长期两部分。通过对二者进行差分，就有可能预测时间序列的长期行为。时间序列分析在许多学科领域都有应用，例如生态学、进化论、政治学和社会学等。时间序列分析也适用于股票市场分析，如果能够预测股票的长期走势，就可以从中获利。有关时间序列分析的更多内容详见（Box、Jenkins 和 Reinsel，1994）。

在网络模型中，agent 在物理空间中的位置并不重要，重要的是哪些 agent 之间存在链接。在此，我们将分析影响网络的一个重要属性，即每个节点的链接数，也称平均网络化程度（average degree of the network）。这个属性表示网络中的每个个体与其他个体之间的平均链接数。让我们看看下面这个例子。

首先，将 variant 选择器变量设置为"network"，并将 connections-per-node（单一节点链接数）设置为一个合理的数字，比如 4.0。然后，运行这个模型，结果如图 6.7 所示。

现在我们需要创建一个实验，用来研究 connections-per-node 变量对疾病传播的影响。如果此时运行这个模型，会发现疾病通常不会感染所有个体。比如说，在图 6.7 中，疾病只感染了 200 人中的 197 人。不断调整 connections-per-node 滚动条变量的值，会发现在 1.0 附近有一个临界点。如果 connections-per-node 的值小于 1.0，则疾病不会感染太多人；如果高于 1.0，则这个数值越大，感染比例越高。接下来，我们着手创建一个实验，以进一步研究这个问题。

⊖   这里所说的并不是现实中的社会网络，比如常见的小世界网络或者无尺度网络（Barabasi 和 Albert，1999；Watts 和 Strogatz，1998），但是它可以作为一个很好的基础分析案例。

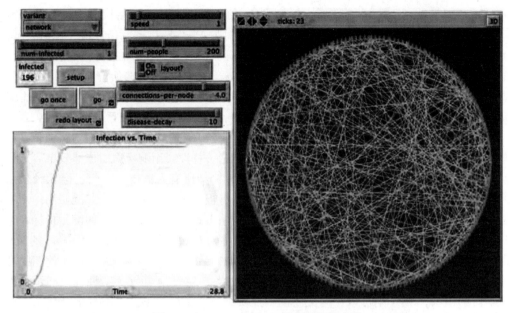

图 6.7   Spread of Disease 模型的网络变体

　　由于无法保证所有人都被感染，因此有必要为实验创建一个新的运行终止标准。要做到这一点，一种方法是观察在特定时间周期内被感染 agent 的数量，也就是说让模型运行一段时间，使其尽可能地扩大传播范围，然后就让模型终止运行。你可以在 BehaviorSpace 中设置运行时间长度限制来完成这个要求。在这个例子中，我们将运行时长限制为 50 个时间周期。然后，创建一个 BehaviorSpace 实验，以 0.5 为增量，将 connections-per-node 的值从 0.5 逐步增加至 4.0。将模型运行结果导入电子表格，并获得统计汇总数据（如表 6.6 所示）。

表 6.6   50 次"滴答"之后被感染 agent 的数量

每个节点的链接数量	被感染的平均值
0.5	1.8
1	15.1
1.5	68
2	145.3
2.5	181.1
3	189.3
3.5	174.5
4	196.4

　　从以上结果可以看出，当 connections-per-node 取值超过 1.0 的时候，被感染个体的平均数量就会显著增加。实际上，这是随机图的一个众所周知的特性，即当"平均链接度"（connections-per-node）超过 1.0 时，网络中就会形成一个"巨型分支"（包含部分节点的一个较大连通子集）（Janson 等，1993）。如果疾病发生在"巨型分支"中，那么大部分人就会被感染。这与经典的、基于非网络环境的流行病学模型的结果完全一致。经典的流行病学模型认为，如果"疾病感染率与患者康复率之比"超过 1.0，那么人群中就会爆

发流行病；如果低于 1.0，疾病就会逐渐消失。我们可以把基于网络模型中的"链"看作个体在其患病期间的传播途径，从这个角度来看，则"平均链接度"（connections-per-node）和"疾病感染率与患者康复率之比"是相等的。换句话说，在任何时点，如果任何一个人都能感染至少一个人，那么就会爆发流行病，此时模型中的所有个体都会被感染。也就是说，如果 connections-per-node 的值大于 1.0，那么爆发流行病的可能性就会很高。

"平均链接度"只是网络的一个特性，其他特征还有很多，比如说，"平均路径长度"是对网络中任意两个节点之间平均距离的度量指标。这一特性会影响疾病的传播效果。这是因为，如果网络的平均路径长度比较大，那么疾病传播给所有人需要的时间也会比较长；相反，如果网络的平均路径长度较短，那么大多数人将很快被感染。另一个广泛使用的网络特性是网络的聚类系数（clustering coefficient）。聚类系数是对网络聚集强度的度量指标，它考察的是与同一个 agent 连接的、彼此也相互连接的节点数量（你朋友的朋友中，有多少人彼此也是朋友）。以上是社交网络分析（Social Network Analysis，SNA）领域广泛使用的度量和分析工具中的两个例子。SNA 和 ABM 总是相得益彰，ABM 能够为某种现象和过程提供含义丰富的模型，SNA 则可以针对交互模式提供细节丰富的模型。将两者结合使用，可以帮助你针对复杂系统的交互模式和过程进行建模。

基于疾病传播过程，可以分析每一个网络特性的影响和作用。你既可以创建报告器来度量这些特性，也可以将需要研究的网络模型运行结果导入标准的网络分析工具包，如 UCINet 或者 Pajek 中，以开展进一步的研究[⊖]。

专栏 6.3　创新扩散理论

　　我们已经讨论了疾病传播模型，并且还提到了它与语言变化模型的共同点。还可以把 Spread of Disease 模型看作一个关于创新扩散的模型。agent 被"感染"可以理解为它接受了一个新鲜事物，比如一套新的音频设备、一个新的业务流程或者喜欢的一部新电影（Rogers，2003）。然后，该 agent 将这种创新通过口口相传的方式传播给朋友和同事。基于网络的 Spread of Disease 模型特别适用于针对创新扩散理论建模，因为创新通常通过社交网络进行传播，并不怎么依赖物理空间（Valente，1995）。在创新扩散理论中，经常被讨论的一个话题是感召者（这些人在社交网络中比其他人更能传播创新）的作用（Watts，1999）。可以将 Spread of Disease 模型扩展为更为明确的创新传播模型，有兴趣的读者可以作为习题进行研究。

专栏 6.4　社交网络分析

　　社交网络分析是一个新兴的研究领域。SNA 的基本前提是，在社会系统中，交互作用的结构至少与交互作用的类型同样重要。换句话说，不仅在于你和对方互动的方式，还在于你和谁互动，以及对方和谁互动。这一研究领域的主要发现之一，是大多数人仅

　　⊖　通常，ABM 工具包会提供一些关于报告功能的指令，NetLogo 也是如此。NetLogo 的网络扩展提供了更全面的指令集。

通过少数几个中间联络人就可以建立联系，这就是"六度分隔理论"[⊖]。该理论认为，世界上任何两个人之间的间隔关系不会超过六度。这个理论是基于 Stanley Milgram 的一个实验提出的，该实验发现艾奥瓦州的一个人如果想要联系到纽约州的一个人，平均需要 6 封信的帮助。近年来，在与 Strogatz（1988）合作的基础上，Duncan Watts（2003）在 *Six Degrees* 一书中正式提出了小世界网络（Small World network）的概念。有关社交网络分析的经典论文，请参见 Newman、Watts 和 Strogatz（2006）；有关入门级的教科书，请参见 Newman（2010）。

6.2.5　环境数据和 ABM

经过一段时间的研究之后，你可能会意识到，对于像普通感冒这样的疾病，包含可移动 agent 的模型似乎更有意义。然而，就实际情况来说，模型只包含移动 agent 还远远不够。感冒病菌除了可以通过 agent-agent 方式进行传播之外，还可以通过 agent- 环境和环境 -agent 等方式传播。比如说，某个人得了重感冒，他用手擦过鼻子之后推开了一扇门，那么稍后一段时间内，通过这扇门的其他人也可能会因为接触这扇门而染上感冒。当然，细菌在体外存活的时间不长，所以环境感染的可能性会随着时间的推移而降低，我们希望模型能够反映这一点。

实际上，Spread of Disease 模型使我们能够研究这种情况——存在与环境进行交互的影响。存在环境交互影响的模型如图 6.8 所示。如果启用这个影响因素（在 variant 选择器中选择"environmental"），那么所有被感染 agent 所在的斑块都将变为黄色。在有限时间内（disease-decay），这些斑块将感染经过它们的其他 agent。让我们使用与之前类似的方法，研究一下病毒衰变（disease-decay）如何影响全部 agent 被感染的时间。改进实验与原实验非常相似，只是不再变化 num-people 的值，而是将它固定为 200。然后，在一个时间周期内，将 disease-decay 的速率从 0（对应原模型）改变为 10。最后，创建一个 BehaviorSpace 实验来执行此操作，并将结果导入 Excel，从而获得统计汇总结果（如表 6.7 所示）。

从表 6.7 中可以看到，随着 disease-decay 参数值的增加（即病菌在环境中存活的时间越长），则达到完全感染的时间越短。在原模型（或者将改进模型的 disease-decay 设为 0）中，唯一可以感染 agent 的只能是其他 agent，但是当 disease-decay 为正数时，agent 和斑块都可以感染其他 agent。随着 disease-decay 的值增加，可感染其他 agent 的斑块数量也会增加，这意味着环境中可以传播疾病的物体增多了。

⊖　六度分隔理论（Six Degrees of Separation）由 Stanley Milgram 于 1967 年提出，也称六度空间理论、小世界理论。20 世纪 60 年代，耶鲁大学的社会心理学家 Stanley Milgram 设计了一个连锁信件实验。他将一套连锁信件随机发送给居住在内布拉斯加州奥马哈的 160 个人，信中放了波士顿一个股票经纪人的名字，信中要求每个收信人将这套信寄给自己认为比较接近那个股票经纪人的朋友。朋友收信后照此办理。最终，大部分信件经过五六个步骤后都抵达了该股票经纪人。

六度分隔理论认为，在人际交往的脉络中，世界上任意两个人都可以通过"朋友的朋友"建立联系，这中间最多只要通过五个朋友就够了，无论对方在哪个国家、属于哪个种族、拥有何种肤色。"你和任何一个陌生人之间所间隔的人不会超过五个，也就是说，最多通过五个人你就能够认识任何一个陌生人"。六度分隔理论也适用于描述经济活动中的商业联系网络结构、生态系统中的食物链结构，甚至人类脑神经元结构，以及细胞内的分子交互作用网络结构，等等。——译者注

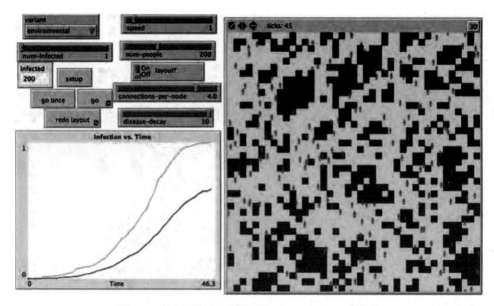

图 6.8   存在环境交互影响的 Spread of Disease 模型

表 6.7   在存在环境交互的模型中，所有 agent 被感染的时间

disease-decay	平均值	标准差
0	126.4	12.2854928
1	71	4.988876516
2	62	7.363574011
3	51	4.242640687
4	51.2	2.780887149
5	49.4	2.716206505
6	49.9	2.643650675
7	46.5	2.758824226
8	48.5	3.341656276
9	47.4	3.062315754
10	47.3	2.213594362

disease-decay 参数的影响效果也许和人口密度有关。试想一下，如果模型中 agent 数量不多，那么 disease-decay 大小对模型的影响可以忽略不计。这个假设可以使用 BehaviorSpace 进行研究。我们将同时更改 disease-decay 和 num-people 的值，并报告达到完全感染所用的时间长度。为了避免异常结果，我们将 10 次仿真的输出数据进行平均。这会导致运行次数大大增加，因为需要研究 num-people 的 4 个取值和 disease-decay 的 11 个取值之间的相互影响，结果是需要运行 440 次。使用三维图形展示这些数据，如图 6.9 所示。从图中可以看到，num-people 和 disease-decay 都会对结果产生影响。但是很明显，只有当这两个值都很小的时候，模型才会对它们的结果敏感。随着两个变量值的减少，图中的尖峰表明了这一结论。如果在 num-people 和 disease-decay 都较小的情况下，改变其中的任何一个，就会看到完全感染时间上的巨大变化。

ABM 的一个强大之处在于，除了可以展示疾病传播的动态过程之外，还可以展示感染的模式。黄色斑块表明病菌仍然存在的地方，以及是如何感染其他 agent 的。如果要对疾病进行控制，这个模型可能会有用。这个疾病模型体现了一种长期、连续的、通过环境感染的模式，这是个体在环境中不断移动所导致的。由于疾病的感染模式不是聚集性的，因此尝试建立隔离区以防止疾病蔓延并没有多大意义，相反，必须追踪并尝试治愈每个被感染的个体。然而，如果疾病是从一个地方开始传播，当人们意识到某个地区暴发了疫情时，通过疫苗接种在疫区周围建立免疫环是有意义的，然后再沿着免疫环由外到内逐步治愈染病个体。这是一种成功控制天花的可选方法（Kretzschmar 等，2004）。

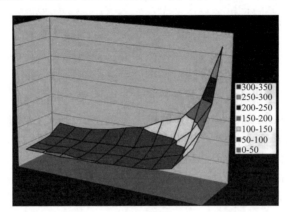

图 6.9　num-people 变量、disease-decay 变量和完全感染时间的三维图表（见彩插）

以上关于环境模式的定性描述很有趣，除此之外，使用一些定量的方法也可以获得相同的结果。例如，在景观指标（landscape metrics）中（McGarigal 和 Marks，1995）[⊖]，可以绘制一张疾病传播路径的地图（黄色代表存在病菌的区域），并测量所谓的"黄色路径的边缘密度"（edge density）。正如第 5 章所述，边缘密度是环境中处于两种不同状态斑块之间的边线数量（本例中，是指被感染斑块与未被感染斑块之间的边线数量）与整个区域的边线总量的占比。如果边缘密度数值较低，则具有相同状态的斑块高度聚集，不同状态斑块之间的共享边线很少，此时表明应该使用"区域封闭防控策略"（ring type of intervention）；如果边缘密度数值较高，例如前面所给的环境交互模型（见图 6.8），不同类型的斑块相互交织，在研究这类疾病传播问题的时候，建议使用"有针对性的防控措施"（targeted intervention）。

边缘密度只是已创建的多种环境度量指标之一。地理信息系统 (GIS) 是一个致力于研究环境模式的专属领域。当环境中的模式与地理信息相关时，GIS 提供了对这些模式的丰富描述。这类似于 SNA 在网络环境中提供的模式模型。GIS 与 ABM 可以很好地结合使用，使得创建模式和过程的精确模型成为可能。

专栏 6.5　地理信息系统

　　地理信息系统的核心思想是世界上的大部分数据都可以通过空间位置被索引。此外，以空间形式呈现数据可以更好地理解复杂的现象。GIS 的应用领域广泛，从本章所描述的疾病传播现象，到郊区扩张对环境的影响（Brown 等，2008），再到交通网络中通勤者的流动问题。由于 GIS 开发了强大的数据空间模式模型，ABM 具有强大的数据转换过程模型，因此将 GIS 与 ABM 相结合是非常有用的。GIS 和 ABM 可以提供复杂空间系统模式和过程的丰富图像。有关 GIS 的介绍，请参见文献（Longley、Goodchild、Maguire 和 Rhind，2005）。

⊖　通常，使用如 FRAGSTATS 之类的计算工具对景观指标进行分析（McGarigal 和 Marks，1995）。

我们可以在 ABM 中应用诸如边缘密度这样的度量指标，有些 ABM 工具包还提供了相应的工具，使得应用过程更加便利。然而，最好还是将 ABM 中的数据导出到 ArcView Grass 或 MyWorld（Edelson，2004）等 GIS 工具中进行处理，因为这些工具是专门用于理解地理模式而开发的。可以通过多种方式将文本文件传递到紧密耦合的应用程序接口（Application Programming Interface，API）（Brown 等，2005）。第5章的 Grand Canyon 模型（Wilensky，2006），让我们见识了一个关于松耦合 ABM 模型的例子。该模型读取一个数字高程地图——使用标准 GIS 软件包创建，并使用这个地图预测雨水如何流经大峡谷。

6.3　本章小结

与基于方程的模型（EBM）以及其他类型的计算模型相比，测量和分析 ABM 具有不一样的挑战。这是因为 ABM 通常伴有大量的输入和输出。由于 ABM 使得建模者能够更全面地控制 agent，因此常常需要指定大量的输入。例如，在城市通勤模型中，每个 agent 或通勤者都有诸如年龄、财富、同伴或同事（environmental group membership）、孩子和种族等特征，更不必说还有诸如个人对等待时间的偏好以及审美特性等非人口统计参数。在输出端，因为是对系统微观行为进行建模，所以不仅可以生成数据的聚合模式，还可以生成数据的个体模式。例如，在前面提到的通勤模型中，可以观察到所有人的平均通勤时间，也可以基于其他特征对数据进行拆分，还可以沿着正交维度对数据进行检验。比如说，可以只研究通过某条高速公路上班的人的通勤时间。

大量的输入和输出使得研究者能够精确控制和度量模型。然而，如果希望研究所有参数组合的情况，可能会造成组合爆炸（combinatorial explosion）。如果通勤模型包含 1000 个 agent（通勤者），每个 agent 都有五个特征（如财富、环保态度、孩子、年龄、工作地点），每个特征都可以取两个值（比如，高 / 低，是 / 不是，有 / 没有，年老 / 年轻，北 / 南），那么将会有 2^{10}（1024）种不同类型的 agent，以及 1024^{1000} 个种群。这是我们在第4章提出的 ABM 设计原则背后的核心原因之一。起初，要保证所构建的基于 agent 的模型应该尽可能简单，只有在需要改进的时候才去增加其复杂度。刚刚给出的例子实际上只包含了一个相对较小的参数空间，因为大多数 agent 的特征值都是实数而非只有两个取值，而且大多数模型不仅包含 agent 参数，还会包含环境参数和全局参数。即使参数空间（参数的个数）的规模相对较小，但是由于参数取值的可能性过多，因而无法进行穷举式的研究，特别是在一次仿真之后，我们希望对结果集而非一个数字进行检验的时候，更是如此。例如，在通勤模型中，假设我们有 5 个感兴趣的度量指标，即，所有个体的平均通勤时间，以及上述 5 类个体的通勤时间（例如，富有的个体，向北行驶的个体，等等）。从本质上来说，此时模型变成了一个关系映射：从 1024^{1000} 个可能的输入变量，映射到 5 个具有实数值的输出变量。然而，即使是这种概念化的说明也具有一定局限性，因为在研究 ABM 时，我们不仅对特定输出变量的最终结果感兴趣，对模型的动态模式同样感兴趣，就像我们检验时间序列一样。因此，我们真正感兴趣的不是那 5 个输出变量，而是在多个时间周期过程中那 5 个输出变量的动态变化情况。在通勤模型中，假设观察一年中所有工作日的输出结果，那么我们讨论的是 $5 \times 20 \times 12 = 1200$ 个实数值输出。

因此，大量的输入为 ABM 模型作者提供了非常精确的控制级别，大量的输出则为作者提供了很多细节方面的东西，但是这种方式也提出了一些挑战。首先，大量的输入意味着有更多的模型参数需要验证。我们必须仔细检查每个参数，要么根据真实数据进行检验，要么进行足够深入的研究，以表明在一组合理的选择范围内，模型对参数变化是稳健的；其次，大量的输出使得研究人员很容易迷失在所生成的数据中；此外，提取清晰的行为模式变得困难，模型作者通常需要查看输入和输出数据之间各种不同的关系，然后才能找到令人信服的模型行为模式。

　　本章所讨论的四种不同的 ABM 数据格式分别是：统计格式、图表格式、网络格式和空间格式。统计格式是标准的模型输出结果，例如平均值、标准差、中位数和其他分析变量值的方法。图表格式是统计结果的延伸，将统计结果转换成更容易被观察者研究的图表。网络格式（如聚类分析和路径长度研究）是分析数据的另一种特殊方法，在 ABM 中通常很有用。空间格式是处理一维、二维或者更高维度空间中变量模式的分析方法，经常用于处理涉及空间中数据模式的一些问题。

　　进一步来说，这四种格式的数据输出也可以用作数据输入。正如我们所看到的，这一点在网络和空间数据方面非常明显。在 Spread of Disease 模型的网络变体版本中，使用网络属性（例如，每个节点的连接数）初始化模型，然后运行模型，将输出的网络数据与模型度量指标（例如，到达完全感染所需的时间）结合以描述模型。在空间版本中，初始模型只有一处地方受到感染，也可以进行简单的外推，并作为"种子"使多处地方受到感染。此外，还可以使用统计数据和图表数据作为模型的输入。例如，当我们将 disease-decay 的参数设置为 4 时，实际上是将参数设置为均值为 4，标准差为 0。也可以添加另一个参数来控制标准差，比如 disease-decay 的值可以由 random-normal 指令生成，这样每当有新的 agent 被感染时，disease-decay 都会上下轻微波动，而不是正好等于 4。由此可以看出，agent 个体是养成了卫生习惯，还是参与了疾病传播。最后，还可以使用图表数据作为模型输入。图表可以包含等式，可以使用等式控制 agent 的行为。例如，与其将 disease-decay 设置为常数，不如将其设为关于感染时间的变量（例如，disease-decay = $e^{已感染时间长度}$），这表明一个人感染的时间越长，其传染性就越强。结合使用上述类型的结果和输入，就可以更好地理解模型的工作原理，然后就可以更深入地理解所建模的现象。

习题

1. 在我们讨论过的所有版本的 Spread of Disease 模型中，接触就会导致感染。但是，实际上，疾病通常不会因为一次接触就发生传播，而是存在一定的概率。如何修改先前描述的模型及其变体版本，以考虑疾病传播的概率？

2. 在本章所讨论的实验中，我们分析了个体密度对疾病传播的影响，然而，个体在环境中的移动速度也是一个影响因素。其中的一个假设是，如果个体移动得更快，就等同于个体的数量更多。你支持或反对这个假设的论据是什么？你将如何构建实验来验证该假设？

3. 在环境模型变体中，病菌传染能力以恒定速度降低（历时 10 个时钟周期）。可以想象在现实情况下，病菌通过环境扩散，当病菌浓度低于某个临界水平时，便不再具有传染性。如何模拟这种不同于恒定消散速度的情况？

4. 之前介绍的 Spread of Disease 模型的社交网络变体版本、移动 / 空间变体版本以及环境变体版本，都是彼此独立的版本。然而，在许多实际的疾病传播案例中，上述因素会同时存在并相互作用。如何修改这些模型，使其同时考虑社交网络、随机偶遇以及环境的影响？

5. 在本章，我们对疾病传播现象和过程进行了建模。研究人员猜想创新传播与疾病传播具有一定的相似性。如何修改模型，使之模拟创新成果的传播过程？谣言和传闻的扩散也是一样的吗？从你改进的这几个模型中任选一个，分析其结果。

6. 此类疾病传播模型与我们之前讨论的渗透现象也是相关的。对比 Spread of Disease 模型和 Fire 模型（在第 3 章介绍过）。如何修改 Spread of Disease 模型，使其反映森林火灾的传播过程？

7. 在本章，我们重点讨论的是如何度量 ABM 的输出结果。为什么 ABM 的结果度量方式与经典科学有所不同？与经典实验相比，拥有大量输入数据和输出结果的 ABM 模型有什么优点与缺点？

8. **动态网络**（dynamic network） 在 Spread of Disease 模型中，当从 agent 的空间关系切换到网络关系时，输出度量指标也发生了变化。在空间模型中，我们度量的是在给定人群规模的情况下、完全感染所需要的时间；而在网络模型下，人群可能不会被完全感染，因此，需要转而度量在给定时段内的感染人数，并据此计算出平均感染度。如何比较这两个数字（完全感染所需时间，以及特定时段内的平均感染度）？静态情况下节点的度（degree of a node），与空间情况下每个时钟步长内相互接触的个体数量，二者为何不同？请你设计一个描述动态网络的指标，并使用该指标比较这两个模型的结果。网络模型和空间模型哪个感染得更快？为什么？

9. **检验参数空间**（testing parameter space） NetLogo 模型库 Biology 部分的 Fur 模型可以生成许多不同的模式。例如，可以通过设置控制排斥和吸引半径的四个参数来创建水平和垂直条纹。找到全部参数集合，该集合能够创建至少一条在世界各地通行的、不突出单一色彩的条纹。请记住，这个模型是不确定的。（提示：比较容易的做法是先建立一个新的度量指标，然后构建一个 BehaviorSpace 实验来探索参数空间。）

10. **分散运行**（spread run） 有的时候，针对多次仿真运行结果进行一次性检验是有用的。将 Spread of Disease 模型运行 100 次，然后在一张图上绘制随时间变化的被感染人数。这张散点图能够提供哪些一次运行所不能提供的信息？这张图能够提供哪些感染人数平均值图表所不能提供的信息？

11. **批量运行**（batch run） 我们已经讨论过如何使用 BehaviorSpace 实现一个模型的多次运行，你还可以在不打开 NetLogo 应用程序的情况下多次运行模型。请阅读 NetLogo 文档中控制型 API（Controlling API）章节关于 headless 运行的内容。以这种方式多次运行简单 Spread of Disease 模型，收集数据，在一张图中绘制随时间变化的被感染人数。以这种方式进行仿真的优势是什么？

12. **语言变化**（language change） 将 Spread of Disease 模型修改为 Language Change 模型。将"传染"看作一个新单词发音方式的传播过程。一个人是否采用新的发音方式，取决于与其交往的人中有多少人使用它。这与疾病传染模型不同，在疾病传染模型中，每次接触都有感染的机会。这种新的"感染"方式对实验结果有何影响？

13. **生与死**（birth and death） 有些疾病是致命的。在 Spread of Disease 模型中加入出生和死亡因素，使个体的死亡情况取决于其患病时间。是否可以调整出生率和死亡率，使疾病持续存在，但是又不会杀死所有宿主？

14. **康复**（recovery） 我们创建的模型被称为 SI（Susceptible and Infected，易感和感染）模型。修改此模型以创建一个 SIR（Susceptible, Infected, and Recovered，易感、感染和康复）模型。为 agent 添加第三种状态，即 agent 个体被感染后还有机会康复。康复的 agent 对这种疾病具有免疫力，不会再次被感染。描述新模型的结果。

15. **不同的分布**（different distribution） 我们使用均值（mean）和标准差（standard deviation）描述 Spread of Disease 模型输出结果的统计分布。如果输出结果服从正态分布，即全部数据落在某个均值的附近，并且大部分数据都比较靠近这个均值，少数距离远一些，这样的描述是合理的。然而，如果将有些输出结果拆分成两组数据而不是一组数据进行描述，效果会更好，如果是这样的话，可以将输出结果分为多个组，分别进行描述。你会使用什么参数来描述这种类型的输出结果？在进行数据检查的时候，如何知道需要进行数据分组？请你介绍一种通用方法，可以帮助在获取原始数据集的同时，能够确定需要使用多少个均值，才能实现对所有数据的充分描述。

16. **不同的感染阈值**（different thresholds of infection） 在当前的模型中，每个 agent 个体都具有相同的感染阈值。实际上，该阈值是一个常量，无法通过参数进行更改。在当前的模型中，某个人一旦与其他被感染者接触，自己就会被感染。更改模型的设置，使不同 agent 个体有不同的感染阈值。要做到这一点，至少有两种不同的方法。一种方法是让不同个体在每次与感染者接触时的被感染概率不同。另一种方法是让不同个体在被感染之前必须接触至少 x 个被感染的人。请在模型中实现这两种方法。应用这两种方法所获得的仿真结果有何不同？解释一下这种差异为什么有意义（或者没有意义）。

17. **时间序列分析**（time series analysis）　我们讨论了如何使用时间序列分析、研究与时间相关的数据。常用的方法是表述时间与某些输入参数之间的关系。例如，t 时刻的感染比例 FI（t）= 总人数 / (1 + e^{-at})。在依据这个公式创建的图形中，感染比例看起来也是随着时间的变化而增加，但是这个函数必须经过调整，以使其更接近模型的结果。对于原始的、通过 agent 移动方式传播疾病的 Spread of Disease 模型，创建一个函数，描述随时间变化的感染比例的变化值与人群总数之间的关系。描述这个函数，主要说明它与图中哪些区域匹配得紧密，哪些区域匹配得不紧密。

18. **聚类系数与平均路径长度**（clustering coefficient and average path length）　我们讨论了网络模型的聚类系数和平均路径长度指标如何帮助进行网络分析。在 Spread of Disease 模型的网络变体版本中创建这两个指标的报告器。模型运行 50 次"滴答"之后，研究这两个变量与平均感染人数之间的关系。

19. **斑块尺寸均值与边缘比率**（mean patch size and edge ratio）　与上一题类似，斑块尺寸均值和边缘比率指标有助于增加对系统的理解。在 Spread of Disease 模型的环境变体版本中创建这两个指标的报告器。在改变病毒存活时间长度之后，这两个度量指标是否发生变化？如果是，请描述一下它们是如何变化的；如果不是，请解释为何没有改变。

20. **病毒的指数型衰减**　在本章的最后，我们讨论了基于等式的 agent 规则。在斑块中实施病毒存活的指数衰减规则。与 Spread of Disease 模型的原始环境变体版本相比，改变之后的模型会发生哪些变化？

21. **其他度量方法**　在本章中，我们度量了感染人数和达到完全感染的时间长度这两个指标。对于其他研究疾病传播问题的学者来说，也许他们会对其他指标感兴趣，请你创建一个这样的度量指标。你为什么会选择这个指标？请你解释一下，为什么这个指标对其他研究人员是有价值的。

模型的校核、验证与复现

严格说来，所有模型都是错误的，但是其中的一些是可以使用的。

——George Box

"模型"这个词听起来比"寓言"或者"故事"更科学，但我认为它们是一回事。

——Ariel Rubinstein

软件设计有两种方法：一种是简单到明显没有任何缺陷，另一种是复杂到不存在明显的缺陷。第一种方法要难得多。它所需要的技能、奉献精神、洞察力甚至灵感，与发现复杂自然现象背后的简单基础物理定律一样多。

——Tony Hoare

在前面的七章中，我们讨论了 ABM 的重要性和实用性、如何扩展现有 ABM 模型以及如何构建一个新的 ABM 模型，广泛介绍了 ABM 模型环境中的组件，以及如何收集和分析 ABM 模型的输出结果。在本章中，我们将学习如何评估一个 ABM 模型的正确性和有效性，即，如何知道所完成的 ABM 模型与其相应的概念模型是否一致？如何评估 ABM 模型与现实世界的匹配程度？

7.1 模型的正确性

如果使用一个模型帮助回答现实世界的问题，那么模型输出应该针对相关的问题，并且输出结果要准确无误，也就是说，模型必须提供对用户有用的输出。模型精度可以通过三个不同的建模过程来评估：验证（validation）、校核（verification）与复现（replication）。**模型验证**是确定所开发的模型是否与现实世界中某些现象相一致（并且可以对其进行解释）的过程。**模型校核**是确定所完成的模型是否与目标概念模型相一致的过程，此过程相当于确保模型已正确实施。**模型复现**是一个或一组研究人员依据相同的概念模型，重复开发出与之前的研究人员开发的一样的实施模型。

通过确保实施模型与概念模型相一致（校核），并且模型输出能够映射到现实世界（验证），可以增强对概念模型和实施模型在正确性与解释能力方面的信心。此外，当其他科学家和建模人员能够复现第一位科学家所做的工作时，整个科学界就会接受这个模型，并认为它是正确的。校核、验证和复现可以共同保障模型的正确性和实用性。

然而，证明模型的一组特定结果与现实世界相一致是不够的。正如前面几章所述，由于 ABM 模型所具有的随机性，通常需要将模型多运行几次，才有可能确认模型的准确性。因此，校核、验证和复现手段通常依赖于统计方法。我们从校核开始介绍。

7.2 校核

随着 ABM 模型的规模变得越来越大，仅仅通过查看模型代码来确定它是否正确执行了预期的功能变得愈发困难。校核帮助解决了这个问题。校核工作旨在消除代码中的缺陷

（bug）。但是，这并不像听起来那么简单，如果模型的设计者和开发者不是同一群人，那么调试过程就会变得比较复杂。

模型具备可校核的一般准则包括：开始建模的时候，应使模型尽可能简单，仅在必要时才增加复杂度。因此，遵循第 4 章描述的 ABM 核心设计原则有一个重要的好处，就是如果一个模型开始构建的时候很简单，那么它比一个复杂模型更容易校核。同样地，如果添加到模型中的增量部分是由于所研究实际问题范围的不断外溢造成的，而不是要在一次模型开发过程中试图纳入所有细节因素，那么这些组件更容易校核（通过扩展的方式，组件才成为模型的一部分）。即便如此，还需要注意的是，即使模型的所有组件都通过了校核，模型整体也有可能无法通过校核，因为模型组件之间的相互作用可能会形成额外的复杂性。

在本节中，我们将使用一个描述投票行为的简单 ABM 模型，并以此模型为背景，介绍校核所涉及的相关问题。建模问题虚构如下：

假设有一群政治学家，他们希望建立一个简单的投票行为模型，并因此找到了我们[○]。这些政治学家认为，人们的社会交往很大程度上决定了他们在选举中的投票行为。根据对民意调查和选举结果的分析，他们认为人们最初对于投票有自己的想法，在早期的民意测验中（如果他们参加了民意测验的话），他们会表达自己的想法。然而，在接受民意测验到实际投票的这段时间里，他们会与邻居和同事交谈，讨论自己的想法，然后可能改变自己的想法和决定。事实上，这种情况在选举完成之前也许会发生多次。政治学家要求我们针对这一现象建立一个 ABM 模型。

7.2.1　沟通

通常，模型实施人员和模型作者是同一个人，但并非总是如此[○]。有的时候，会由多人组成一个团队，共同完成某个模型的构建。其中，一人或多人负责概念模型的设计，其他成员则负责模型的实现（编程和调试）。当领域专家不具备独立完成模型构建所需全部技能的时候，这种情况经常发生。在这种情况下，校核就变得尤其重要，因为没有任何一个人完全了解建模的全过程。在多人合作的时候，沟通是至关重要的，可以确保开发出来的模型能够正确反映领域专家所提出的概念模型。对于此类团队开发的模型，校核的最佳方式是让领域专家（或专家们）熟悉建模工具（软件），或者让实施人员了解模型的主旨。虽然不能期望双方成为彼此领域的专家，但是，建立一个共同认知的基础是非常重要的，可以确保双方沟通的有效性，从而保证模型能够正确反映建模者的意图。

比如说，在这个投票模型中，政治学家如果知道摩尔邻域和冯·诺依曼邻域之间的区别，知道什么是"小世界网络"，知道六边形网格和矩形网格之间的差别，将会起到非常大的作用，这些知识使得他们能够就概念模型如何转化为实施模型做出明智的决定；如果模型

实施者能够了解如何使用政治学专业知识对投票机制进行概念化设计，那么在进行模型程序代码的编写过程中，也会在一定程度上帮助实现模型的简化，甚至避免陷入可能的概念化陷阱。

在针对概念模型进行沟通的时候，常会出现人为错误或误解的情况。理想情况下，模型的作者和实施者是同一个人，这可以避免由于使用不同词汇和不同假设所导致的沟通歧义或错误。然而，领域专家学习计算机编程知识所需要的时间，或者计算机程序员学习某个特定领域知识所需要的时间，都是比较可观的，过去几十年里尤其如此。一个人同时成为模型实施和模型设计方面的专家通常是不可能的。然而，一些新的、低门槛的 ABM 语言（例如 NetLogo）都有一个明确的目标，即减少学习如何编写 ABM 模型所需要的时间，从而缩短（或者消除）模型作者与实施者之间的分歧。

7.2.2 描述概念模型

当开始实施模型的时候，我们可能会意识到，在与政治学家沟通的过程中，对于某些机制和 agent 属性尚未完全理解。为了解决这个问题，我们决定写一份文档，用来介绍我们计划如何实施这个模型，这样就可以校核我们与政治学家在头脑中是否持有相同的概念模型。这份文件将作为概念模型的更为正式的描述形式。

另外一种描述概念模型的更为正式的方式是流程图。流程图是关于模型的图形化表示，它记录了一段软件代码运行期间所对应的一系列决策流过程。对于上面描述的概念模型，可以使用如图 7.1 所示的流程图。

图 7.1　投票模型的流程图

流程图使用圆角矩形表示系统运行的开始和结束，直角矩形表示处理过程（process），菱形表示程序代码中的决策点。这些符号提供了一种明晰的方法，帮助理解软件中的控制流过程。

还可以使用伪代码重写流程图。伪代码的目标是充当自然语言和形式化编程语言的中介。无论编程知识如何，任何人都可以阅读伪代码。同时，包含算法结构的伪代码更容易直接转换为真正的可运行代码。比如说，在描述投票模型的时候，可以使用如下伪代码：

```
Voters have votes = {0, 1}

For each voter:
    Set vote either 0 or 1, chosen with equal probability
Loop until election
    For each voter
        If majority of neighbors' votes = 1 and vote = 0 then set vote 1
        Else If majority of neighbors' votes = 0 and vote = 1 then set vote 0
        If vote = 1: set color blue
        Else: color = green
    Display count of voters with vote = 1
    Display count of voters with vote = 0
End loop
```

除了流程图和伪代码之外，还有几种概念模型的描述方法值得一提。例如，Booch、Rumbaugh 和 Jacobson 设计的统一建模语言（Unified Modeling Language，UML）。UML 旨在让不同读者对概念模型描述有不同的切入点，例如，模型用户与模型创建者可以有不同的切入点（2005）。UML 使用图形视图和自然语言文本的组合形式描述模型。近年来，有人尝试将 ABM 的特定概念集成到 UML 中（Bauer、Muller 和 Odell，2000）。另一种方法是选择一种与伪代码非常近似的语言，可以让非专业人士能够清楚地理解它。使用低门槛语言（例如 NetLogo）有助于简化校核过程，因为它们的语法与自然语言非常接近。

7.2.3　校核测试

与政治学家一起完成概念模型的设计之后，就可以开始编写程序代码了。我们遵循 ABM 核心设计原则：从简单起步，逐步校核概念模型与程序代码之间的一致性。例如，SETUP 例程可以按照如下方式编写：

```
patches-own
[
    vote  ;; my vote (0 or 1)
    total  ;; sum of votes around me
]

to setup
    clear-all
    ask patches [
            if (random 2 = 0) ;; half a chance of this
        [ set vote 1 ]
    ]
    ask patches [
        if (random 2 = 0) ;; half a chance of this
            [ set vote 0 ]
    ]
    ask patches [
        recolor-patch
    ]
end

to recolor-patch ;; patch procedure
    ifelse vote = 0
        [ set pcolor green ]
        [ set pcolor blue ]
end
```

然后，我们可以进行一个小的测试，检查代码是否创建了正确数量的绿色和蓝色选民[一]。在投票模型的初始状态下，投"0"的选民数量与投"1"的选民数量应该大致相等。通过多次运行模型，比较每次投票的计票结果，可以很容易地校核这一点。例如，如果这些计票结果之间的差异在 10% 左右，那么代码就可能存在 bug[二]。如果差异小于 10%，就可以相对自信地认为数据总体是按照我们的预期生成的。代码如下：

```
to check-setup
    ;; count the difference between the number of green and the number of
    ;; blue patches
    let diff abs (count patches with [ vote = 0 ]     - count patches with
      [ vote = 1 ])
```

[一]　通常，在编写代码之前就编写测试是一个好习惯。这样一来，测试既能说明你的意图，又提供了校核代码的一种方法。

[二]　我们可以使用统计测试方法，报告两个样本总体之间的差异是否大于 3 个标准差，而不是使用"10%"作为经验法则。对于当前的这个例子来说，书中使用的简单测试方法也是有效的。

```
    if diff > .1 * count patches [
        print "Warning: Difference in initial voters is greater than 10%." ⊖
    ]
end
```

可以在 SETUP 例程尾部插入一个指令，用来调用 CHECK-SETUP 例程。这样，每次 SETUP 例程运行之后，都会进行这个测试，如果程序代码存在问题，就会提醒当前用户存在投票"不均衡"的情况。

在使用以上 SETUP 例程的时候，每次运行都会出现警告，这说明代码没有达到预期的结果。此外，非常明显的是，这段代码生成的绿色斑块（vote = 0）比蓝色斑块（vote=1）多得多，这是不对的。由于不是所有错误都显而易见，因此进行校核测试非常重要（我们鼓励读者检查上面的 SETUP 例程代码，并找出缺陷）。在发现这个错误之后，可以使用下述（更简单的）代码重写 SETUP 例程，从而实现正确的、达到平衡状态的初始选民数量：

```
to setup
    clear-all
    ask patches [
            set vote random 2      ;; 0 or 1, with equal probability
    ]
    ask patches [
        recolor-patch
    ]
    check-setup
end
```

上述校核技术是单元测试的一种形式。单元测试（与组件测试相关）是这样一种方法：通过编写一些小型的测试代码，检查代码中各个单元是否能够正确运行（Rand 和 Rust，2011）。在进行代码开发的同时编写单元测试，可以确保将来对代码进行修改的时候，不会破坏以前的代码。由于这个单元测试将在每次运行模型的时候被触发，这样就确保在修改代码之后，不必担心这些修改会在我们不知情的情况下破坏先前的代码。当然，这只是一个单元测试，在项目开发过程中，要做的单元测试是很多的。

刚才讲的是"模型内部"单元测试的例子，有时也称为"在线"（online）单元测试，因为它是在模型运行的时候进行的。除此之外，还可以编写独立的单元测试，这些测试不是模型代码的一部分，而是使用特定的输入值运行模型，同时检测模型输出是否与我们希望的结果相一致。这种方法有时被称为"离线"（offline）单元测试［关于单元测试的更详细描述不在本书范围内，有关软件测试的更多信息请参阅（Patton，2005）］。在确信 SETUP 例程完成校核之后，我们将对 GO 例程进行类似的检测。我们将伪代码转换为 NetLogo 代码，如下所示：

```
to go
    ask patches [
        set total (sum [ vote ] of neighbors)
    ]
    ;; use two ask patches blocks so all patches compute "total"
    ;; before any patches change their votes
    ask patches [
        ifelse vote = 0 and total >= 4 [
            set vote 1
        ] [
            if vote = 1 and total <= 4 [
```

⊖ 有时候，还可以使用 user-message 而不是"打印"指令，但是需要用户点击"OK"按钮，以确认他们已经阅读了此条信息。

```
      set vote 0
    ]
  ]
  recolor-patch
]
tick
end
```

在这段代码中，首先要求所有斑块计算它的邻居斑块中 **vote=1** 的斑块数量。如果某个斑块的 **vote=0**，并且它的邻居中 **vote=1** 的斑块数量大于等于 4，那么当前斑块变成 **vote=1**。类似地，如果某个斑块的 **vote=1**，且邻居中 **vote=1** 的斑块数量小于等于 4，则当前斑块变成 **vote=0**。在完成 SETUP 例程和 GO 例程的校核之后，我们可以开始研究模型的输出结果。

7.2.4　超越"校核"

尽管已经花费最大努力来校核所开发完成的 ABM 模型是否符合概念模型，但是，有的时候实施模型也会产生与模式实施者和作者假设不一致的结果。经过一段时间人们才会明白，模型"涌现出的"令人惊讶的结果并非模型的 bug，而是由建模者纳入模型中的"个人级别决策"（individual-level decision）的意外结果所导致的。

例如，在对上述模型编码之后，我们将模型运行结果展现给那些政治学家（如图 7.2 所示）。模型结果让政治学家感到困惑，他们希望模型能够依据选民的决策情况，形成具有平滑边缘的稳定图形，而不是图中那样的锯齿边缘。事实上，这个模型从未达到平衡，它不断地在一组状态之间进行循环。

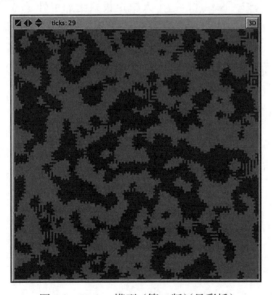

图 7.2　Voting 模型（第一版）（见彩插）

进一步检查之后，我们发现导致模型结果不断循环并且具有锯齿边缘的原因是票数相等（tie vote）。按照我们编写的代码，如果某个选民的邻居中支持两党的票数旗鼓相当，那么这个选民就改变他的决策。因此，处于边缘的选民就会在两个决策方案之间来回变化。我们可以对模型进行调整，使得在邻居中出现两党投票数相等的情况下，选民不会改变其投票决定。进行此更改之后，锯齿边缘就会变得平滑（如图 7.3 所示）。然而，由于政治学家对这些微小变化如何导致结果的巨变产生了兴趣，他们因此决定在模型中添加一个名为 change-vote-if-tied? 的开关，并将其作为模型的一个控制元素。

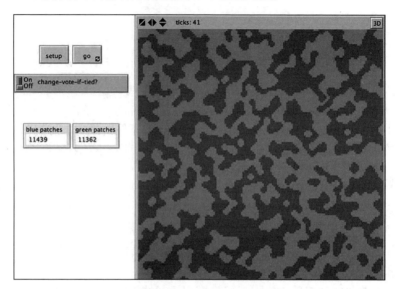

图 7.3　Voting 模型（双方得票相等的情形）(见彩插)

　　将此选项作为可控因素，使得我们可以研究新的投票行为。比如说，如果选民决定与其邻居中的少数派保持一致，又会发生什么情况呢？想象一下，在一个社区中，当某个人的邻居投票给两个候选人的票数差不多时，这个人决定投票给那个处于劣势的候选人（无论他的大多数邻居给谁投了票），因为该成员想要保证那个处于劣势的候选人获得胜利。请注意，这种假设的、agent 的反常行为可能并不反映真实世界中的投票活动。这只是模型验证的一个问题（我们将在后面讨论），而不是校核问题。以下是新增了两个选项的 GO 例程的程序代码：

```
to go
  ask patches [
    set total (sum [ vote ] of neighbors)
  ]
  ;; use two ask patches blocks so all patches compute "total"
  ;; before any patches change their votes
  ask patches [
    if total < 3 [ set vote 0 ] ;; if majority of your neighbors vote 0,
                                ;; set your vote to 0
    if total = 3 [
      ifelse award -close -calls -to-loser?
        [ set vote 1 ]
        [ set vote 0 ]
    ]
    if total = 4 and change-vote-if-tied? [
      set vote (1 - vote) ;; invert the vote
    ]
    if total = 5 [
      ifelse award-close-calls-to-loser?
        [ set vote 0 ]
        [ set vote 1 ]
    ]
    if total > 5 [ set vote 1 ] ;; if majority of your neighbors vote 1,
                                ;; set your vote to 1
    recolor-patch
  ]
  tick
end
```

　　ABM 的优势之一，就是可以研究各种有意义的假设。当由 *award-close-calls-to-*

loser?变量控制的"vote for the underdog"开关选项被设置为"打开"的时候，模型运行将会涌现出另一种结果，如图7.4所示。此时，当这些区域之间的不规则边界随着时间的推移不断发生移动和扭曲时，很多蓝色和绿色的区块合并在一起。

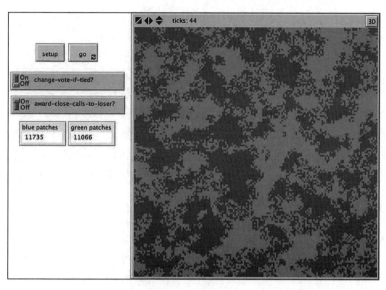

图 7.4　Voting 模型开启"award-close-calls-to-loser?"之后的运行结果（见彩插）

　　如果同时选择"change-vote-if-tied?"和"award- close-calls-to-loser?"两个选项，将得到截然不同的运行结果，如图7.5所示。这种选项组合方式产生了一个看似随机分布的色块布局，其中没有任何一种颜色拥有较大的色块。

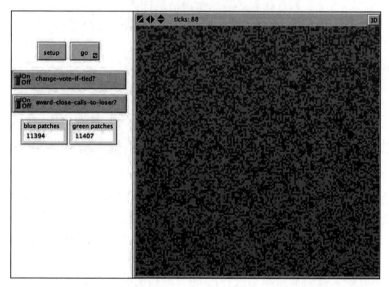

图 7.5　Voting 模型同时选择"change-vote-if-tied?"和"award-close-calls-to-loser?"选项之后的运行结果（见彩插）

　　这个例子说明，在检查模型运行结果的时候，很难判断这个结果是由于代码中的错误导致的，还是模型作者和实施者之间的交流问题造成的，抑或 agent 规则所导致的"正确但始料未及"的结果。因此，模型实施者和模型作者应该尽可能频繁且定期地讨论模型规则和模型结果，而不是只在模型完工的时候简单讨论一次，这一点是至关重要的。缺乏这些必要的交流过程，可能导致模型实施者开发出一个模型行为并非如模型作者所愿的产品。通过持续不断的交流，模型作者可能会发现其概念模型中某些微小变化会导致截然不同的结果。即使模型作者和模型实施者是同一个人，反复检查模型规则和结果，并与熟悉所建模现象的专家进行探讨也是有益的。

7.2.5　敏感性分析与稳健性评价

　　在完成模型构建并发现一些有趣的结果之后，继续研究这些结果，以确定模型对特定初始条件（参数集）的敏感程度，是非常重要的。有的时候，这意味着改变和调整模型中已有参数集的取值，但在另外一些时候，则需要向模型中添加一些新的参数。这个过程被称为"敏感性分析"（sensitivity analysis），它可以帮助了解模型对各种条件的敏感性（或鲁棒性）。

　　其中的一种敏感性分析方法是改变模型的输入值。例如，一位政治学家关注模型的初始条件，他认为模型的当前行为表现，可能与支持两个政党的初始选民数量被设置为50%:50% 有关，他想知道，如果将处于均衡状态的初始值朝着某个方向调整，是否会导致运行结果中出现某一种颜色占据主导地位的情况。为了验证这个假设，我们创建了一个参数（模型界面中的一个滚动条）用来控制模型初始状态中绿色 agent 的百分比。然后，使用第 6 章所讨论的 BehaviorSpace 运行一组实验，以 5% 为增量，将此占比值从 25% 逐步增加到 75%。为实验设定停止条件的时候必须记住，模型有可能出现永无止境的"振荡模式"。有鉴于此，我们决定设置两个不同的停止条件：①如果在当前时钟周期内不再有投票者改变选票，则模型将停止；②模型在运行 100 个时钟周期后停止，因为这段时间似乎足以达到模型的最终状态。这个实验意味着必须重新评估组件测试（是指开始在校核过程中创建的 check-setup 例程，因为现在我们在故意变更初始分布）。因此，需要对之前的代码进行修改，以便将新参数考虑在内[Θ]，修改之后的代码如下：

```
to check-setup
   let expected-green (count patches * initial-green-pct / 100)
   let diff-green (count patches with [ vote = 0 ] ) - expected-green
   if diff-green > (.1 * expected-green) [
      print "Initial number of green voters is more than expected."
   ]
   if diff-green < (- .1 * expected-green) [
      print "Initial number of green voters is less than expected."
   ]
end
```

在对每个初始占比值进行 10 次仿真的基础上，我们检查初始选票分布与最终选票得数之间的关系。评价某个政党得票情况的最简单方法，就是统计最终选票中"绿色"或"蓝色"的百分比。在使用 BehaviorSpace 进行实验之后，可以将最终结果的百分比值与初始输入的百分比值进行比较，从而得到图 7.6。

　　图 7.6 表明，如果我们从蓝绿选民各占 50% 的初始状态起步逐渐进行调整，可以看到初始比例对选民的最终分布存在非线性影响，并且，这个模型对于这些参数具有敏感性。因此，当一个政党的初始选民数量稍有变化时，就会导致该政党的最终选民数量产生巨大变

　　　Θ　本章所使用的两个版本的 Voting 模型，可以在 NetLogo 模型库的 IABM Textbook 文件夹的 Chapter 7 文件夹中找到。它们改编自 NetLogo 模型库的 Social Sciences 文件夹中的 Voting 模型（Wilensky，1998b）。

化。"敏感性"的定义取决于我们所关注的模型结果。例如，模型的定量结果具有敏感性，不一定意味着其定性结果也具有敏感性。如果模型的主要结果是定性的，即，蓝绿选民彼此隔离，形成坚实的"孤岛"，那么即使对选民的初始分布比例增加或者减少 10%，这个定性结果依然成立。当我们进行初始值调整的时候，某种颜色"岛屿"的面积可能缩小很多，但是仍然保持"实心"。那么对于这种定性度量的结论，我们可以认为，该模型对初始选民分布比例的微小变化不敏感。

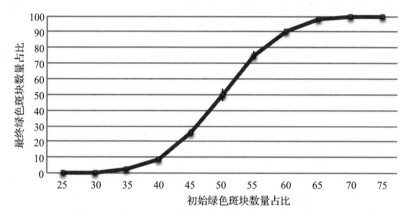

图 7.6　Voting 模型的运行结果：初始绿色斑块数量占比与最终绿色斑块数量占比

　　敏感性分析是研究模型参数变化对模型结果影响的一类检验活动。为了验证模型具有多大的敏感度，需要考察不同初始条件和 agent 机制对模型结果的影响，还可以考察模型运行的环境。例如，在 Voting 模型中，我们使用的是二维环面网格，然而，如果选民位于十六进制网格、网络或其他拓扑结构中，模型结果可能会发生巨大的变化。

　　过去已经有学者开展过关于敏感性分析自动化机制的研究工作。NetLogo 的 BehaviorSpace 组件使得大参数集扫描和结果检查变得更容易，从而便利了敏感性分析的处理过程。Miller（1998）开发出一种被称为主动非线性测试（Active Nonlinear Testing，ANT）的方法，它以一组参数、一个模型和一个标准作为输入。其中，"一个标准"就是想测试模型的某个方面，比如运行结束时绿色选民的数量。ANT 使用某种优化技术（例如遗传算法）寻找使得该标准最大化的那一组参数，它可以帮助用户寻找到一组参数，这组参数可以让模型结果在某些标准下表现得"最棒"。Stonedahl 和 Wilensky（2010b, 2010c）开发了一种名为 BehaviorSearch 的技术和工具[⊖]，通过搜索目标模型的行为，实现参数搜寻和分析的自动化。当参数空间太大且无法对其进行穷举搜索的时候，BehaviorSearch 会非常有用。

专栏 7.1　统计分析

　　校核、验证与复现或多或少都需要使用一些统计学知识，以便可以针对具有数值形式的模型输出的汇总结果进行比较。很多时候，仅凭均值和标准差了解模型结果是不够的。通常，在比较模型的两个输出结果的时候，我们希望有证据表明二者之间存在着足够的差异。Student t 检验和 K-S 检验（Kolmogorov-Smirnov 检验）可用于比较和对比不同的概率分布，它们也是两种基本的统计检验方法。t 检验假设所研究的概率分布是正

⊖　BehaviorSearch 不以网格搜索方式扫描整个参数空间，而是使用遗传算法对参数进行尝试和训练，从而得到对应于所寻找特定行为的参数。BehaviorSearch 是免费和开源的。详情参见 behaviorsearch.org 网站。

态分布，并描述两个样本来自同一个分布的概率。K-S 检验没有对所研究的分布进行假设，相反，它对全部数据进行比较，以确定两个数据集来自同一分布的可能性。描述性统计和统计检验是仿真输出结果的摘要性数据，而不是结果本身。运行模型并观察输出结果是由模型的哪些行为产生的，通常会很有用。在观察模型运行以及查看汇总统计值之外，还有一种折中的方法，称为"伸展运行"（spread run）。所谓"伸展运行"是指不依据特定参数值（处理）获取模型的所有输出结果并求取其平均值，而是利用全部数据进行绘图，使你能够看到输出数据的真实分布，而不再依赖基于某个假设（数据服从某种分布）所获得的数据汇总值。

7.2.6　校核的益处与问题

　　执行校核分析有很多好处，包括对产生意外结果的原因的深入理解，以及探索规则的微小变化对模型结果的影响。最起码的校核工作是模型实施者将概念模型与开发完成的程序代码进行比较，以确定实施模型与概念模型是否一致。模型校核过程越严格，最终的实施模型就越有可能与概念模型相一致。如果二者完全一致，那么模型作者就理解了模型的底层规则，这意味着他们能够理解模型是如何生成结果的。尽管如此，理解模型的底层组件并不能保证理解它们的所有交互作用，也不保证明白为什么模型生成它所展现的聚合结果。由于校核有助于作者理解所研究现象背后的机制，因此很重要。如果没有这个过程，作者对由模型获得的结论就不会有信心。

　　校核工作完成起来可能存在一定的困难，因为对于一个令人惊讶的结果而言，很难确定它究竟是来源于代码中的 bug、模型作者和实施者之间的交流偏差，还是底层规则的臆想之外结果中的哪一个。此外，隔离和消除 bug 或者解决误解也是有难度的。即使我们确信某个意外的结果是准确的，也很难发现是什么原因导致它与预期结果不一样。

　　理解模型是如何运行的，这个过程也可以帮助我们理解"为什么"的问题。例如，在前面的模型中，当政治学家研究模型的时候，他们开始理解第二个模型中蓝绿选民汇聚在一起的原因。如果从 agent 的角度思考模型的规则就会明白，一旦诸多个体汇聚在一起，就会保持不变，如果一个 agent 的大多数邻居都以某种方式进行投票并且都不改变，那么这个 agent 也将继续以同样的方式投票。因此，一旦所有 agent 都与多数邻居达成共识，他们将永远保持当前的投票结果。只有允许 agent 根据自身周围的投票计数结果来切换颜色的时候（就像其他两个规则那样）才能看到投票结果的不断变化。

　　校核过程不是只有两种形态，也就是说，既不是"被校核过的"也不是"尚未被校核的"，而是存在一个连续的校核过程。总是可以编写更多的组件测试或者进行更多的敏感性分析。因此，校核过程何时结束，取决于模型作者和模型实施者（以及后来的模型复现者）对概念模型与实施模型一致性程度的认定情况。

7.3　验证

　　验证是一个过程，旨在确保实施模型与现实世界的一致性。从本质上讲，验证是复杂的、多层次的、相对的。模型是对现实问题或现象的简化，一个模型不可能展现某个现实问题或现象的全部特征和模式。当创建模型的时候，我们希望只考虑与所研究问题相关的现实中的那些因素。因此，在进行模型验证的时候，始终要确保将概念模型放在第一位，并依据概念模型去验证实施模型的内容。

可以从两个方面来认识验证问题（Rand 和 Rust, 2011）。第一，是验证过程开展的层级。**微观验证**（microvalidation）是保证实施模型中 agent 的行为和机制与其在现实世界的对应体相一致的过程。**宏观验证**（macrovalidation）是确保实施模型的聚合行为、涌现属性与现实世界相一致的过程。第二，是验证过程的详细程度。**表面验证**（face validation）是展示实施模型的内在机制和属性与现实世界相一致的过程。**经验验证**（empirical validation）旨在确保实施模型所生成的数据能够与现实世界中类似的数据模式相一致。

为了帮助读者了解 ABM 模型的验证过程，我们将使用 NetLogo 模型库 Biology 部分的 Flocking 模型来说明。Flocking 模型试图重现自然界中鸟群的飞行聚集模式（如图 7.7 所示）。Flocking 模型是在 Reynolds（1987）提出的 Boids 模型的基础上发展而来的经典 agent 模型。Flocking 模型表明，鸟群的飞行聚集模式可以在没有 "头鸟" 的情况下出现。所有的鸟都遵循完全相同的规则，如此一来，鸟群的飞行聚集模式便会出现。每只鸟都遵循三条规则："对齐"（alignment）、"间隔"（separation）以及 "聚合"（cohesion）。对齐是指一只鸟按照它周围同伴的飞行方向调整方向。间隔是指一只鸟会主动远离靠它太近的同伴，避免相撞。聚合是指一只鸟会飞向附近的同伴。间隔规则优先于其他两条规则，也就是说，如果两只鸟慢慢靠近，最后就会分开。在两只鸟逐渐靠近的情况下，其他两条规则会停用，直到两只鸟之间达到最小的间隔距离为止。所有这三条规则都只影响每只鸟飞翔的方向，而每只鸟的前进速度保持恒定不变。这些规则的鲁棒性非常强，可以适用于昆虫集聚模式、鱼群集聚模式，以及呈 "V 字形" 的雁群飞行集聚模式（Stonedahl 和 Wilensky, 2010a）。

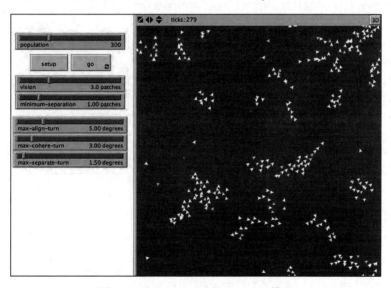

图 7.7　基于 NetLogo 的 Flocking 模型

http://ccl.northwestern.edu/netlogo/models/Flocking（Wilensky, 1998a）.

让我们简要描述一下这三条规则的实施方式。对齐规则编码如下：

```
to align    ;; turtle procedure
    turn-towards average-flockmate-heading max-align-turn
end
```

这段代码告诉一只鸟转向其伙伴飞行方向的 "平均" 方向，但是不要超过滚动条变量 max-align-turn 限定的数值，max-align-turn 变量指定了一只鸟为了与伙伴"对齐"而可以转向的最大角度。这段代码需要两个辅助例程：一个用于查找伙伴，另一个用于确定伙伴们的平均方向。第一个例程很简单，代码如下：

```
to find-flockmates  ;; turtle procedure
    set flockmates other turtles in-radius vision
end
```

这段代码将一只鸟的伙伴定义为它视野范围内的所有飞鸟，由 vision 滚动条确定。第二个例程有点棘手，因为对飞行方向进行"平均"并不简单。通过"累加"方向并除以伙伴的数量来计算平均方向是行不通的。例如，如果一只鸟有两个伙伴，一个的方向是 1，另一个的方向是 359，简单的平均化计算就会得到 180，而我们想要的平均值应该是 0。我们使用一点三角形知识来解决这个问题，代码如下：

```
to-report average-flockmate-heading  ;; turtle procedure
  ;; We can't just average the heading variables here.
  ;; For example, the average of 1 and 359 should be 0,
  ;; not 180. So we have to use trigonometry.
  let x-component sum [ dx ] of flockmates
  let y-component sum [ dy ] of flockmates
  ifelse x-component = 0 and y-component = 0
    [ report heading ]
    [ report atan x-component y-component ]
end
```

我们再来谈一谈间隔规则。程序代码如下：

```
to separate    ;; turtle procedure
    turn-away ([heading] of nearest-neighbor) max-separate-turn
end
```

这条规则只是要求一只鸟找到离它最近的那个伙伴，然后远离它，但是转向角度不能超过滚动条 max-separate-turn 的值。

最后，我们再来看看聚合规则。程序代码如下：

```
to cohere    ;; turtle procedure
    turn-towards average-heading-towards-flockmates max-cohere-turn
end
```

这段代码要求一只鸟根据视野内其他伙伴的位置计算一个平均方向，并朝着那个方向转向，但是转向角度不能超过滚动条 max-cohere-turn 的值。这就需要使用一个实施三角形法则的辅助例程，该例程代码如下所示：

```
to-report average-heading-towards-flockmates  ;; turtle procedure
  ;; "towards myself" gives us the heading from the other bird
  ;; to me, but we want the heading from me to the other bird,
  ;; so we add 180
  let x-component mean [sin (towards myself + 180)] of flockmates
  let y-component mean [cos (towards myself + 180)] of flockmates
  ifelse x-component = 0 and y-component = 0
    [ report heading ]
    [ report atan x-component y-component ]
end
```

我们已经了解了定义鸟群行为的三条规则的程序代码，现在回到模型验证的问题。关于这个模型，人们可能会问的一个问题是：如何知道这个模型是否代表了鸟群真实的行为？我们认为模型似乎能够反映真实的鸟群行为，但是该如何确定呢？这些都是验证方面的问题。

7.3.1　宏观验证和微观验证

在确定一个模型是否某种现象的有效表征的时候，应该首先比较存在于模型最底层的行为和数据，而 ABM 特别适合使用这种方法。由于 ABM 模型由 agent 构建，因而可以直接将模型中的 agent 与其在现实世界中的对应个体进行比较。

例如，在 Flocking 模型中，可以研究 agent 是否具有与真实飞鸟相似的属性。可以使用 NetLogo 检查器（如图 7.8 所示）检查 agent 的所有相关属性，例如 agent 在界面中的定位、航向、同伴和最近的邻居。与 agent 一样，真正的飞鸟也有位置和方向，并且根据视觉感知周围的同伴。然而，真正的飞鸟还有更多的特性，比如说，年龄的长幼、饥饱状态、健康情况等，这些特性并没有体现在我们的模型中。此外，现实中的飞鸟是在三维空间活动，而仿真模型中的 agent 是在二维空间活动。那么，这些不同之处会使模型无效吗？不一定。你要知道，模型是否有效只是相对于所要回答的问题而言的。我们应该研究那些与问题相关的、可能影响模型有效性的因素，而不用管其他因素。

既然我们的问题是仿真模型中的 agent 是否像真实世界中的飞鸟一样成群结队地飞行，那么我们给出一个临时性假设似乎也是合理的，即使用位置、方向和视野范围等几个特性足以描述它们的真实行为。而针对这几个特性来说，我们的模型是有效的。二维空间是否可行，目前还难以预知。假定鸟群聚集模式的概念可以延伸到二维空间，并且也可以想象出鸟群在二维空间中飞行的样子，那么，我们就初步假设在二维空间中对飞鸟群进行模拟是可行的。或者，如果我们怀疑某一个属性是必需的，那就可以将其

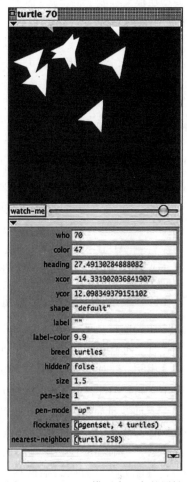

图 7.8　Flocking 模型中飞鸟的属性

添加到模型中，然后查看它对模型结果是否有显著影响。如果没有，就说明它不是一个重要的属性。例如，我们可以在三维环境中构建一个鸟群模型，然后检查它与二维空间中的鸟群模型在行为特征上是否存在差异，并以此决定是否采用三维空间建模。

验证的另一个主要途径，是研究模型的全局属性和真实飞鸟聚集模式之间的关系，这个过程称为宏观验证。由于 ABM 模型是通过描述微观层级的 agent 及其交互过程实现的，因此其宏观的、涌现形式的属性与现实世界是否一致，就变得尤为重要。通过展示仿真模型与现实世界宏观现象的一致程度，可以进一步证明模型对现实世界系统描述的真实水平。从这两类验证中可以得出不同的结论：宏观验证告诉你是否捕捉到了系统的重要特征；微观验证让你知道是否抓住了 agent 个体行为的重要特征。

在 Flocking 模型中，需要考虑模型中鸟群的表现是否和我们在现实世界中看到的一样。运行这个模型，可以观察到飞鸟 agent 确实像真实的鸟群一样聚集在一起。它们似乎还以我们所预期的其他方式相互影响。例如，在模型中，如果一个鸟群与另一个鸟群相遇，前者不会被后者带走，而是二者穿插而过，前者也许会有一些飞鸟个体加入后者（如图 7.9 所示），这与真实世界中的情况非常相似。我们还可以计算模型中的平均鸟群大小，看看是否符合现实世界中鸟

群的平均规模。尽管可以通过多种方式对这个模型进行宏观验证，但是基本上一眼就可以看出，模型在很大程度上符合我们关于鸟类聚集模式的基本认知。

我们分别介绍了微观验证与宏观验证，但是在现实应用中，并不要求从中二选一，它们都是验证过程中不可或缺的方法和手段。实际上，两者之间可能还存在多个层级的验证活动。在 Flocking 模型中，可以从验证个体 agent 的行为是否与预期一致开始，然后研究 agent 个体是否按照预期的方式彼此进行交互，以便从整体上确定模型所呈现的鸟群聚集模式的有效性。

a)

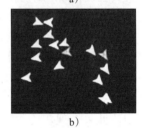

b)

图 7.9　两个小型鸟群的状态：
a）相遇前；b）相遇后

许多传统建模方式只进行宏观验证，即将模型的聚合结果与实际现象的聚合结果进行比较，例如基于方程的建模方法（Equation-Based Modeling，EBM）。通常，EBM 模型只在聚合层级上建模，模型的微观层级元素与现实世界的微观层级对象之间鲜有对应。由于 ABM 可以在各个可聚合层级生成数据，所以针对 ABM 模型不仅可以进行微观验证，还可以针对任意层级或者任意两个相邻的层级进行聚合验证。

7.3.2　表面验证和经验验证

所谓验证，就是针对所研究的问题，确保实施模型的机制和对象与现实系统高度一致。然而，对于所研究的问题来说，不同的人也许会有不同的理解，因此不会存在唯一正确的 ABM 模型。相反，针对现实问题构建的仿真模型可能会有多个，并且这些模型都表现得很好，这种情况并不少见。因此，为了应用模型解决现实问题，必须确保模型和现实问题之间存在可靠的联系。

表面验证旨在帮助那些通过直观体验、表面观察的人员（无须详细的分析）可以很容易地确信实施模型所包含的 agent 和机制与现实世界中相对应的元素和组件具有一致性。从表面来看，Flocking 模型中鸟群的行为似乎与真实世界中的鸟群是一样的：它们通常沿直线移动，有能力改变方向，根据本地信息进行决策。最重要的是模型没有任何不合理的行为。例如，在 Flocking 模型中，如果要确定鸟群应该朝哪个方向移动，每只鸟不依赖复杂计算就可以采取行动。表面验证可以在微观层面和宏观层面分别实施。确定模型中的 agent 个体与真实环境中的飞鸟个体是否具有一致性，需要采用微观层面的表面验证；确定模型中鸟群的涌现现象与真实环境中鸟群的表现是否一致，需要依托宏观层面的表面验证。通过以上所说的这些指标，可以证实 Flocking 模型具有表面有效性。

经验验证设定了更高的标准：仿真模型所产生的数据必须与从现实现象中得出的经验数据相一致。经验验证并非通过直观比较的方式，而是基于仿真模型和现实问题各自获得的定量化测度指标值进行对比。经验验证需要对可比较数据集进行统计检验，以确定这些数据集的近似程度。这种方式的一个挑战，是现实世界的输入和输出往往定义不清或含义模糊。经验验证包含来源于现实世界和仿真模型在相关问题认知上的挑战。由于现实世界不是一台具有精确输入和输出的计算机，因此很难从现实现象中分离和度量相关参数。但是在许多情况下，还是存在着可以度量的"自然－模型"之间的对应关系。例如，在 Flocking 模型中，可以将鸟类已知的属性和行为作为输入参数，将表征鸟群聚集模式的度量指标作为输出，并依靠这些输入和输出参数，完成仿真模型与现实系统的一致性比较。

我们有能力证明，Flocking 模型产生了许多与真实鸟群模式近似的数值结果。模型中鸟群的角动量、大小和速度与真实鸟群都具有可比性；根据设定参数和初始条件，模型可以产生与真实鸟群相似的结果。有些参数和初始条件可以使模型与真实系统匹配得非常好，寻找这些参数和初始条件的过程被称为"校准"（calibration）。校准旨在使用经验数据来调整模型的参数和机制，以便模型可用于研究某种特定的情况。经验验证可以在微观和宏观两个层面进行。以上所做的比较是一个在宏观层面进行经验验证的例子。在微观层面进行的经验验证可以是比较模型和现实系统中鸟群的转角速度或移动速度。

面向模式的建模方法（Grimm 等，2005）展现了经验验证的一种特殊用途。通过在多个层面进行经验数据的模式匹配，模型作者能够创建一个更加有效的模型。很多时候，无论创建哪一类模型，作者只会在某个详细层级（比如，宏观层级）上声明他们的模型实现了与现实系统相似的模式。比如说，作者可以证明 Flocking 模型在整个运行空间中创建了与真实情况相似的飞鸟个体分布。采用面向模式的建模方法，被验证的模式层级越多，模型针对某种实际现象的解释能力就越好。在极端情况下，模型可以获得绝对真实的效果。如果在每一个层级和每一种类型的行为都能够实现模式匹配，那么模型就是对现实系统的完美复现。因此，能够复现的行为模式数量越多，模型的有效性就越高，这似乎是有道理的。

专栏 7.2   Artificial Anasazi 模型

Artificial Anasazi 模型（Axtell 等，2002；Dean 等，2000；如图 7.10 所示）是一个 ABM 模型，以其采用的经验验证的层级而闻名。Kayenta Anasazi（现称为 Kayenta Ancestral Pueblo）是一群生活在现亚利桑那州 Black Mesa 地区的 Long House Valley 人。这群人早在公元前 1800 年就生活在这一地区，但是在公元 1300 年左右突然消失了。人们已经获得了大量的考古记录，覆盖从公元 200 年直到其消失为止的一大段时间。Artificial Anasazi 项目试图找出为什么这群人会突然从 Black Mesa 地区消失。为此，他们针对该地区的远古居民创建了一个 ABM 模型。模型作者通过模型和历史数据的比较，校核了 Artificial Anasazi 模型的正确性。人们相信 Artificial Anasazi 模型回答了现实世界中人类种群消失是环境和社会双重影响的结果。读者可以在 NetLogo 模型库的 Social Sciences 部分找到 Artificial Anasazi 模型的 NetLogo 版本（Stonedahl 和 Wilensky，2010b）。

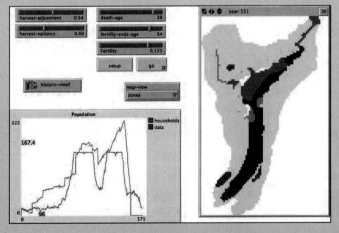

图 7.10   基于 NetLogo 的 Artificial Anasazi 模型（见彩插）

在 Population（人口）图中，红线表示模拟的人口数量，蓝线表示实际的人口数量。

这四种验证类型（微观－表面、宏观－表面、微观－经验、宏观－经验）刻画了大多数验证工作的特征。然而，你应注意不要过于纠结在验证工作上，这是非常重要的。因为，模型是对真实系统的简化描述，永远不可能与现实世界完全相符。建模的目的是回答问题，并对结果进行解释，而不是模拟真实现象的各个方面，或者引用 Resnick 的话，"促进，而不单纯是模拟"（1994b）。

随机、不变和可变结果以及路径依赖 基于 agent 的模型本质上通常是随机的，即使给定相同的初始参数，也很少会在两次仿真过程中产生相同的结果，这为模型验证工作带来了一定的麻烦。在很多情况下，对于我们想要建模的现象，现实世界只会呈现为数不多的"实例"[⊖]，因此，我们所能拥有的初始条件集并不多。重复运行模型可能会产生数千个不同的结果，也许其中只有一个结果（或结果子集）与真实系统完全一致。针对这种情况，我们如何确定模型是否有效呢？

这为统计检验提供了最终的用武之地。我们可以假设模型的输出结果服从某个特定的概率分布，就像现实世界所呈现的结果也服从某个概率分布一样。因此，我们可以使用标准的统计工具（例如 t 检验和 K-S 检验）来确定模型结果所具有的分布与真实现象所具有的分布是否一致。使用这种方法（比较现实世界的精确结果与模型的精确结果）不能保证获得准确的校核结果，相反，我们假设这两组结果的生成会受到一些"噪声"的干扰。

通常情况下，ABM 模型产生的最终数据结果如此之多，以至于很难将其与实际现象进行比较。仿真运行输出一般可以分为两类：不变结果和可变结果（Brown 等，2005）。不变结果（invariant result）是指无论模型运行多少次，都会出现的结果；可变结果（variant result）是指模型每一次运行都会发生变化的结果。比如说，假设我们手中有一个城市发展模型，在每一次运行中，城市的西部地区总会得到开发。然而，在 50% 的运行中，北部地区会得到开发，南部地区则不会；在另外 50% 的运行中，南部地区会得到开发而北部地区则不会。将模型输出划分为"不变结果"和"可变结果"，可以在进行模型验证的时候，减少所需比较的数据量。

出现非常明显的可变结果往往是由模型中的"路径依赖过程"（path dependent process）引起的。路径依赖是指模型运行中的"进程轨迹"（history of the process）会很大程度地影响其最终状态。我们以前面介绍过的城市发展模型为例，对路径依赖进行概念解释和说明。如果在模型参数的初始设置中，城市西部地区的价值总是被低估，那么人们就会选择搬到西部，因为那里的住房更便宜。然而，这并不是一个路径依赖过程，因为它是由模型初始状态决定的。但是，如果这座城市的北部和南部地区具有相同的发展机会，一旦人们显著地聚集到其中的一个，就会形成一个正反馈回路，即定居的人越多，该地区发展起来的可能性就越高。这是一个路径依赖过程的典型例子。路径依赖的另一个经典案例是侵蚀过程（参见 NetLogo 模型库 Earth Science 部分的 Erosion 模型）。模型的最初状态是一个完美的圆形土

⊖ "实例"（instance）源于面向对象软件开发方法，是与"类"（class）高度关联的概念。在面向对象软件开发方法中，类实现对象的定义，具有抽象性、概念性，实例则是类的具体实现。在本书中，实例的概念可以理解为自然事物在特定场景下的具体表现。在稳定的时间和空间条件下，自然事物的内在本质应该是唯一的、恒定的，但是由于其构成因素普遍具有随机性，因此人们对于自然现象的任何两次观察结果可能都不会完全相同，也就是自然事物的每一次"实例"都会不同，所以不能依据一次观察的结果确定事物的本质特征。在仿真模型中，由于随机数的使用，每一次模型的输出结果也是不同的，而仿真模型的本质特征也是唯一的、固定不变的，这与自然事物和自然现象的概念是一致的。——译者注

堆，雨水随意地落在上面，径流通道可以在任何地方形成。一旦形成了浅层通道，它就会继续加深，而未被侵蚀的地方不太可能形成新的深层通道。

路径依赖的有趣之处，在于它常常被标识为系统内部的"杠杆支点"。比如说，如果刚才所讨论的城市模型在城市南部有一个生态敏感区，并且模型设定城市南部和北部具有相同的发展潜力，那么城市规划者在城市发展初期应该提供激励措施以开发城市北部[⊖]。但是，如果模型表明南部地区无论如何最后都会被开发，那么此类激励计划可能是无用的。通过这种方式，模型通常可以提供很多关于如何操控现实问题的决策信息，但是不能说明未经操控的现实会如何变化。

7.3.3　验证的优点和问题

为什么验证如此重要？有效的模型可以帮助洞悉和获取现实世界的一般法则。通过模型验证，你可以证明模型实质上是以与现实世界类似的方式运行的。通常，改变模型的内在机制和参数，可以帮助对现实世界进行预测。当无法在现实世界中直接进行实验的时候，这一点尤其有用。例如，尽管在现实世界中改变金融体系的基本运行机制是非常困难的（甚至是不可能的），但是在 ABM 模型中却可以非常容易地实现。

在某种程度上，从一个经过验证的模型中获得的启示，可以应用于现实系统中。模型只有经过验证，才能保证它确实能够提供有价值的信息，并且这些信息能够应用于模型之外。

如同校核一样，我们也不能说一个模型要么是"有效的"要么是"无效的"，验证同样不是二选一的过程。相反，只能根据模型与所建模实际问题的一致程度，才可以界定它的有效程度。我们应该牢记模型开发的目的，因为只有与所研究问题的背景相关联的验证才是有意义的。模型的有效性不是放之四海而皆准的，相反，它的有效性只来自其所服务的问题场景，不仅取决于模型作者评估它在多大程度上回答了他们的问题，也取决于模型用户和科学界确定它在多大程度上契合了他们的目标。

如前所述，关于验证的概念存在着深刻的哲学问题。"验证"假设模型中的某些内容与现实中的某些内容是一致的。然而，该如何对仿真模型和现实问题进行比较呢？一些科学哲学家认为，那些用来度量现实问题的工具和仪器，它们本身就是关于现实问题的模型（Taylor, 1996），因此，将它们与另一种模型进行比较，就会产生无限回归的问题。出于研究的目的，我们可以假设，在构建模型时，用户打算用模型解释他们所观察到的现象，并愿意将这些观察作为验证工作的基础。

7.4　复现

复现的思想是科学方法的基础之一（Latour 和 Woolgar，1979）。从这个角度来看，为了使一个实验被科学界所接受，最早进行实验的科学家必须公布该实验的细节。对实验细节的描述可以帮助后来的科学家团队自行进行实验，并确定其实验结果与首创者的实验结果是否足够相似。"复现"也是一个过程，旨在证实一件事情：实验结果与实验现场的条件无关，针对实验所编写的文字描述是正确的知识，应予永久记录。

复现是科学过程的重要组成部分，在计算模型领域和物理实验领域同等重要。复现一个物理实验，有助于证明首创者提出的实验结果不是由于实验过程中的错误或疏忽造成的，这

⊖ 也就是在初始状态中设置相关参数值以反映这种激励措施。——译者注

需要通过对实验的输入设置和输出结果进行测试与比较来完成。计算模型的复现也是出于同样的目的。此外，计算模型的成功复现还可以增加我们对模型校核的信心，因为对概念模型的再次实施产生了与原实施模型相同的结果。复现也有助于模型验证，因为它需要模型复现者努力理解初创者在建模过程中所做的各项选择，以及初创人员如何看待概念模型和现实世界之间的匹配问题。Wilensky 和 Rand(2007) [⊖]详细描述了使用 ABM 方法复现学者 Axelrod 和 Hammond 的 Ethnocentrism 模型的全过程（2002，2006；如图 7.11 所示）。在这个模型中，agent 通过囚徒困境模式的互动来争夺有限的空间。agent 有 4 种类型（对应 4 个种族），每个 agent 都有各自的策略，即是否与同一种族或其他种族的 agent 合作或对抗。Ethnocentrism 类型的 agent 对待本族人民比外族更友好。模型包括一个机制，可以实现策略的遗传（基因或文化）。

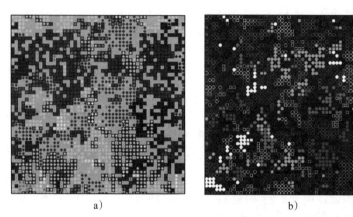

a)   b)

图 7.11   a）Axelrod 和 Hammond 开发的 Ethnocentrism 模型；b）Wilensky 和 Rand 复现的
　　　　　Ethnocentrism 模型

在上述模型的复现过程中，Wilensky 和 Rand 发现他们的模型与 Axelrod-Hammond 的模型存在一些差异，复现模型必须进行修改才能产生与 Axelrod-Hammond 模型相同的结果。虽然他们的复现工作最终成功了，但是确保成功所需的过程十分复杂，并且涉及很多无法预见的问题。Wilensky 和 Rand 介绍了必须仔细检查的内容和事项，并为模型复现者和模型作者提炼了一些原则。我们将在这里逐一介绍。

7.4.1　计算模型的复现：维度与标准

复现是由一个科学家（或科学家团队）对一个概念模型的再次实施过程（复现模型），这个概念模型之前由初创者（一个科学家或科学家团队）提出并已经进行过实施（原始模型）。复现模型在某种程度上一定不同于初始实施模型，并且必须是可执行的（而不是再提出一个概念模型）。由于复现指的是根据以前实施模型的结果创建概念模型的一个新的实施模型，所以术语"初始模型"（original model）和"复现模型"（replicated model）都是指实施模型（implemented model）。

初始模型及其相关复现模型至少在六个维度上会有所不同：时间、硬件、语言、工具包、算法和作者。列表内容的排列顺序基于复现模型与初始模型所生成结果之间差异的可能性大小而定。在某一次复现过程中，通常会在多个维度上存在不同。

⊖　本节剩余内容部分改编自文献 Wilensky 和 Rand（2007）。

时间　模型可以由同一个人在相同的硬件、工具包和语言环境中复现，但是可能在不同的时间重新编写。时间维度的变化最不可能导致显著不同的结果，但是一旦发生，则表明已发布的规范不唯一，因为即使初创者也无法从最初的概念模型复现实施模型。这是复现中唯一总是变化的维度。

硬件　同一个人可以在不同的硬件上复现该模型。硬件的变化至少是指不同的电脑设备，也可以是不同的硬件平台。无论如何，考虑到计算机硬件与软件开发语言之间的普遍独立性，硬件的变化不应该产生明显不同的结果。但是，如果结果不同，就必须进行研究（通常是技术性研究），比如说，可能会发现模型容易受到行为处理顺序的微小变化的影响。

语言　模型可以使用另外一种计算机语言复现开发。计算机语言是对实施模型中的指令进行编码的编程语言。Java、Fortran、Objective-C 和 NetLogo 都是计算机语言。通常，计算机语言的语法和语义（例如，过程语言和功能语言）对研究人员如何依据概念模型开发出实施模型具有重要的影响。因此，使用新的计算机语言进行复现开发，可能会加剧概念模型与实施模型之间的差异。即使计算机语言和算法规范中一些微小的细节，比如浮点运算的细节，或者所使用协议的差异，都可能导致复现模型的不同（Izquierdo 和 Polhill，2006；Polhill 和 Izquierdo，2005；Polhill、Izquierdo 和 Gotts，2005，2006）。要想被科学界广泛接受，模型就应该对这些变化具有鲁棒性（健壮性）。

工具包　模型应该可以使用同一种计算机语言的不同建模工具包进行复现。从这个意义上说，工具包是使用特定编程语言编写的一个或一组软件函数库，旨在辅助模型的开发。例如，Repast（Collier、Howe 和 North，2003）、Ascape（Parker，2000）和 MASON（Luke 等，2004）是构建 ABM 模型的不同工具包，并且都使用 Java 语言编写。NetLogo 与它们有点不一样，尽管 NetLogo 是使用 Java 和 Scala 两种语言开发的，但是建模者使用的却是 NetLogo 自定义的开发语言。因此，我们既将 NetLogo 视为工具包，也把它看作一种程序设计语言。由于有许多不同的建模工具包可供使用，在不同的工具包中复现模型的结果，不仅可以说明概念模型是否有问题，也可以说明工具包本身是否存在问题。

算法　模型的复现可以使用不同的算法完成。例如，有许多方法可用于搜索算法（例如广度优先、深度优先）或者对象更新（例如，按照对象创建的顺序、按照模型运行开始时随机确定的顺序、按照随机顺序）。事实上，复现模型可能只是按照与初始模型不同的顺序执行不同的步骤。上述这些差异都可能造成模型运行结果的不同。另外，也有可能出现算法不同但是结果相同的情况。这种情况之所以会发生，一种可能是虽然不同开发者对于算法的描述不同，但是使用的是同一个算法，另外一种可能是使用不同算法对于模型的运行结果没有影响。

作者　初创者以外的任何人都可以复现模型。这是对模型可复现性的有力检测。如果另外的研究人员可以对模型进行正式描述，重新构建一个模型并且能够产生相同的结果，那么就有合理的证据说明，即使某些维度发生了变化，复现模型的概念描述是准确的，运行结果具有鲁棒性。

成功的复现是指复现者能够确定复现模型创建的输出与初始模型的输出之间具有足够的相似度，但是这并不一定意味着两个模型必须产生完全相同的结果。很多情况下，对于这两个模型来说，相似的变化（参数的变化）产生相似的结果，这一点才更重要。复现成功的标准最终还是要由复现者来确定。判断复现成功与否的标准称为复现标准（replication standard，RS）。对于两个模型输出之间的相似度，存在不同的评价标准，Axtell 等（1996）

对此进行了研究。他们针对复现实验开发了三类标准。第一类标准——称为"数值同一性"（numerical identity）标准——是很难建立的，因为它需要表明初始模型和复现模型能够产生完全相同的数值结果。降低"数值同一性"验证失败风险的一种方法，是两个模型使用相同的随机数种子值[⊖]。第二类标准是"分布等价性"（distributional equivalence），其目标是表明两个实施模型的输出结果具有足够的统计相似度。为了满足这一标准，研究人员试图展现"统计无差性"（statistical indistinguishability），即，对于给定的数据，没有证据表明这些模型的输出具有不同的统计分布（Axtell 等，1996；Edmonds 和 Hales，2003 年）[⊖]。最后一类标准是"关系一致性"（relational alignment）。如果两个实施模型在各自的输入变量和输出变量之间显示"相似的定性关系"（qualitatively similar relationship），那么就可以说二者存在"关系一致性"。例如，对于具有"关系一致性"的两个模型，如果将其中的输入变量 x 的数值增加，那么两个模型的输出变量 y 的响应方式应该是相同的。

在确定复现标准的类别之后，重要的是更加具体、更加详细地定义你打算遵循的特定标准，因为可定义的复现标准实在太多了。ABM 模型通常会产生大量数据，其中许多数据与实际建模目标无关。在复现过程中，只需要测量和检测对于概念模型而言重要的数据。比如说，模型输出的 agent 时变位置数据（x 坐标和 y 坐标），或者模型所用随机数的生成过程，如果它们不是建模现象的构成因素，那么复现过程中就可以忽略它们。通常，我们应该在输出变量的某个子集上建立适当的函数，用于计算复现模型的度量指标。

在选择了具体的度量指标之后，还需要确定结果比较应多长时间进行一次（频率）。一种复现标准（策略）是在模型运行结束的时候，从模型输出中选择部分数据进行比较和匹配。另外一种更详细的标准是在模型整个运行期间的各个节点上进行匹配，或者，也可以尝试在整个运行过程中匹配所有输出，以证明两个模型的输出随时间的变化是等效的。最后一个标准也许最符合 ABM 思想，即，较少关注平衡特征，更关注模型输出的动态性。正如 Epstein 在其 1999 年的开创性论文中所讲的那样："唯有令其繁茂，才能探究其本质"。换句话说，要完全理解一种现象，重要的是对产生这种现象的过程进行建模，而不只是基于一些数字拟合出一条曲线，然后用这条曲线解释这种现象。

注意，初始模型的度量指标必须要在复现模型中生成。为了避免复现过程的没完没了，模型复现者通常假定，如果复现模型的输出结果与概念模型的描述一致，那么复现过程就成功了，即，实现了对度量指标的"校核"（verification）。

7.4.2　复现的优点

物理实验的成功复现促进了科学知识的发展，因为它证明了实验的设计和结果可以重复生成，从而表明初始结果不是一个特例或意外，也不具有统计异常性。模型复现者可以利用实验产生的知识和数据作为工具，推进自己的研究工作，并在初始成果的基础上对所研究的问题进行进一步的探索，这是模型复现的一个"额外好处"，计算模型的复现也是如此。

此外，计算模型的复现过程还可以为科学界提供更多好处。接下来我们会介绍，复现计算模型特别有助于模型的校核与验证，以及推进建模思想和理念的分享与理解。所谓"分享与理解"，是指人们在共识的基础上，创建一些术语、惯用语和最佳实践，用它们指导其他

⊖ 即使程序代码可以使用任何随机数种子值，仍然有研究表明，在同一台机器上，使用相同的参数，运行相同的程序，并不能保证实现"数值同一"（Belding, 2000）。

⊖ 应当指出，由于归纳法的缺陷以及两个模型所具有的随机性，证明这两个模型"分布等价"也许是不可能的。

模型作者更好地完成建模工作。

模型复现可以为模型校核提供支持。这是因为，如果概念模型的两个不同的实施模型都能够产生相同的运行结果，我们就更有信心认为，实施模型精准体现了概念模型的内容。在模型复现过程中，如果发现初始模型与复现模型之间存在差异，一种可能是要修改复现模型，另一种可能就是对初始模型的正确性提出质疑。

复现也可以为模型验证提供支持。这是因为，验证是确定实施模型的输出与现实问题的度量指标一致性的过程。如果复现模型的输出结果与初始模型不同，就会产生一个问题，即，到底哪一个模型更符合实际情况。相比初始模型，如果复现模型的输出更接近现实数据，这将为复现模型的有效性提供更大的支持。更重要的是，模型复现可能会引发有关初始建模决策的细节及其与现实世界一致性的问题。这些问题有助于厘清初始模型与现实世界之间是否存在足够的一致性关系。模型复现迫使复现者通过重新评价概念模型与真实世界的对照关系来检查初始模型的表面效度（face validity），因为复现者必须要重现这些概念。大多数模型复现者不会盲从，因为他们本身就是研究人员，对于深入理解模型以及获得针对研究现象的解释能力有着极大的兴趣。复现者以这种方式参与了验证过程。

复现过程可帮助我们开发一种描述建模过程的语言。复现文化有助于促进 ABM 社区对建模过程达成共识。正如统计学家对均值和标准差的理解一样，随着时间的推移，ABM 模型复现有助于定义诸如"时间步长"（time-step）、"扰乱列表"（shuffled list）和"视锥"（vision cone）等术语，帮助我们对 ABM 规则进行分类，以便更好地与数据模式进行匹配。

7.4.3　对模型复现者的建议

进行复现的时候应该考虑几个问题。首先，必须考虑复现的标准问题，也就是使用什么标准来确定是否已经成功复现。通常，物理学家不会追求精确复现另一位科学家获得的数值结果。相反，复现标准指的是重复产生模型所作假设所必需的精度水平。因此，复现标准本身会随着所问问题的不同而变化。如前所述，Axtell 等人（1996）提出了三类一般性复现标准："数值同一性""分布等价性"和"关系一致性"。不同实验在不同的水平上进行模型复现，均可以使用上述标准。预先确定复现标准有助于模型复现工作的进行。

模型复现者需要考虑的第二个问题，是概念模型在已发表论文中的介绍和描述是否足够详细，是否需要与初始模型的作者或实施者进行沟通和交流。由于篇幅限制，以及作者希望限制在论文中展示过多的技术细节，发表的研究论文通常都非常简洁，模型复现者需要了解每一个词汇的具体含义，因此有时需要联系初始模型的实施者[⊖]。大多数情况下，原作者能够快速消除误解，或者补充关于初始模型的缺失细节。有的时候，概念模型的开发者可能没有参与模型实施，而是将模型实施工作委派给了程序员。在这种情况下，与原作者和实施者进行交流是很重要的，因为在原作者不知情的情况下，为了实现概念模型，实施者在初始模型中可能会添加另外的假设（即，如果初始模型经过完整的校核过程，将会发现这一错误）。

另外，在第一次复现模型之后再与原作者联系，这是有好处的，因为复现目标中有一部分是确保已发表的论文对建模过程给予了足够详细的描述，以保证后来者可以达成相同的实

⊖　这种策略也许存在一定的应用限制，但是由于对 ABM 的研究起步相对较晚，大多数初始模型的实现者仍然健在并且能够联系到。

验结果。模型复现者首先依托原论文构建复现模型，并指出原论文中概念模型缺少了哪些内容，这可以作为复现者的贡献。原论文的内容缺失会对模型校核产生影响，这是因为，如果有证据表明概念模型不够详细，就无法仅凭已发表的论文对模型进行校核。已发表论文中的概念模型与某个后续实施模型之间的不一致问题，有可能在学术界引发关注，从而导致新的研究发现。这些新发现可能会影响初始模型的校核结果，这是因为，复现模型的输出也许比原模型更贴近真实世界的情况。

作为这个过程的一部分，可能需要熟悉编写初始模型所使用的软件工具箱。花时间学习工具箱的使用，可以更好地理解初始模型是如何运行的。任何 ABM 工具箱都会有未明示的中心构件，这些构件用于原指令的构建，以及为 ABM 模型的构建过程提供信息。熟悉并使用这些概念，通常有助于复现者理解初始模型的微妙之处。还有一种方法我们之前也讨论过，就是特意采用一种不同于初始模型范式的策略，这样也就是使用一种新的程序设计语言或者工具箱进行模型复现，这样可以更容易观察到概念模型和实现模型之间的差异。

为了方便模型复现，通常需要获得初始模型的源程序代码。这将使模型复现者能够详细地检查源代码，乃至与复现模型逐行进行比较。这种方法对于研究两个实施模型的差异是有效的，即使文本描述对这些差异未予明确。此外，依据初始模型写作和发表的论文，往往没有涵盖初始模型所能产生的全部结果。通过获得初始模型的副本，可以发现结果空间中未被探索到的部分，并确定复现模型和初始模型是否产生了类似的结果。对于未知结果空间的探索，可能会极大改变我们对现实世界的认识。这种情况在学术界至少发生过两次（Fogel、Chellapilla 和 Angeline，1999；Edmonds 和 Hales，2003）。在这两个例子中，初始模型的有效性都因为模型复现而受到质疑。复现产生了不同的结果，这是从已发表的概念模型描述中无法预期的，并且复现模型的结果无法从初始模型中获得[⊖]。这种情况导致复现者发表的观点与初始作者的观点略有不同。

虽然使用源程序代码和初始模型很重要，但是如果在复现过程中过早地接触它们，可能会导致"趋同思维"（groupthink），即，复现者无意识地采用了初始模型开发者的一些做法，而没有保持复现所必需的独立性，本质上来说，复现者"拷贝"了初始模型（Janis，1982）。因为存在这样的问题，所以需要仔细权衡原作者和复现者之间沟通的详细程度和时间点。

表 7.1 列出了复现者应于出版文献中获得的相关内容。表中还给出了细化这些科目的一些可能方法。这些问题和答案并不完整，只是在 ABM 社区展开对话的一些规范。

表 7.1   发表在复现模型中的详细信息。对于每个事项都列出了可供选择的例子

复现的三类标准：
"数值同一性""分布等价性"和"关系一致性"
主要度量指标：
根据所选目标，确定特定的度量指标
沟通的等级：
没有沟通；简单邮件联系；详细讨论及面谈
对初始模型所用程序语言和工具箱的熟悉程度：
不熟悉；一般了解；使用它开发过其他模型

⊖ 有的时候，这些差异可能非常小，但是对于复现过程来说却足够大了。本书作者找到了这样一个例子。在社会科学模型中使用浮点除法（概念模型默认使用浮点除法）与使用整数除法（最初实现的模型中使用了整数除法）的结果是非常不同的，这种差异极大地改变了模型的结果。

（续）

| 源代码检验： |
| 没有；针对特定问题查看过源代码；对源代码进行了深入学习 |
| **研究原有实施模型：** |
| 没有；重新做过原来的实验；运行了比原模型更多的实验 |
| **参数空间探索：** |
| 依据已发表论文进行了结果检验；对参数空间的其他部分进行了研究 |

7.4.4　对模型作者的建议

模型作者在建模的时候，可以预先考虑某些问题，以简化模型复现者的工作。首先，研究论文中描述概念模型的部分需要详细一些。规范的细节对模型开发者来说可能并不重要，但却是成功复现的关键。必须仔细思考概念模型描述的细致程度。例如，仅仅使用文本描述模型是否足够？或者将描述内容扩展成伪代码形式？或者发布模型的完整源代码？甚至公布模型的完整源代码也不够？为了发现复现模型与初始模型之间的差异，复现者可能需要初始模型所使用的建模工具包的源代码，进而可能需要对模型的运行机制进行描述，以此类推。发表初始模型的完整源代码虽然可以简化复现过程，但是也会有一定的代价。在现实中，科学家需要在科学知识进步与自身专业能力进步之间做出权衡。一旦公开模型的完整源代码，将使竞争者能够快速、容易地获得原作者的研究方法，使得其他科学家后来居上，这是原作者可能付出的代价。确定模型成果发表的标准，对于推动 ABM 的持续发展是必要的。我们强烈呼吁模型作者公开源程序代码，或者至少公开模型实现的"伪代码"[⊖]，这将推动科学研究稳定可靠地发展。近年来，越来越多的人在发表论文的同时，也在网站上发布源程序代码。长远来看，我们希望能够形成模型发布的通用标准格式或语言。

另一个问题，是模型开发人员在多大程度上对模型生成结果进行敏感性分析。显而易见，在某些情况下，对初始实施模型的微小改变会极大影响模型输出。输入和输出之间的敏感性差异正是模型作者需要在发表的论文中介绍的，即使他们无法对敏感性做出解释，重要的是指出这些问题，从而引导未来研究的方向。此外，还必须考虑模型细节如何与模型重现过程相一致的问题。如果初始模型与复现模型所作的简化不一样，并且这些简化都不切实际，那么初始模型与复现模型的输出结果应当进行匹配分析。

如果模型作者不是最初的实施者，这样分工也许能够提升效率，但是也会带来成本的显著提升。实际上，将他人设计的概念模型转换为实施模型与复现过程非常相似。我们已经知道完成一个可靠的复现是多么困难，所以如果模型作者和实施者不是同一个人，由此带来的风险是实施模型与概念模型可能不一致（如果对实施模型进行校核，可能会发现它是概念模型的一个错误实现），这反过来又会进一步加剧复现工作的困难。我们推荐一种折中方案，就是建议模型作者使用"低门槛"（low-threshold）的程序设计语言和工具包（Papert，1980；Tisue 和 Wilensky，2004）。"低门槛"程序设计语言和工具包被设计得简单易用，以至于模型作者不需要经验丰富的程序员也可以自己构建实施模型。这些设计方面的功能可见性，让同一个人可以兼任模型设计和实施工作，同时还可以降低成本、提高效率，并使模型作者从更真实的实施过程中获益。这种方法还有一个好处，就是作者可以更自由地尝试完成多个实施模型，从而可以发现和解决对模型有效性的威胁。如果模型作者、实施者以及领域专家不

⊖　Grimm 等（2005）最近在生态建模方面探讨过这个问题。

是同一个人，甚至不是同一小组的同事，那么可以使用诸如 NetLogo 这样的建模工具来促进团队成员之间的协作（Lerner、Levy 和 Wilensky，2010）[⊖]。在表 7.2 中，我们将这些问题列为模型作者在提供结果时应该考虑的事项。

表 7.2　需包含在发表的模型中的详细信息。对于每项都列出了可供选择的例子

> **概念模型的详细程度：**
> 文本描述；伪代码；
> **模型详尽度规范：**
> 按照事件发生的顺序；随机活动与非随机活动
> **模型作者和实施者身份：**
> 谁设计了这个模型；谁实施了这个模型；怎样联系他们
> **模型的可用性：**
> 可以获得超出论文的结果；可以获得编译后的模型；可以获得源代码
> **敏感性分析：**
> 无；可以获得关键因素或所有因素的调整方案；可以获得实验设计及分析文档

　　为了真正方便模型复现，建议模型作者从复现者的角度来检查他的概念模型。只有考虑满足他人的复现需求，研究者才知道如何向他人充分描述自己的概念模型。如果模型作者考虑了他人能否从其所作的相关描述中复现模型的可能性，那么他所发布的模型无疑将更具可复现性。此外，建立一个面向模型作者的规范，让他们也参与模型复现过程，我们将由此积累大量的模型复现案例，使得这个领域中的学者能够对模型复现的最佳实践有更好的理解。

7.5　本章小结

　　我们已经讨论了校核、验证和复现这三个主题，那么这些概念能够向我们提供关于模型准确性和正确性的哪些信息呢？通过校核，我们学习了如何确信实施模型与概念模型是一致的。校核提高了模型的正确性，因为它告诉我们，模型的实施是基于我们在构建模型时所思考的概念和设想的。验证是让我们相信模型能够真实反映现实世界中的某些问题。某种程度上，一个经过验证的模型，因为它能够提供关于真实世界的更多信息，因而更具价值。最后，复现是一种工具，它使我们确信模型的运行结果没有异常。复现表明模型结果是可重复的，因此我们可以更加相信模型所提供的知识。此外，复现也有助于改进模型的校核和验证过程。使用这三种技术，可以增强我们对模型的信心，即相信它告诉我们的、关于所研究复杂系统的有趣信息。

习题

1. 我们对 Voting 模型的单元测试进行了介绍，以确保初始条件是正确的。你能否描述一个单元测试，以确保个体 agent 的投票机制在功能上是正确的？请在 NetLogo 模型库 Social Science 部分的 Voting 模型中进行此测试。

2. 从 NetLogo 模型库的 Sample Models 部分选择一个模型。描述如何使用四种不同的方法来度量这个模型的有效性：（1）表面微观验证；（2）表面宏观验证；（3）经验微观验证；（4）经验宏观验证。分别进行测试并描述其结果。

3. 找一个相对简单一点的模型，使用 Repast、Swarm 或 MASON 等 ABM 语言或工具箱编写。使用 NetLogo 复现这个模型。你会使用什么复现标准？如何判断复现成功与否？在复现过程中遇到了什

　　⊖　详见网站 http://modelingcommons.org。

么问题？

4. 验证是困难的。一些科学哲学家认为，将计算模型与现实世界进行比较是不可能的。即使你认可了使用某些度量指标进行一致性匹配，也没有证据表明这些度量指标实际上指的是相同的现象。他们认为，模型的指标和现实世界的指标二者不可能一样，因为一个是依靠经验获得的，一个是通过计算得出的。请对此提出一种反对意见，并证明为什么模型是获取世界知识的有效方法。

5. **简化模型**。本章所讨论的 Voting 模型与 NetLogo 模型库中 Chemistry and Physics 部分的 Ising 模型有一定的关联。在 Ising 模型中，有一个计算状态转变概率的指数公式。请你另外设计一个更简单、更离散化的、可生成类似行为的规则。创建一个用于比较这两个模型的复现标准，并说明你的新模型是否符合此复现标准。

6. **模型对接**。模型对接是一个过程，表明独立编写的两个模型确定能够生成相同的结果。通常，此过程包括模型参数的改变，直到两个模型对同一个问题产生相同的答案。例如，NetLogo 模型库 Biology 部分的 Altruism 模型和 Social Science 部分的 Ethnocentrism 模型都研究人们如何决定合作的问题。你能实现这两个模型的对接吗？为这两个模型找到一组参数，使得自私主义者（民族中心主义者，背叛者）总是获胜。相反，为这两个模型找到一组参数，使得利他主义者总是获胜。这两个模型得到相同的结果意味着什么？你能根据模型输出对此进行定义吗？你能描述产生相同结果的两组模型参数之间的关系吗？你能从这两个模型之间的关系中学到些什么？

7. **分布 agent**。假设你读了一篇科学论文，作者将模型的初始条件描述为"agent 在区域中随机分布"。请你思考以下两种实施该描述的方法。第一种方法，编写一个模型，模型在运行视界的中心创建一组 agent，然后让它们向外随机移动一个距离；第二种方法，创建一组 agent，使用 setxy 指令将这些 agent 随机分布到视界中去。检查上面两种方法各自产生的 agent 扩散结果。二者的效果是一样的吗？你能创建一个单元测试来度量它们的差异吗？如果发现作者使用了上面的一种方法，你将如何改进它们的原始描述？

8. **度量 agent**。我们在验证部分介绍过，可以将 ABM 模型的度量指标与真实世界的描述进行比较。假设真实世界的鸟群有三种度量方法，我们希望与 Flocking 模型的结果数据进行比较。请你计算平均角速度（每只鸟改变航向的速度）、鸟群的平均规模以及单身鸟占比等三个度量指标。你还能另外想出一个有意义的度量指标吗？画出这些指标值随时间变化的图形。

9. **在模型中加入网络**。现有 Voting 模型是基于本地邻里影响设计的。想象有一天，政治学家来找你，因为他们意识到，很多时候人们不仅与当地邻居交谈，还会与远方的人交流。请对模型进行修改，以便可以将每个 agent 与其他 agent 随意相连（看作新的邻居）。邻里关系可以使用几种不同的方式表示。第一种方式，使用 agent 集（agentset）存储一组邻居；第二种方式，使用链接。如果使用链接，则需要将选民定义为居住在斑块上的 agent，而不是斑块本身，因为 NetLogo 只允许在 turtle 之间创建链接，而不能在斑块之间创建链接。加入网络之后，模型行为会发生哪些改变？

10. **复现额外的结果**。在 Axelrod 和 Hammond 的初始 Ethnocentrism 模型中，防止民族中心主义形成的一种方式是改变人口繁衍的方式。如果孩子不是在父母身边出生，那么民族中心主义就不太可能形成。在 Ethnocentrism 模型中实施非本地繁衍，证明民族中心主义不太可能在这种情况下形成。

11. 更改 Voting 模型，将其初始条件设定为非随机模式。比如说，可以把视界的 50% 变成蓝色，50% 变成绿色。这会如何影响模型结果？

12. 在 Voting 模型中，你能想到其他可能的投票规则吗？修改模型以使用这些规则，并将结果与原始模型进行比较。

13. 能否对 Voting 模型进行拓展，从而纳入更多的政党（颜色）和多种投票方式？可以用颜色的深浅来表示斑块对某个问题的看法：强烈反对、反对、中立，等等。每个斑块可以有两次以上的投票机会，最终采用加权方式计算得票：如果某个斑块投了两次"蓝色"票，那么它的"蓝色"票就被累计两次，以此类推。

14. 在现有的 Flocking 模型（在 NetLogo 模型库的 Biology 部分可以找到）中，飞鸟可以"看到"它们周围的一切。如果它们只能看到自己前面的景象，模型又会有怎样的结果？（可以使用 in-cone 指令。）

15. 在 Flocking 模型中，你能让鸟群绕过视界中心的障碍物吗？

16. 如果在 Flocking 模型中引入捕食者，会对鸟群的行为有什么影响？

17. 对 Flocking 模型进行调整，使其能够模拟鱼群的行为。

18. 在 Ethnocentrism 模型（在 NetLogo 模型库的 Social Science 部分可以找到）中添加更多的种族，模型的行为会发生改变吗？

19. 修改 Ethnocentrism 模型，使一些斑块比其他斑块"更富有"，即这些斑块上的 agent 有更高的繁衍机会。将这种"优势"以不同的方式分布到视界中（比如说，按照随机分布、团状分布、四等分平均分布等方式）。这将如何影响模型的行为？

20. 修改 Ethnocentrism 模型，使得斑块可以用颜色进行标记。以不同的方式分布颜色，比如团状分布、随机分布或者离散区块分布。agent 通过其他 agent 所在斑块的颜色，判断是否与它们合作。这将如何影响模型的行为？

高级主题与应用

任何足够先进的技术都与魔法无异。

——亚瑟 C. 克拉克

到目前为止，我们研究了与 ABM 相关的大多数问题，也讨论了以下一些问题：什么是 ABM？为什么、如何以及何时使用 ABM？如何构建 ABM 模型？如何使用 ABM 开展（以及分析）仿真实验？至此，我们已经介绍了使用 ABM 需要的所有基础知识。

在本书的最后一章，我们将讨论 ABM 的一些高级主题，你可能有兴趣深入学习。我们还将挑选一些 ABM 应用成效明显的领域进行调查和研究。

大部分读者并不需要从头到尾通读本章内容，你们可以将本章作为参考资料，或者浏览一下节题，阅读你最关心的主题。

8.1 ABM 中的高级主题

我们已经介绍了关于 ABM、建模过程以及复杂系统的基础知识，现在再来介绍一些由于篇幅所限而无法在本书中详细讨论的相关主题。在本章接下来的篇幅中，将简要介绍一些之前没有提及的主题，并提供一些参考资料，读者可以进行自学。我们将讨论一系列主题，包括 ABM 的一些高级设计方法、校准方法、通信方法（与包含其他类型的 agent 通信，例如人和机器人之间的通信），以及将 ABM 和其他建模技术组合使用的方法，还有 ABM 集成高级数据源和数据分析工具的方法。

让我们从 ABM 的一些高级设计方法开始介绍。在这部分内容中，需要强调的一点，是 ABM 的设计原则应该是从简单起步，进而面向问题构建你的模型。这个原则非常有用，并且可以和其他设计准则相结合使用。首先，我们将介绍全谱系设计（Full Spectrum Design），这是一个建模流程，按照这个流程构建的模型，可以同时满足简单、详尽、真实的要求；其次，我们还将讨论迭代设计（Iterative Design），它包含模型快速开发的方法，以便领域专家能够定期对其进行核查。

还可以使用更高级的方法，帮助制订符合自己所建 ABM 需要的规则。例如，可以从经验数据集中提取规则。通过使用机器学习方法（例如决策树），可以使用已经存在的数据，为模型中的 agent 自动创建简单的、需要遵守的规则。通过使用参与式仿真（participatory simulation，一种涉及人与模型中 agent 交互的方法）可以创建新的数据集。进而，可以观察人类的行为，将人们的反应以程序代码进行描述，并作为 ABM 中的新规则。

迄今为止，我们主要讨论了 ABM 在研究方面的用途，但是 ABM 也可用于其他方面。例如，ABM 模型可以作为一种交流手段来表达一种关于世界的主张，并向其他个体阐明这种主张。通过这种方式，ABM 可以用来说服人们，让他们相信一个关于世界的特定陈述是真实的。ABM 的另一个重要应用是在教育领域。ABM 有许多教育方面的用途，从传授知识

（例如，演示复杂系统原理，或者将科学现象背后的机制进行可视化），到高级应用（例如，学生修改或创建自己的模型，尝试探索一些领域问题）。

虚拟化的agent不是ABM所包含的唯一一种类型的agent，人类agent是另外一种，正如我们在介绍参与式仿真时讲到的那样。人类agent可以与仿真模型进行交互，引导模型的运行向特定方向发展。此外，基于agent的模型还可以与物理机器人进行连接。ABM模型可以接收来自物理机器人（就像虚拟agent一样）的信息，将其作为仿真模型的输入，也可以向机器人输出信息（诸如打开或关闭电机之类的指令输出）。

通过将ABM与其他建模方法结合，可以创建混合模型（hybrid model）或多层次模型（multilevel model）。例如，可以使用另一种建模方法（比如系统动力学建模方法）来描述某个池塘的流体力学问题，在此基础上，使用ABM来描述鱼的行为。与之相似，也可以使用ABM描述股票市场中的证券经纪人（agent）如何互动，然后再使用机器学习模型描述这些经纪人的交易策略如何随着时间变化而改变。

在第6章中，我们已经演示了如何将GIS、SNA数据与ABM相结合，以实现更广阔的用途。本章将提出一个更具广泛性和挑战性的特殊案例：将ABM与高级数据源以及数据分析工具相结合。

接下来，我们将更详细地讨论这些主题。在某些案例中，我们将讨论在ABM领域已经得到很好研究的高级主题，而在另外一些案例中，我们所讨论的方法还处在研发的早期阶段。

8.1.1　模型设计的指导方针

我们在第4章所介绍的ABM基本设计原则，是针对你所关心的问题，保证你的模型构建工作从简单起步，进而逐步细化、深入到正确的方向。虽然这项原则具有非常广泛的适用性，但是还有一些设计原则也可以用于指导模型的构建。在本节中，我们将讨论另外两个对创建ABM有用的设计原则：全谱系建模（full spectrum modeling）原则和迭代建模（iterative modeling）原则。

全谱系建模　许多基于agent的模型非常简单，例如我们在第3章介绍的Schelling（1971）的Segregation模型。尽管非常简单，这些模型却往往说明了关于真实世界的非常普遍的原则。使用模型对现实世界进行"漫画化"，我们就可以更好地理解现实中的问题，这正是模型的价值所在。例如，在Schelling模型中，简化了的模型世界很好地说明了即使很小的种族偏见也会导致隔离现象的发生。尽管简单模型没有包含现实世界中的大部分机制，它们仍然能够为人类提供一种理解复杂现象的工具。

另外，详尽、真实的（ER，Elaborated and Realistic）模型会包含更多的内在机制，并且使用经验数据，使得模型运行结果可以直接反映现实世界的真实情况。我们可以假设Schelling模型存在一个更为复杂和详细的版本，即，模型可以读取芝加哥社区的真实数据，以此来检查人们的偏好是什么，它使用认知模型来确定人们将如何选择各自的住所。在复杂系统环境中，真实度高的模型可以用来研究特定情景和特定问题。但是，随着特殊性和专一性的增加，也让一些批评人士指摘ER模型是难以理解的，他们还批评ER模型只适于构建某个特定场景的某些特殊细节（Grimm等，2006）。但是有的时候，针对一个特定场景的、细致的仿真模型，却正是我们想要的。比如说，一个关于住所选择的ER模型，或许能够对未来几年芝加哥社区的土地开发模式进行预测。

　　研究人员已经明确或间接地讨论了 ER 模型和简单模型之间的异同和联系（Axelrod，1997；Carley，2002）。比如说，一些研究人员认为，简单模型提供了更好的透明度和更深入的理解，而另外一些研究人员则认为，应该更多地使用 ER 模型，因为它们更具科学性，也更容易被检验。然而在现实中，我们并不是必须在 ER 模型和简单模型之间二选一。例如，Grimm 等人（2006）采用面向模式的建模方法（pattern-oriented modeling，POM）说明建模复杂性应选择"简单→复杂"过渡链的某个中间层级作为最佳方案（既不能过于简单，也不能过于复杂，而是应该选取折中的位置）。这种方法允许使用一个模型"重现"被观察模式的多个复杂度层级。拥有在复杂体系的多个层级上构建模式的能力是非常重要的，因此没有必要强制要求一定要在复杂体系的某个"最佳层级"上构建模型。一种解决方案是在复杂体系的不同层级上构建多个模型，然后同时开展一般原理和具体应用的研究。这种方法被称为全谱系建模（Rand 和 Wilensky，2007）。顾名思义，它需要在多个详细层级上对所研究问题和现象建模——也就是说，不仅在"简单的"和"详细而真实的"层级上建模，也要在二者之间的那些层级上建模。这样，研究者就可以拥有多个模型，他既可以从简单模型起步，逐步采用更复杂的模型，以提升真实性，也可以从真实性较高的模型开始，逐步采用相对简化的模型。相比于那些只构建在某一个复杂度层级上的模型，全谱系建模方法可以获得对给定现象和问题的更深入、更全面的理解与认识。

　　全谱系建模方法结合了简单建模和 ER 建模的优点，此外还具有额外的优势。全谱系建模不只有一个简单模型或者一个 ER 模型，相反，它可以包含简单模型、ER 模型，以及复杂度和真实性介于二者之间的多个模型。通过在复杂度和真实性的多个不同层级上构建模型，我们可以针对所研究的现象和问题提取出一般性的原则和准则，然后再将这些原则或准则纳入简单模型中（这样一来，使用简单模型也能获得较好的结果）。此外，研究人员还可以使用真实数据对 ER 模型进行校准，观察这些模型如何精确地再现真实景况。

　　与此同时，通过在复杂度和真实性的不同层级上运行对应的模型，研究人员可以获得额外收益。简单模型使我们能够深入研究为数不多的机制，并表明这些机制可以对运行结果产生深远的影响。这些简单模型可以用来确定在 ER 模型中应该使用哪些机制，并帮助验证这些机制对于系统的重要性。同样地，通过探索 ER 模型，科学家可以重点关注那些他们想要更深入研究的机制，然后创建只包含 ER 模型中某些机制的简单模型。因此，全谱系建模方法可以提供一系列复杂度和真实性不同的模型，既可以从简单到复杂，也可以从复杂到简单地开展研究。

　　全谱系建模方法为基于 agent 的模型设计提出了一个实用原则，这个原则可以和我们在第 4 章介绍过的 ABM 设计原则一同使用。为了开展全谱系建模，要尽可能地实现这些机制的启用和停用设置，这是非常重要的。要实现这一点，你可以构建一个大的模型，并在其中设置很多开关，或者创建多个模型，每个模型的复杂性和真实性程度有所不同。这种针对机制的灵活控制方法，可以在需要的时候，让模型（或者模型序列）的复杂性和真实性随意变化。运用这项原则，可以在简单模型中方便地增加不同机制以及经验数据，也可以在 ER 模型中停用某些机制，以观察简化的或者理想化情境下的模型输出。

　　目前还没有明确的办法决定什么时候才是应用全谱系建模的最好时机。相对于集中精力构建一个模型，创建多个模型总是会耗费更多的时间。全谱系建模方法的收益是否抵得上所需投入的时间？构建数量众多的全谱系模型，还是研发一个复杂的模型，什么情况才最适合？只构建多个简单模型又如何？这些问题只有你自己来回答。这些需要权衡的问题，也是

ABM 方法体系中一个活跃的研究领域。

迭代建模   迭代建模基于以下思想：频繁的反馈是非常富有成效的，无论是在概念模型设计和模型实施过程中，还是在模型构建和数据采集/理论生成过程中。正如在第 6 章中讨论的那样，这两项工作通常由同一个人或同一个团队承担。然而，由一个团队生成概念模型，而由另一个团队加以实施，这种情况比较常见。ABM 开发中的这两种情况都能够受益于迭代建模方法。为清晰起见，我们将概念模型的开发者和模型的实施者分开表述。

ABM 模型通常是基于个体层级的数据集或个体行为理论开发的。在某些情况下，ABM 开发人员通常会与领域专家坐在一起，讨论待研究复杂系统的各种构成组件；在信息收集阶段之后，模型设计人员设计概念模型；然后，ABM 开发人员针对概念模型编写程序代码。在传统建模实践过程中，模型开发是在模型设计完成之后进行的，并且独立于模型设计过程。与之相反，迭代建模方法则认为，在模型设计和模型开发两个过程之间进行全程反馈是有用的。按照这个思路，模型构建将是"小步快跑"的过程。这样一来，模型设计人员就可以在模型构建的各个阶段对模型进行审视，并根据需要随时对模型设计方案进行更改。当模型设计人员和开发人员是不同的个人或团队时，迭代建模有助于解决沟通不畅的问题。但是，如果模型设计人员与开发人员是同一个人，迭代建模所带来的这种好处就变得无关紧要了。实际上，在依据设计方案完成模型开发的过程中，你会很容易忘记在概念模型中所做的那些假设，而迭代建模可以使你定期地重新浏览和完善那些假设。

理想的迭代建模过程如下：在针对概念模型初稿的第一次讨论会之后，开发人员完成模型的开发，并第一时间向模型设计人员展示模型最基本的运行机制。此时，模型设计人员需要向开发人员提供反馈意见，指导他们如何改进模型以及如何向模型中添加新的机制。关于这些变更请求，模型设计人员可能在一开始就非常清楚，但是并没有很好地传达给模型开发人员。或者，在开发过程中开发人员提出需要进一步明确模型设计方案的要求，会让设计人员认识到模型的某些组件并未明确定义。模型开发人员可能会在针对概念模型的编码过程中发现这种定义不明确的问题。有的时候，设计人员可以对所发现的问题给予直接说明；或者，他们可能开始新一轮的数据收集过程，以便回答模型开发人员提出的问题。

综上所述，迭代建模的循环过程包括：①依据初始数据或理论设计模型；②依据基本机制完成模型开发；③基于未明确问题的解决方案或者模型的运行结果，对数据或理论进行修订；④基于数据或理论完成模型的开发和实施；⑤重复步骤①~④。换句话说，建模工作不仅由理论和数据来驱动，也可以反过来促进理论的生成和数据的收集。通过论证哪些领域的理论和数据不能直接转换为可计算格式，ABM 也促进了经验研究和理论研究的发展。为了完成建模，ABM 需要进行基于对象的低层级描述；为了实现模型的验证，它需要开展基于系统的高层级描述，所以 ABM 特别适合揭示科学研究未探明领域中的问题。

迭代建模的一个优点，是通过鼓励模型设计人员和模型开发人员频繁交流，可以在模型生命周期的早期更好地识别出模型验证过程中可能出现的问题。通过模型版本开发的快速迭代，在生命周期的早期阶段，"预期"结果和实际结果之间的差异会变得很明显。采用迭代建模方法，会比在模型全部开发完成之后才做检查，对模型所做的改动要少得多，因此可以很容易识别出模型中的哪些组件会引起预期结果与实际结果之间的差异。正如在第 7 章讨论的那样，这些差异可能由如下原因导致：①软件代码错误；②沟通不畅/误解；③意外出现的结果。迭代建模有助于更快地确定原因，并允许更早地采取适当的行动。

8.1.2　规则提取

正如我们在第 4 章中所讨论的，虽然模型是抽象的，并且不完全与现实问题一一对应，但是模型又必须以某种有用的方式与现实问题相匹配，否则就失去了价值。因此有的时候必须调整模型的参数，以适应现实问题的某个特定情况（在第 7 章讨论过这个问题）。然而，模型校准工作有时不仅要根据输入数据拟合出特定的参数，还需要调整 agent 的行为规则。实际上，将行为规则从数据中直接提取出来是比较普遍的做法。在本节中，我们将讨论面向 ABM 的两种规则提取方法。第一种方法是从大规模数据集中提取简单的决策规则；第二种方法虽然也是一个数据挖掘过程，但是它并不使用所收集的数据，而是安排人与模型进行交互，从而获得简单的行为规则。

从经验数据中提取规则　目前，人们已经采集了许多关于社会、自然和物理问题的大型数据集。这些数据通常会记录过去发生的事情，但是并不会告诉我们为什么事情会以那样的方式发生，也不会告诉我们如果当时的境况有所不同，又将会发生什么。如果我们能够以某种方式，将这些已发生事件的记录或描述转化为行为规则，就可以使用这些规则来生成基于 agent 的模型，通过这种方式生成的模型可能比数据集本身更具有解释能力。

我们在第 5 章讨论过，机器学习领域已经发展出多种技术，可以应用于这种情况。我们可以这么看待 agent：它们依据输入观测值，执行某些输出活动。机器学习包含很多方法，可以根据输出对输入进行分类，并且能够抽象出描述这些关系的通用规则。依靠这些方法，我们可以使用大型数据集以及机器学习技术［例如决策树（Quinlan，1986）］来研究数据集中的独立输入变量和相关输出变量之间的一般关系。在决策树中，当某个输入变量在多个输出变量中能够提供可鉴别特征时，就可以基于这个特征创建一个分支节点（branch point）。该方法之所以被称为"决策树"，是因为它包含了多个决策节点（decision node），这些节点好像末端带着树叶（输出值）的枝条，从而形成了一棵倒立的树（如图 8.1 所示）。

举例来说，假设我们有一个数据集，它描述了就读于芝加哥公立学校的学生家庭的人口统计特征——在芝加哥，择校政策允许人们选择孩子就读的学校（Maroulis 等，2010）——假设数据集包含了过去十年中每个家庭的择校结果。我们可以使用决策树技术，从这个数据集中归纳和创建决策树，并对这些家庭的择校结果进行建模。比如说，假设一个决策树表示某个家庭将子女送到一个（可能离家距离较远的）高水平（high-performing，HP）学校，或者送到一所本地社区学校的决策过程。这些家长的决策过程可能像图 8.1 所展示的那样，即，如果 HP 学校离家很近，他们可能想都不想就会选择，而如果某所 HP 学校的学生很多并且离家较远，家长们可能选择把孩子留在本地社区学校。

图 8.1 中的第一个分支（最左侧分支）询问学生的家庭住所与最近的 HP 学校之间的距离是否小于或等于 5km，如果是，家长们会选择 HP 学校，否则，就要继续进行分支决策，即询问 HP 学校的学生规模是否小于或等于 1000 人，如果是的话，家长会选择 HP 学校，否则就会选择本地社区学校。这只是决策树的一个例子。面向决策树的机器学习算法将自动创建与数据集相一致的决策树，同时也会对决策树的规模进行合理简化。决策树能够轻松地将大量经验信息的结果进行可视化。决策树允许以两种方式在系统中跟踪数据：第一，可以从树顶开始逐层向下进行研究；第二，如果对个体为什么处于某种特定状态感兴趣，可以从最

下方的最终决策状态开始，逐层向上进行探索。

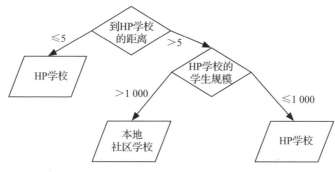

图 8.1 择校决策树

决策树将数据中的决策节点或关键节点突出显示，在这些决策节点或关键节点处，数据被进行分类。决策树可以作为概念模型和程序代码间的中间形式，并可以很方便地转换为程序代码。这些特征使得决策树非常适用于概念模型的解释和说明，也容易确保模型开发的合作者们达成一致意见。此外，还有几种机器学习方法也能够从数据中提取规则或行为，包括训练人工神经网络（training artificial neural network）、支持向量机（support vector machine）以及贝叶斯框架，等等。关于几种机器学习方法的概述，详见 Flach（2012）、Mitchell（1997）等文献著作。

从经验数据提取出决策树之后，就可以为代表这棵树的每个 agent 创建 ABM 规则。例如，在 NetLogo 中，实现决策树的程序代码可能是这样的：

```
to-report decide-on-school
  ifelse distance hp-school <= 5
    [ report hp-school ]
    [ ifelse [ attendance ] of hp-school <= 1000
        [ report hp-school ]
        [ report local-school ] ]
end
```

乍看起来，除了决策树本身之外，这段代码不会提供关于决策过程建模的更多信息。但是，如果将这些代码放到 ABM 模型中，就可以看到决策过程是如何动态变化的。运行该模型，就可以看到各个学校的择校情况会随着时间的推移而不断波动，在模型运行过程中，早期决策会影响后期的择校结果。简言之，研究基于决策树的 ABM 所包含的行为，将比只研究初始决策树更能深入了解决策过程的动态特征。

通常，对影响 ABM 决策的一系列规则进行构建和假设会比较困难。使用机器学习技术的数据挖掘方法，为从大型数据集中自动创建决策规则提供了某种承诺和保证，这对于加速 ABM 的开发和应用是有帮助的。比如说，在择校案例中，数据可能以表格的形式呈现。其中，一个表格可能包含每个学生的姓名、最终选择的学校、家庭住所到学校的距离等信息，另一个表格包含每一所学校的名称、学校等级及招生情况等信息。通过挖掘这些数据，可以得到决策树的两个重要部分：分支节点和分支取值。如果数据表明人们在择校时使用了相似的准则，那么我们就可以从数据集中提取出一个决策树（平均树），并将其作为模型中所有 agent 的行为准则。如果某个聚类算法告诉我们，在择校过程中，有多个规则同时发挥作用，那就可以将所有学生划分为不同"种类"（breed）的 agent，然后在模型中按照这些"种类"生成 agent，并为不同种类的 agent 提供独立的决策规则。对于如何实现上述步骤，以及从数据中自动提取行为规则的风险，读者如果希望全面了解，可以参阅 ABM 领域的最新研究成果。

专栏 8.1　数据挖掘

数据挖掘是使用自动计算技术，从大量的经验数据中提取信息模式的一种方法。数据挖掘使得知识发现和预测成为可能。知识发现（knowledge discovery）是通过分析大型数据集从而发现有用模式的过程。例如，某家公司可能会记录到其所属商店购物的顾客来自哪里。通过对这些信息进行数据挖掘，这家公司可能选出一个最佳位置，建设一个新的商店。预测（prediction）是使用经验数据集预测未来趋势。还是这家公司，可能会根据过去十年的销售数据来预测明年假期前后的销售情况。对数据挖掘技术和方法的深入论述，已经超出了本书的范围，如果读者对此感兴趣，可以参考 Tan、Steinbach 和 Kumar（2005）文献中的技术介绍，以及 Ayres（2007）文献中的一般性介绍。

从参与式仿真过程中提取规则　参与式仿真（Colella，2000；Wilensky 和 Stroup，1999a，2000，2002）是社会学领域仿真的一种形式。在参与式仿真中，无论领域专家还是普罗大众，都可以直接参与到复杂系统模型的构建过程中来。参与式仿真在教育和科研领域都发挥着重要作用。参与式仿真的早期应用是作为教育工具使用。NetLogo 包含一个名为 HubNet 的参与式仿真模块（Wilensky 和 Stroup，1999c），它被广泛应用于课堂教学中，为学生们讲授个体决策和总体效果之间的关系。

在教学中广泛使用的一个经典模型就是 HubNet Disease 活动模型（如图 8.2 所示）。在 Disease HubNet 模型中，每名学生控制一个独立的 agent，并让其在某个区域内移动⊖，如果其中一个 agent 感染了病毒（被感染的 agent 会伴有一个红色的圆），病毒以接触传染的方式在人群中扩散。学生可以观察病毒扩散与被感染人员数量之间的延时变化关系，体会病毒传播的"图形化"特征。学生还可以使用不同的传播规则和传播条件进行实验，并对由此产生的人群感染曲线进行分析。

在教育情境中，参与式仿真已被证明是非常有吸引力和有效的（Colella，2000；Klopfer、Yoon 和 Perry，2005；Wagh 和 Wilensky，2013；Wilensky 和 Stroup，2000，2014）。参与式仿真还可以用于认知心理学、社会心理学、社会学、政治学、经济学以及其他人类互动领域的研究。通过研究各种仿真场景下的个体行为，研究人员可以了解这些个体在实验控制条件下如何响应（参见 Frey 和 Goldstone，2013）。然后，研究人员通过分析参与者的行为，从而创建可以嵌入 ABM 模型中的行为规则。这种方法与前面介绍的数据挖掘技术类似，都是通过记录参与者对不同输入如何做出决策，从而有可能提取出描述参与者一般行为的决策树及相关规则。

比如说，在前面介绍过的 HubNet Disease 模型中，可以观察到许多人会尽可能地远离被感染者（躲避行为会受到仿真视界边界的影响）。如果想要系统地研究这个规则如何影响疾病的传播，可以将其编码到模型中。HubNet Disease 模型可以包含"机器人"（android），也就是在视图中移动的、由计算机控制的 agent。一般情况下，它们会随机移动或随机停留在某一个地方。无论以何种方式，我们都可以很容易地在模型中添加一个规则，使得 agent 会尽量远离被感染者。这段基于 androids–wander（机器人 – 徘徊）过程的程序看起来可能是

⊖　模型所在网站地址为 http://ccl.northwestern.edu/netlogo/models/HubNetDisease（Wilensky 和 Stroup，1999b）。

这样的：

```
to androids-avoid
   ask androids
   [
       ;; choose a target which is a neighboring patch free of infected turtles
       let target one-of neighbors4 with [ not any? turtles-here with [infected?] ]
       ;; if there is such a patch, head in that direction
       ifelse ( target != nobody ) [
           face target
       ]
       [
           ;; if there is no such patch, face a random cardinal direction
           face one-of neighbors4
       ]
       fd 1
   ]
end
```

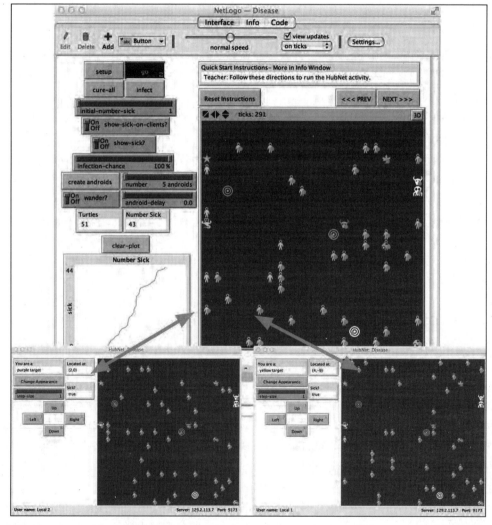

图 8.2 HubNet Disease 活动模型（Wilensky 和 Stroup，1999b）。上面的 NetLogo 模型是 HubNet
服务台，下面的两幅图是两名学生参与者的操作界面（见彩插）

这段程序代码查看附近的斑块是否不存在被感染的 agent（既可以是人，也可以是由电脑控制的 agent）；如果存在这样的斑块，那么程序就会从此类斑块中随机选取一个，并使当前 agent 的前进方向设置为朝向这个斑块。这只是一种原始的、本能的规避形式，还可以在参与式仿真中，通过对采集到的数据进行校准，实行进一步的完善（Berland 和 Rand，2009）。

作为一种研究工具，参与式仿真有许多优点。研究人员可以在大量不同场景中收集有关人类行为的数据，基于很多现实原因，此类数据在真实世界中很难获得。进一步地，参与式仿真可以记录和回放参与者的行为，以及提供"倒带"（rewind）的能力，也就是说，可以将行为"回退"到以往的某个时点，并检验那个时点的相关状态，然后从那个时点开始继续仿真，从而可能获得不同的结果。这种方法允许研究人员对更大的方案空间进行研究和探索，从而找到某些支点（point of leverage）⊖。此外，当研究人员对模型进行完善的时候，他们可以将改善后的仿真模型展现给参与者，并允许参与者与修订后的 agent 进行交互，从而更进一步地精修模型。参与式仿真与 ABM 二者的结合，通常会揭示出关于不同个体处理信息方式的新认识和新见解（Abrahamson 和 Wilensky，2004；Berland 和 Wilensky，2006；Wilensky 和 Stroup，2000）。

参与式仿真可用于帮助校准 ABM，也可用于测试 ABM 的有效性。对于某些给定输入，如果某个 ABM 模型展现出一种特别令人惊讶或不同寻常的行为模式，那么研究人员就可以创建类似输入，并让人类进行参与式仿真。如果参与式仿真的结果与 ABM 的运行结果一致，就会增强人们对于 ABM 有效性的信心。如何确立 ABM 和参与式仿真之间的等价关系，是一个开放性的研究问题⊜。

ABM 为人们提供了一种能力，可以对许多不同类型的参与者进行建模，并评估一系列以非线性方式交互的、异构的场景和策略。比较而言，参与式仿真使得研究人员有能力对模型进行完善，并检验真实个体（人）对复杂环境的反应。参与式仿真可以和 ABM 一起使用，从而在使用不同输入值检验个体反应的时候，深入了解这些个体何时以及如何决策。

上面介绍的两种校准技术（依据经验数据集使用机器学习技术；依赖参与式仿真提炼规则）都面临许多共同的挑战。例如，当存在冲突数据的时候，我们应该怎么办？如果针对相同的输入，仿真参与者采取两种不同的决策或行动，该怎么办？如果参与者只采用他们认为有用的数据进行决策，因此数据集无法提供明确的行为规则，又该如何？有没有可能以一种简洁的方式提取这些规则，而不会因计算复杂度而使 agent 负担过重？这些都是 ABM 研究中的开放性问题。

专栏 8.2　HubNet 研究

　　你可以从 NetLogo 模型库中挑选并打开一个 HubNet 模型，并在你的个人计算机上启动几个本地客户端（接口），从而开始在本地环境下对其进行研究。然而，如果想要更全面地探索 HubNet 模型，还需要另外几台计算机和数名志愿者。比如说，在 NetLogo 模型库的 HubNet Activities 目录下打开 Disease 模型。这个模型和我们在第 6 章所讨论的 Spread-of-Infection 模型很相似。打开 Disease 模型之后，该模型就像"客户端－服务器"（Client-Server）体系结构中的"服务器"。请参与者打开各自的 HubNet 客户端（这是另一个使用 NetLogo 开发的应用程序，位于 NetLogo 文件夹中），并连接到服务器模型。让志愿者移动他们在模型中的化身，尝试不同的移动、躲避和捕捉策略。比如说，

⊖　所谓"支点"，是指那些可以在较大程度上改变（或者彻底改变）仿真输出结果的时点和因素。——译者注
⊜　所谓开放式的问题，就是这个问题目前还处于研究之中，尚未有定论。——译者注

建议他们尽量避开被感染者，或者让他们尽量接近被感染者。这些策略将如何影响模型中病毒传播的结果？

在结束参与式仿真的讨论之前，我们将展示一个例子，介绍如何使用 HubNet 构建参与式仿真。

创建一个 HubNet 模型　在 HubNet 模型中，有一个独立的中央计算机作为参与式仿真的主机，承担运行 NetLogo 模型的作用。通常这台计算机与投影仪相连，这样一来，主机上显示的内容就可以被所有参与者看到，从而可以开展一般性讨论。使用 HubNet 客户端应用程序，参与者作为"客户端"连接到主计算机。本例中，我们将介绍如何构建和测试一个简单的 HubNet 模型。在 NetLogo 模型库还可以找到其他几个更详细的例子。

当创建 HubNet 模型的时候，对于客户界面，你可能有一个初步的想法。你可以使用 NetLogo 内部提供的 HubNet 客户端编辑器（在 Tools 菜单栏中；如图 8.3 所示）进行设计。在这个例子中，请你尝试添加两个界面元素，即一个视图（View）和一个名为 forward 的按钮（作为可选项，你还可以指定一个针对 forward 按钮的"快捷键"，这样客户端用户就可以通过按键而不是鼠标使用按钮了）。

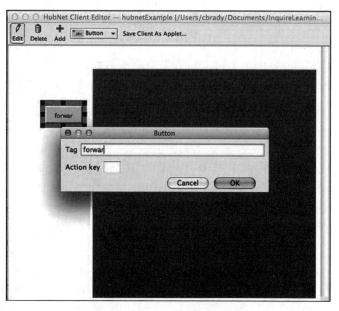

图 8.3　HubNet 客户端编辑器

现在我们需要了解如何与客户端通信。此时要做的第一件事，是在 NetLogo 模型中创建一个 SETUP 例程：

```
to setup
    clear-all
    hubnet-reset
end
```

`hubnet-reset` 命令初始化 HubNet 网络，与已连接的任何客户端进行通信。（当第一次被调用的时候，它会显示一个对话框，允许你给主机会话起一个名字，这样客户端的用户就会看到这个名字，这是参与者用来识别这个活动的名字）。

当使用 `hubnet-reset` 命令启动网络的时候，HubNet 控制中心将打开，并提供创建"本地客户端"的选项——与主机运行在同一台计算机上的一个客户端。这是一个测试或演示HubNet 模型的便捷工具。如果打开其中一个本地客户端，应该会看到一个类似于你所设计界面的窗口。但是，视图元素可能会显示为一个灰色的矩形，因为在默认情况下，客户端不会看到完整的视图。要在客户端上显示来自主机模型的视图，需要在 HubNet 控制中心里选择"Mirror 2D View on Clients"（客户端上的二维镜像视图）选项（如图 8.4 所示）。

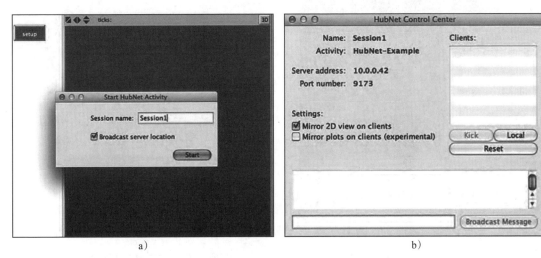

图 8.4　启动一个 HubNet 会话

一旦选择了该选项，你就应该能够在本地客户端的屏幕上看到视图中的任何更改（如图 8.5 所示）。例如，如果你去主机的命令中心，输入以下指令：

```
ask patches [ set pcolor one-of base-colors ]
```

你会看到本地客户端上的视图与主机上的视图是一样的。这是从主机到客户端的第一次通信（如图 8.6 所示）。

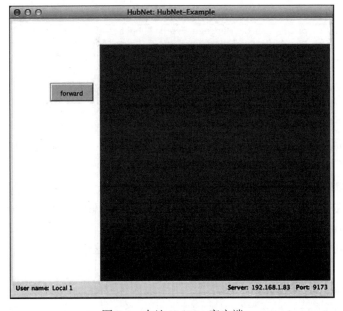

图 8.5　本地 HubNet 客户端

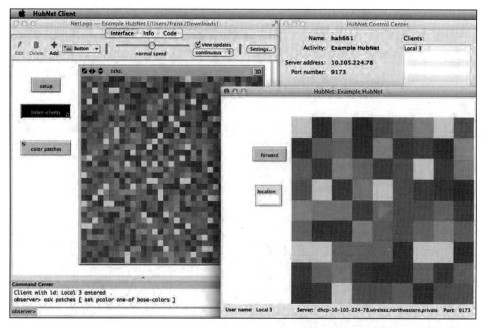

图 8.6 与 HubNet 客户端进行通信的 HubNet 主机

现在让我们看看客户端如何与主机进行通信。下面所给的 LISTEN-CLIENTS 例程提供了处理客户端通信的逻辑。我们将讨论几个有助于阐明这段代码的关键概念。代码如下：

```
to listen-clients
    while [ hubnet-message-waiting? ] [
        hubnet-fetch-message
        ifelse hubnet-enter-message? [
            print (word "Client with id: " hubnet-message-source " entered")
        ]
        [
            ifelse hubnet-exit-message? [
                print (word "Client with id: " hubnet-message-source " exited")
            ]
            [
                print (word "Message from: " hubnet-message-source ":")
                print (word " message tag: " hubnet-message-tag )
                print (word " message body: " hubnet-message )
            ]
        ]
    ]
end
```

有助于说明这段代码的第一个概念是消息队列。当某个已连接客户端的用户与界面（interface）进行交互时，将向主机发送一条消息。这些消息会聚集在一个队列中，在被处理之前会一直待在队列中保持不变。

在 LISTEN-CLIENTS 例程第一行的 **hubnet-message-waiting?** 报告器（reporter）是一个布尔型报告器，用于指示队列中是否存在任何消息。如果队列中有消息，则下一行中的 **hubnet-fetch-message** 命令就会取走队列中的第一条消息，令其被处理。每当该指令被调用的时候，队列的第一个消息将被从队列中删除，并且这个消息可以被三个报告器进行访问，包括：

- **hubnet-message-source** 报告器，用于报告客户端的网络标识符（ID）；
- **hubnet-message-tag** 报告器，用于报告一个表示在发送消息的客户端上的接口元素的字符串；

- hubnet-message 报告器，它包含消息的主体（如果这条信息没有主体内容，则此处的值为"false"）。

在再次调用 hubnet-fetch-message 命令之前，同一条 HubNet 消息将保持"聚焦"状态[⊖]。因此，如果需要多次使用这条处于"聚焦"状态的消息，只需要简单地重复调用这些报告器即可。

一旦进入 LISTEN-CLIENTS 例程，就可以创建一个 forever 按钮来运行它。然后，当在本地客户端与主机上的客户端接口进行交互时，你就能够看到主机命令中心里面显示的结果。需要注意的是，当按下 forward 按钮的时候，你会收到一条标记为 forward 的消息，并且消息的主体内容为空（false）。当你在视图中点击时，会收到两条消息：按下鼠标按钮的时候，会收到标记为"view"的第一条消息；松开鼠标按钮的时候，收到标记为"mouse up"的第二条消息。在这两种情况下，这些消息的主体都是两个元素列表，表示鼠标进行操作（按下或者抬起）时所在斑块的位置坐标。

有了这些消息处理功能，你的 NetLogo 模型就可以接收所有客户端的用户交互信息，并做出针对性的回应。除了这个客户端"上行"（upstream）至主机的数据流之外，还有三个关于 HubNet 的基本概念需要理解：

1. 客户端到 turtle 的映射，这在许多 HubNet 参与式仿真中很常见；
2. 从主机到客户端的编程式信息发送方法；
3. 视图定制化方法，以便在客户端上看到的视图可以与主机显示的视图有所不同。

在许多参与式仿真中，每个客户端都与一个独立的 turtle 相关联。通常情况下，这是一种典型的逻辑实现方式，即通过响应 hubnet-enter-message 和 hubnet-exit-message 命令。在 listen-clients 代码中，为了响应客户端的输入，可以创建一个 turtle，然后把 hubnet-message-source 变量值赋值给 turtle 自己的变量 user-id，这样就可以记录和识别客户端身份。比如说，可以使用以下代码响应 hubnet-exit-message：

```
ask turtles with [ user-id = hubnet-message-source ] [ die ]
```

这一行语句用于识别那个与退出仿真的客户端相关联的 turtle，并令其消亡。

一旦在主机环境中有了一个与某客户端相关联的 turtle，那么对于该客户端的所有交互操作，就可以认为是客户端发给与其关联 turtle 的指令。例如，可以将 forward 按钮操作解释为指示 turtle 向前移动的指令，而将在视图中的鼠标单击操作解释为指示 turtle 转向鼠标指针当前位置的指令。完成上述任务的程序代码应该整体放在打印焦点消息值那条语句的上方。我们可以这样写：

```
ask turtles with [ user-id = hubnet-message-source ]
[
    if hubnet-message-tag = "forward" [ forward 1 ]
    if hubnet-message-tag = "View" [
        facexy (item 0 hubnet-message) (item 1 hubnet-message)
    ]
]
```

⊖ 这里所说的"聚焦"状态，是程序开发中的一个术语。可以想象有一个指针指向当前这条 HubNet 消息，只要没有下一条 HubNet 消息出现，这个指针所指的地址不会改变，因此每次调用这个指针都会指向同一个位置，从而获得相同的返回值。——译者注

第二个关键问题是如何将信息发送到客户端。在这个例子中，假设我们希望向客户端发送客户（实际上是代表他们的 agent）当前所在斑块的坐标位置，可以通过在 HubNet 客户端界面添加一个监视器接口元素来实现。读者可以按照这种方法尝试一下，监视器可以命名为 `location`。（注意：为了将你对客户端界面所做的修改发送给新的客户，一定要运行 `hubnet-reset` 过程。可以运行 SETUP 例程做到这一点）。现在看来，需要更新 turtle 位置的时点只发生在创建 turtle 和客户端用户按下 `forward` 按钮的时候。

8.1.3　使用 ABM 进行沟通、说服和教育

迄今为止，我们一直基于科学家和研究人员的视角，为大家讲授如何通过基于 agent 的模型来了解现实世界的运行方式。除了科学研究之外，ABM 在其他领域也可以发挥作用：它可以帮助人们进行沟通，因为对于相同的问题和思想，不同的人可能需要不同的表达形式才能理解；它可以用来说服某个人或者让这个人相信，现实结果可能与他们的直觉或先验知识不一致。正如我们在第 0 章所讨论的那样，ABM 在重构"难以表述的问题"的讲授过程中能够发挥显著的作用，使这些问题能够更容易、更广泛地被（甚至更年轻的）受众所接受。这种更广泛的可渗透性将对学习产生巨大的影响（Wilensky 和 Papert，2010）。在此，我们将对 ABM 在科学研究以外的应用进行介绍。

沟通　对于复杂系统来说，需要从多学科、多领域和多角度进行研究。具有不同知识背景的人员对于世界的运作方式拥有不同的认识和理解，他们之间也许很难进行交流和沟通。比如说，某些人希望了解人口增长对于城市发展以及未来 50 年的城市服务会有哪些影响。其中，有一些人是对这个话题感兴趣的学者，他们纯粹是想进行科学研究；还有一些人是这所城市的市民，他们关心城市会如何随着人口增长趋势的变化而改变；其余是城市规划者和城市官员，他们试图弄清楚，为了应对城市未来的需求，现在应该进行哪些投资。所有这些利益相关者，他们都有不同的背景、愿望，以及当前对于同一个问题存在不同的理解和认识，此时，找到一种可分享的沟通语言并让大家统一认识，面临着一定的挑战。

ABM 为上述问题提供了一个解决方案。如果所有人协同工作，开发出一个基于 agent 的模型，那么这个模型就有可能成为彼此沟通的试金石。按照 Seymour Papert 的话来说，"聚焦一个目标进行思考"，也就是说，所有人研究同一个聚焦的问题目标，并对此进行讨论和分析。此外，使用像 NetLogo 这样的仿真语言（类似于自然语言，因而易于"阅读"）使利益相关者可以更容易地检查模型是如何实施的，以及模型构建过程中设置了哪些假设条件。经过简单的培训，他们可以学会自己调整假设，这就提供了一种全新的沟通方式，因为相关人员可以依据他们的认识、理解和立场，对模型进行修改，然后使用模型解释他们之前所作的设想和判定依据。虽然在创建 ABM 模型的时候，一个好的图形用户界面（GUI）并不是必需的，但是 GUI 对于沟通非常有用，它允许相关人员看到 agent 在模型视界中随处"移动"并做出行为决策，使得人们能够快速掌握模型的本质。

说服　沟通的一种常见方式是说服。例如，涉及城市模型的相关人员，他们的兴趣可能不仅仅是与模型构建的参与者进行沟通并将想法传递给别人，可能还想要说服其他相关人员接受他们的某个观点。

比如说，假设研究人员完成了一个关于人口增长对城市影响的模型，并将其命名为 CitySim。现在，假设这个城市的某个规划者想要实施一项区域规划令，也就是对新规划的居民区提供最小的土地面积。这个城市规划者希望每个家庭的房屋尽量少占用土地，避免每

套房屋占用过多土地的大片土地开发模式，从而抑制城市总体人口增长。模型研发小组中的一名研究人员声称，这项政策虽然可以实施，但是最终会导致城市中心与偏远地区具有相同的人口密度，由此造成更多的人不得不居住在城市外围区域，因而工作在城市中心的人们不得不需要更长的通勤时间。反过来，这将增加城市道路和基础设施的建设与维护成本，因此这项政令会产生意想不到的后果。

在传统的辩论过程中，此类争论会在缺少一致认同的目标情况下进行，因此，学术研究人员和城市规划师很难相互了解彼此的假设和推论。然而，考虑到他们都可以接触到CitySim 模型，就可以让他们在模型中实施各自的假设（亲自上阵或者由模型开发人员来做），以便了解模型中的 agent 个体如何响应当前的策略。通过模型仿真，双方可以看到各自的政策会产生哪些影响，并利用模型运行结果来讨论对方所持假设和认识是否有效与合理。

被 Holland 称之为"政策飞行模拟器"（policy flight simulator）（1996）的模型就是一个很好的 ABM 示例。ABM 无须对现实世界的结果进行预测，但是它可以像飞行模拟器一样具有预测感知的能力。飞行模拟器使飞行学员能够理解其操作可能导致的结果，并可以尝试不同的飞行方式，但是并不能确保飞行员在飞行模拟器和真正的飞机上采用相同操作会带来同样的结果。同样地，CitySim 模型虽然可以使相关人员在仿真过程中看到其政策可能导致的结果，但是并不能保证这些政策的实际实施效果与模型结果完全一致。尽管如此，在这里所介绍的两个案例中，通过与模型进行交互，人们还是能够对相关行动的可能结果有深入的了解。

教育　ABM 提供了一种新的教育方式。ABM 已经被用于 K-12[⊖]和本科生的教育，内容涉及化学（Levy 和 Wilensky，2009；Stieff 和 Wilensky，2003）、材料科学（Blikstein 和Wilensky，2006，2009）、心理学（Smith 和 Conrey，2007）、生物学（Grimm 等，2006；Wilensky和 Reisman，2006）、地球科学（Brown 等，2005）、电磁学（Sengupta 和 Wilensky，2009）、统计力学（Wilensky，2003）、经济学（Epstein 和 Axtell，1996；LeBaron 和 tesfatsion，2008）、人类学（Dean 等，2000）、社会学（Macy 和 Willer，2002）、营销学（Rand 和 Rust，2011）、医学（An 和 Wilensky，2009），以及进化科学（Centola 等，2000；Wilensky 和 Novak，2010）。因为面向教育的应用是 NetLogo 设计的一个核心目标，所以在 NetLogo 的模型库中包含几个课程教学包，使人们能够深入探索这些主题。通过允许学生从单个原子、电子、物种、贸易商或组织的观点出发，探索上述个体之间的相互作用如何聚合成系统模式，使得学生们能够在更早的年龄段接触和学习更复杂的主题。

Wilensky 和 Resnick（1999）认识到 ABM 具有特殊的"学习能力"属性，从而使得大多数人能够更容易地学习，这是 ABM 教育研究的重要事件之一。这项工作由一群研究人员在过去 20 年中持续开展，有足够的证据表明，学生们（包含多个年龄组）从一个 agent 开始，了解控制这个 agent 的行为规则，进而了解聚合了大量此类 agent 的系统的整体行为，这种方法比从一开始就给他们讲述系统的整体行为（例如，使用数学公式），然后再向其讲授系统各个组成部分的行为，更容易令学生接受，学习效果也更好（Abrahamson 和 Wilensky，2004；Blikstein 和 Wilensky，2006；Klopfer，2003；Levy 和 Wilensky，2009；Resnick，1994 b；Wilensky，1999 b，2003；Wilensky 和 Resnick，1999）。比如说，为了研究化学反

⊖　K-12 教育是美国基础教育的统称。"K-12"中的"K"代表 Kindergarten（幼儿园），"12"代表 12 年级（相当于我国的高三）。"K-12"是指从幼儿园到 12 年级的教育，因此被国际上用作对基础教育阶段的通称。——译者注

应，一个使用 ABM 模型的学生可以从观察和阐明单个分子的活动起步，也就是说，化学反应被解释成无数分子 agent 之间相互作用的"涌现结果"。一旦学生了解了 agent 的本地的、微观的规则，就可以让分子开始运动，并观测所涌现出的整体模式。单个原子、分子或动物的行为，比它们所对应的宏观行为（化学反应、鸟类或整个种群的活动）更直观、更容易理解。一般来说，微观行为比它们所生成的宏观行为更简单，更容易理解，通过模拟微观行为，能够产生可观测的宏观行为。通过这种方式，ABM 使得学习者在不使用深度数学知识和方法、不具备高级数学技能的情况下，仍然能够深入理解和处理科学现象与科学问题。具备高级数学技能的要求会将绝大部分学生拒之门外，使他们无法接触某些领域的问题，正因如此，ABM 可以极大地帮助更多人接触和学习此类知识。

8.1.4 人类 agent、嵌入式 agent 和虚拟 agent 通过"中介"进行对话

到目前为止，我们对 ABM 的讨论主要是关于虚拟的、可计算 agent 的使用。之前简要介绍了在 ABM 中使用人类 agent 的问题，但是仅限于一种情形，即，通过对人类 agent 进行观察和了解，利用所得知识（观察结果）在模型中创建虚拟 agent。除了人类 agent 和虚拟 agent 以外，还有第三种类型的 agent，有时称之为机器人 agent、物理（实体）agent 或嵌入式 agent——这是一种嵌入到真实物理世界中的 agent，从真实世界中获取数据，并在真实世界中发挥作用。从某个视角来看，可以将人类 agent、嵌入式 agent 和虚拟 agent 三者同等看待。每种类型的 agent 都具有属性（对自身的描述，以及对世界的认识）和方法（为达成目标而采取的行动）。此外，这三种类型的 agent——无论是人类 agent、嵌入式 agent 还是虚拟 agent——都要检查周围的世界及其自身的内部状态，从而决定根据这些输入应该采取什么行动。

这三类 agent 都面临各自的挑战。例如，使用人类 agent 的时候，我们对于连接输入与输出的逻辑可能不太清楚，因为这是人类内在的东西，所以人类 agent 可能会出现意想不到的行为，这样一来，我们就很难发现 agent 的规则。然而，对输入和输出之间的关系的混淆问题并不局限于人类 agent。机器人可能装备有存在噪声的传感器（各个传感器获得的信息不一致），进而影响它们对周围世界的感知。比如说，机器人可能会有一个撞击探测器来告诉它何时该做什么，但是如果那个探测器卡顿了几秒钟，可能会导致机器人获得关于环境的错误信息。此外，机器人的操纵装置也可能并不总是完美地工作。比如说，即便某个机器人计算出了穿过房间的一条精准路线，但是如果由于地板凹凸不平或者马达旋转计数不准确，这个机器人可能无法准确地到达预定的位置。如同我们在本书前面所介绍的，正确设计虚拟 agent 会面临许多挑战。尽管如此，还是有各种各样的原因，让你把上述三种不同类型的 agent 整合到一个集成化平台中。

机器人 agent 和虚拟 agent 共存于一个模型中将是富有成效的。机器人 agent 可以利用虚拟 agent 进行路线规划，并事先模拟其运动，当机器人 agent 的实际活动具有危险性或者代价高昂的时候，这种方式是非常有用的，比如星际漫游器的开发。然而，将虚拟系统（ABM 模型）与机器人系统进行集成，也会给研究人员带来很多困难和挑战。比如说，人们该如何在虚拟系统中针对包含噪声和低效的真实物理世界进行建模，以便虚拟 agent 和机器人 agent 可以保持同步？虚拟 agent 如何解读从机器人 agent 那里获得的数据？

人类 agent 在许多方面与虚拟 agent 不同，也与机器人 agent 不同。人类也存在"噪声传感器"和"不可靠执行器"。此外，从虚拟 agent 的角度来看，人类 agent 存在许多问

题。人类可以以新的、令人惊讶的方式适应其所在环境，这让他们变得不可预测——顽固执拗，或者试图蒙骗和戏弄虚拟 agent。尽管如此，将人类 agent 和虚拟 agent 放在一个共享型模型中还是会有潜在的好处。比如说，模型开发人员可以让人类扮演 agent 的角色，然后捕获人类的决策机制并将其写入虚拟 agent 中，从而能够更加多样、详细地探索人类所使用的行为。（有关利用 HubNet 平台进行虚拟 agent 和人类 agent 集成应用的更多内容，请参阅 Abrahamson 和 Wilensky，2004；Berland 和 Wilensky，2006；Wilensky 和 Stroup，2002 等文献）。作为一种替代方案，人类 agent 可以与虚拟 agent 一起工作，完成一些共同的目标。比如说，在商业环境仿真中，人类侧重于不同股票的交易，而让虚拟 agent 关注低层级的规划工作。然而，所有这些都需要开发新的协议。比如说，应该如何自动获取人类的决策，并把它嵌入到基于 agent 的模型规则中？人类 agent 的新信念、新欲望和新意图如何表述到虚拟 agent 中去？

多年以来，人们对人机交互（Shneiderman 和 Plaisant，2004；Card、Newell 和 Moran 1983；Dix 等，2004）以及机器人控制开展了大量深入的研究。然而，这些研究工作鲜有在基于 agent 的建模环境中进行，也几乎没有一项研究工作是在人类、机器人和虚拟 agent 集成的共享模型中进行的。在前面的讨论中，我们对作为独立实体的三种类型的 agent 进行了研究，分别讨论了人类 agent 与虚拟 agent、机器人 agent 与虚拟 agent 之间的关系，其实所有这三类 agent 还可以通过某种方式全部集成到一个模型中使用。研究人员开始探索在一个集成平台中包含所有这三类 agent（Blikstein、Rand 和 Wilensky，2007；Rand、Blikstein 和 Wilensky，2008）。其中一个统一的概念框架是 HEV-M，它作为人类 agent、嵌入式 agent 和虚拟 agent 的"中介"发挥作用。HEV-M 框架描述了将人类 agent、支持嵌入式传感器的机器人 agent 和自主虚拟 agent 集成在一起的思路，所有三类 agent 都通过"中介"进行通信（如图 8.7 所示）。这三类（组）agent 可以拥有各自不同的目标，甚至各自不同的任务，"中介"从三类（组）agent 中的任何一类（组）获取消息，并将消息转换成"目标小组"可读的格式，然后将信息发送给"目标小组"。

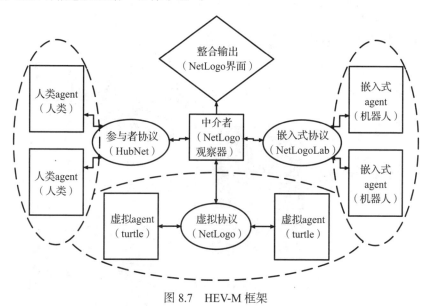

图 8.7　HEV-M 框架

以下我们将通过三个案例来研究 HEV-M 框架是如何应用的：Widget Factory（装饰物

工厂）模型、Planetary Rover（星际漫游）模型以及 Demon Soccer（疯狂足球）模型。在 Widget Factory 模型中，人类 agent 和虚拟 agent 控制一些简单的机器，生产装饰用品。从模型中可以看到，哪怕在产品制造过程中存在一些很小的错误，也会极大地改变输出结果。在 Planetary Rover 模型中，人类 agent 与虚拟 agent 合作控制一个机器人 agent。虚拟 agent 利用其环境感知数据做出独立的决策。该模型可用于"人 – 机协作"协议的研究。在 Demon Soccer 模型中，人类 agent 与虚拟 agent 相互对垒，控制一个装有四个轮子的机器足球的运动。在模型中，人类 agent 与电脑对抗，试图将这个足球踢进对方的球门。这个机器足球的四个轮子由四个不同的 agent 控制，包括两个人类 agent、两个虚拟 agent（作为人类 agent 的对手，它们会故意或者随机改变其行进速度和方向）。这个模型用于研究对垒双方 agent 之间的"调解"能力。

用于 agent 集成的 HEV-M 框架不仅仅是一个假设框架，人们已经使用 NetLogo 对其进行了研究（如图 8.7 所示）。在这个原型中，NetLogo 提供了控制虚拟 agent 以及中介方（mediator）的基础架构，中介方包含在 NetLogo 的观察者（observer）中。机器人 agent 的控制由 GoGo 扩展处理（Blikstein 和 Wilensky，2007），而人类 agent 的输入由 HubNet 处理（Wilensky 和 Stroup，2000）。该系统通过一个案例得到了演示，即由人类 agent 和虚拟 agent 协同工作，引导机器人 agent 通过迷宫（如图 8.8 和图 8.9 所示）。

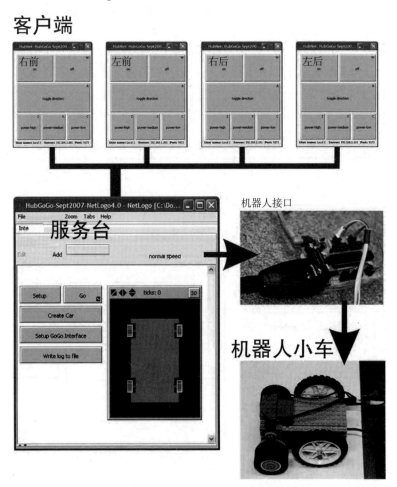

图 8.8　HEV-M 系统示意图，系统包含三部分：客户端计算机、机器人小车以及服务器

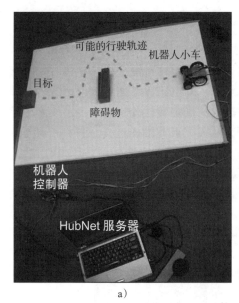

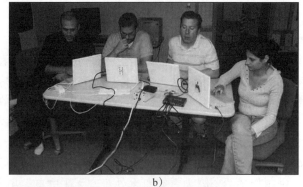

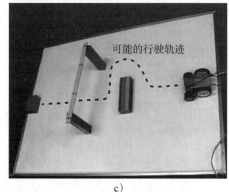

图 8.9　按照从左至右、顺时针方向读图。一些参与者使用基于 HEV-M 系统的应用模型
　　　　（Blikstein, Rand 和 Wilensky, 2007）

NetLogoLab：通过物理世界连接多个 ABM 模型　　NetLogoLab 环境提供了一种用于连接 NetLogo 与物理世界的双向模式[⊖]。一方面，NetLogo 模型可以接受各种类型传感器的输入；另一方面，可以将模型输出连接到硬件（如蜂鸣器、LED 灯、电机或伺服器），这样一来，这些设备可以在模型运行时响应模型的某些特征。一般来说，基于 NetLogo 的 ABM 模型和物理世界之间的这种联系是通过一个硬件设备（中介）来实现的，该硬件设备可以将 NetLogo 模型的命令转换成信号，并依靠这些信号读取传感器信息或者控制模型输出。有很多设备可以提供面向传感器和电动机的此类接口。

GoGo 电路板就是这样的设备[⊜]。由于 GoGo 电路板的扩展模块是与 NetLogo 捆绑在一起的，因此 NetLogo 模型可以在不安装任何附加软件的情况下与 GoGo 电路板进行交互。如果想要访问 GoGo 电路板（如图 8.10 所示），可以将其连接到计算机，然后打开位于 NetLogo 模型库 Code Examples 部分的 GoGo Monitor 模型。需要注意的是，GoGo 电路板有 8 个输入端口（标记为 1～8）和 4 个输出端口（标记为 A~D）。GoGo 扩展模块提供了一些 NetLogo 指令，用于与这些端口直接通信。如果你有一个 GoGo 电路板，可以看看它是如何工作的。首先，将若干传感器（如光学传感器、开关传感器或者压力传感器）连接到 GoGo 电路板，再把 GoGo 电路板与计算机连接起来；然后，在 NetLogo 界面中查看传感器输入如何影响 GoGo 监视器及图形绘制；最后，打开 GoGo 监视器，看看 GoGo 扩展模块如何允许

⊖　详见网站 http://ccl.northwestern.edu/netlogolab（Blikstein 和 Wilensky, 2005）。

⊜　可参考 http://www.gogoboard.org（Sipitakiat 等，2004）。

访问专用传感器端口上的当前读数。例如，下面这个报告器

```
gogo:sensor 8
```

报告在 GoGo 电路板 8 号端口上检测到的原始电阻值。根据传感器特性，将这个数值翻译成有意义的读数。比如说，如果将一个光学传感器连接至 GoGo 电路板，你可能想把这些电阻数值转换成光照流明读数。你可以参考一个传感器数据表，确定转换公式，或者将该传感器的读数与另一个已校准的光学传感器的读数进行匹配，从而完成此翻译过程。和 GoGo 电路板一起提供的还有很多设备，这些设备作为传感器使用，提供诸如光线强度、压力、温度、磁场、降雨（检测是否存在雨滴），以及土壤湿度等数据。此外，开关（switch）可以被看作二进制传感器，因为它们要么处于"无限大的"电阻状态（开关打开），要么处于零电阻状态（开关关闭）。

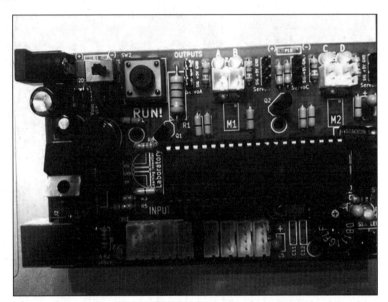

图 8.10　GoGo 电路板。注意输出端口位于电路板上方，输入端口位于下方

如果使用 GoGo 电路板输出进行实验，需要将电机或 LED 灯连接到 GoGo 电路板的输出端口，并使用 GoGo Monitor 模型中的界面对它们进行控制。再说一遍，GoGo 扩展模块提供了 NetLogo 指令，用于对输出端口的直接控制。例如，查看"a-on"按钮的程序代码，你会看到如下代码：

```
gogo:talk-to-output-ports [ "a" ]
gogo:output-port-on
```

上面代码的第一行用于设置 GoGo 电路板的通信模式；第二行则告诉所有已使用的端口为其加载的输出设备供电。针对第一个命令的输入可以是端口的名字列表。则命令

```
gogo:talk-to-output-ports [ "a" "c" ]
gogo:output-port-on
```

同时打开端口 A 和端口 C 上的电机。

下述命令

```
gogo:set-output-port-power <number>
```

使你能够为输出设备提供一个可变的功率水平，其中 <number> 取值介于 0～7 之间。因此，下面这些命令

```
gogo:talk-to-output-ports [ "d" ]
gogo:set-output-port-power 5
gogo:output-port-on
wait 10
gogo:output-port-off
```

将连接到端口 D 的输出设备的功率水平调整为 5，并让它运行 10s，然后关闭该设备。

　　总体而言，用于实现传感器输入和电机输出交互的 NetLogo 指令，是使 NetLogo 能够控制使用 GoGo 电路板的嵌入式 agent 或机器人所需的基本组件。

　　另一个流行的接口设备 Arduino 也可以连接到 NetLogo。与 GoGo 电路板一样，Arduino 扩展模块（Brady，2013）也与 NetLogo 捆绑在一起，使你能够轻松地使用 ABM 模型和 Arduino 设备。

　　Arduino（如图 8.11 所示）提供了比 GoGo 更灵活的、可配置的物理接口，从某种意义来说，它的端口（或者"插脚"pin）可以作为数字接口或模拟接口加以识别，并且每个端口都可以作为输入接口或输出接口来使用。正如我们将要看到的，这种开放性的设计虽然有一些重要的优点，但也意味着 Arduino 需要一个定制化程序或者"草图"（sketch），以便在 Arduino 电路板上运行每一种可能出现的情况。幸运的是，我们已经拥有了绘制这些草图的计算机程序语言，连接方式非常简单。

图 8.11　Arduino 电路板

　　为了让大家对 Arduino 与基于 NetLogo 的 ABM 模型的连接过程有个大致的了解，我们将通过一个非常简单的例子，一步一步地进行介绍。在这个例子中，我们只会使用 Arduino 的板载 LED 灯，它位于插脚 13 的旁边并与之相连。这个例子很简单，允许 NetLogo 打开或关闭该 LED。

　　要编写自己的 Arduino 草图，需要使用 Arduino IDE（集成开发环境）。这是一个可以从 Arduino 网站（http:// www.arduino.cc）下载的小程序。该站点还包含很棒的"入门手册"。

　　以下是我们的 Arduino 草图对应的代码：

```
int ledPin = 13;

void setup()
{
    // start listening to the serial port at 9600 bps,
    // the baud rate expected by NetLogo's Arduino extension
    Serial.begin(9600);

    //set up the LED pin to act as an output
    pinMode(ledPin, OUTPUT);
}

void loop()
{
    // if we get a valid byte, turn the led on or off,
    // depending on the value
    if (Serial.available() > 0) {
        // actually read the incoming byte…
        int inByte = Serial.read();
        if (inByte == 0) {
            digitalWrite(ledPin, LOW);
        } else {
            digitalWrite(ledPin, HIGH);
        }
    }
    delay(100);
}
```

你会注意到，这段代码包含两个主要的代码例程，分别为 SETUP() 和 LOOP()，以及一条位于这两个例程之外的语句（"int ledPin = 13"；）。SETUP() 和 LOOP() 例程类似于传统 NetLogo 模型中的 SETUP 和 GO 例程。当 Arduino 接通电源之后，它会首先对"草图"进行处理，执行变量赋值指令"int ledPin = 13"；然后，运行一次 SETUP()；最后，按照处理器（CPU）允许的最大速度，重复运行 LOOP() 例程，直到电源关闭，或者按下 RESET 按钮。

为了理解这个"草图"，让我们逐行地看一遍程序代码。"int ledPin = 13;"这一行定义了一个名为 ledPin 的全局整数型变量，并令其等于 13。然后，在 SETUP() 中发生两件事：首先，调用并启动内置的 Serial（串行）库，这将通过 USB 连线打开电脑与 Arduino 之间的信息交互通道；然后，ledpin 进入输出模式，因为我们要通过设置 pin 的状态，打开和关闭所连接电路板的板载 LED。

执行完成 SETUP() 例程之后，开始执行 LOOP() 例程。每次执行 LOOP() 例程的时候，首先都要检查串行通信缓冲区中是否存有字节（使用过程中，available() 函数会返回可供读取的字节数）。如果没有来自计算机的信号，其值为零，然后将执行位于 LOOP() 例程底部的 delay() 命令。因此，位于 if 代码块中的代码仅在来自计算机的消息到达时被执行。

在 if 代码块中，"int inByte = Serial.read()"这一行将（第一个）可用字节从计算机读入到一个名为 inByte 的局部整数变量。接下来，如果这个整数值为 0，就关闭 LED（通过将数字引脚值设置为常数 LOW）；否则，就打开 LED（通过将引脚值设定为 HIGH）。

最后，在 IF 代码块之后，等待 100ms（0.1s），然后再次运行 LOOP() 例程，并检查通信。（延迟语句是可选的。）

无论何时接通电源，一旦你将这个"草图"发送到 Arduino 电路板，它就已经准备好自动接收来自 NetLogo 的信号。

在 NetLogo 一侧，你可以做一个模型，它的功能只是简单地打开和关闭 LED，代码如下所示。

在 Code 标签页中，输入以下指令：

```
extensions [ arduino ]
```

上述语句将加载 Arduino 扩展模块。至此，我们已经准备好连接到电路板，并发送消息到运行于"草图"的代码中。

我们将在 Interface 标签页中创建三个按钮来完成这次实验。首先，如果与 Arduino 进行通信，需要在一个特定的 USB 端口上建立连接。因此，我们将制作一个按钮，要求用户识别 Arduino 被连接到了哪个 USB 端口。我们使用以下代码创建一个名为 Open 的按钮：

```
let ports arduino:ports
ifelse (length ports > 0) [
    arduino:open user-one-of "Select a Port:" ports
]
[
    user-message "No available ports: Check your connections."
]
```

以上代码中，第一行使用 Arduino 扩展模块来搜索可能连接到 Arduino 电路板的那些 USB 端口。在许多情况下，扩展模块能够将可选范围缩小为一个选项；否则，用户就不得不从几个可选项中选择那个正确的 USB 端口。在紧随其后的声明语句中，如果找到了候选端口，NetLogo 将打开一个用户选择对话框，让用户从中选择一个。命令"arduino:open"试图与用户选择的那个端口建立通信。

如果一切设置正确，并且所有适配电缆都已接好，此时按下 Open 按钮，模型就可以与电路板进行通信了。同时，由于 Arduino 已经插到了 USB 端口上，我们知道它已接通电源，所以它此刻一定是在重复执行 LOOP() 例程，等待我们给它发送信息（一个字节的信息）。

我们创建的第二个按钮用于点亮 LED 灯。创建一个名为 On 的按钮，代码如下：

```
arduino:write-byte 1
```

最后，还要创建一个名为 Off 的按钮来关闭 LED 灯，代码如下：

```
arduino:write-byte 0
```

测试这两个按钮，确保可以打开和关闭 LED。如果没有问题的话，那么你的 Arduino 电路板连接工作就大功告成了。

Arduino 电路板并不都配备固定数量的传感器和电机。然而，你可以有许多渠道获得 Arduino 的输入和输出端口。进一步来说，Arduino 的用户社区规模非常大，用户非常活跃，所以如果你找到了感兴趣的传感器，你就有机会获得制造商或者社区中的某个人所创建的、用于与 Arduino 电路板进行交互的"草图"代码。

比如说，某些制造商生产了低成本的超声波距离传感器，这种传感器可用于许多项目，对于大多数项目来说，样品"草图"可以在网上找到。这些设备的工作原理是：发送一个高频信号，并接收信号前进路径中第一个物体返回的回声。操纵这样一个传感器，逻辑上需要一个发送/接收模块，以及一个精密计时器。

以下代码是案例模型 LOOP() 例程中的核心部分，这些代码可以从 Arduino 网站获得：

```
pinMode(pingPin, OUTPUT);
digitalWrite(pingPin, LOW);
delayMicroseconds(2);
digitalWrite(pingPin, HIGH);
delayMicroseconds(5);
digitalWrite(pingPin, LOW);
pinMode(pingPin, INPUT);
duration = pulseIn(pingPin, HIGH);
```

需要注意的是，连接到距离传感器信号线上的引脚（由 **pingPin** 变量引用）在 OUTPUT 模式（触发传感器）和 INPUT 模式（获取读数）之间快速切换。此外，对于触发传感器操作（发送一个持续时间为 5μs 的 HIGH 读数）和解释读数操作（**pulseIn()** 命令返回一个以 μs 为单位的持续时间），都需要很高的时间精度。这个距离传感器的例子展示了从 Arduino 的可配置硬件中能够获得的价值，以及编写用户自定义 "草图" 来管理输入和输出每一项配置的需要。

使用 GoGo 电路板或 Arduino 电路板，可以进行许多不同类型的活动，在这些活动中，ABM 模型和物理数据可以集成在一起使用。其中之一就是双焦点建模（Blikstein 和 Wilensky，2007），其中，NetLogo 接收来自物理世界的实时数据，建模人员需要构建（或校准）一个与真实数据相匹配的模型，从而能够对观察到的现象进行解释（如图 8.12 和图 8.13 所示）。

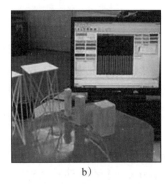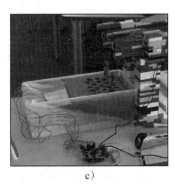

a)　　　　　　　　　　　　b)　　　　　　　　　　　　c)

图 8.12　使用 GoGo 电路板的双焦点模型：a）美式手语识别手套；b）地震波模型；c）海啸波模式

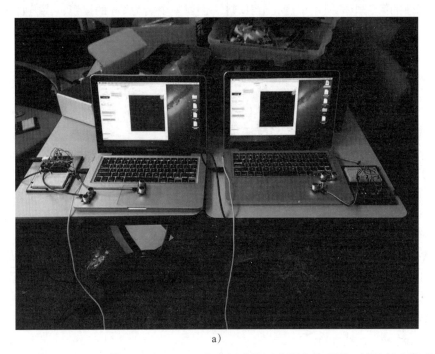

a)

图 8.13　a）每个 NetLogo 模型通过 Arduino 电路板连接两个距离传感器。对于每个模型，距离传感器控制每个 turtle 的横向步数（x 轴）和纵向步数（y 轴）；b）连接 Arduino 电路板的超声波（距离）传感器报告它与放置在限定范围（大约 2.2m）内的任何物体之间的距离，以此来检测沿斜面滚下的弹珠

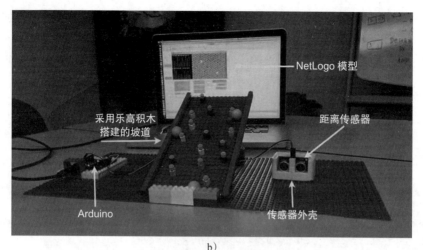

b)
双焦点电流模型

图 8.13 a）每个 NetLogo 模型通过 Arduino 电路板连接两个距离传感器。对于每个模型，距离传感器控制每个 turtle 的横向步数（x 轴）和纵向步数（y 轴）；b）连接 Arduino 电路板的超声波（距离）传感器报告它与放置在限定范围（大约 2.2m）内的任何物体之间的距离，以此来检测沿斜面滚下的弹珠（续）

8.1.5 混合计算方法

ABM 是复杂系统工具包中的一个强大工具，此外，还有许多其他工具也被开发出来，用于模拟自然环境和人类环境中的各种情况。在某些情况下，如果能够将 ABM 模型与其他一些工具结合起来使用，那么 ABM 将变得更强大。本节中，我们将讨论 ABM 与两个特定工具结合使用的议题：系统动力学建模（system dynamics modeling，SDM）和机器学习。

系统动力学建模与 ABM 系统动力学建模（Sterman，2000）是一个有用的建模工具，用于揭示复杂系统的多个聚合属性如何随时间变化而变化。SDM 非常擅长处理非线性和带有反馈的系统，它使用存量（stock）来表示世界的数值状态，使用流量（flows）来表示这些状态的变化情况。这种本体论使得 SDM 对于描述具有连续变量和连续变化的现象（如大气、经济系统和资源生产）非常有用。

NetLogo 包含一个简单易用的系统动力学建模器⊖。该工具在功能上与 STELLA（Richmond、Peterson 和 Vescuso，1989）非常类似，提供了许多常见的系统动力学建模工具包所具有的功能，允许用户通过"拖拉拽"的方式图形化地定义模型的存量和流量。虽然 SDM 可以独立使用，类似于其他 SDM 工具包（如欲快速了解，请参阅 NetLogo 模型库 System Dynamics 部分的 Exponential and Logistic Growth 模型），它真正的强大之处在于能够与 NetLogo ABM 环境进行全方位的集成。这就允许模型开发人员构建包含 ABM 和 SDM 两种建模技术的模型，而在所构建的模型中，ABM 和 SDM 既可并行使用，也可深度集成。

在 ABM 环境中使用 SDM 的一种常见方法，是同时构建复杂系统的 ABM 模型和 SDM 模型，并比较它们的运行结果。采用这种方式的一个例子，是 NetLogo 模型库 System Dynamics 部分的 Wolf Sheep Predation Docked 模型（Wilensky，2005b）（如图 8.14 所示）。

⊖ 详见 http://ccl.northwestern.edu/netlogo/docs/systemdynamics.html（Wilensky 和 Maroulis，2005）。

通过对这两种方法的建模结果进行比较，可以了解这两种建模技术何时不同、如何不同。在 Wolf Sheep Predation Docked 模型中，System Dynamic Modeler（系统动力学建模器）提供了一种 Lotkka-Volterra 方程的表示法（我们在第 4 章中讨论过），而基于 agent 的模型类似于我们第 4 章中构建的模型（属于 ABM 范畴）。这两个模型可以使用不同参数分别运行，也可以使用相同的参数进行初始化，并且步调一致地同步运行，从而实现两个模型的检验和比较。

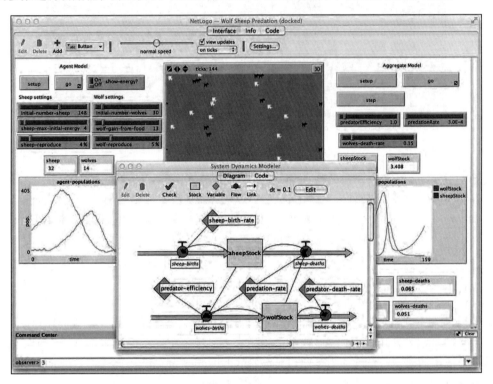

图 8.14　Wolf Sheep Predation Docked 模型。参见 http://ccl.northwestern.edu/netlogo/models/ WolfSheepPredation(docked) (Wilensky, 2005)

　　除了以并行方式使用 SDM 和 ABM 之外，模型开发者还可以使用 SDM 对系统的一部分进行建模，然后使用 ABM 对系统的剩余部分建模。对于复杂系统的某些部分而言，如果使用 SDM 可以更自然、更好地理解，那么就使用 SDM 对这部分系统进行建模，这种方式同样适用于 ABM。作为 ABM 和 SDM 混合模型的一个例子，请读者参看 NetLogo 模型库 System Dynamics（系统动力学）部分中的 Tabonuco-Yagrumo 混合模型（如图 8.15 所示），它来源于 El Yunque 项目（ http://www.elyunque.net/ ）[⊖]。（此外，还有一个简单的、只使用 SDM 技术的 Tabonuco-Yagrumo 模型）[⊖]。Tabonuco 和 Yagrumo 是生长于加勒比群岛的两个树种，彼此之间竞争生存资源。两个树种的生长速度不同，它们对经常发生的飓风的抵抗力也不同。在混合模型中，两个树种的生长速率、飓风的强度和发生频率由 SDM 控制，ABM 则控制树木的位置（被飓风摧毁的树木以及新生长的树木）。这种配置方式利用了 SDM 和 ABM 各自的优势。这是因为，树木的生长过程是连续而非离散的，飓风的产生虽然是彼此独立的，但也是有规律的，所以这两类事件应该使用 SDM 建模；新长出树木的位置以及被

飓风摧毁树木的位置都是离散的，因而更适合使用 ABM 建模。通过为复杂系统的适当部分选择正确的建模技术，可以针对我们所研究的问题构建更精细、更有趣的模型。

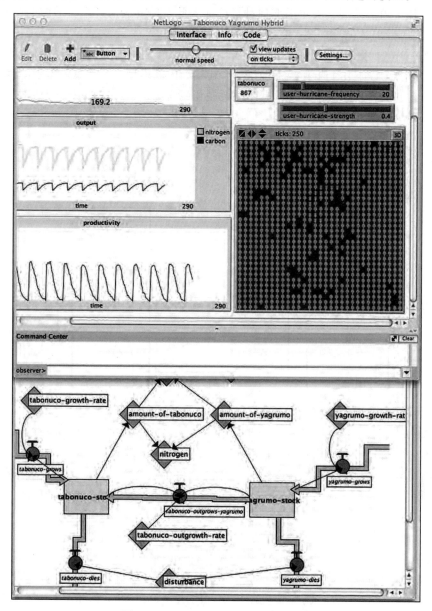

图 8.15　Tabonuco-Yagrumo 混合模型

机器学习和 ABM　在第 5 章，当讨论在 ABM 中使用自适应 agent 的时候，关于为什么需要集成使用 ABM 和机器学习这个问题，我们已经分析了一些原因。然而，我们从未真正讨论过如何实现二者的集成问题。在较高的层级，ABM 和机器学习都利用相当简单的算法结构来控制其过程流，具体包括：初始化系统；观察发生了什么；改进系统；采取措施；根据需要重复这个过程。为了给高层级描述提供更多的背景知识，让我们检查三个循环：ABM 循环（ABM cycle）、机器学习循环（ML cycle），最后是集成循环（intergrated cycle）（Rand，2006）。ABM 循环可以分为三个步骤：①初始化环境，设置一个 agent 种群；②每个 agent 观察它周围的世界；③每个 agent 依据观察所得，实施一个活动，然后返回步骤②，重复这个过程。如果我们将步骤②和③合并——其中，每个 agent 更新它们的内部世界模型，并依据那个内部模型，决定采取何种措施——此循环就成为一个自适应的、基于 agent 的模型。自适应 ABM 循环如图 8.16 所示。

第二个循环（如图 8.17 所示）是以在线环境中 agent 更新为例的机器学习循环。机器学习循环也可以分为以下几个步骤：①创建一个初始的内部模型；②观察模型中的世界，注意收到的反馈；③更新内部模型；④根据内部模型和当前观察所得，采取一项活动；⑤返回步骤②，重复这个过程。

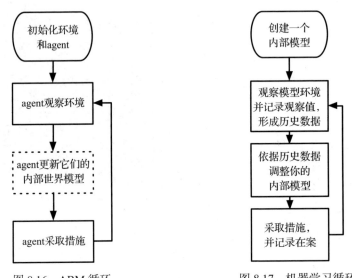

图 8.16　ABM 循环　　　　　图 8.17　机器学习循环

正如你所看到的，这两个循环彼此非常相似，这一点有助于实现两个框架的集成。然而实际上，集成过程可以通过多种不同的方法完成。在此，我们研究如何使用机器学习循环作为 ABM 的模型细化引擎。因此，集成后的循环会将重点放在 ABM 上，并在 ABM 标准循环的步骤③处中断，然后向机器学习循环发送数据，以此来处理模型细化的问题。如图 8.18 所示。

上述集成技术最有趣的应用可能之一，就是使用 ABM 完成进化计算。进化计算（evolutionary computation，EC）和 ABM 都涉及 agent 种群。EC 是一种学习技术（或算法），借助这项技术，一个 agent 种群（通常称为个体群）根据环境施加的特定的压力进行自适应调整（Ashlock，2006）。EC 的典型应用从设计问题开始，例如为汽车设计保险杠。EC 算法将随机生成一组解（个体群）。根据设计者给定的适应度函数（fitness function），EC 算法将给出种群中每个个体的适应度值。那些具有较高适应度的个体，会有更大的概率被选择进行繁殖。然后，经过突变、重组以及复制，这些个体繁殖出下一代个体；这个过程被不断重复，直到满足结束条件。因此，EC 可以被看作一个过程，其中一个虚拟种群根据特定的压力而改变。另外，ABM 试图理解如何协调一群（可能是自私的）自治 agent 的行动，这些 agent 共享一个环境，直至取得某种结果。

在某些方面，EC 和 ABM 是类似的。ABM 解决自下而上的问题，即集体行为如何从个体行为中产生，EC 研究低层级的个体行为如何生成整体种群结构，从这一点来看，二者很相似。类似地，EC 探讨所选定压力如何推动个体行为进化的问题。因此，在 EC 和 ABM 中使用的方法，可以被看作实质上的对应物，在研究一个领域的问题时，使用在另一个领域中获得的知识，这是很正常的。实际上，来自 EC 的技术和算法常常被嵌入到 ABM 中使用，反之亦然。比如说，可以使用 EC 对特定 ABM 的参数进行优化设置（Stonedahl、Rand 和 Wilensky，2010），或者，也可以在 ABM 的 agent 个体中使用 EC 技术，从而允许这些 agent 适应它们所处的环境。因此，同时研究这两项技术是有价值的，并且有可能对这两个领域都能做出贡献。

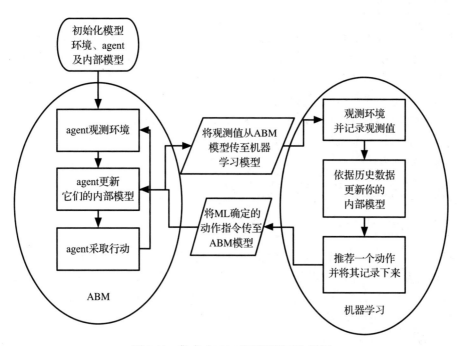

图 8.18　集成（ABM 和机器学习）循环

8.1.6　NetLogo 中的一些高级计算方法

　　虽然本书并不是 NetLogo 的教学手册，但是，在 NetLogo 中有一些先进的计算方法，对于 ABM 而言是有价值的，值得在此讨论一二。其中的一些方法还获得了其他语言和工具包的支持，而另一些方法则与 NetLogo 的派生特性（NetLogo 是从 Logo 和 Lisp 语言派生出来的）有关。具体来说，这些方法和相关的 NetLogo 语句允许你：①在许多不同的对象上运行同一段程序代码（如 map、reduce 和 filter）；②在模型运行期间创建新的程序代码，而这些代码并没有事先编写好（如 run 和 runresult）；③将代码传递到其他程序例程，就像传递数值一样（如 task）。

　　高阶操作符：map/reduce/filter　map、reduce 和 filter 语句通常被纳入高阶操作符之列。map 接管一个报告器和一个列表，并将该报告器应用于列表的所有元素，输出结果列表。换句话说，它通过报告器将列表的值"映射"（map）至一个新的值集。在 ABM 中，当你希望以某种统一的方式更改 agent 的长属性列表时，map 通常很有用。比如说，如果你正在使用一个收入分配模型，希望将计量单位从"一美元"转换成"一千美元"，因为这样更容易阅读。要实现这一点，可以使用如下代码：

```
observer> show map [round (? / 1000) ] [34678 125000 75890 25000 35123]
observer: [35 125 76 25 35]
```

在这段代码中，我们还使用了特殊的"？"变量（对它的第一次介绍是在第 5 章中），当遍历列表时，该指令可以获取列表中各项的值。map 指令也可用于多列表处理。例如，如果想把早期使用的收入列表中的数值，除以 agent 所居住的各个区域的生活成本（这些数值储存在第二个列表中），同时要使原数值缩小至 1/1000，则可以使用如下代码：

```
observer> show (map [round ((?1 / ?2) / 1000)] [34678 125000 75890 25000 35123]
[1.0 1.2 1.4 0.9 1.0])
observer: [35 104 54 28]
```

在这段代码中，必须在 map 指令和输入数据的外面加上圆括号，以便 NetLogo 能够处理多个列表。此外，使用"？1"指令表示第一个列表中的当前项，使用"？2"表示第二个列表中的当前项。这段代码将第一个列表中的各项收入除以第二个列表中的生活费指数，然后再将结果除以 1000，四舍五入后，获得最接近的整数值。

filter 指令针对一个列表生成一个报告器，这一点与 map 指令非常类似。filter 指令生成一个列表，该列表只包含那些运行（task）结果为 true 的列表项，换句话说，只包含满足给定条件的列表项[注]。

```
observer> show filter is-number? [1 "5" 8]
observer: [1 9]

observer> show filter [? < 5] [1 5 4]
observer: [1 4]
```

与 map 指令相似，reduce 指令用于以某种方式将列表中的项组合在一起，它针对列表中的每一个元素生成一个报告器，但是，它并不是独立地计算列表的每个元素，而是将每次计算的结果作为下一个输入。reduce 指令按照从左到右的次序，将列表中的数值进行累加，然后生成报告值。最终的输出只是一个数值。通过这种方式，它可以根据给定的报告器，将所给列表简化为单一数值。

与 map 类似，reduce 也很有用，因为我们经常在 ABM 中对长长的 agent 值列表进行"压缩操作"（wind up）。比如说，可以使用在前面调用 map 指令所获得的输出值，然后使用 reduce 生成人均财富数值，并以"千美元"为单位，代码如下：

```
observer> show (reduce [?1 + ?2] [35 104 54 28 35]) / 5
observer: 51.2
```

reduce 指令将 [?1+?2] 操作应用到 35 和 104 这两个值，并返回 139。第一次调用的输出将成为下一次计算的第一个参数，因此第二次执行 [?1+?2] 操作的时候，是对 139 和 54 求和，返回值为 193。在遍历列表的过程中，这个计算过程不断重复，因而下一次计算 193 + 28，然后计算 221 + 35，最终返回数值为 256。指令中的最后一步是将返回的最终结果除以 5（需要计算的收入值），这样，就得出了该群体的平均收入。

由于 reduce 函数需要两个输入，NetLogo 也允许你使用计算操作的快捷方式，这样上面的代码就可以简化为：

```
observer> show (reduce + [35 104 54 28 35]) / 5
observer: 51.2
```

这并不是 reduce 指令所特有的用法，也可以使用 sum 函数实现同样的计算任务，代码如下：

　　⊖　下面的代码中第一行的计算结果似乎应为 [1,8]，原文中为 [1,9]，可能为作者笔误。——译者注

```
observer> show sum [35 104 54 28 35] / 5
observer: 51.2
```

至于 reduce 指令所独有的功能，有一个更好的例子可以对其进行说明，比如说，在列表中计算某一项的出现次数。假设，我们想知道列表中有多少人的收入在 35 000 美元左右[⊖]，可以使用以下代码：

```
observer> show reduce [ifelse-value (?2 = 35) [?1 + 1] [?1]] [0 35 104 54 28 35]
observer: 2
```

正如我们所见，reduce 指令针对一个列表创建了一个报告器（reporter）。本例中的报告器是 [ifelse-value (?2 = 35) [?1 + 1] [?1]]。ifelse-value 是一个 NetLogo 指令，用于计算第一个参数的值，本例中的 (?2 = 35) 返回的应该是布尔型数值，如果它为真，则返回第二个参数，本例中是 (?1 + 1)，否则，返回第三个参数 (?1)。我们要检查的列表是 [35 104 54 28 35]。为了在列表中使用 reduce 进行计算，必须在列表的最前面加上一个元素（初始值为 0），该元素是一个计数器，它表示到目前为止数值 35 出现的总次数。当这段代码处理列表中的每个元素时，它检查新元素 (?2) 是否等于 35。如果是，则向第一个元素（计数器）加 1，然后移动到列表中的下一个元素；如果不等于 35，那么计数器的值不变，并且在下一次比较中继续使用它。本例中，在第一次进行比较的时候，"?1" 操作返回 0，"?2" 返回 35，这意味着布尔值 (?2 = 35) 为 TRUE，所以报告器计算 [?1 + 1] = 1。在下一次比较中，"?1" 返回 1，"?2" 返回 104，因此布尔值为 FALSE，报告器计算 [?1] = 1。这个过程一直持续到列表的最后一个元素（最后一个元素为 35，因此需要计数器加 1），reduce 的最终值为 2。当使用 reduce 指令遍历列表时，计数器的值就是 "?1" 指令所返回的值。

run/runresult 指令　　run 指令接受一串命令作为输入（比如 "fd 10 rt 90"）并执行这些命令。runresult 以字符串形式的报告器作为输入（例如 "heading"），并返回报告器的运行结果。run 和 runresult 都可以接受 tasks 指令（我们将在下面介绍介绍 tasks）。作为 run 和 runresult 指令输入的字符串，可以在模型运行时创建，因此不需要事先编译。这是一个非常强大的功能，它意味着模型中的 agent 实际上可以创建它们自己将在模型运行期间执行的代码。比如说，假设你正在构建一组机器人 agent，每个 agent 都试图从一个迷宫中走出来。你可以开发一组命令，比如"向北、向西、向南、向东移动"，然后让这些 agent 随着时间的推移创建新的列表，以形成破解迷宫的更好策略。实现这个想法的一种方式可能是这样的：

```
turtles-own [ strategy ]

to setup
  clear-all
  ; create a list of NetLogo commands
  let commands ["BK 1" "LT 90" "RT 90" "FD 1"]
  create-turtles 100 [
    set heading 0
    ; create a list with five random commands from the list
    set strategy n-values 5 [ one-of commands ]
  ]
  reset-ticks
end
```

⊖　因为前面提到了使用"千美元"作为计量单位，所以 35 000 美元对应列表中的数值为 35，列表中的其余数值也是以"千美元"为单位。——译者注

```
to go
  ask turtles [
    ; iterate over the turtle's list of
    ; commands and 'run' each of them
    foreach strategy [ run ? ]
  ]
  tick
end
```

在这段代码中，每个 turtle 从命令列表中获得一个包含 5 条指令的列表。在程序运行的时候，turtle 所持有列表中的每条指令都会被顺序执行。但是在代码运行之前，每个 turtle 将要获得的指令还没有确定，并且在大多数情况下，每个 turtle 所获得的指令集都是唯一的。

runresult 指令与 run 指令类似，只不过它接受一个报告器并生成结果。比如说，还是这个例子，只是我们还希望 turtle 能够依据当前所处位置以及其他考量因素，选择它们前进的方向，此时可以使用 runresult 指令：

```
turtles-own [ strategy ]

to setup
  clear-all
  let operators [" + " " - " " * " ]
  let inputs ["heading" "xcor" 1 2 10]
  create-turtles 20 [
    pen-down
    ; create a strategy for the turtle by joining
    ; random inputs with random operators
    set strategy one-of inputs
    repeat 5 [ set strategy (word strategy one-of operators one-of inputs) ]
  ]
  reset-ticks
end

to go
  ask turtles [
    ; each turtle calculates a new heading by running its strategy
    set heading run-result strategy
    fd 1
  ]
  tick
end
```

这段代码的核心内容是 SETUP 例程中创建策略的那一部分。策略是一个由一组输入（heading、xcor、1、2 和 10）和操作符（+、-、*）组成的字符串。字符串以输入开始，然后是运算符，最后以输入结束，一共包含 4 对输入和操作符。例如，某个策略可以是字符串 "heading · 10 + 1 - 2 - xcor · 2"。除法不包括在运算符中，以避免除以零的情况出现，那样会导致程序中断$^\ominus$。在 GO 例程中，执行每个 turtle 的策略，根据 turtle 所拥有的策略，使用 runresult 为其确定朝向（heading）。最后，turtle 朝着新的方向迈出一步。例如，如果某个 turtle 的策略是字符串 "1 - 1 + 2 + 2 + heading×2"，那么 runresult 就会处理这个字符串，并执行其中的操作。首先，1 减去 1，得到 0；第二步，0 加上两个 2 等于 4；最后，它会得到 turtle 的朝向，将其乘以 2，然后加到总数中。因此，如果 turtle 的朝向是 10，那么将在总数中加上 14，最后得到 24，这样，GO 例程会将 turtle 的朝向调整为 24，然后向前移动一步。

一个简单的机器学习的例子：使用进化算法　上面创建的这个模型，对于说明前一节讨

$\ominus$ 有兴趣的读者可以查看 NetLogo 中的 carefully 语句，它提供了一种处理运行错误的机制和方法。

论的机器学习框架非常有用。在 runresult 的示例模型中，agent 依据自己选择的策略随机移动。然而，如果想让这些 agent 在行进的过程中都持有一个目的，也就是实现一系列的目标，又该如何？对于这种情况，使用机器学习来自动学习有助于实现这一目标的策略。

在前一节关于机器学习框架的描述内容中，agent 的内部模型是策略，这是我们在 runresult 例子中重点介绍的内容，但是对于 agent 与其所在仿真视界的交互模型并没有介绍太多。我们希望 agent 完成什么任务呢？让我们从一个简单的任务开始。想象一下，我们希望这些 agent 在不到 20s 的时间内移动到仿真视界的右上角。我们将从一些随机选择策略的 turtle 开始，看看它们能否学习到有效完成这项任务的策略。

我们要做的第一件事是编写一个函数，用于计算任何"解"的"适合度"——也就是说，确定一个 turtle 在时钟跳动 25 次之后的位置。适应度函数有时也称作评估程序（evaluation procedure），是一种评价 turtle 目标完成度的方法。本例中的适应度函数非常简单，就是从 turtle 到目标斑块的直线距离。首先，我们定义一个名为 goal 的全局变量，将其初始化为仿真视界最右上角斑块的位置（patch max-pxcor max-pycor）。然后，编写一段适应度函数的程序代码，如下所示：

```
;; The greater the distance a turtle is to the goal, the smaller the
;; fitness of the turtle. Using this formula, a turtle that reaches
;; the goal has a fitness of zero. Turtles that don't reach the goal
;; have a negative fitness.
to-report fitness ;; turtle procedure
  report distance goal * -1
end
```

现在我们有了一个模型和一个适应度函数[⊖]。下一步就是建立一个机器学习算法。该算法将使用一些可行解，对这些解进行持续的改进，直至得到一个解，能够满足系统性能的某个要求。在这个例子中，我们将使用某个进化算法的变体算法（Holland，1994）（模拟自然进化过程）来改进当前解。为了做到这一点，需要评估每个 turtle 在问题求解方面的表现。然后，要求 75% 的表现最差的那些 turtle "死亡"，并用其余 25% 表现最好的 turtle 的后代来替代它们。为了在模型中引入 turtle 策略的"代际繁衍"的概念，GO 例程需要进行较大更改，如下所示：

```
to go
  if ticks > 0 [
    ;; kill off 75% of the turtles with the least fitness
    ;; (i.e., the ones further from the goal)
    let number-to-replace round (0.75 * count turtles)
    ask min-n-of number-to-replace turtles [ fitness ] [ die ]
    ;; store turtles that survived in an agentset that won't expand when
    ;; we hatch new turtles (as would the special `turtles` agentset).
    let best-turtles turtle-set turtles
    ;; hatch new mutant turtles
    repeat number-to-replace [
      ask one-of best-turtles [
        hatch 1 [
          set strategy mutate strategy
          ;; pick a new color that may not be the same as the parent's color
          set color one-of base-colors
        ]
      ]
    ]
  ]
```

⊖ 我们将距离乘以"−1"得到适应度函数值。因此所有适应度函数值都是负的，这样一来，适应度数值越大，说明 turtle 距离目标越近，反之则越远。

```
    clear-drawing ;; clear the trails of the killed turtles
    ask turtles [
      reset-positions ;; send all the turtles back to the center of the world
    ]
    ask turtles [
      ;; each turtle runs its strategy and moves forward 25 times
      repeat 25 [
        set heading run-result strategy
        fd 1
      ]
      set label precision fitness 2  ;; visualize the fitness of each turtle
    ]
    tick
  end
```

上面这段代码可以正常工作，但是存在一个问题，即为了更新策略（通过进化生成新的解），变异（mutate）过程必须解析策略字符串，这个处理过程的编码比较复杂。为了使变异过程的程序代码简单一些，最好的办法是将策略编码为一个字符串列表，而不是一个一个的字符串。对于这个功能要求，使用以下程序代码即可实现：

```
to setup
    clear-all
    set operators ["+ " "- " "* " ] ;; set up the usable operators
    set inputs ["heading " "xcor " "1 " "2 " "10 "] ;; set up the usable inputs

    ;; create the first generation of turtles and have them put their pens down
    ;; so we can see them when they draw
    crt 20 [
      set strategy random-strategy
    ]

    ;; set the goal to the upper right corner
    set goal patch max-pxcor max-pycor
    reset-ticks
  end

;; create a new strategy for how to set the heading for each turtle
to-report random-strategy
    let strat []
    ;; each strategy consists of 5 inputs and 4 operators alternating
    repeat 5 [ set strat (sentence strat one-of inputs one-of operators ) ]
    set strat sentence strat one-of inputs
    report strat
  end
```

使用上面的处理方式，策略不再是一个一个的字符串，而是一个字符串列表，如同 [" 10 " " + " " xcor " " * " " 1 " " * " " 2 " " * " " 2 " " + " " 10 "] 一样。**请注意，每一个字符串的后面都有一个空格，这样在进行组合的时候，才能形成正确格式的表达式。** 尽管现在策略的格式有了很大不同（即便如此，GO 例程也只需要修改一行代码即可），我们使用 reduce 命令将新格式的字符串转换为可以运行的旧格式字符串。所以，GO例程基本不变，除了要将这行代码

```
set heading runresult strategy
```

使用下面一行代码进行替代

```
set heading runresult reduce word strategy
```

变异的代码很简单，如下所示：

```
;; mutate a strategy by replacing one of its inputs or one of its operators
to-report mutate [strat]
  ifelse random 2 = 0
```

```
      [set strat replace-item ( 2 * random 6) strat one-of inputs]
      [set strat replace-item (1 + 2 * random 5) strat one-of operators]
    report strat
end
```

这个模型的完整版本可以在 NetLogo 模型库 IABM Textbook 文件夹中找到[⊖]，模型名为 Simple Machine Learning。这段代码做了以下几件事：首先，它将仿真视界清空，确保没有任何东西，并将 turtle 的初始位置设定为仿真视界的中心；然后，它让每个 turtle 对自己所持有的策略仿真 25 次，记录该策略的适应度函数值。在所有 turtle 都完成上述过程之后，它们的观测值（适应度函数值）将被记录下来，系统更新其内部模型，"杀死"表现最差的 75% 的 turtle，并用表现最好 turtle 的变异体取代它们。变异过程实际上是将 agent 策略的一部分（无论输入还是操作符）用新的内容进行替换，由此产生的新种群，可以认为是由当前最优解推荐的新（可行）解。然后，再次运行 ABM，并重复该过程（如图 8.19 所示）。

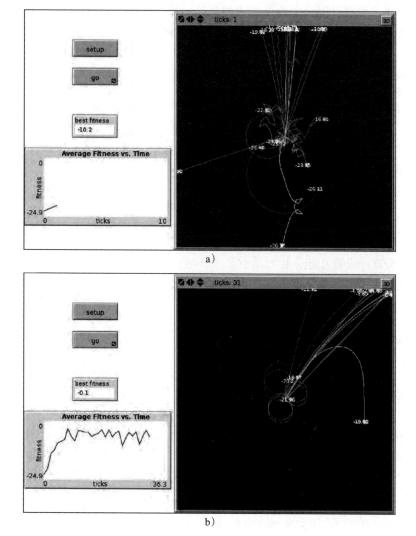

图 8.19　a) Simple Machine Learning 的第一代解（初始解）；b) 经过 30 代进化之后获得的解

⊖　启动 NetLogo 软件，通过"文件 – 模型库 –IABM Textbook–Chapter 8"可以找到并打开该模型。——译者注

Melanie Mitchell 在她的著作 *Complexity: a Guided Tour*（2009）中提出并介绍了一个名为 Robby the Robot（机器人罗比）的模型，上述模型是它的一个简化版本。在 NetLogo 模型库 Computer Science 部分可以找到 Robby the Robot 的另一个版本（Mitchell、Tisue 和 Wilensky，2012）。如果读者对机器学习、ABM 以及复杂系统的交叉使用感兴趣，那么 Robby the Robot 是一个值得研究的好模型。

task 指令　task 是 NetLogo 的数据结构，它能够将代码先存储起来，留待以后使用。在其他编程语言中，task 被视为第一类函数（first-class function）、闭包（closure）或匿名函数（lambda）[⊖]。如果计算机开发语言处理函数的方式与处理其他部分（如整数、字符和字符串）相同，那么该语言就被认为具有第一类函数。第一类函数可以传递给其他函数，也可用作程序例程的输入。第一类函数是函数式编程风格所必需的，并支持高阶例程的使用。

使用 task 指令的好处是：它既是可执行代码，也是数值，这意味着它可以传递给其他代码。如前所述，你可以创建字符串形式的代码，并使用 run 或 runresult 命令动态地执行它。task 的一个优点，是使用它所开发的程序代码可以接收不同的输入——某些输入是固定值，另一些实际上是由程序代码在运行的时候才确定的。例如，位于 IABM Textbook 文件夹下的 Sandpile 模型，它的 setup 代码是这样的：

```
to setup [ initial-task ]
  clear-all
  ask patches [
    ;; n is set to the result of running the initial-task
    ;; (which is an input to the set procedure)
    set n runresult initial-task
    recolor
  ]
  set total sum [ n ] of patches
  ;; set this to the empty list so we can add items to it later
  set sizes []
  reset-ticks
end
```

这段代码执行标准的设置功能，比如清空仿真环境、重置时钟计数器，但更重要的是需要设置一个斑块变量 *n*，这个变量决定 SETUP 例程如何被调用。将有其他两个例程调用 setup 例程：

```
to setup-uniform [ initial-value ]
  setup task [ initial-value ]
end

to setup-random
  ;; this creates a nameless procedure that when executed runs "random 4"
  setup task [ random 4 ]
end
```

这两个例程允许编码器使用一个版本的 setup 代码创建两个不同的 SETUP 例程。例如，setup-uniform 将创建一个仿真世界，其中每个斑块的 *n* 值为 2，而 setup-random 将依据整数均匀分布（参数为 0 ~ 3）生成一个数值并赋值给变量 *n*（可能取值为 0、1、2、3）。

⊖　第一类函数：该类型的值可以作为函数的参数和返回值，也可以赋给变量。第二类函数（Second Class Function）：该类型的值可以作为函数的参数，但不能从函数返回，也不能赋给变量。闭包（Closure）就是能够读取其他函数内部变量的函数。例如在 Javascript 中，只有函数内部的子函数才能读取局部变量，所以闭包可以理解成"定义在一个函数内部的函数"。在本质上，闭包是将函数内部和函数外部连接起来的桥梁。匿名函数（Lambda），顾名思义，是指没有名字的函数，在实际开发中使用的频率非常高，在 Java、Python 等很多开发语言中存在。（以上内容摘自互联网，略有改动）。——译者注

task 命令可用于代码的模块化（就像此处一样），从而提升代码的易读性和易验证性。task 命令还有一个好处，就是比传递字符串的效率更高，因为 TASK 是作为预先组装好的代码片段而创建的。当 run 或 runresult 使用 task 作为输入时，相比于字符串输入，其运行速度能够提高数百倍。

8.1.7　ABM 扩展

NetLogo 和其他许多 ABM 工具包允许我们将 ABM 与现有模型、工具和数据集成使用。在这一节中，我们将简要讨论如何在 NetLogo 中实现这一功能。NetLogo 之外的其他 ABM 工具包也有类似的功能。

NetLogo 提供两个工具来实现这种通信。第一个工具是 NetLogo 扩展 API[⊖]，它允许用户编写可以在 NetLogo 内部访问的 Java 对象；第二个工具是 NetLogo 控制 API，它使用户能够使用 Java 从其他应用程序中调用并控制 NetLogo。这两个 API 是集成 NetLogo 与其他软件包的关键所在。外部数据源、数据格式和工具始终处于不断改进和完善中，基于 agent 的建模语言和工具包的一个特性就是可扩展性，因此当这些外部内容发生变化之后，它们仍然可以被整合并集成到 ABM 工具包中。

随着 NetLogo 的不断发展，这些扩展 API 被创建，并与 NetLogo 的诸多功能集成在一起。扩展 API 提供了一种门槛较低的方式，可以从 NetLogo 内部访问这些强大的附加功能。为了使 NetLogo 语言便于管理，我们选择不将所有这些附加功能集成到语言内核中，而是将其作为可选的扩展项，这样一来，模型开发人员就可以根据需要进行选取。很多扩展模块与 NetLogo 的公开发行版本进行了绑定，主要包括：处理数组和矩阵的扩展模块；用于网络创建和分析的扩展模块；用于访问地理信息系统（GIS）数据的扩展模块；用于处理视频和音频数据的扩展模块；用于与物理设备及网络进行交互的扩展模块。还有很多扩展模块可以从 NetLogo 网站下载，即 https://github.com/NetLogo/NetLogo/wiki/Extensions，包括与高级分析工具（如 Mathematica）、操作系统、先进数据存储、增强色彩功能，以及流行的 Arduino 硬件接口的功能集成。这些扩展模块极大地增强了 NetLogo 的功能。NetLogo 扩展模块是开源的，大部分可以在 GitHub 上找到（https://github.com/NetLogo/），因此，用户可以在已有扩展模块中增添新的功能。

在 NetLogo Code 标签页的最上端（往往是第一行）使用 extensions 命令可以将扩展模块添加到模型中。一旦扩展模块被读入模型，就可以通过"扩展名＋指令"的形式，直接调用扩展模块中的指令。例如，研究人员开发了一个 GIS 扩展模块（Russell 和 Wilensky，2008），用于实现 GIS 与 NetLogo 的数据集成：既可以将标准 GIS 数据文件（比如 GridASCII 和 Shapefiles）导入到 NetLogo，也可以直接从 GIS 软件［如 MyWorld（Edelson，2004）］中导出数据到 NetLogo。这个扩展模块使得 ABM 开发人员能够快速访问大量公开可用的 GIS 数据。在使用 GIS 扩展模块的任何 NetLogo 模型代码的第一行，你将会找到以下代码：

⊖　应用程序接口（Application Programming Interface）又称为应用编程接口，是一组定义、程序及协议的集合，可通过 API 实现计算机软件之间的相互通信。API 的一个主要功能是提供通用功能集。API 同时也是一种中间件，为各种不同平台提供数据共享。程序设计实践中，编程接口的设计首先要使软件系统的职责得到合理划分。良好的接口设计可以降低系统各部分的相互依赖，提高组成单元的内聚性，降低组成单元间的耦合程度，从而提高系统的可维护性和可扩展性。——译者注

```
extensions [ gis ]
```

在这行代码之后，需要在指令前面加上扩展名才能执行它，比如 `gis:set-world-envelope`，这是向 NetLogo 表明该指令是扩展模块的一部分。我们将在本章后面更深入地探讨 GIS 扩展模块。

8.1.8　高级数据源与数据输出集成

目前，我们可以接触到大量关于个人群体的各种数据和数据集。建模人员面临的一个常见挑战是如何在基于 agent 的模型中使用这些数据。另外，市场上现存许多用于高级数据分析的软件包，如果能有一种简单的方法，可以将数据从 ABM 导出到这些高级软件包中，那么对于 ABM 模型的检查而言，会有很大的推动作用。本节将讨论如何将 ABM 连接到其他数据输入源，或者对外提供数据输出。我们将从诸多连接类型中选择四种进行详细论述，这四种类型分别是：地理信息系统（GIS）工具集、社交网络分析（SNA）工具集和 NetLogo 网络扩展、物理传感器数据，以及高级数学分析（如 Mathematica 和 MatLab）。

地理信息系统工具集　我们在第 5 章介绍了如何将 GIS 数据导入 ABM 工具包，以及在 Grand Canyon 模型示例中使用 GridASCII 数据的方法。通过这些方法和手段，模型开发人员能够利用来自物理世界的数据对其模型进行初始化，从而可以将模型置于现实环境中。在第 6 章的 Spread of Disease（疾病传播）模型中，我们介绍了如何将 ABM 工具集的输出数据反馈至 GIS 程序包（比如 ArcView、MyWorld 或 OpenMap）中，这样一来，许多标准尺寸（例如斑块的平均尺寸以及边缘比率）就可以很容易地在 GIS 中进行计算，然后将计算结果用于 ABM 模型。

但是到目前为止，我们只讨论了如何通过文本文件来实现这种集成。更复杂的集成方式允许 ABM 和 GIS 系统在彼此运行过程中实时通信，无缝地来回传输信息。但是，实现这种方式的集成将是一项艰巨的工作，因为 ABM 和 GIS 使用不同的编程语言，以及不同的数据存储格式。其中，ABM 处理 agent、斑块、属性和方法，GIS 处理单元（cell）、层（layer）和转换（transformation）。因此，集成这两个系统的第一步是提出一种公共语言，通过这种语言，它们可以就共享数据进行通信（Brown 等，2005）。

NetLogo 提供了一种使用 GIS 扩展模块来实现上述集成的方法，它包含在 NetLogo 的默认安装内容中。GIS 扩展模块赋予了 NetLogo 轻松处理 GIS 矢量数据或栅格数据的能力。NetLogo 模型库中的两个例子展示了实现方式和步骤。它的基本思想是：首先，定义从 GIS 数据到 NetLogo 环境的坐标空间转换规则；然后，加载数据。当上述工作完成之后，就可以针对这些数据执行基本的 GIS 查询。例如，可以询问一个对象是否包含另一个对象，或者一个对象是否与另一个对象相交。甚至可以使用各种方式操作数据，然后将其写回某个文件，并将该文件导入 GIS 系统，以便进行数据分析。

为了更详细地探讨这个问题，让我们看看 NetLogo 的 GIS Ticket Sales（GIS 门票销售）案例模型。这个案例来自一个营销应用程序，它的部分设计灵感来自一篇关于在线售票的博士论文以及几篇工作论文（Tseng，2009）。该模型旨在模拟个人如何决定购买现场活动的门票。

该模型的大部分工作包含在 SETUP 例程中，这是许多 GIS 模型的常见特性。建立正确的坐标系、确保数据的正确读入，对于在仿真模型世界和 GIS 数据之间建立正确的关联关系，具有重要的意义。例如，大多数 GIS 数据由以下程序代码读取：

```
to setup-maps
    ;; load all of our datasets
    set nyc-roads-dataset gis:load-dataset "data/roads.shp"
    set nyc-tracts-dataset gis:load-dataset "data/tracts.shp"
    ;; set the world envelope to the union of all of our dataset's envelopes
    gis:set-world-envelope (gis:envelope-union-of (gis:envelope-of nyc-roads-dataset)
(gis:envelope-of nyc-tracts-dataset))
    set roads-displayed? false

    ;; display the roads
    display-roads

    ;; display the tract borders
    display-tracts

    ;; locate whether a patch intersects a tract, if it does assign it that tract
    foreach gis:feature-list-of nyc-tracts-dataset [
        ask patches gis:intersecting ? [
            set tract-id gis:property-value ? "STFID"
        ]
    ]

    ;; load the census data in to the patches
    load-patch-data
end
```

前两个命令行使用指令 `gis:load-dataset` 来加载道路和人口地段文件。这些文件属于形状文件（shapefile），这是一种允许规范存储点、线和多边形的 GIS 格式文件。本例使用的两个文件均来自 US Census Tiger 网站，该网站免费提供大量的 GIS 数据[一]。这条指令以 `gis` 作为前缀，如前所述，这是 NetLogo 规定的一种指代方式，表示该命令来自扩展模块而不是 NetLogo 的核心架构。

在 ABM 模型中使用 GIS 数据，第一步是将 GIS 数据的空间边界与模型的空间边界建立关联。第一步一旦完成，就可以建立一个从模型世界到 GIS "真实世界"的映射，反之亦然。为了实现映射，需要设置"世界信封"（即包含所有 GIS 数据的仿真模型的最大空间，本例中，就是定义 NetLogo 模型世界的边界），具体而言，需要针对所研究数据，使用 `gis:set-world-envelope` 语句、`gis:union-of` 语句和 `gis:envelope-of` 语句一起实现。在实际过程中，这意味着仿真模型世界的"边界"被设置成包含 GIS 文件的全部数据。当然，本例中使用的 GIS 数据（曼哈顿城市数据），其所对应的地图形状是不规则的，而模型世界则是矩形的。因此，NetLogo 通过使用最小的矩形，将其拼装成不规则形状，最终形成 `world-envelope`。

然后，我们使用另外两个例程——DISPLAY-ROADS 和 DISPLAY-TRACTS——在绘图层上绘制包含在这些形状文件中的线条。DISPLAY-TRACTS 例程代码如下：

```
to display-tracts

    ;; draw the census tracts in blue
    gis:set-drawing-color blue
    gis:draw nyc-tracts-dataset 1
end
```

`gis:set-drawing-color` 设置绘图笔（在绘图层中）的颜色，`gis:draw` 使用已读入的数据，并以一个像素的厚度进行绘图。

如果回到 SETUP-MAPS 例程，可以看到，我们实际上遍历了所有地块的人口数据的每

　　⊖　http://www.census.gov/geo/www/tiger。

一个属性。然后要求斑块与数据集进行交互，使用数据集的地块值（`tract-id`）（在 STFID 之下）设置本地变量 `tract-id` 的值。

最后一行语句，是载入每个地块的实际人口数据。这个数据位于一个单独的文件中，这是一个纯文本文件，而不是 GIS 数据文件。在这个文件中扫描每一个 `tract-id`，并保证模型中对应地块上的住户数量（那个地块上实际的住户数量）取值正确。

导入 GIS 数据之后，这个模型与其他 NetLogo 模型使用起来没有差别。在每一个时段，每名消费者决定是否购买现场活动的门票。消费者决策会受到模型参数的影响，比如他们参加活动的不确定性，或者他们的住所离活动地点有多远。然而，就模型而言，这些决策结果并不依赖 GIS 扩展模块（图 8.20 展示的是模型运行结束时的情况）。通常，使用 GIS 数据对模型进行初始化，使用 NetLogo 运行模型，这种混合模式是相当典型的 ABM-GIS 集成应用模式，甚至在更复杂的技术可以提供更强大研究能力的情况下，也是如此（Brown 等，2005）[⊖]。

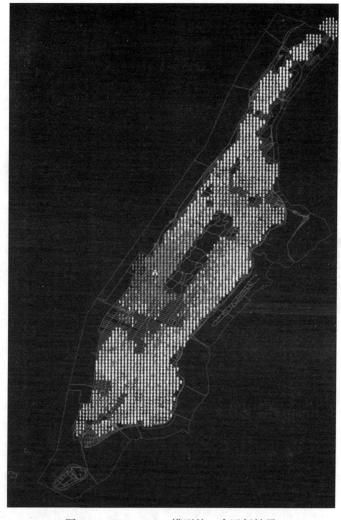

图 8.20　Ticket Sales 模型的一次运行结果

⊖　http://ccl.northwestern.edu/netlogo/models/GrandCanyon (Wilensky, 2006c)。

> **专栏 8.3　GIS 探索**
>
> 　　正如我们在第 6 章介绍的，如何在 ABM 模型中使用 GIS 数据，一个比较好的例子就是 NetLogo 模型库 Earth Science 部分的 Grand Canyon 模型。这个模型加载了大峡谷的数字高程图（Digital Elevation Map，DEM），并研究了降雨对大峡谷径流的影响，特别是低海拔地区雨水的汇集过程。同样的 GIS 数据也可用于其他模型。例如，将相同的海拔数据导入 Flocking 模型中，让鸟群依据海拔高度调整它们的飞行路线。

　　如果想要详细了解如何在 NetLogo 中使用 GIS 数据，你可以找到许多优秀的资源，包括 Westerveldt 和 Cohen（2012）的著作，以及 Owen Densmore、Stephen Guerin 和他们在 Redfish 研究小组的同事一起开发的案例模型，Redfish 研究小组使用 NetLogo 和 GIS 数据对许多有意思的话题开展研究，从越南的船舶交通，到圣达菲的交通模式，到野外大火的动态变化，都是他们的研究对象。如欲了解更多，请访问 www.redfish.com（如图 8.21 所示）。

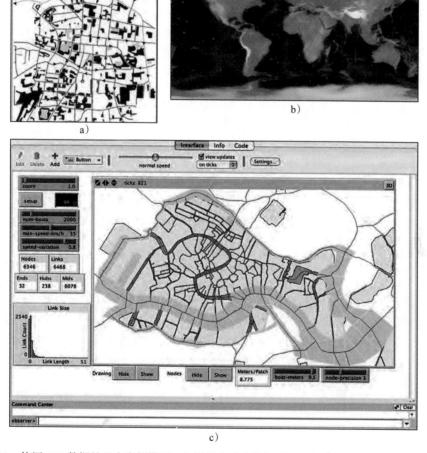

图 8.21　使用 GIS 数据的几个案例模型。a）模拟在圣达菲行驶的汽车的 Cruising 模型（Densmore 等，2004）；b）Climate Change Game 模型（Berland 和 Wilensky，2006）；c）Venice 模型（Densmore 和 Guerin，2007）；d）Chicago Public Schools 模型（Maroulis、Bakshy 和 Wilensky，2007）

d)

图 8.21　使用 GIS 数据的几个案例模型。a) 模拟在圣达菲行驶的汽车的 Cruising 模型（Densmore
　　　　等，2004）；b) Climate Change Game 模型（Berland 和 Wilensky，2006）；c) Venice 模
　　　　型（Densmore 和 Guerin，2007）；d) Chicago Public Schools 模型（Maroulis、Bakshy 和
　　　　Wilensky，2007）(续)

社交网络分析工具集和 NetLogo 网络扩展　在第 5 章和第 6 章，我们讨论了社交网络
的 ABM 应用。目前，有许多公共社交网络的大型数据集可供使用。如果希望在我们自己的
模型中利用这些数据集，第一步是将其导入。NetLogo 模型库 Code Examples 部分的 Network
Import Example 就是这样一个例子。代码的核心部分包括以下几行：

```
to import-links
    ;; This opens the file, so we can use it.
    file-open "links.txt⊖"
    ;; Read in all the data in the file
    while [not file-at-end?]
    [
        ;; this reads a single line into a three-item list
        let items read-from-string (word "[" file-read-line "]")
        ask get-node (item 0 items)
        [
            create-link-to get-node (item 1 items)
                [ set label item 2 items ]
        ]
    ]
    file-close
end
```

上面这段代码假设节点已经创建，并且节点已经链接在一起（在本例中，这项工作是在
IMPORT-LINK 例程中完成的）。这段代码首先打开一个文件，然后逐行读取文件内容。每
一行包含三列。第一列表示链接的原始节点，第二列表示目标节点，第三列表示节点强度。
每一行被读入之后，就会在原始节点和目标节点之间创建一个链接，并为每个链接设置一个
显示权重的标签（如图 8.22 所示）。下面是我们导入的属性文件：

```
1  4  0.8
2  3  1.0
2  5  3
2  7  2.5
2  8  1.3
```

⊖　如果希望以 GraphML 格式（一种常见的网络文件格式）而不是纯文本格式保存数据，那么可以使用网络扩
　　展模块导入数据，只需要使用 nw:load-graphml 命令。本章习题 26 提供了更多的操作细节，有兴趣的读
　　者可以参考。

```
2  10 2.2
3  9  2.3
5  6  2.8
6  5  1.2
6  9  0.3
7  2  1.1
8  1  2.6
9  8  2.1
10 7  0.9
```

可以通过添加新链接、删除旧链接，或者改变现有链接的强度，对该模型进行扩展。随着这些属性的变化，以及节点数量的增加，在 SNA 软件包（比如 Pajek 或 UCINet）中对模型结果进行分析是有用的。通过节点读入的反向模式，即将网络导出为节点，然后就可以在 SNA 工具包中分析这些导出的数据。

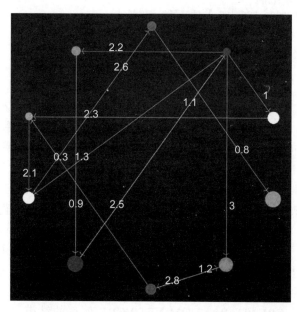

图 8.22　Network Import 示例（来自 NetLogo 模型库中的代码示例）

除了使用 NetLogo 代码导入、导出和分析网络之外，另一个解决方案是使用 Networks extension（网络扩展）工具包，它是作为 NetLogo 内置扩展模块发布的。网络扩展（又名"NW"扩展）是在 NetLogo 中进行网络建模的一个强大的软件包，也是我们推荐使用的方法。网络扩展模块的工作方式与 GIS 扩展模块非常相似，并且和 GIS 扩展模块一样，也包含在 NetLogo 的默认安装内容中。与其他 NetLogo 扩展模块一样，它是开源的，可以在 GitHub 上找到（https://github.com/NetLogo/NW-Extension）。网络扩展使用各种工具，补充了 NetLogo 的核心网络指令，使之得以执行更复杂的网络分析。它让我们能够找到 turtle 之间的最短路径，计算各种中心化的量度值，在网络中找到集和簇，生成随机网络，以及使用标准 GraphML 格式读 / 写网络数据。

让我们来看一个例子，这个模型名为 Simple Viral Marketing（位于 NetLogo 模型库的 IABM Textbook 文件夹中）。与我们在 GIS 一节描述的 Ticket Sales 模型类似，Simple Viral Marketing 基于一篇论文中的模型构建（Stonedahl、Rand 和 Wilensky，2010）。Simple Viral Marketing 模型的问题背景是：某个品牌经理想要弄清楚，在面向社交网络的促销活动中，谁才是他们的目标客户，以便最大限度地通过网络推广产品。

在 Simple Viral Marketing 模型的 SETUP 例程中，有两部分代码使用了网络扩展模块。首先是 `create-network`。`create-network` 检查用户想要创建什么类型的网络，然后就创建一个用户想要的网络。网络类型有两种选择，一个是 random（随机网络），一个是 `preferential-attachment`（优先连接）。random 网络是指网络中的任意两个节点之间是否存在链接是随机的（Erdös 和 Rényi，1951）；相比之下，在 `preferential-attachment` 网络中，少数节点有很多条链接，而多数节点的链接却很少（Barabási 和 Albert，1999）。random 网络往往作为基本模式使用，但是 `preferential-attachment` 网络通常被认为更接近真实世界的社交网络。在实际代码中，CREATE-NETWORK 例程确定应该创建哪种类型的网络，然后调用相应的子例程加以创建。创建 random 网络的代码如下：

```
to create-random-network
    nw:generate-random turtles links 500 0.004 [
        set shape "circle"
        set color blue
        set size 2
        set adopted? false
    ]
end
```

这段代码所做的第一件事情，就是使用网络扩展模块创建一个 random 类型的网络，包含 turtle（总共 500 个）和链接，任意两个节点之间建立链接的概率为 0.004。由于链接（边）的可能数量为 $500 \times 499/2$（等于 124 750），而一条边存在的概率是 0.004，这意味着平均而言将有 499 条边，或者每个节点拥有不足一条边[⊖]，换句话说，某些节点不一定连接到其他节点。作为网络生成的一部分，会出现一个文本块，用于指定这些 turtle 将要采取的行动。本例中，turtle 的 shape 属性被设置为圆形，color 属性为蓝色，size 属性为 2，adopted? 属性为假（false）。adopted? 属性用于确定其所属 turtle 是否采用了 product/idea 模式。一旦创建了部分网络，我们需要告诉网络扩展模块，在进行计算时应该注意哪些节点和链接。网络扩展模块所关注的节点集和链接集称为"语境"（context）。在本例中，我们只有一种类型的节点和一种类型的链接，因此我们可以使用语句 `nw:set-context turtles links` 作为 CREATE-RANDOM-NETWORK 例程的结束。这段代码实质上告诉 NetLogo，接下来你打算使用哪种类型的网络（直到你更改了"语境"）。由于网络计算非常耗时，这样就能允许 NetLogo 预先进行一些计算，以便将来使用。由于本例中的语境默认为 turtle 和链接，所以在这里不需要设置"语境"。

```
to create-preferential-attachment
    nw:generate-preferential-attachment turtles links 500 [
        set size 2
        set shape "circle"
        set color blue
        set adopted? false
    ]
end
```

CREATE-PREFERENTIAL-ATTACHMENT 例程与 CREATERANDOM-NETWORK 例程的工作方式比较类似，二者的不同之处在于，`preferential-attachment` 网络使用的是基于 Barabási 和 Albert（1999）的方法。正如第 5 章中所见，对于 `preferential-attachment`

⊖ 一般来说，在具有 N 个节点的图形中，可能的有向链接数为 $N \times (N-1)$，这是因为每一个节点至多能够连接另外的 $N-1$ 个点。然而，在处理无向链接的时候，每两个节点之间只能有一条边，而不是两条，因此需要将结果除以 2。

网络，一个链接是否存在的概率由概率生成法确定，在模型刚开始运行的时候尚未确定。以上代码只是简单地指定要创建的 turtle 数量（500）。然后，通过向网络中迭代添加节点来生成网络，这样一来，一个新节点将与另外一个被选出的节点建立一个链接，至于现有节点中的哪一个被挑选出来，则是依据这个节点的当前邻居数量来确定它被选中的概率。因此，网络中的链接数目就会服从无标度分布（scale-free distribution）或幂律分布（power-law distribution）。然后，节点属性会被重置。（图 8.23 所示的是一个使用 preferential-attachment 网络的例子。）

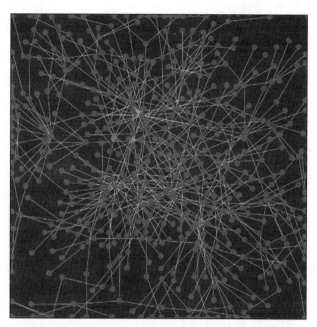

图 8.23　使用网络扩展模块创建的 preferential-attachment 网络

专栏 8.4　网络扩展模块中的语境

想要使用网络扩展模块（network extension，又名 NW 扩展），首先需要了解的是，如何告诉网络扩展模块我们准备使用哪个网络。考虑以下例子：

```
breed [ teachers teacher ]
breed [ students student ]
undirected-link-breed [ friendships friendship ]
directed-link-breed [ classes class ]
```

上面的代码中包含学生和老师。学生可以选择老师的课，反之则不成立。所有人彼此都可以成为好友。

现在可以把这个问题看作一个大型网络。按照本例的情况，不需要设置语境：默认情况下，NW 扩展指令认为所有 turtle 和所有链接都是当前网络的一部分。

然而，也可以只研究网络的一个子集。比如说，我们只想考虑友情关系，或者进一步地，只想研究教师之间的友谊。毕竟，在教师友谊网络中所呈现的高度中心化，与学生友谊网络所表现出来的中心化，二者是非常不同的。

要绘制出这样的网络，需要告诉网络扩展模块，哪些 turtle 和链接是我们感兴趣的。因此我们会要求，只有那些来自指定 turtle 集中的 turtle 才能被纳入网络，只有那些来自指定链接集中的链接才能被包含在网络中。比如说，如果设置了教师友谊关系的语境，那么，即使没有一个朋友的教师也会被包括在网络中，而教师和学生之间友谊的链接不会被包括在内。将此信息告知网络扩展模块的方法是使用 nw:set-context 指令，在对网络进行任何操作之前必须调用它。例如：

- nw:set-context turtles links 会给你提供一切东西，将教师和学生、友谊关系和班级等全部纳入，构成一个大型网络。
- nw:set-context turtles friendships 将完成一个网络，将所有老师和学生作为节点，将他们之间的友谊关系作为链接，但是不包含班级链接。
- nw:set-context teachers friendships 将建成一个网络，节点只包含（所有）教师，链接只包含教师之间的友谊关系。
- nw:set-context teachers links 将建成一个网络，只包含教师，所有教师作为节点，链接包含教师之间的任何关系，无论这些关系是友谊还是班级（一个班级的学生需要多名教师分科授课）。
- nw:set-context students classes 会提供一个包含了所有学生的网络，链接体现的是学生之间的班级关系，所以在这个例子中，彼此不同班的学生之间没有链接。

需要注意的是，当与特殊的 agent 集（turtle、链接、属种或链接属种）一起使用时，nw:set-context 指令是动态的：第一次调用它的时候，可以告诉扩展模块你想要包含哪个 turtle 和链接，影响 agent 的那些变化（即出生和死亡）会自动反映在网络中。如果想重新定义或更换网络所包含的 agent 集，则需要再次调用 nw:set-context 指令。

对于构造型 agent 集（constructed agentset），nw:set-context 指令的工作方式与上面介绍的略有不同；只有 turtle 死亡才会改变网络语境，而 turtle 出生或者对 agent 集的定义标准（筛选条件）的变更则不会实现网络的自动更新。如欲深入了解这个问题，可以参考网络扩展模块文档中的 Special agentset vs. Normal agentset（特殊 agent 集与普通 agent 集）小节的内容，以及 NetLogo 编程指南的 special agentset 小节中的内容。

这段代码中出现网络扩展的另一个地方是 SEED 例程。该例程控制节点如何被选为种子节点：

```
to seed
  if seeding-method = "random" [
    ask n-of budget turtles [
      set adopted? true
      update-color
    ]
  ]
  if seeding-method = "betweenness" [
    ask max-n-of budget turtles [ nw:betweenness-centrality ] [
      set adopted? true
      update-color
    ]
  ]
end
```

在这个例子中，我们有两种选择：一种是 random 方式，它随机地选择一组节点作为种子；一种是 betweenness 方式，它依据介数中心度（betweenness centrality）选择种子节点。介数中心度是对某个节点所在网络中任意两个节点之间最短路径数量的一种网络度量指标（参见

Newman，2005，它量度了某个节点对于通过网络进行整体信息扩散能力的重要性）。seed 采用界面窗口中指定的 budget 值，确定有多少节点采用 random 方式，有多少节点采用 betweenness 方式。它通过将 adopted? 设置为 true，以及改变该节点的颜色来反映每个节点所采取的方式（random 还是 betweenness）。

　　虽然代码的其余部分完全没有使用网络扩展，但是使用了 NetLogo 的一些内置网络功能，这可以从模型的主要决策例程 DECIDE-TO-ADOPT 中看到：

```
to decide-to-adopt
  ifelse random-float 1.0 < 0.01 [
    set adopted? true
  ] [
    if any? link-neighbors [
      let neighbors-adoption count link-neighbors with [ adopted? ] /
        count link-neighbors
      if random-float 1.0 < 0.5 * neighbors-adoption [
        set adopted? true
      ]
    ]
  ]
end
```

这段代码查看当前随机数是否小于 0.01，如果是，则无论其社会地位如何，agent 都将采用 product/idea 模式；如果不是，则检查该 agent 是否有邻居，如果有，那么只要该随机数小于已采用 product/idea 模式的邻居与该 agent 全部邻居占比值的一半，当前 agent 就会采用 product/idea 模式。这个模型基于经典的 Bass 模型（1959），Bass 模型出现在很多市场营销文献中。如你所见，使用网络扩展模块创建模型要比手工创建容易得多。（图 8.24 为接近完成的 Simple Viral Marketing 模型。）

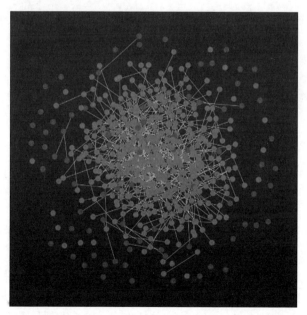

图 8.24　使用 random 网络扩展模式构建的、接近完成的 Simple Viral Marketing 模型

　　总之，在 ABM 平台中使用社交网络数据和分析工具，天生就是一种强力组合方式。当我们所研究的复杂系统数量越多，就越会发现，标准假设有时会导致虚假和错误的结果，例如，随机交叉混合模式（每个人都与别人发生联系）甚至是基于"棋盘格"的环境，尽管我

们在直觉上认为这些模式非常有用。使用基于现实方法合成（甚至依据经验生成）的社交网络，可以实现更丰富、更健壮的建模平台。

物理传感器数据　科学家经常需要使用经验数据验证计算机模型。按照传统方式，计算机建模和度量这两项工作是在不同的技术平台上完成的。所收集到的实验数据被存放在一个文件中，然后被手动导入软件包进行分析。然而，这个过程还可以更高效地完成，我们只需开发一个软件，实现建模工具包和数据采集软件的连通。这样一来，用户就可以在 ABM 工具包中直接实现数据的在线访问，即通过与仪器（示波器、函数生成器或探头）或其他数据源（Internet 数据提供源，以及外部应用程序）进行通信，实现数据的获取。这种连接方式可以通过驱动程序或其他常用的通信协议，与设备或仪器实现无缝通信。通过这个链接，基于 agent 的模型就可以产生数据并将其发送给仪器或者设备，也可以从仪器或设备接收数据进行分析和可视化处理。这样一来，用户就可以使用一个单一的、用于硬件交互和数据分析的集成环境，将实时测量的数据引入用户所建模型中，还可以控制外部实验室设备。如前所述，NetLogoLab 工具可以帮助完成这项工作。

传感器数据通常以图像的形式出现。图像分析是化学、生物学和医学中最常见的数据采集技术之一。图像分析与 ABM 结合使用，将会产生巨大的研究潜力，因为图像中的"像素"或"数据段"可以很容易地转换成计算机模型中的 agent，给 agent 赋予计算规则之后，就可以进行预测性仿真。目前，我们有能力在 ABM 中连接数字成像设备，并且能够自动捕获、过滤、处理图像和视频，还可以进行现实采样图像与计算机模型输出图像之间的一对一比较，这些都是非常强大的功能（如图 8.25 所示）。

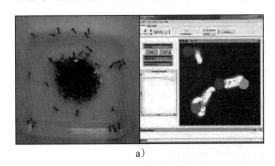 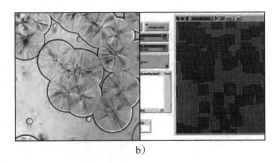

a)　　　　　　　　　　　　　　　　　　b)

图 8.25　a）蚁群视频的可视化，以及相应的计算机模型；b）盐固化过程的可视化，以及相应的计算机模型

高级数学分析　Mathematica 和 MatLab 是当前最流行的两种商业化数学和科学分析工具软件。Mathematica 在符号代数操作和广泛的绘图能力方面尤其强大。MatLab 在工程院校非常受欢迎，因为它拥有大量的工具箱、强大的矩阵计算能力，以及数百个用于控制系统设计、信号和图像处理、测试和测量、统计以及数据分析的内置函数，它还包括丰富的驱动程序，用于与外部测量设备进行通信。将 MatLab 与 ABM 集成使用将会非常有成效。

有一个称为 Mathematica Link 的 NetLogo 扩展模块，可以帮助模型用户在 Mathematica 中控制和运行 NetLogo 模型[⊖]。Mathematica 包括许多 ABM 开发人员可使用的有用功能，主要包括高级导入、统计、数据可视化以及文档创建等。通过链接 NetLogo 和 Mathematica，模型开发人员可以在 ABM 工具包中构建模型，同时在 Mathematica 的分析环境（更富视觉

⊖　http://ccl.northwestern.edu/netlogo/mathematica.html（Bakshy 和 Wilensky, 2007a）。

效果）中检查模型的运行结果。

　　这种组合具有强烈的视觉震撼力（如图 8.26 所示）。图中的 ABM 模型以 GIS 数据为起点，针对某个美国城市的择校模式进行建模。借助 Mathematica 的图形和分析能力，这种复杂的可视化过程才有可能实现（Bakshy 和 Wilensky，2007b）。

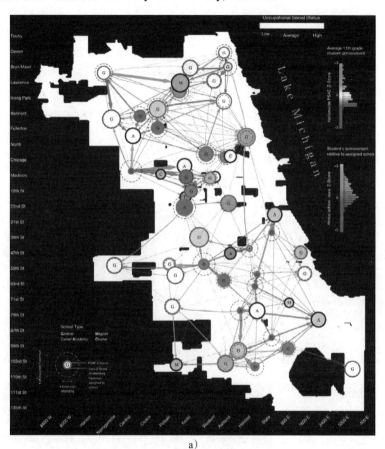

a)

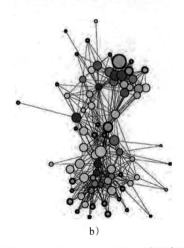

b)

图 8.26　借助 Mathematica 和 NetLogo-Mathematica Link 可以实现复杂的数据密集型 ABM 模型的可视化。（参见 Bakshy 和 Wilensky，2007）

高级可视化　基于 agent 的模型对于清晰、快速、可视化地表现建模问题是非常有用的。如果模型实现了良好的可视化能力，那么模型作者与用户进行沟通或说服的效果会有显著改善。ABM 的有效可视化，有助于识别重要的模型元素，以及帮助用户更好地理解模型行为。然而，如何实现一个有效的可视化设计，对于模型开发人员而言具有一定的挑战性，因为大部分人员没有接受过可视化设计培训。建立认知效率、审美性和沟通性的视觉化设计原则，可以指导研究人员进行基于 agent 模型的图形化设计工作（参见 Kornhauser、Wilensky 和 Rand, 2009 年）。除了针对模型的运行设计有效的可视化内容之外，为在正式语境中发布或展示的模型生成一个可视的、优美的图形化场景也是有价值的。为了实现这个目标，可以使用 POV Ray 扩展模块，这是一个 NetLogo 的射线追踪扩展模块，它提供了与流行的开源 POV-Ray 射线追踪透视图引擎的连接接口[⊖]。这允许我们从 NetLogo 3D 软件以及 NetLogo 2D 软件的 3D 视图中创建令人惊叹的高分辨率图像（如图 8.27 所示）。研发人员和 NetLogo 社区都鼓励 NetLogo 的高级用户为 NetLogo 创建更多的扩展模块，并通过 NetLogo 扩展网站（https://github.com/NetLogo/NetLogo/wiki/Extensions）向 ABM 社区发布。

图 8.27　使用 NetLogo 射线追踪扩展模块获得的射线追踪图像

a）DLA 3D 模型，http://ccl.northwestern.edu/netlogo/models/DLA3D（Wilensky, 2006）；

b）Hydrogen Diffusion 模型，http://ccl.northwestern.edu/netlogo/models/hydrogendiffusion3D（Kim 等，2010）；

c）Flocking Alternate 3D 模型，http://ccl.northwestern.edu/netlogo/models/Flocking3DAlternate（Wilensky, 2005）；

d）Mousetraps 3D 模型，http://ccl.northwestern.edu/netlogo/models/Mousetraps3D（Wilensky, 2002）；

e）Sandpile 3D 模型，http://ccl.northwestern.edu/netlogo/models/Sandpile3D（Wilensky, 2006）；

f）Percolation 3D 模型，http://ccl.northwestern.edu/netlogo/models/Percolation3D（Wilensky, 2006）；

⊖　https://github.com/fstonedahl/RayTracing-Extension（Stonedahl, 2012）。

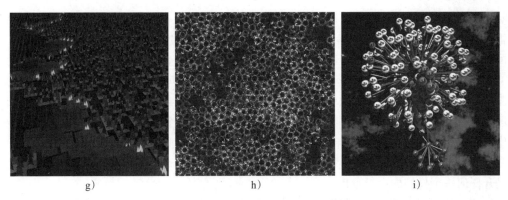

g)   h)   i)

图 8.27   使用 NetLogo 射线追踪扩展模块获得的射线追踪图像（续）

g）带有 3D 视角的 Fire 模型；

h）Honeycomb 模型，http://ccl.northwestern.edu/netlogo/models/Honeycomb（Wilensky，2003b）；

i）Twitter（推特）网络可视化

8.1.9   运行速度

有的时候，特别是在高级模型和经验数据模型中，也许会有数百万个 agent 和数十个参数。例如，在构建移民模式的动态模型时，可能会有数百万的人口 agent、数千个城镇 agent，以及许多环境和社会参数。在这种情况下，模型的运行时间可能会很长。当模型运行一次花费很长时间的时候，就有必要加快模型的运行速度，这是有可能做到的。第一步是关闭视图的更新功能（或者增加视图的更新时间间隔），这样模型在运行的时候，就不必向视图发送图形更新消息。此外，如果能够使用高速计算机或计算型服务器，由于大多数高性能计算型服务器都使用与 NetLogo 兼容的操作系统，就可以在这些计算机上运行 NetLogo 及其模型。由于 NetLogo 的内核引擎是单线程的，所以不能在多处理器（内核）环境下运行。但是，正如我们将要讨论的，在多处理器环境下并行地运行 BehaviorSpace（行为空间）实验是可以的。

另一种提高模型运行速度的方法是检查能否减少 agent 的数量。有的时候，可以将可移动 agent "提高一个层级"，这样就可以使用分子 agent 代替原子 agent，或者用公司 agent 代替个人 agent。类似地，也可以减少斑块网格的颗粒度（减少斑块的数量）。在减少 agent 的数量之后，模型运行速度将获得成比例的提升。还有一个提高模型运行速度的重要方法，是彻底检查模型以避免不必要的计算，特别是最主要的 go 循环。正如我们在本书所有案例中讨论的那样，一个常见的错误是在 go 循环中重复计算某些内容，而这些内容完全可以在 go 循环开始之前计算一次就好了。有的时候，某些功能（或需求）在 NetLogo 中很容易实现，但是这也许会掩盖模型运算的复杂性。比如说，**one-of turtles in-radius 100** 指令简单易懂（找出所有处在半径为 100 的圆形区域内的 turtle，然后从中随机挑选一个），但是运算耗时很长，因为程序必须计算出当前点到所有 turtle 的距离，然后从符合条件的 turtle 中随机选择一个。通常可以找到一种运算成本更低廉的方法满足你的筛选要求[⊖]。类似地，诸

⊖   对这个例子而言，首先，我们可以随机选择一个 turtle，并计算它与当前斑块之间的距离，如果距离小于等于 100，那么这就是符合要求的 turtle，运算结束；否则，就随机再选一个 turtle，计算距离，直到满足要求为止。这种方法既保证了随机选择 turtle 的要求，也满足了距离的要求，同时能够极大地降低运算量。当然，读者可能还有解决此问题的更好方法。——译者注

如 with 和 max-n-of 的指令也很"昂贵",因为它们要为一个 agent 集合的每个成员生成报告器。正如我们在本章前面所讨论的,在不同的字符串上使用 run 指令可能会非常慢,更好的办法是使用 task。我们不可能在此详细介绍所有加速 Netlogo 代码运行的方法。如有你有一个模型,想要解决它的运行速度问题,可以向用户列表"netlogo-users"和"stack overflow"发送电子邮件,这两个列表包含了许多 NetLogo 专家,他们会非常乐于回答此类问题。如果某个模型的运行性能(速度)非常重要,但是这个模型已经是最终版本,无法继续修改,那么使用较低级的语言(Java 或者 C)重写这个模型也许是值得的,因为这些语言没有那些专门为 ABM 程序语言制订的设计规范的束缚,因此在程序代码调优之后,可以显著提升任何一个模型的运行速度。

还有一个更常见的问题不是关于一次仿真,而是数千次仿真的运行速度。如果你想要做一个实验,包含 5 个可变参数,每个参数有 10 个不同的取值,则需要运行 5^{10} 次或者大约一百万次仿真。BehaviorSpace 可以在多个处理器上运行,这使得在共享内存的大型计算机上运行实验变得很简单,可以并行运行多个仿真,从而更快地完成实验。还可以在大型计算机集群环境中运行 NetLogo,这样也能大大减少实验时间,但是采用这种方式,需要运行一些额外的代码脚本并进行作业调度。关于集群化运行的更多信息,请参考 ccl.northwestern.edu 网站中的文档。

有的时候,即使使用大型多处理器服务器或者集群环境,完成一次实验所需的时间也是让人难以忍受的。在这种情况下,穷尽搜索全部参数空间是不可能的。但是,如果你要寻找的方案$^{\ominus}$可以用特定的目标模型行为或度量指标表示的话,那么就可以在参数空间上使用启发式算法,从而有选择地、智能化地在参数空间中进行采样,搜索你的目标。如上一章所述,BehaviorSearch 是一个软件工具,它使用遗传算法和其他启发式方法搜索参数空间,实现基于 agent 模型的自动搜索(Stonedahl、Rand 和 Wilensky,2010)。BehaviorSearch 提供了一种低阈值的方法,用来搜索可以实现指定目标的参数组合(方案)。使用 BehaviorSearch 的时候,必须为所研究的模型行为设计一个定量化的度量指标,然后确定哪些参数是会改变的,并选择一个搜索算法。

8.2　ABM 应用

在本书中,我们研究和描述了分布于广泛议题和领域中的使用 ABM 的诸多应用,所用的例子涵盖了从动物行为到政治科学,从石油渗漏到人类隔离及交流的众多领域。这些例子有许多是教育性的,并依据特定目标做了简化处理。不过,这些模型可以作为基础和起点,帮助我们开展更深入、更全面的研究。

自然科学　我们已经讨论了 ABM 如何被用来帮助学生学习化学的问题,从理想气体模型,到酸–碱异同模型(*Connected Chemistry*;Levy 和 Wilensky,2009;Stieff 和 Wilensky,2003)。在物理学中,ABM 被用来描述电磁系统特性,例如串联与并联电路,或者电流是如何定义的(*NIELS*;Sengupta 和 Wilensky,2009)。一些基于物理的模型也被应用于非物理相关的研究工作。例如,将基于 agent 的渗透模型和森林火灾进行比较(Fire Model;Niazi 等,2010),使得研究人员能够更好地量化大规模森林火灾的风险。最后,我们介绍了将

$\ominus$　一个方案就是所有参数的一个取值组合,即所有参数各自取一个值,组合在一起形成一个方案。仿真要寻找的是满足特定条件和目标的那个(或那些)最优方案。——译者注

GIS 数据引入 ABM 的问题，这使得本书中的一些模型案例能够更详细、更真实。

生物学 生物学也是一门自然科学，但是由于我们已经讨论了这一领域的许多应用，所以需要单独拿出来说一说。从某种程度来说，由于生物学是第一个拥抱 ABM 的学科领域，因此当时生物学将 ABM 称为"基于个体的建模方法"（individual-based modeling）。我们在本书中多次讨论的"捕食者 – 猎物模型"是生物学领域使用 ABM 的第一个例子。此外，还有许多其他的生物学应用，例如第 1 章讨论的 Ants 模型，它又引出了一大批社会性动物模型。这些模型实际上来源于 ABM 对共享空间中相互作用的群体性个体进行建模的能力。事实上，在此基础上，Holland（1994）提出了 Echo（回声）模型，Echo 模型及其他一些模型均表明，ABM 不限于研究捕食者和猎物之间的关系，而是可以用来研究多物种之间的相互作用，以及物种之间、物种和环境之间的互动关系。Holland 的 Echo 模型进一步发展成为一个更复杂的系统，在这个系统中，物种进化并不是由研究人员控制的外生约束，而是通过模型中的生灭过程自然发生的。

医学 医学可以被认为是应用生物学的一种形式，考虑到 ABM 在生物学中的应用范围，它在医学中有许多应用也就不足为奇了。例如，疾病传播模型〔一类是在个体身体内部感染，例如 Tumor（肿瘤）模型；一类是在个体之间传播，例如艾滋病、感染、HubNet 疾病的扩散〕就是 ABM 在该领域的一些常见而成功的应用。将社交网络引入流行病学的建模范畴表明，当考虑反映真实人际网络的接触模式的时候，许多疾病传播的标准模型都获得了改进（Morris, 1993）。

经济学 人们之间的互动不仅是传播病毒，还有经济交流（谢天谢地）。经济系统建模是 ABM 的早期应用之一。从对股票市场等复杂系统的考察（SFI Artificial Stock Market 模型；Arthur 等，1997），以及那些简单到是否去酒吧的决策问题（El Farol Bar 模型），ABM 提供了研究经济系统的新视角。通过研究各种可能的情况，监管机构希望能够防止企业通过制造虚假需求从而推高价格来操纵市场。例如，Artificial Stock Market 模型被用来研究和开发一种新的资产定价理论，而 El Farol Bar 问题模型则表明，即使那些具备有限理性和归纳推理的 agent 也可以实现经济均衡态。近年来，ABM 被用于电网去监管化问题建模（Sun 和 Tesfatsion, 2007）。电网 ABM 模型可以针对电网设施布局问题进行研究，以防止某些（发电）公司通过人为制造需求从而抬高价格来操纵市场。

组织和政治 组织体系和政治体系在现代生活中扮演着重要的角色，ABM 在帮助理解这些体系的机制和问题方面也发挥了有益的作用。Cohen 的 Garbage Can 模型（Cohen、March 和 Olsen, 1972）允许研究人员以某种方式检验他们提出的概念模型，这激励了研究人员对这些模型的进一步细化和改进工作；Schelling 早期开发的 ABM 模型表明，即使微小的偏好也会对住所的种族隔离产生巨大影响；Axelrod（1984）使用 ABM 来研究合作的演变，近期还研究了种族主义问题。ABM 提供了一种方法，可以检视由于个人决策所导致的系统涌现效果。Voting（投票）模型或许不能再现任何真实的政治事件，但它确实说明了规则的简单改变如何能够显著影响投票结果。近年来，有一种趋势是将 ABM 与社交网络分析（SNA）组合在一起，创建跨越真实社交网络的、动态的、丰富的人际交互模型。这种组合使得研究人员能够创建更具鲁棒性的组织系统模型。正如我们在本章前面所看到的，ABM 与 SNA 合并使用，用于有效探索教育政策对学生成就的影响。

人类学 ABM 可以帮助研究人员理解人类群体如何在文化的影响下实现社会协作。例如，巴厘岛稻田灌溉（Water Irrigation）ABM 模型，可以展示农民如何利用简单规则来解决水资源分配的复杂问题（Lansing 和 Kremer，1993）。我们在第 7 章讨论的 Artificial Anasazi 模型被用来研究 Anasazi 人口崩溃理论。针对每个家庭进行建模，比把所有家庭作为一个总体进行研究，也许能够获得更好的问题研究解析度。

工程领域 ABM 不仅可用于社会系统和自然系统，也可用于工程系统。ABM 在工程领域的应用通常有两种形式：一种是用于模拟的目标已经由人工设计完成（例如，Traffic Basic 模型中的城市模式形成目标）；另一种是通过配置低层级元素的交互过程来设计一个新系统（例如，使用 MaterialSim 模型设计一个新产品）。有些模型会跨越这个界限，比如说，ABM 已经用于模拟计算机网络系统。一旦成功创建了模型，就可以围绕它设计新的优化算法。首先，这个模型需要经由经验实证结果进行验证，然后，就可以依据它研究新的网络机制，看看如何提高网络吞吐量、带宽以及健壮性。非常有趣的是，某些计算机网络的新机制和新技术的研究灵感，来自一个与我们在第 1 章讨论过的 Ants 模型类似的模型（Dorigo 和 Stützle，2004）。

数学和计算机科学 在基于 agent 的建模活动中，许多 ABM 模型被用来探索数学和计算系统的基本属性。例如，元胞自动机被认为是基于 agent 建模方法的一个子集，它检查固定晶格中的 agent 状态如何在与邻居交互的过程中随着时间变化而变化。Conway 的 Game of Life 模型清楚地表明，简单模型仍然可以展现强大而丰富的行为。Conway 的 Game of Life 模型和 Reynold 的 Boids 模型缩小了计算机和生物应用之间的距离。Conway 的 Game of Life 模型展示了如何用非常有限的计算资源创建复杂的可重复系统，而 Reynolds 的 Boids 模型则展示了通过分布式控制，且在没有领导者或集中控制者的情况下，在群居性动物群体（如鸟群）中如何发生涌现行为（如鸟群飞行）的问题。

在这些案例中，我们讨论了如何通过真实数据的仔细校准将 ABM 用于预测性研究。从电网（Li 和 Tesfatsion, 2009）到巴厘岛水稻梯田（Lansing, 2006），ABM 在现实问题中的应用范围非常广泛，潜在应用领域还有很多。强大的计算能力使得研究人员在进行复杂系统研究的时候，不再使用简单的"约似"（approximation）方法，而是可以完全纳入自然和社会的所有复杂因素——这既美丽又令人着迷——从而揭示出隐藏在系统深处的那些秘密。正如我们在第 0 章中讨论的，ABM 是一种新的指代性基础结构，它使得学科和实践的重组成为可能，就像从罗马数字到印度－阿拉伯数字的转换一样。在这个重组过程中，不仅科学能够获得巨大进步，而且会促进知识学习的大众化。希望本书能够成为该进程的一部分，使更多学生能够熟练使用基于 agent 的表示法，掌握以前难以理解的复杂问题。

重新权衡 ABM 的利与弊

在此，重新讨论我们在第 1 章所作的 ABM 权衡及限制问题是有意义的。我们已经讨论了 ABM 的众多应用及其优势，但更需要考虑的是，ABM 如何才能真正为科研人员的不懈努力带来实实在在的回报。

当我们开始构建第一个基于 agent 的模型的时候，会了解到 ABM 是计算密集型的，它需要大量的算力支持。通常情况下，如果我们构建的模型无法简单地进行尺度调整，那么当我们计划成量级地增加 agent 数量的时候，模型系统会试图计算所有 agent 的全部交互和操作，而此时计算机系统会来不及处理和响应，看起来好像"死机"了一样。当然，几乎总能找到一些提高模型计算效率的方法，但是在多数情况下，提高效率就意味着要适度放弃 ABM 的能力优势。例如，你可以创建一个具有代表性的 agent，它可以代替一万个甚至一百万个现有 agent，如此一来，你将失去跟踪和观察那些被代替 agent 的能力，并且这个 ABM 模型将趋同于基于方程的模型（EBM）。正如我们在第 5 章和本章前面所讨论的，针对模型的粒度和分辨率进行决策，可能是非常困难的。然而，如果依据模型所作的决策是战略层级的，那么即使将 agent 数量按照多倍尺度进行缩小，ABM 模型也将是非常有效率的。

关于在哪一个层级选择并设置 agent，这是 ABM 的一个不足之处。与那些拥有较少"自由参数"的建模方法不同，ABM 通常需要更多的参数和方案选择。正如我们在第 4 章中所介绍的，在构建模型的时候，必须考虑 ABM 设计的方方面面的因素。然而，这还不是真正意义上的限制或不足。在构建模型的时候，如果模型设计人员拿着一个需要考虑因素的条目清单，这将督促建模人员考虑很多的关联假设，而这些假设在其他建模方法中是不会考虑的，因此也就藏而不露了。进一步来说，大多数模型都可以被构建成容易扩展的形式，当我们讨论全谱系建模概念的时候，就已经讨论过这个问题了。

最后，务必谨记在进行 ABM 建模的时候，需要掌握关于模型最低层级个体 /agent 的知识，而不是拥有聚合层级的相关数据和知识。如同第 4 章讨论的那样，在设计基于 agent 的模型时，建模人员需要了解 agent 的属性和操作，或者至少对这些 agent 的属性和行为有理论层面的认识。依靠某个理论，人们可以构建并检验一个非 ABM 模型，并观察其生成的行为聚合模式与现实世界是否一致，但是如果不了解 agent 的属性和行为，就很难构建一个基于 agent 的模型，这是因为基于 agent 模型的规则体现在个体层级中。

8.3　ABM 的未来

在第 0 章，我们讨论了 ABM 如何赋予我们力量，来重构我们对于周围世界的理解和认识。借助复杂系统视角，我们可以使用新的、不同的方式来认知周围的世界。

科学家和科幻小说作家 Issac Asimov（艾萨克·阿西莫夫）在他的《基地》（Foundation）系列小说中谈到了一位名叫 Hari Seldon 的科学家。Seldon 创立了一门新的学科——心理历史学，它利用对大量个体的统计和数学描述来预测历史的走向。Seldon 利用这些知识预言了银河帝国的毁灭，并根据他的预测，发现了可以改变未来的支点（leverage point），使得他能够创造一个更美好的未来。

虽然基于 agent 的建模技术为我们提供了强大的建模能力，但它还不会很快赋予我们类似于 Hari Seldon 那样的预测能力。然而，ABM 确实让我们有能力从一个新的角度来审视这个世界及其特征，并有潜力帮助我们找到这些系统中的、那些我们可以对其进行重塑或者影响其发展轨迹的地方。ABM 未来如何发展尚未可知。正如我们所知道的，它为科学家、实践者、理论家和学生提供了新的方法与见解，并将持续提供助力。对于任何对周围复杂的自然系统、工程系统和人类社会系统感兴趣的人来说，ABM 都是一个强大而有价值的工具。ABM 赋予我们能力和洞察力，通过一个全新的视角去观察这个世界，尤其是当我们所作的每一个决定都被复杂因素所包围和困扰的时候，这个新视角就会愈发重要。ABM 是为数不多的方法，使得人们能够穿透迷雾，洞悉隐藏在最复杂现象下的简单规则。

习题

1. 简单模型有什么好处可言？更贴近现实的模型又有什么好处？在什么情况下，采用简单模型（/ 现实模型）而非现实模型（/ 简单模型）是可以理解的？

2. 观察 NetLogo 模型库 Earth Science 部分的 Grand Canyon 模型。请你构建一个新的模型，使用与

Grand Canyon 模型相同的原理和规则，但不使用实际的数据地图。

3. 查看 NetLogo 模型库 Earth Science 部分的 Erosion 模型。在模型中添加一个数字高程地图，使其更加真实一些。（参考 Grand Canyon 模型，了解如何添加数字高程地图。）

4. 请你建立一个模型，基于规则提取部分所讨论的择校决策树（school choice decision tree）。你还可以向这个模型中添加什么元素以使它更真实一些呢？

5. 查看 NetLogo 模型库 HubNet Activities 部分的 Disease HubNet 模型。你能否对该模型进行修改，让我们能够研究如何更好地治愈疾病，而不只是旁观它的传播过程？（提示：参考 Disease Doctor 模型，但需要由人类参与者控制医生的行为。）

6. 使用系统动力学建模器构建一个简单的水动力学模型。假设流入速率和流出速率已知。比较流速变化对水位的影响。

7. 找到 NetLogo 模型库 System Dynamics 部分的 Tabonuco–Yagrumo Hybrid 模型。目前在模型中，新树的生长是随机的。请你对代码进行修改，使得树木的新生与其所处的空间位置相关。此外，修改飓风（hurricane）部分的代码，使得被飓风摧毁的树木是与空间相关的。添加一个砍伐树木的人类 agent。所有这些变化将如何影响系统的稳定性？

8. 使用系统动力学建模器设计一个简单的"捕食者 – 猎物模型"。在 NetLogo 中创建一个基于 agent 的模型。要求 ABM 模型与系统动力学模型随着时间的推移产生相同的种群水平值。

9. 在 NetLogo 模型中，通过改变取值器（chooser）的数值影响模型的行为是很常见的。例如，在 NetLogo 模型库 Biology 部分的 Daisyworld 模型中，PAINT-DAISIES 按钮的行为由 PAINT-DAISIES-AS 取值器定义。在程序代码中，PAINT-DAISIES 按钮所产生的行为活动是使用条件逻辑（conditional logic）实现的。使用 run 命令也可以获得相同的结果。请你使用 run 命令再现上述逻辑。使用 run 命令的模型版本是否优于使用条件逻辑的模型版本？如果是，为什么？

10. 查看使用 run 和 runresult 的那些例子。它们彼此之间有什么不同？还有更好的解决方案吗？runresult 只修改 turtle 的朝向，而 run 修改基本命令。能否将 run 和 runresult 合并到一个模型中，这样就可以使用不同的命令（类似于 run 示例）以及复杂的数学表达式作为这些命令的输入（类似于 runresult 示例）？

11. 向 run 示例添加其他命令。比如说，控制 turtle 拿起或放下它们的画笔。

12. 向 runresult 示例添加其他操作符和数值。例如，创建一个可用于所有情况的除法运算符。更改 runresult 代码使用的操作符和数值的数量。

13. 什么时候使用 task？可否描述一下在编写模型代码的时候，如果使用 task 会发生什么？NetLogo 模型库中的很多模型都可以使用 task 重写，从这些模型中挑选一个，使用 task 对其进行修改。

14. 修改本章中的 Machine Learning 模型，使用 task 替代字符串。

15. 通常，数字列表的对数对于分析和可视化数据非常有用。但是，如果列表中存在零值，那么对列表中的每项数值进行 ln 计算，将导致错误的发生。使用 map 和 filter 指令，获得列表中所有正数的自然对数。

16. 使用 reduce 指令生成一个报告器，用于找出某个 turtle 的邻居的邻居[⊖]。换句话说，报告器选择某个 turtle 作为实参变量（argument），然后返回一个 agent 集，该集合包含从这个 turtle 出发、恰好经过两条链接可以到达的所有 turtle。

17. 使用 reduce 编写一个名为 flatten 的报告器，将一个保存列表的列表（a list of lists）转换为一个新的列表，包含之前所有列表的项目。例如，flatten[[1 2][3 4][4 3][2 1] =[1 2 3 4 4 3 2 1]。

18. （a）使用 map 指令将 turtle 按照颜色分组。也就是说，输出应该是一个关于 agent 集的列表，不

⊖ 这里所说的"邻居"不一定是位置相邻的两个 agent，而是指彼此存在链接 (link) 的 agent。——译者注

同 agent 集中的 agent 都具有各自相同的颜色；（b）为了使你的方案更具普遍性，根据某个报告器 task，制作另外一个报告器，将 turtle 以这种方式分组。

19. 编写一个报告器，使用 reduce 命令，从一个包含 agent 集合的列表中查找到数值最大的那个 agent 集。

20. 编写一个报告器，使用 map 和 reduce 命令，得到两个列表对应数字比值最大的那一对数值。也就是说，如果第一个列表是 [1 2 3 4]，第二个列表是 [2 7 5 10]，报告器会返回 [3 5]$^{\ominus}$。

21. 在处理以百分比计量的增长率的时候，几何平均值是非常有用的。例如，如果人口在第一个周期增长了 20%，下一个周期增长了 50%，第三个周期增长了 30%，你必须取 1.20、1.50 和 1.30 的几何平均值来确定平均增长率。一个包含 n 个数字的列表的几何平均值等于这些数字乘积的 n 次方根。

（a）使用 reduce、*（乘号）、^（开方）等操作符，生成一个求解几何平均值的报告器。

（b）简单定义几何平均值的一个潜在问题，是输入列表中的零值将导致输出结果为 0。通常，我们选择忽略零值，使用 filter，对（a）中的代码例程进行修改，忽略所有的零值。

22. 虽然多数时候，我们使用 reduce 将多个元素组合成为一个新的同类型元素，但是也有的时候，我们希望生成不同类型的元素。比如说，我们想计算一个字符串在字符串列表中出现的次数，虽然列表是由字符串组成的，但是我们最终想得到的是一个数字，二者的类型是不同的。一个简单的方法是使用 fput 将结果的初始值放在列表的开始位置（如果列表为空，这个结果应该是什么）。使用该方法创建一个名为 occurrences 的报告器。报告器首先接收一个列表和一个值，然后返回该值在列表中出现的次数。

23. 找到并打开 NetLogo 模型库 Biology 部分的 Flocking 模型。将山脉的真实数据导入模型，并对模型进行修改，使鸟类飞行的时候避开高海拔地区（障碍物）。

24. 创建一个文本文件，记录你所在班级学生的友谊关系（就像我们在网络导入示例中所做的那样）。将此网络导入 NetLogo，利用该网络检验某种疾病（比如感冒）是如何在班级中传播的。

25. 使用你在习题 24 中创建的网络，使用 NetLogo 网络扩展模块计算每名同学的某些属性。比如说，谁是班级朋友圈中的核心人物？哪个同学的朋友最多？哪个同学的朋友圈关系最密切（即，拥有最高的聚类系数）？

26. 许多网站都提供了接口（interface）和 API，你可以使用它们访问数据集。例如，netvizz 软件提供了获取 Facebook 网络的接口。利用网络扩展模块，我们可以在 NetLogo 中加载和分析网络数据。如果你有一个 Facebook 账户，请访问 https://apps.facebook.com/netvizz/，按照说明下载你的网络（选择个人网络选项）。

单击“Start”按钮之后，netvizz 将生成你的网络，并让你选择生成文件的类型，务必选择 GDF 文件格式。

当你打开下载文件的时候，你将看到每个所选属性的条目，具有“label”“name”“sex”“locale”等名称。当你在 NetLogo 中加载图形的时候，如果想要填入这些属性的值，需要将其声明为 turtle 型变量，并使用诸如 turtle-own [name sex] 这样的指令，遍历整个属性列表。

在完成之后，加载网络只需一个命令：nw:load-graphml"/path/to/your/network.graphml"。该命令将为你的每一个朋友创建一个 agent，然后将他们按照友谊关系链接起来。现在就可以使用这个模型了！你能使用弹性布局（layout-spring）让你的网络拥有更好的可视化效果吗？按照“hometown_location”（家乡位置）给你的朋友着色，然后观察你的朋友中那些来自同一个家乡的同学，他们之间是否更有可能存在友谊关系？使用网络扩展模块的中心性度量工具，指出在你的朋友中，谁是最闪亮的中心人物（拥有朋友数量最多的人）？（可在 https://github.com/NetLogo/NW-Extension/blob/master/README.md 中找到相关软件的使用文档。）

27. 在习题 26 中你所下载的网络中，让你的一个朋友“生病”，并以一定的概率将疾病传染给与之有

⊖　因为 3/5=0.6，比 1/2、2/7、4/10 的比值都大。——译者注

链接关系的人。疾病传遍整个网络需要多长时间？如果最初生病的人是一个中心人物，疾病的扩散速度会更快吗？

28. 假设你想把你找到工作的消息发给你的每一个朋友，但是挨个通知他们又比较费时费力，相反，你希望只告诉几个朋友，然后消息就会传播出去。现在想想你的朋友们，看看他们彼此认识谁，那么你第一个通知的朋友会是谁？如果告诉三个朋友又如何？为什么会是这三个人？使用你在习题 26 中导入的网络，构建一个在网络上传播消息的模型。首先，仿照 Virus on a Network 模型传播你的入职消息。你还可以让社交传播机制变得更复杂一些：除了在所有链接之间等概率地传播消息之外，还可以将"等概率"修改为"随机"，如果消息在链接之间是随机传的，最终结果又会如何？所有人传播消息的可能性都一样吗？也许你了解你朋友的一些情况，而这些会影响你的模型设计，例如，如果你知道一些人经常更新他们的 Facebook，而其他人则很少更新，这种情况会对消息传播有哪些影响？ Facebook 的使用频率与这个人的网络中心化特征如何相互影响？你希望把消息告诉一个朋友很多、较少使用 Facebook 的人，还是告诉一个朋友数量较少但是经常使用 Facebook 的人呢？

29. 只包括为数不多朋友的小圈子是全部关系网络的一个子集，在关系网络中，每一个节点都与其他节点有一个链接。"最大的小圈子"是它自身不包含在任何一个更大的圈子中。使用 maximal-cliques 指令，看看你的社交网络包含多少个"最大的小圈子"。规模最大的那个"最大的小圈子"是哪一个？最小的又是哪一个？

30. NetLogo 网络扩展模块还包含一些指令，可以让你在图中找到节点之间的路径。从你的网络中随机选择一个人，从他开始，找到离他最远的那个人（路径中跳跃步数最多的那个节点）。需要访问多少节点才能找到他？你能找出网络中最长的最短路径吗？

31. NetLogo 网络扩展模块还附带一些网络生成器，使你可以轻松创建具有特定特征的网络。使用网络扩展模块提供的生成器和中心化度量工具，找出哪一个生成器所生成图的平均贴近中心度最低？哪个默认图的平均介数中心度最高？这是你想要的那种网络类型吗？

32. 网络生成器对于快速创建公共网络非常方便，但是你最好学会自己动手创建网络，以便更好地了解网络特性、网络生成算法，以及公共网络布局的异同点。尝试手动创建一个可以使用生成器实现的网络。在尝试优先连接或小世界配置之前，先从简单的配置开始，如 Ring 和 Star。

33. 使用 map 指令，利用两个字符串列表 [" fd " " rt " " lt "] 和 [" heading " " 10 " " xcor "] 输出一个字符串列表，供你使用 reduce 指令生成一个可解析的代码字符串。

34. 考虑列表的列表 [1 2 5][7 2][3 10 1]。使用高阶操作符，编写一个报告器程序，获得每个子列表的最大值之和。

35. 使用高阶操作符，编写一个报告器程序，使用字符串列表作为输入，获得一个新的字符串列表，要求新列表中的元素不以元音开头且以辅音结束。

36. 在第 2 章中，我们研究了 Heroes and Cowards 模型，并提到它与 Dewdney 的 Party Planner 游戏有关。在 Dewdney 的游戏中，某些人去参加聚会。聚会上，每个人都会与其他人保持一定的距离，但是每个人的距离偏好不一样（我们定义每个人与自己的距离为零）。请你创建一个模型，包含 n 个与会者，每个人都有自己的距离偏好。每个与会者在聚会上的不开心程度，可以用他与某位客人的实际距离减去期望距离的绝对值表示。请你找到一个算法，把聚会上的整体不愉快值降到最低。

37. NetLogo 模型库中的许多模型都很适合使用物理计算设备（如 GoGo Board 或 Arduino 电路板）进行扩展。例如，你可以尝试在 Flocking 模型中添加一个音频传感器作为输入，当传感器发出较大声音的时候，令鸟群四散奔逃。或者在 Climate Change 模型中（在 Earth Science 部分），用湿度传感器代替" add/remove cloud"按钮，这样就可以依据当前湿度传感器的读数，自动增加 / 减少模型中云的数量。

38. 查看 NetLogo 模型库，找到一个可以使用接口设备（如 GoGo Board 或 Arduino 电路板）进行扩展的模型，对该模型进行修改，使其能够从现实世界中获取输入。

39. NetLogo 还有一个声音扩展功能模块，可以让模型发出声音。搭配一块 GoGo Board 或 Arduino 电路板，就可以定制自己想要的乐器。尝试结合一些输入（如按钮和传感器）来构建一个独一无二的电脑乐器。

40. 在本章中，我们介绍了双焦建模（bifocal modeling）的思想。其中，同一种现象既可以使用 NetLogo 代码实现，也可以通过实际的传感器向虚拟模型中输入数据实现。你能从 NetLogo 模型库中找到一个模型，建立一个双焦模型并对其进行验证吗？例如，你能否使用热源和热传感器，再现 Heat Diffusion 模型中的现象？

41. 视频扩展模块（https://github.com/NetLogo/Gst-Video-Extension）允许你读取视频文件，以及使用计算机网络摄像头的实时视频。该扩展模块可用于计算机视觉模型。进行特征侦测的一种简单方式是追踪彩色物体。请你制作一个模型，让 turtle 追踪你的摄像头所能看到的绿颜色最深的物体。这个过程的第一步是将视频数据发送给斑块，然后就可以实现视频区域与斑块之间色彩信息的直接交互。最后，你还要确定绿颜色最深的那个点。

42. 在上一道习题的基础上，修改 Flocking 模型，使得 turtle 向网络摄像头所能看到的绿色最深的地方移动，然后聚在一起飞翔。一旦完成了上述修改，你可以在摄像机前试着移动一个小一些的深绿色物体，以影响 turtle 的移动。

ABM 的计算基础

世界可以分解为很小的数字位，每一位都由更小的数字位组成。

——艾德·弗雷德克

活到 100 岁却只能记住 3000 万个字节的信息，这太荒谬了。你知道，这可比光盘的容量还要少。人类越来越过时了。

——马文·明斯基

ABM 从诸多领域汲取了许多思想和方法。在本附录中，我们将重点介绍一些关键 ABM 技术，这些技术来自计算机科学和相关计算领域。

除了计算领域外，我们注意到生物学、物理学、工程学和社会科学也对 ABM 的发展做出了巨大贡献。在生物学领域，贡献主要来自生态学和与 ABM 并行发展的基于个体的建模技术（DeAngelis 和 Gross, 1992）。基于个体的建模技术（individual-based modeling，IBM）强调生态系统中单一动物或植物行为的作用，而不是使用群体层级的变量（DeAngelis 和 Mooij, 2005）。此外，与 ABM 相似，IBM 模型通常用于特定的领域（landscape）或环境，IBM 建模人员关注的是"领域"如何影响模型的结果（Grimm 和 Railsback, 2005）。许多 IBM 方法已经被合并到 ABM 中。

在物理学领域，Ising 模型被用于研究磁力学。结果表明，非常简单的模型就可以产生相变。这些模型也是元胞自动机的前身。如同我们在第 3 章所讲的，物理学家 Per Bak 创建了经典的 Sandpile 模型，Bak 使用这个模型说明自组织临界态（self-organizing criticality，SOC）的概念。他继续将基于物理学的方法应用于许多领域的复杂现象（例如第 3 章的 Fire 模型以及多个股票市场模型），并展示了幂次定律与 SOC 之间的关系。

在工程领域，工艺过程理论、控制论及其他研究一起推动了 ABM 的发展。工艺过程应用的目标是在给定低层级行为的情况下设计最优输出，可以认为它与 ABM 有类似的框架，只是目标不同。因此，工艺过程理论的一些工具和方法在 ABM 的语境中也很有用。控制理论从流程与控制工程中分离出来，集中研究系统中反馈的一般性质。由此诞生了系统相移的概念，即在参数空间中，微小的变化可以产生不成比例的结果（Wiener, 1961）。随着工程模型变得越来越复杂，它们需要应对随机性，这就导致蒙特卡罗仿真（Metropolis 和 Ulam, 1949）的出现，在蒙特卡罗仿真中，为了了解模型的输出范围或者寻找最优输出，模型需要被重复运行。

与工艺工程师和机器人工程师一样，社会学家认识到，现有建模工具并不能充分捕捉社会组织的复杂性，因此，社会学家开始用算法和计算模型来描述社会现象。对这些模型进行推理，并从中得出可以验证真伪的预测结果，从而实现模型的检验。这为社会学家提供了一种可以比较经验数据和预测数据的方法，之前这些方法是自然科学家所独有的（Lave 和 March, 1975）。纳什（1950）的博弈论模型是最早尝试使用数学方程来捕捉人类行为的模型。早期的社会学模型大多使用基于个体的统计数据。例如，著名的罗马俱乐部（Club of Rome）模型对世界人口增长和资源消耗做出了非常简单的假设（Meadows, 1972）。随着时间的推移，持续不懈的努力催生了系统动力学建模技术（Systems Dynamic Modeling, SDM；Forrester, 1961），系统动力学使用存量（stock；特定位置中的货物、实体或对象数量）和流量（flow；存量的增加/减少速度）来创建模型。SDM 建模者对复杂系统研究做出了重要贡献，由于系统动力学模型中的元素具有总量性质，一个合理的做法是将模型向下移动一个层级，然后对该层级的大量个体建模，这些个体才是上一层级中那些总量元素的影响者。因此，对于那些对 SDM 感兴趣的建模人员来说，基于 agent 的建模方法自然是更进一步的选择，通过 ABM 能够更深入地研究异质个体的行为。事实上，一部分是由于社会科学需要在一个日益丰富的框架中理解个体行为，所以一些早期的 ABM 模型出现在社会科学领域。第 3 章讨论的 Schelling 的 Segregation 模型被许多人认为是第一个 ABM 模型，尽管它是由人工使用棋盘和硬币实现的（Schelling, 1971）。Schelling 在 1978 年出版的 *Micromotives and Macrobehavior* 一书中，阐述了个体层面的行为是如何产生令人惊讶的社会模式的。Segregation 模型表明，即使没有人主动去做，但是只要人们有自己的偏好（不想做社区中的少数族群），居住隔离也会发生。

过去十年，我们见证了网络理论的巨大发展，以及 ABM 将网络支持作为核心内容的发展历程。网络理论的先驱是数学家欧拉，他在 19 世纪率先解决"哥尼斯堡七桥问题"（参见 Newman, 2010）。在 20 世纪 50 年代和 60 年代早期，数学家 Erdös 和 Rényi 对随机网络进行了研究（1960），随后出现了关于优先连接网络（preferential attachment networks，也译为偏好依附网络）的 Barabasi-Albert 模型（1999）。Stanley Milgram 等心理学家的研究表明，人际网络的平均路径长度很短（六度分隔理论，也称六度空间理论，six degrees of separation）（1967），这一观点后来在 Watts 和 Strogatz 的小世界网络模型（1998）中得到正式表述。这些类型的网络及其相关分析法已经成为 ABM 的主要内容。

全面回顾 ABM 根植于其他领域的发展史，以及讲述在 ABM 起源过程中相关领域对它的推动作用，这些已经超出了本附录的范围。但是在这里，我们还是要探索一些影响和塑造 ABM 发展的关键发现。在这里给出六个概要性描述，介绍几种 ABM 的先导技术。

技术概要

元胞自动机与 ABM

约翰·冯·诺依曼对量子力学、经济博弈论、计算机科学等诸多领域做出了巨大贡献。这位匈牙利出生的数学家据说是"最后一位伟大的数学家"，拥有"20 世纪最闪耀的智慧"。在 20 世纪 40 年代后期，发明了计算机的现代结构的冯·诺依曼，开始对能够自我复制的人造机器产生了兴趣。他推测，人类最终将会开采其他天体，进行大规模采矿作业（如开采整个月球或小行星带）的最有效方式将是使用自我复制的机器，人类可以利用它们获得指数型增长的收益。

受到他在第一台计算机上工作的影响（ENIAC；von Neumann 等，1987），他认为这种人造的、具备复制能力的机器拥有一个载有大量指令集的磁带。这个磁带不仅包含对整个机器的描述，还包含对它自己的描述。冯·诺依曼试图确定如何使用一个磁带将整个机器（以及复制新机器的指令）的制造过程封装在内。冯·诺依曼与同事 Stanislaw Ulam 合作，二人幻想有一台计算机盘旋在"零件池"（lake of part，零件库）的上方，这台计算机从"池"中取出零件，将其组装成和原型机一模一样的复制品（Von Neumann 和 Burks,1966）。这台机器的操作会非常简单——查看它下方的零部件，检查自己的状态，并根据规则表更改自己的状态。在这个思维实验的基础上，冯·诺依曼最终创造了一个简化版的"大池"，他称之为元胞自动机（CA）。

利用 CA，冯·诺依曼最终设计出一款想象中的可复制设备，具有 29 种不同的状态（他是使用铅笔和绘图纸完成的！），他称之为通用构造器（Universal Constructor；Burks，1970）。虽然实物机器并未建成，但是通用构造器从概念上证明了自我复制机器是可以建造出来的。此外，它还引入了"普适性"（universality）的概念。这台机器之所以被称为通用构造器，是因为记录在磁带上的机器描述内容可以随意修改和扩展；只要它包含正确的构造函数指令，机器就能持续运行。实际上，这意味着冯·诺依曼不仅建造了一台能够自我复制的机器，而且还建造了一台能够进行进化的机器，因为在每一代机器开始建造之前，磁带中的指令都可以进行修改和添加，这样新一代机器就能够提供越来越多的功能。

冯·诺依曼最初提出的通用构造函数有些笨拙，因为它需要一个 CA，其中每个晶格都有 29 种不同的状态，如此之大的规则空间令人难以理解。1970 年，John Conway 创造了一个更简单的元胞自动机，他称之为 Game of Life [⊖]（详见第 2 章）。由于缺少足够的计算能力，Conway 使用一块 Go 电路板而不是计算机完成了实验。当 Martin Gardner 在流行杂志《科学美国人》的一个专栏中发布了这款游戏后，它就开始流行起来。正如我们在第 2 章所见，Conway 提出的 CA 非常简单。Conway 的 Game of Life 模型有三条规则：①如果一个处于"死亡"状态的细胞恰好有 3 个活着的邻居（每个细胞最多有 8 个邻居，但是不一定所有的邻居都活着），它就会从"死亡"转为"活着"（出生）；②如果一个活着的细胞恰好有 2 个或者 3 个活着的邻居，它就会一直活着（没有变化）；③如果活着邻居的数量不在上述两个范围内，那么这个细胞就会"死亡"（孤独或过度拥挤）。

当 Conway 将一些"活着的细胞"和"死亡的细胞"随机地放到游戏里面的时候，系统就会创造出美丽而复杂的有趣图案。其中一些图形在第 2 章可以看到。值得注意的是，尽管 Conway 的"生存法则"只需要两个维度、两种状态（死亡或者活着），以及 9 个输入（单个细胞和它的 8 个邻居），Conway 和其他人证明他的"生存法则"包含自我复制所需的材料，即，系统可以创建一个计算实体，而这个实体可以创建更多的计算实体（Berlekamp 等，1982）。然而，Game of Life 模型的影响和价值并未就此结束。2009 年，Adam Goucher 在 Conway Game of Life 模型的基础上构建了一个通用的计算机 / 构造器，证明了 Game of Life 模型的规则足以计算所有可能的问题（Hutton, 2010）。

大约在 Conway 完成其早期研究的同一时间，也就是冯·诺依曼于 1957 年去世之后，冯·诺依曼的合作者之一 Arthur W. Burks 在密歇根大学计算机逻辑小组（Logic of Computers）继续研究 CA。最终，他将有关 CA 的大部分原始论文编辑成书，名为《自复制自动机理论》(Theory of Self-Reproducing Automata)（冯·诺依曼和 Burks，1966）。Burks 也是 John H. Holland 的研究生导师，在随后的概要中我们也会对 Holland 进行介绍。Burks 的工作维持了对 CA 的研究，直到 Stephen Wolfram 在 20 世纪 80 年代早期复苏了 CA 方面的研究（Wolfram, 1983）。

Wolfram 在 CA 领域做出了卓越的贡献。例如，他开展了一项广泛的调查，针对的是只

⊖　读者如果感兴趣，可至网址 https://bitstorm.org/gameoflife/ 亲自体验这个游戏。在游戏中，黄色的单元格代表活着的细胞，灰色的单元格代表死掉的细胞。——译者注

有一个邻居的细胞（邻居只能在它的左侧或者右侧，半径为 1）的所有一维 CA 规则[⊖]。即使这类简单的 CA 也表现出令人惊讶的复杂行为。Wolfram 将它们分为四类：平稳型（uniform final state）、周期型（cyclical final state）、混沌型（random final state）和复杂型（complex final state）[⊜]。Wolfram 证明在自然界中发现的许多模式都可以由 CA 生成。当 Wolfram 和麻省理工学院（MIT）的 Ed Fredkin 宣称整个宇宙都可以使用 CA 进行建模的时候，他们的说法引起了很大的争议，更令人吃惊的是，他们认为宇宙本身可能就是一个 CA（Wolfram，2002；Fredkin，1990）。

CA 和 ABM 之间的历史渊源有些纠缠不清。许多学者认为 CA 直接导致了 ABM 的发展。实际上，可以将 CA 视为简单的 ABM，其中所有的 agent 都是固定不动的：与 CA 相比，更具一般性的 ABM 还包含了可移动的 agent，这就使得研究人员能够更自然地对移动对象进行表示和建模。鉴于二者的相似之处，我们可以认为 ABM 是经由 CA 起步，经过在自然科学领域的持续应用发展起来的。但是并没有证据表明，究竟是谁开发了第一个 ABM 应用。例如，Schelling 及其同事从 CA 应用起步，然后开发出一个 ABM 模型。这些研究人员大多数都了解或熟悉 CA，但是，通过对其中部分学者的采访，似乎他们在进行 CA 应用和理论研究的过程中，独立发展出了 ABM 的理论和概念。

在许多方面，CA 展示了现代基于 agent 模型的许多特性，尤其是 Conway 的"Game of Life 模型"。在 CA 中，每个单元（细胞）都可以看作一个具有简单状态描述的 agent，它根据邻居的信息输入改变其状态，这与 ABM 中 agent 对本地交互的响应是一样的。冯·诺依曼提出的 CA 是第一批尝试创建生物系统计算模型的方法之一。此外，CA 的离散时间尺度非常类似于 ABM 的调度器和"嘀嗒"（tick）概念。进一步来说，自我繁殖、普适性和进化过程的概念，也都是植根于 ABM 理论体系和机制的概念。Conway 的 Game of Life 模型也展现了许多在 ABM 中常见的行为。另外，根据初始输入很难预测模型的最终输出结果，并且只有在微观层级之上的层级才能对涌现模式进行研究和描述（例如，Blinkers and Gliders 模型）。最后，Wolfram 针对 CA 规则所作的行为分类工作，也是早期复杂科学领域的诸多尝试和努力之一，旨在通过对大量纷繁复杂的现象进行归类，帮助人们理解那些初看起来毫不相关系统之间的相似性，从而实现对人类所生活世界的深入了解。

遗传算法、John Holland 以及复杂适应系统

在计算机科学领域，算法往往作为工程应用的产物被设计和开发出来。这些算法的灵感来自工程应用领域，如装配生产线、桥梁建设，甚至下水道系统。20 世纪 60 年代末，一位名叫 John Holland 的年轻电气工程师偶然发现了 Donald Hebb 的工作成果。在 Hebb 的《行为的组织》（organization of behavior，1949）一书中，这位心理学家阐述了如何将神经元视为一些简单的算法。Frank Rosenblatt（1962）受到这些思想的影响，建立了一个人类神经元计算模型，他称之为感知器（perception）。Rosenblatt 使用这个模型解决传统的计算机科学问题，他声称这种方法与人类大脑解决问题的方法相似。这项技术最终在现代神经网络领域得到应用。在这个新兴领域，Holland 意识到感知器本质上是神经元适应输入和输出的过程模型，因此，感知器不仅是一个静态的思维模型，也是面向所在环境的心智适应模型，这

⊖　因为只有一个维度，所以是线性展开的，一个细胞最多只能有左右两个邻居。——译者注

⊜　这部分译法参考了百度百科中的"元胞自动机"条款。https://baike.baidu.com/item/%E5%85%83%E8%83%9E%E8%87%AA%E5%8A%A8%E6%9C%BA/7085754?fr=aladdin。——译者注

是一个非常深刻的认识。Holland 开始思考是否有可能使这种适应模型更具普遍性和一般性。具体来说，他开始思考进化适应问题以及计算机如何模拟进化过程。

为了将其打造成复杂系统的普适化原理，Holland 试图在某个领域推广他的理论模型，借此提取核心算法，然后将其更广泛地应用于其他领域。适应能力似乎（至少在某种程度上）存在于大脑中的神经元和适应气候变化的物种中。通过将适应能力的本质提取为一个普遍的原则，Holland 对以上两个例子进行了新的阐释，同时将它们与许多其他适应系统联系起来，这意味着，一个深入洞察和透视复杂系统的新时代即将到来。

1975 年，John Holland 出版了他的专著《自然和人造系统的适应性》（Adaptation in Natural and Artificial Systems）。该著作是其早年研究适应性的成果，并据此提出了遗传算法（GA）。从本质上讲，GA 针对某个问题构建一个"解的种群"（population of solution），通过评价这些"解"在求解问题方面的效果，从中找到一个"最优解"，然后针对该"最优解"进行组合和变异，从而创建一个新的"解的种群"，然后再对这个新的种群进行评价，并重复这个过程。GA 是计算机科学领域独一无二的发展里程碑，它使用生物学模型来解决计算问题，通过种群进化搜索更好的解。Holland 介绍了如何使用 GA 和其他概念进行"游戏"。他关于电脑和游戏的思考很大程度上受到了 Samuel 在机器学习和跳棋方面的影响（Samuel，1959）。Holland 认为，如果游戏软件不仅可以改变它的行为，而且还能随着时间的推移改变它的策略，那么计算机就可以解决更复杂的问题。他设想在玩游戏的时候，可以不断进化计算策略。这些想法催生了自适应 agent 的具体化，即它能够依据周围环境进行改变和自适应。

Holland 开始了对自适应 agent 的研究，就像他之前研究进化系统一样；他从真实数据入手，开发计算机模型，研究那些已经存在自适应 agent 的系统。Holland 很早就（大约在 1985 年）加入了圣达菲研究所（Santa Fe Institute，SFI），这是一个致力于复杂系统研究的机构。1987 年 9 月在 SFI 的一次会议上，Holland 提出了他的观点，即如何将整个经济系统看作一个由自适应 agent 组成的复杂适应性系统（Holland，1995）。Holland 提出的观点是他关于进化计算观点的延伸，他认为经济世界是另一个生态系统，在那里个体随着时间的推移进行自适应并进化。在这次会议上，Holland 遇到了 Brian Arthur，Arthur 的研究工作受 Holland 的影响很深，他开发了第一个不依赖于拥有无限知识和无限计算能力个体的经济学模型。在他的模型中，agent 采用了 Herbert Simon 的有限理性（bounded rationality）概念，其中 agent 的计算能力是有限的（Simon，1982）。这个模型被称为 El Farol Bar 问题（Arthur，1994），它是第一个表明使用非常简单的模型可以解释像经济学这样的复杂理论学科的 ABM 模型之一。在这个时期，SFI 的许多研究人员，如 Holland、Arthur、Anderson、Arrow 和 Pines，对将经济系统作为复杂演化系统建模发生了兴趣。这方面的研究工作催生了一个经典的基于 agent 的模型——圣达菲人工股票市场模型（Arthur 等，1997），这是最早出现的 ABM 模型之一。

1986 年 8 月，一群研究人员，包括 Holland、Kenneth Arrow 和 W. Brian Arthur，被花旗集团总经理 John Reed 召集到 SFI，因为他们都对使用传统建模方法捕捉世界复杂性的能力感到失望。通过这次会晤以及花旗集团的财力支持，使得 SFI 成为研究复杂系统和 ABM 领域的最大贡献者之一。SFI 还开发了第一个为研究人员设计的基于 agent 的建模工具包——Swarm（Minar 等，1996）。Swarm 和类似工具包促进了 ABM 应用的迅速增长，通过为研究人员提供预制库函数（包含构建 ABM 仿真所需要的很多标准工具），大大简化了 ABM 模型的建模过程。

Holland 早年还受到密歇根大学一批同辈学者的影响，包括 Burks、Axelrod、Cohen 以及 Hamilton 等。所有这些研究人员（他们自称 BACH 团队）都将在复杂系统研究领域产生影响，有些人甚至涉足了 ABM 的研究。Axelrod 创造了"囚徒困境策略锦标赛"（Axelrod，1984），比赛结果表明，简单策略，如众所周知的"针锋相对"（Tit-for-Tat）策略，在社交游戏中可以表现得很好，只要使用这些策略的 agent 与其他 agent 之间进行多次交互即可。Cohen 开发了 Garbage Can Model of Organizations（组织的垃圾桶模型；Cohen 等，1972），该模型将组织描绘为"有组织的无政府状态"，在这种状态下，决策是由四个相互独立的"因素（stream）"——问题、解决方案、参与者以及选择的机会——通过交互做出的。大约在同一时期，Holland 开始研究一种普适化的遗传算法——分类器系统（classifier system）。基于默认层级原则，分类器系统将对规则进行演化，或者生成一个将输入转换为输出以满足某个目标的"分类器"。分类器系统包含一组简单规则，用于对复杂现象进行建模。这相当于包含一组简单 agent 的 ABM 模型，通过 agent 交互实现针对复杂现象的建模。此外，分类器系统是创建真正自适应 agent 的第一次尝试，因为它包含一个用于 agent 的算法，使用该算法可以构建任意复杂的系统策略。

在接下来的几年里，Holland 和他的两个研究生 Melanie Mitchell 和 Stephanie Forrest 一起工作。他们一起探索在与人造生命相关的各种场景中使用遗传算法（Mitchell 和 Forrest，1994）。Mitchell（1998）证明了遗传算法可以更好地解决经典的元胞自动机问题。她继续进行关键性研究，并撰写了一本关于复杂系统的入门教材（2009 年），该书描述了复杂性与计算、进化与人工智能之间的关系。大约在同一时间，ECHO 系列模型被开发出来（Holland，1993），这是第一次尝试建立基于 agent 的模型，其中的 agent 没有明确的目标，相反，这些 agent 利用环境中的资源来维持生命。agent 被迫通过贸易、争夺或种植寻找获得更多资源的方法，并寻求自我保护。然而，这些内容并没有被显式地编码到模型中；相反，该系统的编码非常简单，即没有足够资源的 agent 会死掉，这是一个称为隐式适应度函数的规则。尽管 ECHO 模型从来没有被 Holland 应用于解决具体问题，但是它描述了今天在 ABM 中使用的许多基本机制。如果想了解 ECHO 如何实施，NetLogo 模型库的 Biology 部分有它的一个版本，可供读者参考。

ECHO 系列模型影响了人工生命建模的早期发展，至今仍作为进化过程的高层级描述性模型被使用。Holland 关于 ECHO 模型的许多想法，都在他 1995 年的圣达菲学院 Ulam 系列讲座中进行了总结，这些讲座被编纂成书，并以《隐藏的秩序》（Hidden Order）为名出版（1995）。《隐藏的秩序》是最早介绍 ABM 基本原理并将其作为复杂自适应系统基础的书籍之一。这些思想在 Holland 于 1998 年出版的《涌现》（Emergence）一书中得到了扩充和修订。

Forrest 将这些思想做了进一步的扩展，并提出了人工免疫系统（artificial immune system，AIS；Hofmeyr 和 Forrest，2000）。AIS 在计算机中创建 agent 种群，这些 agent 的唯一任务是确定计算机内的活动是否正常；如果不是，则 agent 必须将这些活动实施隔离和停止。这一过程与人体免疫系统的工作原理非常相似，AIS 就是将人体免疫系统在计算机中实现的 ABM 模型。

Holland 提出的 ECHO 模型对 ABM 的发展影响深远，不仅体现在对诸多建模人员及其工作的影响方面，也体现在 ABM 早期理论的发展方面。他认为许多不同类型的自适应行为（从神经系统到经济系统）都有一个共同的结构，这一观点极大地影响了 ABM 的发展。此外，Holland 对并行计算的兴趣仍然是当今 ABM 研究和应用的核心内容，包括从基于种群的搜索技术，到分类器系统，再到神经系统建模。

Seymour Papert、Logo 语言和 turtle

20 世纪 60 年代末，Seymour Papert 和同事 Marvin Minsky 被任命为麻省理工学院人工智能实验室的联合主任。Papert 在剑桥大学完成数学博士学位之后来到麻省理工学院，并在瑞士日内瓦的 Jean Piaget 研究所与 Piaget 一起研究了几年儿童数学思维问题。

到达麻省理工学院之后不久，Papert 就开始与 Bolt Beranek & Newman 公司的科学家们合作，Newman 公司在美国马萨诸塞州的剑桥市有一个研究实验室。Papert、Feurzeig、Bobrow 和 Solomon（Feurzeig 等，1969）一道创建了一种专供儿童使用的程序设计语言 Logo。Logo 从 Lisp 语言中继承了很多格式和语法，Lisp 语言在人工智能领域被大量使用⊖。Papert 坚信，让儿童接触软件编程，将培养他们成为计算型思考者，并让他们了解诸如调试和递归这些强大的程序设计思想（Papert, 1980）。他将这种教育方法称为"建构主义"（constructionism）。在参与 Logo 项目一年之后，Papert 第一次提出了"turtle"的概念，这是一个由 Logo 语言控制的对象。早期的一些 turtle 是基于实物设计的（Walter，1950），并被连接到电脑上，但是很快出现了虚拟的 turtle。turtle 有一些特征，比如它在屏幕上的位置，所面对的"朝向"（方向），以及所携带的"画笔"。每个 turtle 都遵从 Logo 的一些指令，比如"前进""左转"，等等。通过向 turtle 发出指令，孩子们能够画出经典的几何图形，还能够画出那些看起来非常复杂但是在计算机环境中很容易编程实现的、具有重复与递归特性的图形。

Logo 语言随后被引入学校，世界各地数百万儿童参与了"Logo 造型艺术家"活动（Harel 和 Papert，1990；Papert，1987）。Logo 的成功很大程度上归功于 turtle 的使用。Papert 将 turtle 描述为"身形和谐的对象"（body-syntonic object）（Papert，1980）：用户可以将自己投射为一个 turtle，为了弄清楚应该给 turtle 发什么指令，用户可以想象自己的身体怎么做才能达到预期效果。比如说要画一个正方形，那么用户需要前移一段距离，然后右转，然后再向前移动相同的距离，再右转，再移动……直到完成。在全球成千上万个 Logo 教室中，孩子们学会了"play turtle"，学习了如何绘制几何图形，以及如何使用 Logo 语言进行编程。

可能我们今天在谈论 ABM 的时候，想到的第一个 agent 就是 Logo 语言中的 turtle。和 NetLogo 中的 agent 一样，Logo 的 turtle 有位置和方向属性，它的能力在于用户可以将自己投射到系统中，也就是把自己想象成一个 turtle。NetLogo 从 Logo 中汲取了很多语法，并将模型中 turtle 的数量从 1 扩展到成千上万。NetLogo 中的 turtle 通常用它们的身体来"画图"，而不是用"笔"，正是 turtle 的身体构造呈现出了 NetLogo 的视觉效果（Wilensky，2001）。NetLogo 借用了 Logo 的口号"低门槛，高上限"，意思是软件的使用简单到让新手可以很快上手，同时强大到让专家可以使用它进行科学研究（Tisue 和 Wilensky，2004）。此外，NetLogo 建立在 Logo 语法的基础上，这使得程序语言更接近于英语，便于阅读和理解。

Papert 和 Logo 语言的影响不仅体现在 NetLogo 上，很多 ABM 平台都将 agent 定义为具有自身属性和活动的实体。大多数早期的 ABM 平台，如 Swarm（Minar 等，1996）和 Repast（Collier，2001），都考虑到在二维屏幕上可视化 agent 的需要，就像将 Logo 语言中的 turtle 投影到 2D 屏幕上一样。

⊖　Lisp 是 List Processing 的缩写。

面向对象编程和 Actor 模型

编程语言中的"函数",最初是指一个简单的过程,它接受一个数字并输出一个数字,或者至多接受一个数字矩阵作为输入,并输出另外一个数字矩阵。直到 1958 年 John McCarthy 在麻省理工学院发明了 Lisp 语言,函数的概念才得到扩展。McCarthy(1960)在 Alonzo Church 提出的 λ 演算(lambda calculus;1932)的基础上创建了一种编程语言,在这种语言中,函数可以接受其他函数作为输入,并返回一个新函数作为输出。这种新的改进将函数作为 Lisp 编程语言中的第一类对象,并对数值和数值矩阵的格式重新做了限制,以保证其符合 Lisp 中所有功能输入和功能输出的要求。这极大地扩展了函数的计算能力,因为现在它们不仅可以响应数值和变量输入,而且还可以响应函数输入。

尽管 Lisp 是一种强大的编程语言,但它仍然维持了将函数和数据分开存放的做法。当函数非常简单时(比如加法和减法),或者当数据非常简单时(比如整数和浮点数),这是一个合理的策略。然而,随着软件工程技术的发展,需要程序设计语言拥有越来越多的复杂功能和数据管理能力。例如,如何描述一个"加法"操作符,使得它对一系列对象(从整数到地址记录到完整数据库)都可以使用?为了解决这个问题,几位研究人员提出了将函数及数据绑定在一起的想法。挪威的 Ole-Johan Dahl 和 Kristen Nygaard 在设计海轮仿真模型的时候意识到,描述一艘船的最简单的方法,包括它可能具有的所有属性和行为,就是把这艘船归属为一个具有相似特征的船舶类型(Holmevik,1994)。为了简化这个过程,Dahl 和 Nygaard 创建了 Simula 编程语言,这是第一种将数据和函数结合在一个对象或"类"中的编程语言。然而,术语"面向对象编程"(object-oriented programming,OOP)直到 Alan Kay 及其同事开发出 Smalltalk 语言之后才被使用(Kay,1993)。Simula 和 Smalltalk 是最早允许实施对象封装的语言,这是一种将多个功能单元和数据元素打包成一个有机内聚体的方法。

OOP 为建模提供了一种新的思路。如果可以将对象和方法封装在一起,那么就可以创建代表宇宙中不同对象的类。例如,在第 1 章所讨论的 Ants 模型中,可以创建一个表示蚂蚁对象的类。这个对象既可以表示蚂蚁能做什么(移动、进食、释放信息素等),也可以表示蚂蚁知道什么(它要去哪里,是否找到了食物,等等)。直到面向对象程序语言的诞生,基于 agent 的模型的许多属性才可以很容易地在计算建构中实例化。

虽然 Smalltalk 和 Simula 可以非常"儒雅"和富有表现力地将信息从一个对象发送到另一个对象,但麻省理工学院的研究员 Carl Hewitt 还是认为它们太复杂了。Hewitt 希望创建一个计算模型,模型的中心架构是基于消息传递的,而且,Hewitt 希望突出的是并行计算而不是串行计算能力。因此,Hewitt 开发了 Actor 模型,这是在 Bishop 和 Steiger 研究工作的基础上完成的(Hewitt 等,1973)。在 Actor 模型的开发过程中,Hewitt 受到 Papert 和 Little Person 计算模型(Hewitt 和 Baker,1977)以及 Kay 关于面向对象编程的著作(1993)的极大影响。Hewitt 信奉简单主义的设计哲学,因此他将计算对象称为 actor(可译为"演员"或"参与者")。

actor 所能做的事情非常有限,尽管如此,它们仍然能够执行复杂的计算。actor 可以发送和接收消息,创建其他 actor,并具有操作和控制消息的行为能力。每个 actor 都有一个"邮件地址",每个 actor 只能将消息发送给其他那些他知道"邮件地址"的 actor。一个 actor 要想知道另一个 actor 的邮件地址,唯一的方法就是把"问询"以消息的形式发送给他知道邮件地址的那些 actor。因此,所有信息交互过程都是局部的,所有邮件地址都不是全局公开的。此外,由于 actor 可以获得新的邮件地址,也可以忘记旧的邮件地址,所以 actor

世界中的交互关系是动态的，这与基于物理距离或其他静态属性的交互关系有所不同。此外，可以对 actor 进行排队，每个 actor 只执行总体计算的一小部分，从而允许控制程序将多个 actor 组合成一个 actor 进行管理。最后，actor 天生是并行的，能够独立于其他 actor 并行地计算结果。

随着时间的推移，actor 的概念被集成到面向对象（OO）编程中，除 ABM 之外，actor 的许多设计思想在 C++、Objective-C 和 Cocoa 等语言中也存在。Actor 模型的一些设计思想极大地影响了 ABM 的开发，甚至独立于 OO 编程。例如，OO 缺乏对并发计算的支持，但这是 Actor 模型的一个关键元素。尽管几乎所有的 ABM 语言都是串行的（因为今天我们能买得起的计算机都是串行的），但是其中的许多语言仍然试图模拟并行计算。此外，即使当 ABM 语言不支持并行计算的时候，模型开发者也经常将他们的模型设计成并行的，或者通过交叉操作实现，或者通过异步更新实现⊖。在现实世界中，无论粒子的跳跃、羊群和狼在草地上移动，还是选民如何投票，都是并行的过程，因此 ABM 和 Actor 模型都强调并行计算。

ABM 借用了 Actor 模型的一个特征——局部交互。actor 只能与其已知的其他 actor 交流；系统中没有全局可见的邮件地址。实际上，这种设计思路与"现实世界"是一致的，因为我们很难在现实世界中随意找到一个不熟悉人的邮件地址，总得通过我们已经认识的人，才能找到要联系的那个陌生人。毕竟，现实世界中的单个 agent 很少有能力得到它想要的任何资源；相反，它通常有一个可以访问的资源列表，然后决定如何使用这些资源获得它想要的东西。ABM 同样依赖于局部交互，因为这是现实世界通常的运行机制。

除了使用具有局部交互关系的拓扑结构之外，Actor 模型的拓扑结构还是动态的：也就是说，actor 可以获得新地址而忘记旧地址，就像在一个场景中移动的 agent 经常会在不同时点与不同的 agent 进行交互一样。这样设计不仅可以节省计算机内存（因为 agent 和 actor 不需要记住它们见过的每一个人），而且可以使 agent 和 actor 能够改变和适应不断变化的环境。

agent 拥有的许多属性也是 actor 的属性。例如，我们说 agent 具有行为能力，实际上 actor 也是如此。agent 被描述为可以向其他 agent 传递消息，在这一思想的影响下，许多 ABM 平台也采用了相同的方法。OOP 的许多核心架构以及 Actor 模型中的设计思想，长期以来一直影响着主流 ABM 平台，甚至被直接用在主流 ABM 平台的设计中。

数据并行法

在 20 世纪 80 年代中期，Danny Hillis 在麻省理工学院完成了他的博士论文，主题是他称为"连接机"（connection machine，CM）的并行计算机架构。与当时大多数计算机的经典冯·诺依曼架构不同，CM 不是通过一个中央处理器处理所有计算（Hillis，1989），相反，它使用数千个低成本、低容量的处理器，将这些处理器置于一个"超立方体"（hypercube）中并相互连接，每个处理器都可以与任何其他处理器进行通信，二者之间存在几个中间处理器。CM 采用了一种名为"单指令多数据"（single instruction，multiple data）的体系结构，该体系结构通常缩写为 SIMD，它对数千个处理器中的每一个都提供相同的指令，每个处理器都持有和处理数据元素。Hillis 创立了 Thinking Machine 公司来制造和销售此类计算机。

起初，这类机器被认为很难编程，因为标准的串行处理语言无法有效地与这种机器协同工作。直到 20 世纪 80 年代末，出现了专门用于 CM 的并行程序设计语言，比如 StarLisp（Lisp 的并行版本）和 C-Star 语言。CM-2 有 65 536 个处理器，为了有效地使用它们，重

⊖　对于后面将讨论的技术，读者只需知道它们是在串行机器上模拟并行计算就足够了。

要的是不要让处理器等待其他处理器的处理结果。最简单的方法是使用"数据并行"（data-parallel），这样数据被均匀地分布在各个处理器中，每个处理器都对它各自持有的数据同时执行相同的指令〔相比之下，当时大多数并行计算机使用的是控制并行方法（control-parallel），因此存在多个并行执行的线程〕。Thinking Machine 公司的科学家提出了 CM 的一些新颖且功能强大的应用。其中第一个是改进型文档检索工具（Stanfill 和 Kahle，1986）。假设某人有一个文档，这个文档与其他文档之间具有某种关联，我们希望找到那些关联的文档。你可以将已知文档进行处理，从中提取关键字，此时就变为关于关键字的搜索。具体操作过程是：每个处理器都从数据库中调入一个文档，然后计算文档与关键字的近似程度，以此响应查询请求，之后从已检索文档中保留得分最高者，继续重复上述过程，直到全部文档检索完毕。

对象识别（object recognition）是另一个利用并行架构开发的应用。在对象识别应用中，来自已知大型对象数据库的一些二维对象被放在一张桌子上，机器的任务是为每个被识别对象生成一张贴有标签的照片。Thinking Machine 公司的科学家 Lew Tucker 设计了一种算法，该算法将所生成的"猜想"加载到每个处理器，然后，与文档检索应用类似，处理器将每个猜想与摄像机捕捉到的二维像素数组进行比较，从而完成打分（Tucker, Feynman 和 Fritzsche，1988）。

如前所述，数据并行法非常适用于元胞自动机（CA）的快速计算。物理学家 Richard Feynman 与 Stephen Wolfram 合作开发了一种基于 CA 的流体流动应用（Tucker 和 Robertson，1988）。Feynman 证明，几乎所有流体的流动过程都可以使用具有独立形态的粒子在六边形晶格环境中进行建模。Feynman 和 Wolfram 选择使用球形粒子，采用数据并行的方式，计算了每个六边形晶格的变化，仿真结果呈现的是一个漂亮的、可视化的、湍流形态的流体。

以上两个例子已经被 ABM 建模人员采用，并且可以使用 ABM 在具有串行特征的硬件上运行。SIMD 数据并行范式最终未能在硬件市场上取得成功，它被更快、更复杂但是并行性能差一些的处理器所取代。但是，它所采用的方法——向多个处理器提供相同指令——影响了 ABM 语言的发展，后者也能向多个分布式 agent 发送相同的指令。从本质上看，被 ABM 采用的数据并行模型，主要也是在串行机器上运行。实际上，一种早期的 ABM 语言 StarLogo 是用 StarLisp 编写的，最初是在一台 CM 上实现的。

计算机图形学、粒子系统和 Boids 模型

随着时间的推移，计算机图形学与计算机科学的其他领域一起发展和进步显著。随着计算机运行速度越来越快，计算机显示器也得到了很大改进，可以呈现越来越逼真的视觉效果和数据图像。由于计算机图形学的目标是将开发者头脑中的图像转化为视觉表现，因此它与计算机建模有很多相似之处。计算机建模旨在获取一个概念模型，并将它转换为可计算的人工产品。那么，计算机图形学会对 ABM 产生影响也就不足为奇了。

在早期的计算机图形学中，许多研发人员使用大量的平面图块组合来表示对象。这被证明是一个很好的近似方法：毕竟人们看到的绝大多数物体都是平面的，比如墙壁和天花板，天空或者前方的道路。然而，对于不太清晰的影像，如烟雾、星星或光线，使用平面并不能恰如其分地表示它们（Blinn，1982）。为了对这些现象进行建模，计算机图形研究人员转而使用"点"（point）来表示。点可以被赋予大小、位置和速度，并且可以比平面更自然地表示这些物体和现象。此外，点更容易使用（在针对点进行过程描述的时候，其运动规则也更简单），也比平面更容易处理。基于点的计算机图形学方法被称为"粒子系统"（Reeves，

1983）。这类系统与 ABM 有很多共同之处，能够在视觉上模拟突发的涌现现象，例如，对于烟囱中烟雾的模拟，可以通过对单个烟雾粒子进行建模，定义它们之间的简单交互规则，从而实现全局模式的可视化。同样地，基于 agent 的模型使用基于 agent 交互的简单规则，也能够让人们观察到全局现象。

受到粒子系统、turtle 和 Logo 编程语言的启发，Craig Reynolds 进一步超越了粒子的概念（很小、模糊的物体），使用粒子系统来描述鸟群的运动（Reynolds，1987），我们在第 7 章中对此进行了介绍。Reynolds 称这些相同属种的群居动物为"boids"（类鸟群），并使用三个简单规则来描述它们的行为：

- 分离（separation）。boids 与环境中的任何其他对象都不能靠得太近；
- 对齐（alignment）。boids 应该与其周围的（本地）伙伴保持相同的飞行方向（朝向）；
- 内聚（cohesion）。boids 应朝向本地小组的中心方向移动。

尽管这三个规则都很简单，Reynolds 还是能够实现逼真的"群集"效果。实际上，基于这些规则的局部交互，不仅使 Reynolds 开发出一个在全局层面上看起来很像"群集"的模型，而且使得模型中诸多更小的部分看起来也具有"群集"的效果。比如说，如果鸟群的飞行路线中出现了一个障碍物，鸟群会被很容易地一分为二，成为两个鸟群，并在障碍物周围移动，然后在障碍物的另一侧重新汇合在一起。所有这些都是在没有针对对象躲避情境专门编写程序代码的情况下实现的。

从多方面来看，Boids 模型都是基于 ABM 的，尽管当时 ABM 这个术语尚未开始使用。Boids 模型中的个体管理各自的属性，通过各自的本地交互"涌现"出某种全局现象。群体能够适应新情况（例如，引入一个外来对象）而不会破坏固有的涌现模式，这说明一个构建良好的 ABM 模型能够超越最初设想的条件和假设，从而能够适应更宽泛的情境。由于 ABM 模型不需要对系统进行全局描述，因此也不需要预测所有可能发生的事件。

Reynolds 在 SIGGRAPH 大会 1987 年年会上展示了 Boids 模型，之后不久，Chris Langton 组织了第一次关于人工生命体的研讨会，Reynolds 的 Boids 模型也在会上进行了展示。人工生命体的研究已经发展成一个技术型社区，包含许多不同的计算方法，其中计算机被用来模拟人类和生物系统。因此，人工生命体的研究开始使用 Reynolds 的 Boids 模型、冯·诺依曼的元胞自动机以及 Holland 的遗传算法等多项技术。虽然人工生命体不同于 ABM——因为它的目标是在计算机系统中构建出包含栩栩如生对象的系统，但是 ABM 和人工生命体的许多方法和技术还是非常相似的。

结论

自从 Thomas Schelling（1971）在棋盘上通过抛掷硬币进行建模以来，ABM 已经走过了漫长的道路。我们针对上述六项技术进行的简要介绍，试图揭示 ABM 的起源，尽管经过了漫长的发展，ABM 仍然很年轻，仍然生机勃勃。关于如何完美地实施 ABM、ABM 最有用的支持工具以及 ABM 最适用的领域，这些问题还有待进行大量的研究。显而易见，ABM 已经成为自然科学、社会科学和工程学领域中研究复杂系统的主要方法与工具集。希望我们在本书中提供的知识能够帮助你有效地实施和应用 ABM。我们也希望基于 agent 的模型（ABM）能够成为大众和科学家的核心知识技能，这样每个人都可以使用模型来进行推理，公共媒体也可以使用模型支持其论点并提出相应的对策。

参 考 文 献

Abrahamson, D., & Wilensky, U. (2004). SAMPLER: Collaborative interactive computer-based statistics learning environment. Proceedings of the 10th International Congress on Mathematical Education, Copenhagen, July 4–11, 2004.

Aktipis, A. (2004). Know when to walk away: Contingent movement and the evolution of cooperation. *Journal of Theoretical Biology*, *231*(2), 249–260.

An, G., & Wilensky, U. (2009). From artificial life to in silico medicine: NetLogo as a means of translational knowledge representation in biomedical research. In A. Adamatzky & M. Komosinski (Eds.), *Artificial Life Models in Software* (2nd ed., pp. 183–214). Berlin: Springer-Verlag.

Anas, A. (2002). Prejudice, exclusion, and compensating transfers: The economics of ethnic segregation. *Journal of Urban Economics*, *52*(3), 409–432.

Anderson, P. (1972). More is different. *Science*, *177*, 393–396.

Arthur, W. B. (1994). Inductive reasoning and bounded rationality. *American Economic Review*, *84*(2), 406–411.

Arthur, W. B., Holland, J. H., LeBaron, B., Palmer, R., & Taylor, P. (1997). Asset pricing under endogenous expectations in an artificial stock market. In W. Arthur, D. Lane, & S. Durlauf (Eds.), *The Economy as an Evolving Complex System: II* (pp. 15–44). Redwood City, CA: Addison-Wesley.

Ashlock, D. (2006). *Evolutionary Computation for Modeling and Optimization*. New York: Springer-Verlag.

Axelrod, R. (1984). *The Evolution of Cooperation*. New York: Basic Books.

Axelrod, R. (1997). Advancing the art of simulation in the social sciences. In R. Conte, R. Hegelsmann, & P. Terna (Eds.), *Simulating Social Phenomena* (pp. 21–40). Berlin: Springer-Verlag.

Axtell, R., Axelrod, R., Epstein, J. M., & Cohen, M. D. (1996). Aligning simulation models: A case study and results. *Computational & Mathematical Organization Theory*, *1*, 123–141.

Axtell, R., Epstein, J., Dean, J., Gumerman, G., Swedlund, A., Harburger, J., et al. (2002). Population growth and collapse in a multiagent model of the Kayenta Anasazi in Long House Valley. *Proceedings of the National Academy of Sciences of the United States of America*, *99*(suppl. 3), 7275–7279.

Ayres, I. (2007). *Super Crunchers: Why Thinking-By-Numbers Is the New Way To Be Smart*. New York: Bantam Books.

Bak, P. (1996). *How Nature Works: The Science of Self-Organized Criticality*. New York: Springer.

Bak, P., Chen, K., & Tang, C. (1990). A forest-fire model and some thoughts on turbulence. [Part A]. *Physics Letters*, *147*, 297–300.

Bak, P., Tang, C., & Wiesenfeld, K. (1987). Self-organized criticality: An explanation of 1/f noise. *Physical Review Letters*, *59*, 381–384.

Bakshy, E., & Wilensky, U. (2007a). NetLogo-Mathematica Link. http://ccl.northwestern.edu/netlogo/mathematica.html. Center for Connected Learning and Computer-Based Modeling, Northwestern University, Evanston, IL.

Bakshy, E., & Wilensky, U. (2007b). Turtle histories and alternate universes: Exploratory modeling with NetLogo and Mathematica. Proceedings of the Agent2007 Conference, Chicago, November 15–17.

Barabási, A.L. (2002). *Linked: The New Science of Networks*. Cambridge, MA: Perseus.

Barabási, A.L. & Albert, R. (1999). Emergence of scaling in random networks. *Science*, *286* (5439), 509–512.

Batty, M. (2005). *Cities and Complexity: Understanding Cities with Cellular Automata, Agent-Based Models, and Fractals*. Cambridge, MA: MIT Press.

Batty, M., & Longley, P. (1994). *Fractal Cities: A Geometry of Form and Function*. San Diego: Academic

Press.

Bauer, B., Muller, J. P., & Odell, J. (2000). Agent UML: A Formalism for Specifying Multiagent Interaction. *Lecture Notes in Computer Science, 1957*, 109–120.

Belding, T. C. (2000). *Numerical Replication of Computer Simulations: Some Pitfalls and How to Avoid Them.* University of Michigan's Center for the Study of Complex Systems, Technical Report.

Bentley, W. A., & Humphreys, W. J. (1962). *Snow Crystals.* New York: Dover.

Berland, M., & Rand, W. (2009). Participatory simulation as a tool for agent-based simulation. Proceedings of the International Conference on Agents and Artificial Intelligence (ICAART-09), Porto, Portugal, 553–557.

Berland, M., & Wilensky, U. (2006). Constructionist collaborative engineering: Results from an implementation of PVBOT. Paper presented at the annual meeting of the American Educational Research Association, San Francisco, CA.

Berlekamp, E., Conway, J. H., & Guy, R. (1982). *Winning Ways for Your Mathematical Plays.* London: Academic.

Bertin, J. (1967). *Semiologie graphique.* The Hague: Mouton.

Bertin, J. (1983). *Semiology of Graphics.* Madison: University of Wisconsin Press.

Blikstein, P., Rand, W., & Wilensky, U. (2007). Examining group behavior and collaboration using ABM and robots. Proceedings of the Agent2007 Conference, Chicago, November 15–17.

Blikstein, P., & Wilensky, U. (2006). A case study of multi-agent-based simulation in undergraduate materials science education. Proceedings of the Annual Conference of the American Society for Engineering Education, Chicago, IL, June 18–21.

Blikstein, P., & Wilensky, U. (2007). Bifocal modeling: A framework for combining computer modeling, robotics and real-world sensing. Paper presented at the 2007 annual meeting of the American Educational Research Association, Chicago, IL, April 9–13. http://ccl.northwestern.edu/papers/2007/09-bifocal_modeling.pdf.

Blikstein, P., & Wilensky, U. (2009). An atom is known by the company it keeps: A constructionist learning environment for materials science using multi-agent simulation. *International Journal of Computers for Mathematical Learning, 14*(1), 81–119.

Blinn, J. (1982). Light reflection functions for simulation of clouds and dusty surfaces. *Computer Graphics, 16*(3), 21–29.

Bonabeau, E. (2012). http://www.icosystem.com/labsdemos/the-game/.

Bonabeau, E., Dorigo, M., & Théraulaz, G. (1999). *Swarm Intelligence: From Natural to Artificial Systems.* London: Oxford University Press.

Bonabeau, E., Funes, P., & Orme, B. (2003). Exploratory design of swarms. 2nd International Workshop on the Mathematics and Algorithms of Social Insects. Georgia Institute of Technology, Atlanta.

Bonabeau, E., & Meyer, C. (2001). Swarm intelligence: A whole new way to think about business. *Harvard Business Review, 5*, 107–114.

Booch, G., Rumbaugh, J., & Jacobson, I. (2005). *The Unified Modeling Language User's Guide.* New York: Addison-Wesley.

Borges, J. L. (1946). On exactitude in science. *Los Anales de Buenos Aires, 1.*

Box, G. (1979). Robustness in the strategy of scientific model building. In R. L. Launer & G. N. Wilkinson (Eds.), *Robustness in Statistics.* New York: Academic Press.

Box, G., & Draper, N. (1987). *Empirical Model-Building and Response Surfaces.* New York: Wiley.

Box, G., Jenkins, G., & Reinsel, G. (1994). *Time Series Analysis: Forecasting and Control* (3rd ed.). Englewood Cliffs, NJ: Prentice-Hall.

Branko, G., & Shephard, G. C. (1987). *Tilings and Patterns.* New York: W. H. Freeman.

Broadbent, S. R., & Hammersley, J. M. (1957). Percolation processes I. Crystals and mazes. *Proceedings of the Cambridge Philosophical Society, 53*, 629–641.

Brown, D. G., Page, S. E., Riolo, R., Zellner, M., & Rand, W. (2005). Path dependence and the validation of agent-based spatial models of land use. *International Journal of Geographical Information Science, 19*(2), 153–174.

Brown, D., Riolo, R., Robinson, D. T., North, M., & Rand, W. (2005). Spatial process and data models: Toward integration of agent-based models and GIS. *Journal of Geographical Systems, 7*(1), 25–47.

Brown, D. G., Robinson, D. T., Nassauer, J. I., An, L., Page, S. E., Low, B., et al. (2008). Exurbia from the bottom-up: Agent-based modeling and empirical requirements. *Geoforum, 39*(2), 805–818.

Burks, A. (1970). *Essays on Cellular Automata*. Urbana: University of Illinois Press.

Card, S. K., Newell, A., & Moran, T. P. (1983). *The Psychology of Human-Computer Interaction*. Hillsdale, NJ: Erlbaum.

Carley, K. (2002). Simulating society: The tension between transparency and veridicality. Proceedings of Agents 2002, Chicago IL.

Cassandras, C., & Lafortune, S. (1999). *Introduction to Discrete Event Systems*. Boston: Kluwer Academic.

Casti, J. L. (1995). Seeing the light at El Farol: A look at the most important problem in complex systems theory. *Complexity, 1*(5), 7–10.

Centola, D., Wilensky, U., & McKenzie, E. (2000). A hands-on modeling approach to evolution: Learning about the evolution of cooperation and altruism through multi-agent modeling—The EACH Project. Proceedings of the Fourth Annual International Conference of the Learning Sciences, Ann Arbor, MI.

Challet, D., Marsili, M., & Zhang, Y.-C. (2004). *Minority Games*. Oxford: Oxford University Press.

Church, A. (1932). A set of postulates for the foundation of logic. *Annals of Mathematics* 2nd ser., 346–66.

Cohen, M. D., March, J. G., & Olsen, J. P. (1972). A garbage can model of organizational choice. *Administrative Science Quarterly, 17*(1), 1–25.

Colella, V. (2000). Participatory simulations: Building collaborative understanding through immersive dynamic modeling. *Journal of the Learning Sciences, 9*(4), 471–500.

Collier, N., Howe, T., & North, M. (2003). Onward and upward: The transition to Repast 2.0. Proceedings of the First Annual North American Association for Computational Social and Organizational Science Conference, Pittsburgh, PA.

Conway, J. (1976). *On Numbers and Games*. Waltham, MA: Academic Press.

Cook, M. (2004). Universality in elementary cellular automata. *Complex Systems, 15*, 1–40.

Dawkins, R. (1986). *The Blind Watchmaker*. New York: Norton.

Dean, J. S., Gumerman, G. J., Epstein, J. M., Axtell, R. L., Swedlund, A. C., Parker, M. T., et al. (2000). Understanding Anasazi culture change through agent-based modeling. In T. A. Kohler & G. J. Gumerman (Eds.), *Dynamics in Human and Primate Societies: Agent-Based Modeling of Social and Spatial Processes* (pp. 179–205). New York: Oxford University Press.

DeAngelis, D. L., & Gross, L. J. (1992). *Individual-Based Models and Approaches in Ecology: Populations, Communities and Ecosystems*. New York: Chapman & Hall.

DeAngelis, D., & Mooij, W. (2005). Individual-based modeling of ecological and evolutionary processes. *Annual Review of Ecology Evolution and Systematics, 36*(1), 147–168.

Deneubourg, J. L., & Goss, S. (1989). Collective patterns and decision-making. *Ethology Ecology and Evolution, 1*, 295–311.

Deneubourg, J. L., Goss, S., Sandini, G., Ferrari, F., & Dario, P. (1990). Self-organizing collection and transport of objects in unpredictable environments. *Proc. of Japan—USA Symposium on Flexible Automation, Kyoto, Japan, ISCIE*.

Dewdney, A. K. (1987). Diverse personalities search for social equilibrium at a computer party, Computer Recreations. *Scientific American*, (Sept): 112–117.

Dewdney, A. K. (1990). *The Magic Machine*. San Francisco: Freeman.

DiSessa, A. A. (2000). *Changing Minds: Computers, Learning, and Literacy*. Cambridge, MA: MIT Press.

Dix, A., Finlay, J., Abowd, J., & Beale, R. (2004). *Human-Computer Interaction*. Englewood Cliffs, NJ: Prentice Hall.

Dorigo, M., & Stützle, T. (2004). *Ant Colony Optimization*. Cambridge, MA: MIT Press.

Dragulescu, A. & Yakovenko, V.M. (2000). Statistical mechanics of money. *European Physical Journal B, 17*, 723–729.

Dubins, L. E., & Savage, L. J. (1965). *How to Gamble if You Must: Inequalities for Stochastic Processes*. New York: Dover.

Edelson, D. (2004). My world: a case study in adapting scientists' tools for learners. Proceedings of the 6th international conference on the Learning sciences.

Edmonds, B., & Hales, D. (2003). Replication, replication and replication: Some hard lessons from model alignment. *Journal of Artificial Societies and Social Simulation, 6*(4).

Einstein, A. (1933). "On the Method of Theoretical Physics." The Herbert Spencer Lecture, delivered at Oxford (10 June 1933); also published in *Philosophy of Science, 1*(2), 163–169, 1934.

Enfield, N. J. (2003). *Linguistic Epidemiology: Semantics and Grammar of Language Contact in Mainland Southeast Asia*. New York: Routledge.

Epstein, J. (1999). Agent-based computational models and generative social science. *Complexity, 4*(5), 41–60.

Epstein, J. (2006). *Generative Social Science: Studies in Agent-Based Computational Modeling*. Princeton: Princeton University Press.

Epstein, J., & Axtell, R. (1996). *Growing Artificial Societies*. Cambridge, MA: MIT Press.

Erdös, P., & Renyi, A. (1959). On random graphs. *Publicationes Mathematicae (Debrecen), 6*, 290–297.

Erdös, P., & Renyi, A. (1960). On the evolution of random graphs. *Publications of the Mathematical Institute of the Hungarian Academy of Sciences, 5*, 17–61.

Feurzeig, W., Papert, S., Bloom, M., Grant, R., & Solomon, C. (1969). *Programming languages as a conceptual framework for teaching mathematics* (Tech. Rep. No. 1899). Cambridge, MA: Bolt, Beranek, & Newman.

Flach, P. (2012). *Machine Learning: The Art and Science of Algorithms That Make Sense of Data*. Cambridge: Cambridge University Press.

Fogel, D. B., Chellapilla, K., & Angeline, P. J. (1999). Inductive reasoning and bounded rationality reconsidered. *IEEE Transactions on Evolutionary Computation, 3*(2), 142–146.

Forrester, J. (1961). *Industrial Dynamics*. Cambridge, MA: MIT Press.

Forrester, J. W. (1968). *Principles of Systems*. Norwalk, CT: Productivity Press.

Fredkin, E. (1990). An informational process based on reversible cellular automata. *Physica D. Nonlinear Phenomena, 45*(1–3), 254–270.

Frey, S., & Goldstone, R. (2013). Cyclic game dynamics driven by iterated reasoning. *PLoS ONE, 8*(2), e56416. doi:10.1371/journal.pone.0056416.

Galilei, G. (1638) *Discorsi e dimostrazioni matematiche, intorno à due nuove scienze* 213 (Leiden: Louis Elsevier), or *Mathematical discourses and demonstrations, relating to Two New Sciences*, English translation by Henry Crew and Alfonso de Salvio (1914).

Garcia-Ruiz, J. M., Louis, E., Meakin, P., & Sander, L. (Eds.). (1993). *Growth Patterns in Physical Sciences and Biology (Nato Science Series B)*. New York: Springer.

Gardner, M. (1970). Mathematical games: The fantastic combinations of John Conway's new solitaire game, "Life. *Scientific American, 223*, 120–123.

Gause, G. F. (1936). *The Struggle for Existence*. New York: Dover.

Giancoli, D. (1984). *General Physics*. Englewood Cliffs, NJ: Prentice Hall.

Gladwell, M. (2000). *The Tipping Point*. New York: Little, Brown.

Gluckmann, G. M., & Bryson, J. (2011). An agent-based model of the effects of a primate social structure on the speed of natural selection. Evolutionary Computation and Multi-Agent Systems and Simulation (ECoMASS) at GECCO 2011, Dublin.

Goldberg, A., & Kay, A. (1976). *Smalltalk-72: Instruction Manual* (pp. 749–750). Palo Alto, CA: Xerox Corporation.

Gould, J. L., & Gould, C. G. (1988). *The Honey Bee*. W. H. Freeman.

Grasse, P. P. (1959). La reconstruction du nid et les coordinations inter-individuelles chez *Bellicositermes natalensis* et *Cubitermes* sp. La theorie de la stigmergie: Essai d'interpretation du comportement des termites constructeurs. *Insectes Sociaux, 6*, 41–81.

Grimm, V., Berger, U., Bastianen, F., Eliassen, S., Ginot, V., Giske, J., et al. (2006). A standard protocol for describing individual-based and agent-based models. *Ecological Modelling, 198*, 115–126.

Grimm, V., & Railsback, S. (2005). *Individual-Based Modeling and Ecology*. Princeton: Princeton University Press.

Grimm, V., Revilla, E., Berger, E., Jeltsch, F., Mooij, W., Railsback, S., et al. (2005). Pattern-oriented modeling of agent-based complex systems: Lessons from ecology. *Science, 310*, 987–991.

Grimmett, G. (1999). *Percolation.* Berlin: Springer Verlag.

Hammersley, J. M., & Handscomb, D. C. (1964). *Monte Carlo Methods.* New York: Chapman and Hall.

Hammond, R. A., & Axelrod, R. (2006). The evolution of ethnocentrism. *Journal of Conflict Resolution, 50*(6), 926.

Harel, I., & Papert, S. (1990). Software design as a learning environment. *Interactive Environments Journal, 1*(1), 41–84.

Hartmann, G., & Wehner, R. (1995). The ant's path integration system: A neural architecture. *Biological Cybernetics, 73*(6), 483–497.

Hawking, S. (2001). *The Universe in a Nutshell.* New York: Bantam Books.

Hebb, D. O. (1949). *The Organization of Behavior: A Neuropsychological Theory.* New York: John Wiley & Sons.

Hewitt, C., & Baker, H. (1977). Actors and continuous functionals. *MIT Working Papers* (1977).

Hewitt, C., Bishop, P., & Steiger, R. (1973). A universal modular actor formalism for artificial intelligence. *Proc. of International Joint Conference on Artificial Intelligence,* 1973.

Hillis, W. D. (1991). Co-evolving parasites improve simulated evolution as an optimization procedure. In C. Langton, C. Taylor, D. Farmer, & S. Rasmussen (Eds.), *Artificial Life II, SFI Studies in the Sciences of Complexity* (pp. 313–324). Boulder, CO: Westview Press.

Hillis, W. D. (1989). *The Connection Machine.* Cambridge, MA: MIT Press.

Hofmeyr, S. A., & Forrest, S. (2000). Architecture for an artificial immune system. *Evolutionary Computation, 8*(4), 443–473.

Holland, J. (1975). *Adaptation in Natural and Artificial Systems.* Ann Arbor: University of Michigan Press.

Holland, J. H. (1993). Echoing emergence. *SFI Working Papers* 93.04–23.

Holland, J. H. (1994). Echoing emergence: Objectives, rough definitions, and speculations for Echo-class models. In G. A. Cowan, D. Pines, & D. Meltzer (Eds.), *Complexity: Metaphors, Models and Reality* (pp. 309–342). Reading, MA: Addison-Wesley.

Holland, J. H. (1996). *Hidden Order: How Adaptation Builds Complexity.* Reading, MA: Addison-Wesley.

Holland, J. H. (1998). *Emergence: From Chaos to Order.* Reading, MA: Addison-Wesley.

Hölldobler, B., & Wilson, E. O. (1998). *The Ants.* Berlin: Springer.

Holmevik, J. R. (1994). Compiling simula: A historical study of technological genesis. *IEEE Annals of the History of Computing, 16*(4), 25–37.

Hutton, T. (2010). Codd's self-replicating computer. *Artificial Life, 16*(2), 99–117.

Izquierdo, L. R., & Polhill, J. G. (2006). Is your model susceptible to floating point errors? *Journal of Artificial Societies and Social Simulation, 9*(4).

Jackson, D. E., Holcombe, M., & Ratnieks, F. (2004). Trail geometry gives polarity to ant foraging networks. *Nature, 432*, 907–909.

Janis, I. L. (1982). *Groupthink: Psychological Studies of Policy Decisions and Fiascoes.* Boston: Houghton Mifflin.

Janson, S., Knuth, D. E., Luczak, T., & Pittel, B. (1993). The birth of the giant component. *Random Structures and Algorithms, 4*(3), 233–358.

Kalos, M. H., & Whitlock, P. A. (1986). Monte Carlo Methods (Vol. I). *Basics.* New York: Wiley-Interscience.

Kay, A. (1993). The early history of Smalltalk. *ACM SIGPLAN Notices, 28*(3), 69–95.

Keller, E. F. (1985). *Reflections on Gender and Science.* New Haven, CT: Yale University Press.

Keller, E. F., & Segel, L. (1970). Initiation of slime mold aggregation viewed as an instability. *Journal of Theoretical Biology, 26*, 399–415.

Klopfer, E. (2003). Technologies to support the creation of complex systems models—Using StarLogo software with students. *Bio Systems, 71*, 111–123.

Klopfer, E., Yoon, S., & Perry, J. (2005). Using Palm technology in participatory simulations of complex systems: A new take on ubiquitous and accessible mobile computing. *Journal of Science Education and*

Technology, 14(3), 285–297.

Kornhauser, D., Rand, W., & Wilensky, U. (2007). Visualization tools for agent-based modeling in NetLogo. Proceedings of the Agent 2007 Conference on Complex Interaction and Social Emergence, Evanston.

Kornhauser, D., Rand, W., & Wilensky, U. (2009). Design guidelines for agent-based model visualization. *Journal of Artificial Societies and Social Simulation, 12*(2), 1.

Korzybski, A. (1990). *Collected Writings 1920–1950.* Forest Hills, NY: Institute of General Semantics.

Kretzschmar, M., van den Hof, S., Wallinga, J., & van Wijngaarden, J. (2004). Ring vaccination and smallpox control. http://www.cdc.gov/ncidod/EID/vol10no5/03-0419.htm

Labov, W. (2001). *Principles of Linguistic Change: Social Factors* (Vol. 3). New York: Wiley-Blackwell.

Landau, L. D., Lifshitz, E., & Mikhailovich, E. (1976). *Statistical Physics* (3rd ed.). Oxford: Pergamon Press.

Langley, P., & Simon, H. A. (1995). Applications of machine learning and rule induction. *Communications of the ACM, 38*(11), 54–64.

Lansing, J. S. (2006). *Perfect Order: Recognizing Complexity in Bali.* Princeton: Princeton University Press.

Lansing, J. S., & Kremer, J. N. (1993). Emergent properties of Balinese water temples. *American Anthropologist, 95*(1), 97–114.

Latour, B., & Woolgar, S. (1979). *Laboratory Life: The Social Construction of Scientific Facts.* Beverly Hills, CA: Sage Publications.

Lave, C. A., & March, J. (1975). *An Introduction to Models in the Social Sciences.* New York: Harper & Row.

LeBaron, B. & Tesfatsion, L. (2008). Modeling macroeconomies as open-ended dynamic systems of interacting agents. *American Economic Review (Papers & Proceedings), 98*(2), 246–250.

Lechner, T., Ren, P., Watson, B., Brozefsky, C., & Wilensky, U. (2006). Procedural Modeling of Urban Land Use. Proceedings of the 33rd International Conference and Exhibition on Computer Graphics and Interactive Technologies (ACM SIGGRAPH 2006). Boston, MA.

Lent, D., Graham, P., & Collett, T. (2010). Image-matching during ant navigation occurs through saccade-like body turns controlled by learned visual features. *Proceedings of the National Academy of Sciences of the United States of America, 107*(37), 16348–16353.

Lerner, R., Levy, S. T., & Wilensky, U. (2010). Encouraging collaborative constructionism: Principles behind the modeling commons. Proceedings of Constructionism 2010. Paris.

Levy, S. T., Novak, M., & Wilensky, U. (2006). Students' foraging through the complexities of the particulate world: Scaffolding for independent inquiry in the connected chemistry (MAC) curriculum. Paper presented at the annual meeting of the American Educational Research Association, San Francisco, CA.

Levy, S. T., & Wilensky, U. (2009). Students' learning with the Connected Chemistry (CC1) curriculum: Navigating the complexities of the particulate world. *Journal of Science Education and Technology, 18*(3), 243–254.

Lewes, G. H. (1875). *Problems of Life and Mind (First Series), 2.* London: Trübner.

Li, H., & Tesfatsion, L. (2009). Development of open source software for power market research: The AMES test bed. *Journal of Energy Markets, 2*(2), 111–128.

Longley, P., Goodchild, M. F., Maguire, D., & Rhind, D. (2005). *Geographic Information Systems and Science.* New York: Wiley.

Lotka, A. J. (1925). *Elements of Physical Biology.* New York: Dover.

Luke, S., Cioffi-Revilla, C., et al. (2004). MASON: A multiagent simulation environment. *Simulation, 81*(7), 517–527.

Macy, M., & Willer, R. (2002). From factors to actors: Computational sociology and agent-based modeling. *Annual Review of Sociology, 28*, 143–166.

Maroulis, S., Guimera, R., Petry, H., Stringer, M. J., Gomez, L. M., Amaral, L. A. N., et al. (2010). Complex systems view of educational policy research. *Science, 330*(6000), 38. doi:10.1126/science.1195153.

McCarthy, J. (1960). Recursive functions of symbolic expressions and their computation by machine. *Communications of the ACM, 3*(4), 184–195.

McGarigal, K., & Marks, B. J. (1995). *FRAGSTATS: Spatial Pattern Analysis Program for Quantifying Landscape Structure.* Washington, DC: US Forest Service.

Meadows, D. (1972). *The Limits to Growth: A Report for the Club of Rome's Project on the Predicament of*

Mankind. New York: Universe.

Metropolis, N., & Ulam, S. (1949). The Monte Carlo method. *Journal of the American Statistical Association*, *44*(247), 335–341.

Michie, D. (1989). Problems of computer-aided concept formation. In J. R. Quinlan (Ed.), *Applications of Expert Systems* (Vol. 2, pp. 310–333). Wokingham, UK: Addison-Wesley.

Milgram, S. (1967). The small world problem. *Psychology Today*, *2*, 60–67.

Miller, J. (1998). Active nonlinear tests (ANTs) of complex simulation models. *Management Science*, *44*(6), 820–830.

Minar, N., & Burkhart, B. Langton, C. & Askenazi, M. (1996). The swarm simulation system: A toolkit for building multi-agent simulations. *Santa Fe Working Papers*.

Mitchell, M. (1998). *An Introduction to Genetic Algorithms*. Cambridge, MA: MIT Press.

Mitchell, M. (2009). *Complexity: A Guided Tour*. New York: Oxford University Press.

Mitchell, M., & Forrest, S. (1994). Genetic algorithms and artificial life. *Artificial Life*, *1*(3), 267–289.

Mitchell, T. (1997). *Machine Learning*. New York: McGraw-Hill.

Moore, C., & Newman, M. E. J. (2000). Epidemics and percolation in small-world networks. *Physical Review E: Statistical Physics, Plasmas, Fluids, and Related Interdisciplinary Topics*, *61*(5), 5678–5682.

Morris, M. (1993). Epidemiology and social networks: Modeling structured diffusion. *Sociological Methods & Research*, *22*, 99–126.

Mort, J. (1991). Perspective: The applicability of percolation theory to innovation. *Journal of Product Innovation Management*, *8*(1), 32–38.

Nash, J. F. (1950). Equilibrium points in N-person games. *Proceedings of the National Academy of Sciences of the United States of America*, *36*(1), 48–49.

Newman, M. E. (2005). A measure of betweenness centrality based on random walks. *Social Networks*, *27*(1), 39–54.

Newman, M. (2010). *Networks: An Introduction*. Oxford: Oxford University Press.

Newman, M., Girvan, M., & Farmer, J. D. (2002). Optimal design, robustness, and risk aversion. *Physical Review Letters*, *89*(2), 028301-1-4.

Newman, M., Watts, D. J., & Strogatz, S. (2006). *The Structure and Dynamics of Networks*. Princeton: Princeton University Press.

Niazi, M. O. S., Hussain, A., & Kolberg, M. (2010). Verification & validation of an agent-based forest fire simulation model. Proceedings of the Agent Directed Simulation Symposium 2010, as part of the ACM SCS Spring Simulation Multiconference, pp. 142–149, Orlando, FL, April 11–15.

North, M. J., Collier, N., & Vos, J. (2006). Experiences creating three implementations of the repast agent modeling toolkit. *ACM Transactions on Modeling and Computer Simulation*, *16*(1), 1–25.

Opper, M., & Saad, D. (Eds.). (2001). *Advanced Mean Field Methods: Theory and Practice—Neural Information Processing*. Cambridge, MA: MIT Press.

Papadimitriou, C. H. (1994). *Computational Complexity*. Reading, MA: Addison-Wesley.

Papert, S. (1980). *Mindstorms: Children, Computers, and Powerful Ideas*. New York: Basic Books.

Papert, S. (1987). Computer criticism vs. technocentric thinking. *Educational Researcher*, *16*(1), 22–30.

Papert, S. (1991). Situating constructionism. In I. Harel & S. Papert (Eds.), *Constructionism* (pp. 1–12). Norwood, NJ: Ablex Publishing.

Pareto, V. (1964). *Cours d'économie politique: Nouvelle édition par G.-H. Bousquet et G. Busino*. Geneva: Librairie Droz.

Parker, D. C., Manson, S. M., Janssen, M. A., Hoffman, M. J., & Deadman, P. (2003). Multi-agent systems for the simulation of land-use and land-cover change: A review. *Annals of the Association of American Geographers*, *93*(2), 314–337.

Parunak, H. V. D., Savit, R., & Riolo, R. (1998). Agent-based modeling vs. equation-based modeling: A case study and users' guide. Workshop on Multi-Agent Systems and Agent-Based Simulation (MABS '98). Springer.

Patton, R. (2005). *Software Testing* (2nd ed.). New York: Sams.

Polhill, J. G., & Izquierdo, L. R. (2005). Lessons learned from converting the artificial stock market to interval arithmetic. *Journal of Artificial Societies and Social Simulation, 8*(2).

Polhill, J. G., Izquierdo, L. R., & Gotts, N. M. (2005). The ghost in the model (and other effects of floating point arithmetic). *Journal of Artificial Societies and Social Simulation, 8*(1).

Polhill, J. G., Izquierdo, L. R., & Gotts, N. M. (2006). What every agent-based modeller should know about floating point arithmetic. *Environmental Modelling & Software, 21*(3), 283–309.

Quinlan, J. R. (1986). Induction of decision trees. *Machine Learning, 1*(1), 81–106.

Rand, W. (2006). Machine learning meets agent-based modeling: When not to go to a bar. In C. M. Macal, D. L. Sallach, & M. J. North (Eds.), *Proceedings of the Agent 2006 Conference on Social Agents: Results and Prospects* (pp. 51–59). Chicago, IL: Argonne National Laboratory and the University of Chicago.

Rand, W., Blikstein, P., & Wilensky, U. (2008). *GoGoBot: Group Collaboration, Multi-Agent Modeling, and Robots. AAMAS 2008.* Lisbon: Estoril.

Rand, W., Brown, D. G., Page, S. E., Riolo, R., & Fernandez, L. E. (2003). Statistical validation of spatial patterns in agent-based models. In *Proceedings of Agent-Based Simulation 4*, Montpellier, France.

Rand, W., & Rust, R. T. (2011). Agent-based modeling in marketing: Guidelines for rigor. *International Journal of Research in Marketing, 28*(3), 181–193.

Rand, W., & Stonedahl, F. (2007). The El Farol Bar problem and computational effort: Why people fail to use bars efficiently. In *Proceedings of Agent 2007 on Complex Interaction and Social Emergence*, Chicago, IL.

Rand, W., & Wilensky, U. (2007). Full-spectrum modeling: From simplicity to elaboration and realism in urban pattern formation. Proceedings of the North American Association Computational Social and Organization Sciences conference (NAACSOS), Atlanta, GA.

Reeves, W. T. (1983). Particle systems: A technique for modeling a class of fuzzy objects. *ACM Transactions on Graphics, 2*(2), 91–108.

Rendell, P. (2002). Turing universality of the game of life. In *Collision-Based Computing* (pp. 513–539). London: Springer.

Resnick, M. (1994a). Changing the centralized mind. *Technology Review, 97*(5), 32–40.

Resnick, M. (1994b). *Turtles, Termites, and Traffic Jams: Explorations in Massively Parallel Microworlds.* Cambridge, MA: MIT Press.

Resnick, M. (1996). Beyond the centralized mindset. *Journal of the Learning Sciences, 5*(1), 1–22.

Resnick, M., & Wilensky, U. (1993). Beyond the deterministic, centralized mindsets: A new thinking for new science. Paper presented at the Annual meeting of the American Educational Research Association, Atlanta, GA.

Resnick, M., & Wilensky, U. (1998). Diving into complexity: Developing probabilistic decentralized thinking through role-playing activities. *Journal of the Learning Sciences, 7*(2), 153–171.

Reynolds, C. W. (1987). Flocks, herds and schools: A distributed behavioral model. *SIGGRAPH Computer Graphics, 21*(4), 25–34.

Richmond, B., Peterson, S., & Vescuso, P. (1989). An academic user's guide to Stella. *System Dynamics Review, 5*(2), 217–220.

Rogers, E. M. (2003). *Diffusion of Innovations* (5th ed.). New York: Free Press.

Rosenblatt, F. (1962). *Principles of Neurodynamics: Perceptrons and the Theory of Brain Mechanisms.* Washington, DC: Spartan.

Rubinstein, A. (2012). *Economic Fables.* New York: Open Book.

Russell, E., & Wilensky, U. (2008) Consuming spatial data in NetLogo using the GIS extension. Proceedings of Swarmfest, Chicago, IL.

Russell, S. J., & Norvig, P. (1995). *Artificial Intelligence: A Modern Approach.* Upper Saddle River, NJ: Prentice-Hall.

Sahimi, M. (1994). *Applications of Percolation Theory.* New York: Taylor & Francis.

Samuel, A. L. (1959). Some studies in machine learning using the game of checkers. *IBM Journal of Research and Development, 44*(1), 206–226.

Schelling, T. C. (1971). Dynamic models of segregation. *Journal of Mathematical Sociology, 1*, 143–186.

Schelling, T. (1978). *Micromotives and Macrobehavior.* New York: Norton.

Schmitz, O. J., & Booth, G. (1997). Modelling food web complexity: The consequences of individual-based, spatially explicit behavioural ecology on trophic interactions. *Evolutionary Ecology, 11*(4), 379–398.

Schoonderwoerd, R., Holland, O., Bruten, J., & Rothkrantz, L. (1996). Ant-based load balancing in telecommunications networks. *Adaptive Behavior, 5*(2), 169–207.

Sengupta, P., & Wilensky, U. (2005). NIELS Curriculum. http://ccl.northwestern.edu/NIELS. Center for Connected Learning and Computer-Based Modeling, Northwestern University, Evanston, IL.

Sengupta, P., & Wilensky, U. (2008). On learning electricity with multi-agent based computational models (NIELS). In G. Kanselaar, J. van Merri'nboer, P. Kirschner, & T. de Jong, Proceedings of the International Conference of the Learning Sciences (ICLS). Utrecht, The Netherlands: ICLS.

Sengupta, P., & Wilensky, U. (2009). Learning electricity with NIELS: Thinking with electrons and thinking in levels. *International Journal of Computers for Mathematical Learning, 14*(1), 21–50.

Shneiderman, B., & Plaisant, C. (2004). *Designing the User Interface: Strategies for Effective Human-Computer Interaction* (4th ed.). New York: Pearson Addison Wesley.

Simon, H. (1982). *Models of Bounded Rationality*. Cambridge, MA: MIT Press.

Simon, H. (1991). Bounded rationality and organizational learning. *Organization Science, 2*(1), 125–134.

Sipitakiat, A., Blikstein, P., & Cavallo, D. (2004). Gogo board: Augmenting programmable bricks for economically challenged audiences. Proceedings of the International Conference of the Learning Sciences, Los Angeles, CA.

Smith, E. R., & Conrey, F. R. (2007). Agent-based modeling: A new approach for theory building in social psychology. *Personality and Social Psychology Review, 11*(1), 87.

Stanfill, C., & Kahle, B. (1986). Parallel free-text search on the connection machine system. *Communications of the ACM, 29*(12), 1229–1239.

Stanley, M. H. R., Amaral, L. A. N., Buldyrev, S. V., Havlin, S., Leschhorn, H., Maass, P., et al. (1996). Scaling behaviour in the growth of companies. *Nature, 379*(6568), 804.

Stanley, H. E. (1971). *Introduction to Phase Transitions and Critical Phenomena*. New York: Oxford University Press.

Sterman, J. (2000). *Business Dynamics: Systems Thinking for a Complex World*. New York: Irwin/ McGraw-Hill.

Stauffer, D., & Aharony, A. (1994). *Introduction to Percolation Theory*. London: Taylor & Francis.

Stieff, M., & Wilensky, U. (2003). Connected chemistry: Incorporating interactive simulations into the chemistry classroom. *Journal of Science Education and Technology, 12*(3), 285–302.

Stonedahl, F., Rand, W., & Wilensky, U. (2010). Evolving viral marketing strategies. Proceedings of the 12th Annual Conference on Genetic and Evolutionary Computation. Portland, OR.

Stonedahl, F., & Wilensky, U. (2010a). Finding forms of flocking: Evolutionary search in ABM parameter-spaces. Proceedings of the MABS Workshop at the Ninth International Conference on Autonomous Agents and Multi-Agent Systems. Toronto, Canada.

Stonedahl, F., & Wilensky, U. (2010b). Evolutionary robustness checking in the artificial Anasazi model. Proceedings of the AAAI Fall Symposium on Complex Adaptive Systems: Resilience, Robustness, and Evolvability. November 11–13, 2010. Arlington, VA.

Strogatz, S. H. (1994). *Nonlinear Dynamics and Chaos: With Applications to Physics, Biology, Chemistry, and Engineering*. Cambridge, MA: Westview Press.

Sun, J., & Tesfatsion, L. (2007). Dynamic testing of wholesale power market designs: An open-source agent-based framework. *Computational Economics, 30*(3), 291–327.

Sussman, G., & Steele, G. (1998). The first report on scheme revisited. *Higher-Order and Symbolic Computation, 11*(4), 399–404.

Sweeney, L. B., & Meadows, D. (2010). *The Systems Thinking Playbook: Exercises to Stretch and Build Learning and Systems Thinking Capabilities*. White River Junction, VT: Chelsea Green Publishing.

Tan, P. N., Steinbach, M., & Kumar, V. (2005). *Introduction to Data Mining*. Boston: Addison-Wesley Longman.

Taylor, C. A. (1996). *Defining Science: A Rhetoric of Demarcation*. Madison: University of Wisconsin Press.

Tesfatsion, L., & Judd, K. L. (2006). *Handbook of Computational Economics* (Vol. 13). Amsterdam: Elsevier.

Theraulaz, G., & Bonabeau, E. (1999). A brief history of stigmergy. *Artificial Life, 5*(2), 97–116.

Tisue, S., & Wilensky, U. (2004). NetLogo: Design and implementation of a multi-agent modeling environment. Proceedings of the Agent 2004 conference, Chicago, IL, October 2004.

Troutman, C., Clark, B., & Goldrick, M. (2008). Social networks and intraspeaker variation during periods of language change. University of Pennsylvania Working Papers in Linguistics, Vol. 14. http://repository.upenn.edu/pwpl/vol14/iss1/25.

Troutman, C., Clark, B., & Goldrick, M. (2008). Social networks and intraspeaker variation during periods of language change. University of Pennsylvania Working Papers in Linguistics, Vol. 14. http://repository.upenn.edu/pwpl/vol14/iss1/25.

Tseng, P. (2009). Effects of performance schedules on event ticket sales. Ph.D. dissertation, University of Maryland.

Tucker, L., Feynman, C., & Fritzsche, D. (1988). Object recognition using the Connection Machine. Computer Vision and Pattern Recognition, 1988. Proceedings CVPR '88, Computer Society Conference on Computer Vision and Pattern Recognition. IEEE, 1988.

Tucker, L., & Robertson, G. (1988). Architecture and applications of the connection machine. *Computer, 21*(8), 26–38.

Tufte, E. (1983). *The Visual Display of Quantitative Information*. Cheshire, CT: Graphics Press.

Tufte, E. (1996). *Visual Explanation*. Cheshire, CT: Graphics Press.

Turing, A. (1950). Computing machinery and intelligence. *Mind LIX, 236*, 433–460.

Valente, T. W. (1995). *Networks Models of the Diffusion of Innovations*. New York: Hampton Press.

Vohra, R. V., & Wellman, M. P. (2007). Foundations of multi-agent learning: Introduction to the special issue. *Artificial Intelligence, 171*(7), 363–364.

Volterra, V. (1926). Fluctuations in the abundance of a species considered mathematically. *Nature, 188*, 558–560.

Von Neumann, J., Aspray, W., & Burks, A. (1987). *Papers of John Von Neumann on Computing and Computer Theory*. Cambridge, MA: MIT Press.

Von Neumann, J., & Burks, A. (1966). *Theory of Self-Reproducing Automata*. Urbana: University of Illinois Press.

Wagh, A., & Wilensky, U. (2013). Leveling the playing field: Making multi-level evolutionary processes accessible through participatory simulations. Proceedings of the Biannual Conference of Computer-Supported Collaborative Learning (CSCL), Madison, Wisconsin.

Walter, G. (1950). An electromechanical animal. *Dialectica, 4*, 42–49.

Watts, D. J. (1999). A simple model of global cascades on random networks. *Proceedings of the National Academy of Sciences of the United States of America, 99*(9), 5766–5771.

Watts, D. J. (2003). *Six Degrees*. New York: Norton.

Watts, D. J., & Strogatz, S. H. (1998). Collective dynamics of "small-world" networks. *Nature, 393*, 440–442.

Weber, L. J., Goodwin, R. A., Li, S., Nestler, J. M., & Anderson, J. J. (2006). Application of an Eulerian-Lagrangian-Agent method (ELAM) to rank alternative designs of a juvenile fish passage facility. *Journal of Hydroinformatics, 8*(4), 271–295.

Weiss, G. (2000). *Multiagent Systems: A Modern Approach to Distributed Artificial Intelligence*. Cambridge, MA: MIT Press.

Westerveldt, J., & Cohen, G. L. (2012). *Ecologist-Developed Spatially-Explicit Dynamic Landscape Models (Modeling Dynamic Systems)*. New York: Springer.

Wiener, N. (1961). *Cybernetics: Or, Control and Communication in the Animal and the Machine*. Cambridge, MA: MIT Press.

Wilensky, U. (1999b). GasLab: An extensible modeling toolkit for exploring micro-and-macro-views of gases. In N. Roberts, W. Feurzeig, & B. Hunter (Eds.), *Computer Modeling and Simulation in Science Education* (pp. 151–178). Berlin: Springer Verlag.

Wilensky, U. (2001, updated 2013). Modeling nature's emergent patterns with multi-agent languages. Proceedings of the EuroLogo 2001 Conference, Linz, Austria. http://ccl.northwestern.edu/papers/2013/mnep9.pdf.

Wilensky, U. (2003). Statistical mechanics for secondary school: The GasLab Modeling Toolkit. *International*

Journal of Computers for Mathematical Learning, 8(1), 1–41.

Wilensky, U., & Centola, D. (2007). Simulated evolution: Facilitating students' understanding of the multiple levels of fitness through multi-agent modeling. Paper presented at the Evolution Challenges conference, Phoenix, AZ, November 1–4. http://ccl.northwestern.edu/papers/2007/SimulatedEvolution-clean.pdf.

Wilensky, U., Levy, S., & Novak, M. (2004). NetLogo Connected Chemistry Curriculum. http://ccl. northwestern.edu/curriculum/ConnectedChemistry. Center for Connected Learning and Computer-Based Modeling, Northwestern University, Evanston, IL.

Wilensky, U., & Novak, M. (2010). Teaching and Learning Evolution as an Emergent Process—The BEAGLE project. In R. S. Taylor & M. Ferrari (Eds.), *Epistemology and Science Education: Understanding the Evolution vs. Intelligent Design Controversy* (pp. 213–243). New York: Routledge.

Wilensky, U., & Papert, S. (2010). Restructurations: Reformulations of knowledge disciplines through new representational forms. Proceedings of the Constructionism 2010 Conference, Paris, France.

Wilensky, U., Papert, S., Sherin, B., diSessa, A., Kay, A., & Turkle, S. (2005). *Center for learning and computation-based knowledge (CLICK)*. Proposal to the National Science Foundation—Science of Learning Center.

Wilensky, U., & Rand, W. (2007). Making models match: Replicating agent-based models. *Journal of Artificial Societies and Social Simulation*, *10*, 42.

Wilensky, U., & Reisman, K. (1998). Learning biology through constructing and testing computational theories—An embodied modeling approach. Proceedings of the Second International Conference on Complex Systems, Nashua, NH.

Wilensky, U., & Reisman, K. (2006). Thinking like a wolf, a sheep or a firefly: Learning biology through constructing and testing computational theories. *Cognition and Instruction*, *24*(2), 171–209.

Wilensky, U., & Resnick, M. (1999). Thinking in levels: A dynamic systems approach to making sense of the world. *Journal of Science Education and Technology*, *8*(1), 3–19.

Wilensky, U., & Stroup, W. (2000). Networked gridlock: Students enacting complex dynamic phenomena with the HubNet architecture. Proceedings of the Fourth Annual International Conference of the Learning Sciences, Ann Arbor, MI, June 14–17.

Wilensky, U., & Stroup, W. (2002). *Participatory Simulations guide for HubNet*. Evanston, IL: Center for Connected Learning and Computer Based Modeling, Northwestern University; http://ccl.northwestern.edu/ ps/guide.

Wilkerson-Jerde, M. H., & Wilensky, U. (2010). Restructuring change, interpreting changes: The deltatick modeling and analysis toolkit. *Proceedings of Constructionism 2010*, Paris.

Wilkerson-Jerde, M., & Wilensky, U. (in press). From probabilistic birth to exponential population: Making sense of the calculus of complex systems. *Journal of the Learning Sciences*.

Wilson, E. O. (1974). *The Insect Societies*. Cambridge, MA: Belknap Press.

Wilson, W., de Roos, A., & McCauley, E. (1993). Spatial instabilities within the diffusive Lotka-Volterra system: Individual-based simulation results. *Theoretical Population Biology*, *43*(1), 91–127.

Wilson, W. G. (1998). Resolving discrepancies between deterministic population models and individual-based simulations. *American Naturalist*, *151*(2), 116–134.

Witten, T. A., Jr., & Sander, L. M. (1981). Diffusion limited aggregation. *Physical Review Letters*, *47*, 1400–1403.

Witten, T. A., Jr., & Sander, L. M. (1983). Diffusion limited aggregation. *Physical Review B: Condensed Matter and Materials Physics*, *27*(9), 5686–5697.

Wittlinger, M., Wehner, R., & Wolf, H. (2006). The ant odometer: Stepping on stilts and stumps. *Science*, *312*(5782), 1965–1967.

Wolfram, S. (1983). Statistical mechanics of cellular automata. *Reviews of Modern Physics*, *5*(3), 601–644.

Wolfram, S. (2002). *A New Kind of Science*. Champaign, IL: Wolfram Media.

Yoon, I., Williams, R. J., Levine, E., Yoon, S., Dunne, J. A., & Martinez, N. D. (2004). Webs on the Web (WoW): 3D visualization of ecological networks on the WWW for collaborative research and education. Proceedings of the IS&T/SPIE Symposium on Electronic Imaging, Visualization and Data Analysis 5295:124–132.

Zuse, K. (1969). *Rechnender Raum*. Brunswick: Vieweg & Sohn.

软件与模型

第 0 章

Wilensky, U. (1999). NetLogo (computer software). Center for Connected Learning and Computer-Based Modeling, Northwestern University, Evanston, IL.

Wilensky, U. (1997a). NetLogo Traffic Basic model. Center for Connected Learning and Computer-Based Modeling, Northwestern University, Evanston, IL. http://ccl.northwestern.edu/netlogo/models/TrafficBasic.

Wilensky, U. (1997b). NetLogo Fire model. Center for Connected Learning and Computer-Based Modeling, Northwestern University, Evanston, IL. http://ccl.northwestern.edu/netlogo/models/Fire.

Wilensky, U. (1997c). NetLogo Wolf Sheep Predation model. Center for Connected Learning and Computer-Based Modeling, Northwestern University, Evanston, IL. http://ccl.northwestern.edu/netlogo/models/WolfSheepPredation.

Wilensky, U. (1998). NetLogo Flocking model. Center for Connected Learning and Computer-Based Modeling, Northwestern University, Evanston, IL. http://ccl.northwestern.edu/netlogo/models/Flocking.

第 1 章

Richmond, B., & Peterson, S. (1990). *STELLA II* (computer software). Hanover, NH: High Performance Systems Inc.

Wilensky, U. (1997). *NetLogo Ants model*. Center for Connected Learning and Computer-Based Modeling, Northwestern University, Evanston, IL.

第 2 章

Wilensky, U. (1998). *NetLogo CA 1D Elementary*. http://ccl.northwestern.edu/netlogo/models/CA1DElementary/. Center for Connected Learning and Computer-Based Modeling, Northwestern University, Evanston, IL.

第 3 章

Maroulis, S., & Wilensky, U. (2004). NetLogo HubNet Oil Cartel model. http://ccl.northwestern.edu/netlogo/models/HubNetOilCartel. Center for Connected Learning and Computer-Based Modeling, Northwestern University, Evanston, IL.

Rand, W., & Wilensky, U. (2007). NetLogo El Farol model. http://ccl.northwestern.edu/netlogo/models/ElFarol. Center for Connected Learning and Computer-Based Modeling, Northwestern University, Evanston, IL.

Wilensky, U. (1997a). NetLogo Fire model. http://ccl.northwestern.edu/netlogo/models/Fire. Center for Connected Learning and Computer-Based Modeling, Northwestern University, Evanston, IL.

Wilensky, U. (1997b). NetLogo DLA model. http://ccl.northwestern.edu/netlogo/models/DLA. Center for Connected Learning and Computer-Based Modeling, Northwestern University, Evanston, IL.

Wilensky, U. (1997c). NetLogo Mandelbrot model. http://ccl.northwestern.edu/netlogo/models/Mandelbrot.

Center for Connected Learning and Computer-Based Modeling, Northwestern University, Evanston, IL.

Wilensky, U. (1997d). NetLogo Segregation model. http://ccl.northwestern.edu/netlogo/models/Segregation. Center for Connected Learning and Computer-Based Modeling, Northwestern University, Evanston, IL.

Wilensky, U. (1998). NetLogo Percolation model. http://ccl.northwestern.edu/netlogo/models/Percolation. Center for Connected Learning and Computer-Based Modeling, Northwestern University, Evanston, IL.

Wilensky, U., & Stroup, W. (2003). NetLogo HubNet Root Beer Game model. http://ccl.northwestern.edu/netlogo/models/HubNetRootBeerGame. Center for Connected Learning and Computer-Based Modeling, Northwestern University, Evanston, IL.

第 4 章

Novak, M. & Wilensky, U. (2005). NetLogo Bug Hunt Camouflage model. http://ccl.northwestern.edu/netlogo/models/BugHuntCamouflage. Center for Connected Learning and Computer-Based Modeling, Northwestern University, Evanston, IL.

Nichols, N. & Wilensky, U. (2006). NetLogo Sunflower Biomorphs model. http://ccl.northwestern.edu/netlogo/models/SunflowerBiomorphs. Center for Connected Learning and Computer-Based Modeling, Northwestern University, Evanston, IL.

Wilensky, U. (2005). NetLogo Wolf Sheep Predation (System Dynamics) model. http://ccl.northwestern.edu/netlogo/models/WolfSheepPredation(SystemDynamics). Center for Connected Learning and Computer-Based Modeling, Northwestern University, Evanston, IL.

Wilensky, U., & Shargel, B. (2002). BehaviorSpace (computer software). Center for Connected Learning and Computer Based Modeling, Northwestern University, Evanston, IL. http://ccl.northwestern.edu/netlogo/docs/behaviorspace.html.

第 5 章

Tinker, R., & Wilensky, U. (2007). NetLogo climate change model. Center for Connected Learning and Computer-Based Modeling, Northwestern University, Evanston, IL. http://ccl.northwestern.edu/netlogo/models/ClimateChange

Wilensky, U. (1997a). NetLogo AIDS model. Center for Connected Learning and Computer-Based Modeling, Northwestern University, Evanston, IL. http://ccl.northwestern.edu/netlogo/models/AIDS.

Wilensky, U. (1997b). NetLogo termites model. Center for Connected Learning and Computer-Based Modeling, Northwestern University, Evanston, IL. http://ccl.northwestern.edu/netlogo/models/termites.

Wilensky, U. (1997b). NetLogo traffic basic model. Center for Connected Learning and Computer-Based Modeling, Northwestern University, Evanston, IL. http://ccl.northwestern.edu/netlogo/models/TrafficBasic.

Wilensky, U. (1998b). NetLogo tumor model. Center for Connected Learning and Computer-Based Modeling, Northwestern University, Evanston, IL. http://ccl.northwestern.edu/netlogo/models/Tumor.

Wilensky, U. (2000). *NetLogo 3DModels Library*. Center for Connected Learning and Computer-Based Modeling, Northwestern University, Evanston, IL.

Wilensky, U. (2002). NetLogo Traffic Grid model. Center for Connected Learning and Computer-Based Modeling, Northwestern University, Evanston, IL. http://ccl.northwestern.edu/netlogo/models/TrafficGrid.

Wilensky, U. (2003). NetLogo ethnocentrism model. Center for Connected Learning and Computer-Based Modeling, Northwestern University, Evanston, IL. http://ccl.northwestern.edu/netlogo/models/ethnocentrism.

Wilensky, U. (2005a). NetLogo small worlds model. Center for Connected Learning and Computer-Based Modeling, Northwestern University, Evanston, IL. http://ccl.northwestern.edu/netlogo/models/SmallWorlds.

Wilensky, U. (2005b). NetLogo Flocking 3D Alternate model. Center for Connected Learning and Computer-Based Modeling, Northwestern University, Evanston, IL. http://ccl.northwestern.edu/netlogo/models/Flocking3DAlternate.

Wilensky, U. (2006). NetLogo Grand Canyon model. Center for Connected Learning and Computer-Based Modeling, Northwestern University, Evanston, IL. http://ccl.northwestern.edu/netlogo/models/GrandCanyon.

Wilensky, U., & Rand, W. (2006). NetLogo 3DPercolation model. Center for Connected Learning and Computer-Based Modeling, Northwestern University, Evanston, IL. http://ccl.northwestern.edu/netlogo/models/Percolation3D.

第 6 章

Troutman, C., & Wilensky, U. (2007). NetLogo Language Change model. http://ccl.northwestern.edu/netlogo/models/LanguageChange. Center for Connected Learning and Computer-Based Modeling, Northwestern University, Evanston, IL.

Wilensky, U. (2006). NetLogo Grand Canyon model. http://ccl.northwestern.edu/netlogo/models/GrandCanyon. Center for Connected Learning and Computer-Based Modeling, Northwestern University, Evanston, IL.

Wilensky, U., & Shargel, B. (2001). *BehaviorSpace* (computer software). Center for Connected Learning and Computer Based Modeling, Northwestern University, Evanston, IL:

第 7 章

Parker, M. (2000). *Ascape* (computer software). Brookings Institution, Washington, DC.

Stonedahl & Wilensky. U. (2007). NetLogo Artificial Anasazi model. http://ccl.northwestern.edu/netlogo/models/ArtificialAnasazi. Center for Connected Learning and Computer-Based Modeling, Northwestern University, Evanston, IL.

Stonedahl, F., & Wilensky, U. (2010c). BehaviorSearch (computer software). Center for Connected Learning and Computer-Based Modeling, Northwestern University, Evanston, IL.

Wilensky, U. (1998a). NetLogo Flocking model. Center for Connected Learning and Computer-Based Modeling, Northwestern University, Evanston, IL. Retrieved from http://ccl.northwestern.edu/netlogo/models/Flocking.

Wilensky, U. (1998b). NetLogo Voting model. Center for Connected Learning and Computer-Based Modeling, Northwestern University, Evanston, IL. Retrieved from http://ccl.northwestern.edu/netlogo/models/Voting.

Wilensky, U. (2003). NetLogo Ethnocentrism model. http://ccl.northwestern.edu/netlogo/models/Ethnocentrism. Center for Connected Learning and Computer-Based Modeling, Northwestern University, Evanston, IL.

第 8 章

Brady, C. (2013). Arduino extension link. https://github.com/cbradyatinquire/arduino-extension.

Bakshy, E., & Wilensky, U. (2007a). NetLogo-Mathematica Link. http://ccl.northwestern.edu/netlogo/mathematica.html. Center for Connected Learning and Computer-Based Modeling, Northwestern University, Evanston, IL.

Blikstein, P., & Wilensky, U. (2005). NetLogoLab (computer software and hardware). http://ccl.northwestern.edu/netlogolab. Center for Connected Learning and Computer Based Modeling, Northwestern University, Evanston, IL.

Densmore, O., Guerin, S., McKenna, S., & Jung, D. (2004). NetLogo Cruising Model. http://www.gisagents.org/2006/02/car-cruising-model-gis-example.html.

Densmore, O. & Guerin, S. (2007). NetLogo Venice model.

Kim, D., Sun, W., Stonedahl, F., & Wilensky, U. (2010). NetLogo hydrogen diffusion 3D model. http://ccl.northwestern.edu/netlogo/models/hydrogendiffusion3D. Center for Connected Learning and Computer-Based Modeling, Northwestern University, Evanston, IL.

Mitchell, M., Tisue, S., & Wilensky, U. (2012). NetLogo Robby the Robot model. http://ccl.northwestern.edu/netlogo/models/RobbytheRobot. Center for Connected Learning and Computer-Based Modeling, Northwestern University, Evanston, IL.

Stonedahl, F. (2012). NetLogo Raytracing extension. https://github.com/fstonedahl/RayTracing-Extension.

Stonedahl, F., & Wilensky, U. (2010c). BehaviorSearch (computer software). http://behaviorsearch.org. Center for Connected Learning and Computer-Based Modeling, Northwestern University, Evanston, IL.

Wilensky, U. (2002). NetLogo Mousetraps 3D model. http://ccl.northwestern.edu/netlogo/models/Mousetraps3D. Center for Connected Learning and Computer-Based Modeling, Northwestern University, Evanston, IL.

Wilensky, U. (2003). NetLogo Honeycomb model. http://ccl.northwestern.edu/netlogo/models/honeycomb. Center for Connected Learning and Computer-Based Modeling, Northwestern University, Evanston, IL.

Wilensky, U. (2005a). NetLogo Flocking 3D Alternate model. http://ccl.northwestern.edu/netlogo/models/Flocking3DAlternate. Center for Connected Learning and Computer-Based Modeling, Northwestern University, Evanston, IL.

Wilensky, U. (2005b). NetLogo Wolf Sheep predation (docked) model. http://ccl.northwestern.edu/netlogo/models/WolfSheepPredation(docked). Center for Connected Learning and Computer-Based Modeling, Northwestern University, Evanston, IL.

Wilensky, U. (2006a). NetLogo DLA 3D model. http://ccl.northwestern.edu/netlogo/models/DLA3D. Center for Connected Learning and Computer-Based Modeling, Northwestern University, Evanston, IL.

Wilensky, U. (2006b). NetLogo Grand Canyon model. http://ccl.northwestern.edu/netlogo/models/GrandCanyon. Center for Connected Learning and Computer-Based Modeling, Northwestern University, Evanston, IL.

Wilensky, U. (2006c). NetLogo Percolation 3D model. http://ccl.northwestern.edu/netlogo/models/Percolation3D. Center for Connected Learning and Computer-Based Modeling, Northwestern University, Evanston, IL.

Wilensky, U. (2006d). NetLogo Sandpile 3D model. http://ccl.northwestern.edu/netlogo/models/Sandpile3D. Center for Connected Learning and Computer-Based Modeling, Northwestern University, Evanston, IL.

Wilensky, U. (2006e). http://ccl.northwestern.edu/netlogo/models/TabonucoYagrumo. NetLogo Tabonuco Yagrumo model. Center for Connected Learning and Computer-Based Modeling, Northwestern University, Evanston, IL.

Wilensky, U. (2006f). NetLogo Tabonuco Yagrumo Hybrid model. http://ccl.northwestern.edu/netlogo/models/TabonucoYagrumoHybrid. Center for Connected Learning and Computer-Based Modeling, Northwestern University, Evanston, IL.

Wilensky, U., & Maroulis, S. (2005). System Dynamics Modeler (computer software). http://ccl.northwestern.edu/netlogo/docs/systemdynamics.html. Center for Connected Learning and Computer Based Modeling, Northwestern University, Evanston, IL.

Wilensky, U., & Stroup, W. (1999b). NetLogo HubNet Disease model. http://ccl.northwestern.edu/netlogo/models/HubNetDisease. Center for Connected Learning and Computer-Based Modeling, Northwestern University, Evanston, IL.

Wilensky, U., & Stroup, W. (1999c). HubNet. Evanston, IL: Center for Connected Learning and Computer-Based Modeling, Northwestern University. Retrieved from http://ccl.northwestern.edu/netlogo

附录

Collier, N. (2001). Repast (Computer software). Chicago: University of Chicago. Retrieved from http://repast.sourceforge.net.

离散事件系统仿真（原书第5版）

作者：[美] 杰瑞·班克斯（Jerry Banks） 约翰·S.卡森二世（John S.Carson II）
巴里·L.尼尔森（Barry L.Nelson） 戴维·M.尼科尔（David M.Nicol）
译者：王谦 ISBN：978-7-111-61956-7

本书面向管理系统仿真，由美国工业工程领域的知名学者合力编写，是国际仿真学界公认的经典教材之一，被国外许多高校作为教材使用，在国际仿真领域具有很大的影响力。与大多数侧重于介绍特定领域仿真或特定软件工具的书籍不同，本书全面论述了离散事件系统仿真的核心知识和相关内容，重点介绍仿真建模技术和分析方法的相关支撑理论。本书内容涉及数据收集与分析、仿真建模技术、模型验证、仿真实验设计以及仿真优化，并着重介绍离散事件系统仿真在制造、物流、服务以及计算机硬件和网络系统设计中的应用，尤其涵盖了制造和物料搬运系统、计算机系统和计算机网络仿真的新成果。

推荐阅读

多Agent系统编程实践

作者：[法] 奥利弗·布瓦西耶 (Olivier Boissier) [巴西] 拉斐尔·H. 博蒂尼 (Rafael H. Bordini)
[巴西] 乔米·F. 胡布纳 (Jomi F. Hübner) [意] 亚历桑德罗·里奇 (Alessandro Ricci)
译者：黄智濒 白鹏

本书介绍面向多Agent的编程（MAOP）的主要概念和技术。MAOP提供了一种基于三个维度的结构化方法，本书详细讨论这三个维度：Agent维度，用于设计个体（交互）实体；环境维度，支持共享资源的开发，实现与现实世界的联系；组织维度，构建自治Agent和共享环境之间的交互。本书还讨论了MAOP与现有技术和应用领域的集成，包括移动计算、基于Web的计算和机器人技术。

数据结构与算法分析：Java语言描述（原书第3版）

作者：Mark Allen Weiss ISBN：978-7-111-52839-5 定价：69.00元

本书是国外数据结构与算法分析方面的经典教材，使用卓越的Java编程语言作为实现工具，讨论数据结构（组织大量数据的方法）和算法分析（对算法运行时间的估计）。

随着计算机速度的不断增加和功能的日益强大，人们对有效编程和算法分析的要求也不断增长。本书将算法分析与最有效率的Java程序的开发有机结合起来，深入分析每种算法，并细致讲解精心构造程序的方法，内容全面，缜密严格。

算法设计与应用

作者：Michael T. Goodrich等 ISBN：978-7-111-58277-9 定价：139.00元

这是一本非常棒的著作，既有算法的经典内容，也有现代专题。我期待着在我的算法课程试用此教材。我尤其喜欢内容的广度和问题的难度。

——Robert Tarjan，普林斯顿大学

Goodrich和Tamassia编写了一本内容十分广泛而且方法具有创新性的著作。贯穿本书的应用和练习为各个领域学习计算的学生提供了极佳的参考。本书涵盖了超出一学期课程可以讲授的内容，这给教师提供了很大的选择余地，同时也给学生提供了很好的自学材料。

——Michael Mitzenmacher，哈佛大学